装修水电技能速通速用很简单

（双色升级版）

阳鸿钧　等编著

机 械 工 业 出 版 社

本书为读者快速掌握、快速应用装修水电技能而编写，主要内容包括水电技能入门、基本技能、设备与设施、弱电施工、工场与实战等。本书内容丰富、通俗易懂、图解剖析，理论与实际结合、经验与通法并举。本书适合装修水电工、物业水电工以及其他电工、给排水技术人员、家装工程监理人员、建设单位相关人员、进城务工人员、新农村家装建设人员、灵活就业人员和社会青年以及相关培训机构、学校、学院师生等参考阅读。

图书在版编目（CIP）数据

装修水电技能速通速用很简单：双色升级版/阳鸿钧等编著. —2 版. —北京：机械工业出版社，2016. 2

ISBN 978-7-111-52525-7

Ⅰ. ①装… Ⅱ. ①阳… Ⅲ. ①房屋建筑设备-给排水系统-建筑安装②房屋建筑设备-电气设备-建筑安装 Ⅳ. ①TU82②TU85

中国版本图书馆 CIP 数据核字（2015）第 318447 号

机械工业出版社（北京市百万庄大街 22 号　邮政编码 100037）
策划编辑：张俊红　责任编辑：闫洪庆　版式设计：霍永明
责任校对：刘志文　封面设计：马精明　责任印制：李　洋
三河市宏达印刷有限公司印刷
2016 年 3 月第 2 版第 1 次印刷
184mm×260mm · 17.5 印张 · 411 千字
标准书号：ISBN 978-7-111-52525-7
定价：49.80 元

凡购本书，如有缺页、倒页、脱页，由本社发行部调换

电话服务	网络服务
服务咨询热线：010-88361066	机 工 官 网：www.cmpbook.com
读者购书热线：010-68326294	机 工 官 博：weibo.com/cmp1952
010-88379203	金 书 网：www.golden-book.com
封面无防伪标均为盗版	教育服务网：www.cmpedu.com

前言

为了使读者能够快速掌握、快速应用装修水电技能而编写本书。全书分5章进行讲述，主要内容包括水电技能入门、基本技能、设备与设施、弱电施工、工场与实战等。

本书对城镇家装水电技能与新农村家装水电技能均进行了必要的介绍，从而拓展了装修水电工的从业范围。

本书内容丰富、通俗易懂、图解剖析，理论与实际结合、经验与通法并举，适合读者快速融入实际工作的情景需要，以及快速入门入行的需要。

本书适合装修水电工、物业水电工以及其他电工、给排水技术人员、家装工程监理人员、建设单位相关人员、进城务工人员、新农村家装建设人员、灵活就业人员和社会青年以及相关培训机构、学校、学院师生等参考阅读。

本书由阳鸿钧、阳育杰、张小红、阳红艳、许小菊、阳梅开、阳苟妹、侯平英、唐中仪、许秋菊、阳许倩、许应菊、许满菊、欧小宝、许四一、阳红珍、任亚俊、李德、陈永、杨满、雷东、夏青、李敏、任杰、毛采云、谢锋、任立、凌方、米芳、罗满、王娟、潘枫等编写或支持。

本书编写过程中，还得到了其他同志的支持，在此表示感谢。本书涉及一些厂家的产品，同样对这些厂家表示感谢。另外，本书在编写中参考了相关人士的技术资料，由于部分原因，未一一列出参考文献，在此也向他们表示感谢。

由于时间有限，书中不足之处，敬请批评、指正。

编著者

目录

第1章 水电技能入门

☆☆ 1.1 基础 ☆☆

★1.1.1 电与直流电路

电可以通过化学的或物理的方法获得，其可以使灯泡发光，电机运转等。电有直流电与交流电之分，其对应的电路有直流电路与交流电路之分。

直流电路就是直流电流通过的途径。直流电路中的电流方向是不变的，电流的大小是可以改变的。直流电路如图1-1所示。

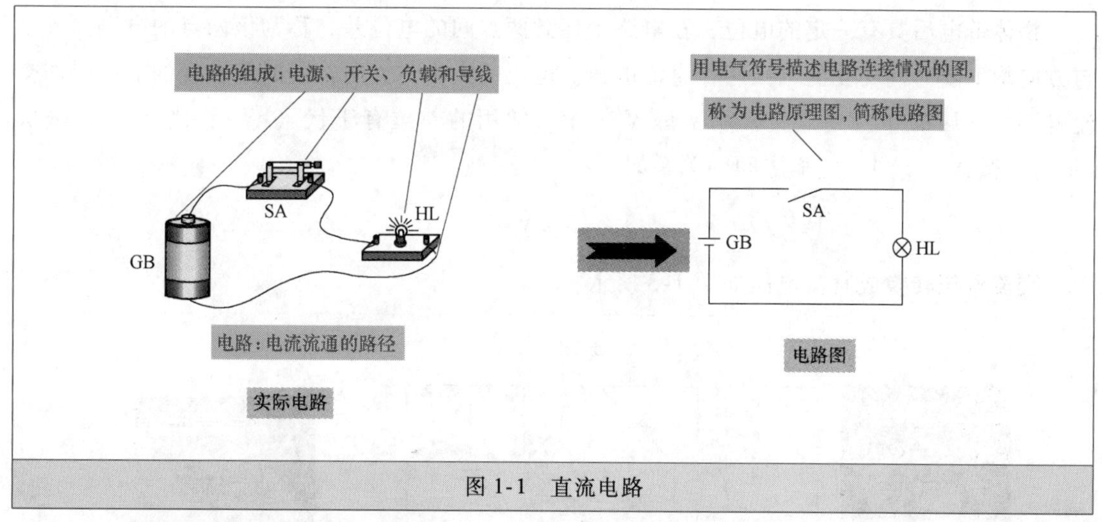

图1-1 直流电路

交流电路就是交流电流通过的途径。交流电是指其电动势、电压、电流的大小与方向均随时间按一定规律作周期性变化的电。家庭家居用的市电就是交流电。家庭家居用的市电也就是民用电，我国的民用电是220V交流电。

★1.1.2 电流

导体中的自由电子在电场力的作用下作有规则的定向运动从而形成电流，如图1-2所示。直流电流、交流电流的大小均用电流来表示，基数值等于单位时间内通过导体截面的电荷量。电流（用字母I表示）的单位是安或者安培，用字母A表示。电流常用单位有千安

(kA)、安（A)、毫安（mA)、微安（μA)，它们之间的关系如下：

$$1\text{kA}=10^3\text{A} \qquad 1\text{A}=10^3\text{mA} \qquad 1\text{mA}=10^3\mu\text{A}$$

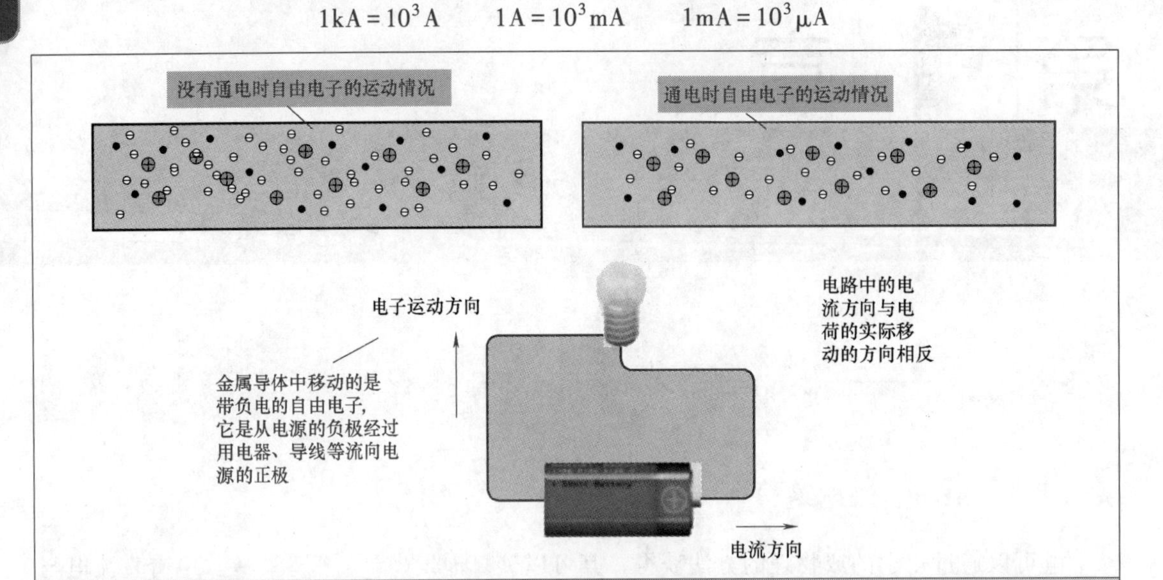

图 1-2　电流的形成

★1.1.3　电压

物体带电后具有一定的电位，在电路中任意两点间的电位差，称为该两点的电压。大小与方向均不随时间变化的电压叫作直流电压。电压的大小与方向都随时间改变的电压叫作交流电压。电压的单位是伏特，用字母 V 表示，常用的单位有千伏（kV)、伏（V)、毫伏（mV)、微伏（μV)。它们之间的关系如下：

$$1\text{kV}=10^3\text{V} \qquad 1\text{V}=10^3\text{mV} \qquad 1\text{mV}=10^3\mu\text{V}$$

交流电压转换成直流电压如图 1-3 所示。

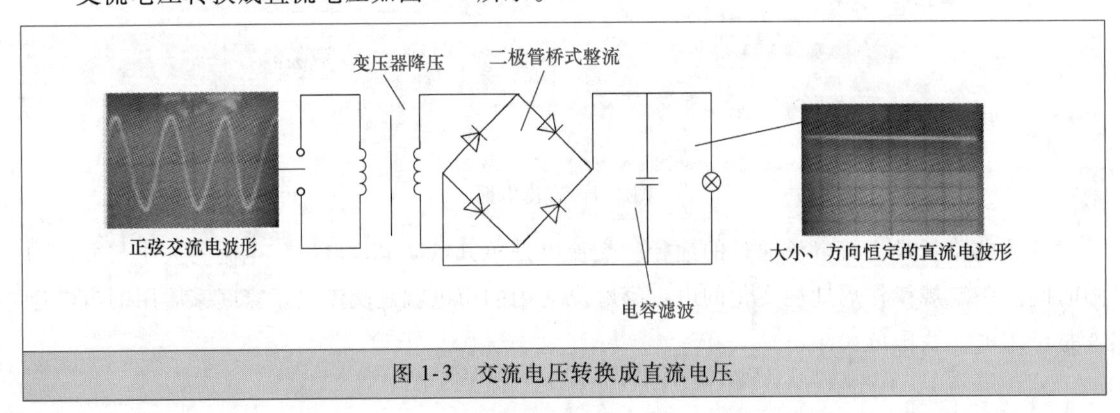

图 1-3　交流电压转换成直流电压

★1.1.4　电阻

自由电子在物体中移动受到其他电子的阻碍，对于该种导电所表现的能力就叫作电阻。电阻的常见单位如图 1-4 所示。

★1.1.5 欧姆定律

欧姆定律是表示电压、电流、电阻三者之间关系的基本定律。部分电路欧姆定律为电路中通过电阻的电流，与电阻两端所加的电压成正比，与电阻成反比，如图 1-5 所示。

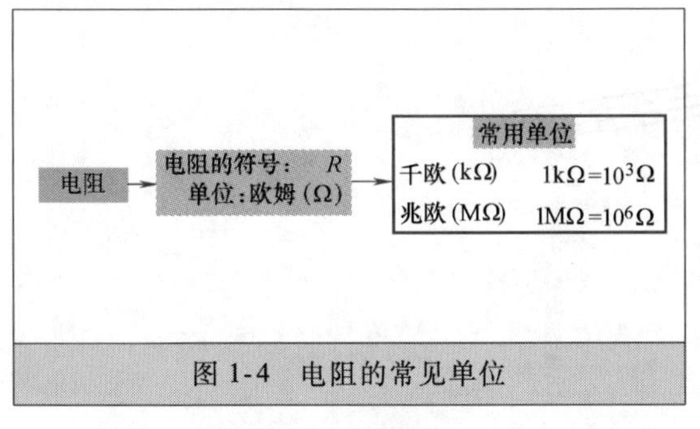

图 1-4 电阻的常见单位

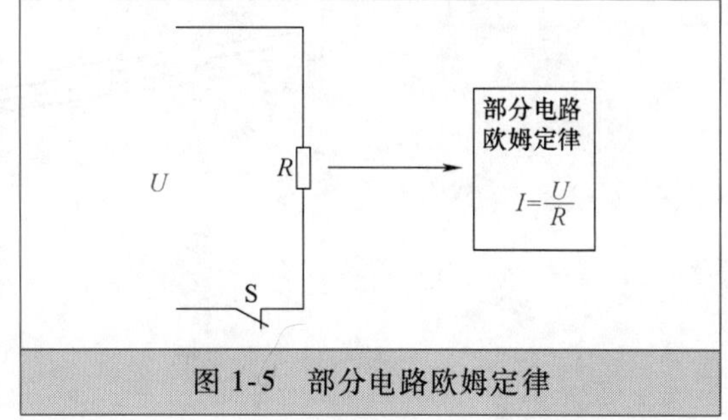

图 1-5 部分电路欧姆定律

★1.1.6 单相交流电路

平时讲的家用电是单相电，也就是家用电路是单相交流电路。单相交流电的产生是发电机线圈在磁场中运动旋转，旋转方向切割磁力线产生感应电动势。

单相正弦交流电一般有相线与零线供用电消费连接，如图 1-6 所示。

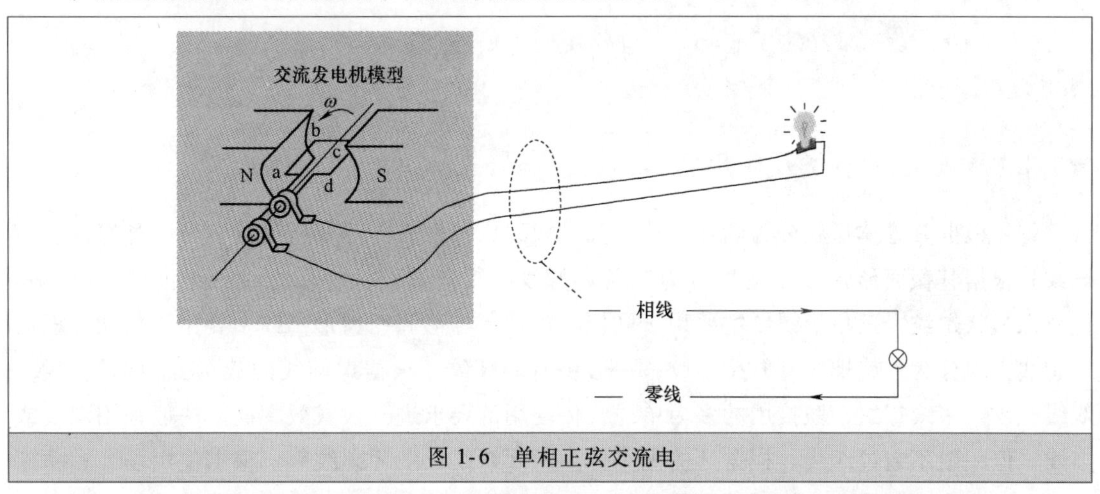

图 1-6 单相正弦交流电

取电网中的单相交流电的使用，还涉及平衡问题，也就是三根相线的利用的平衡问题。

家庭家居用的市电是 220V，因此，电气设备的额定电压一般选择 250V。

★1.1.7 三相交流电路

三相交流电就是发电机的磁场里有三个互成角度的线圈同时转动，电路里就产生了三个相位依次互差 120°的交变电动势。三相交流电每一单相称为一相。

线电压就是端线间的电压，即相线与相线间的电压。

线电流就是端线或相线中的电流。

相电压就是电源每一相（端线与零线间）的电压。

相电流就是各相电源中的电流，即流过每一相线圈的电流。

三相电源就是以三相发电机作为电源。

三相电路就是以三相电源供电的电路。

三相四线如图 1-7 所示。

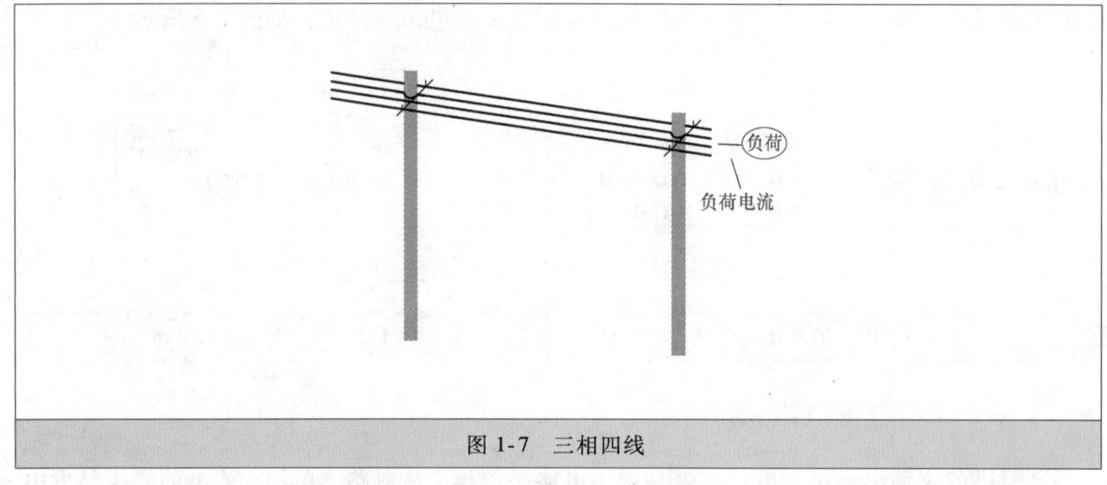

图 1-7　三相四线

民用建筑动力用电就是常说的 380V 三相电，是三相四线中三根相线任意两根间的电压。家用电是指平时说的 220V 单相电，也就是一根相线与一根零线间的电压。

☆☆　1.2　相关材料与安装件　☆☆

★1.2.1　螺纹的分类及应用

螺纹根据其母体形状分为圆柱螺纹、圆锥螺纹；根据其在母体所处位置分为外螺纹、内螺纹；根据其截面形状（牙型）分为三角形螺纹、矩形螺纹、梯形螺纹、锯齿形螺纹、其他特殊形状螺纹。三角形螺纹主要用于联接。矩形、梯形和锯齿形螺纹主要用于传动。根据螺旋线方向分为左旋螺纹、右旋螺纹，一般用右旋螺纹；根据螺旋线的数量分为单线螺纹、双线螺纹、多线螺纹；联接用的多为单线，传动用的要求进升快或效率高，一般采用双线或多线，但一般不超过四线。根据牙的大小分为粗牙螺纹、细牙螺纹等。根据使用场合和功能不同，可分为紧固螺纹、管螺纹、传动螺纹、专用螺纹等。

圆柱螺纹的主要参数有外径（d）、内径（d_1）、中径（d_2）、螺距（t）、线数（n）、导程（$s=nt$）、升角（λ）、牙形角（α）等。除管螺纹以管子内径为公称直径外，其余螺纹都以外径为公称直径。螺纹升角小于摩擦角的螺纹副，在轴向力作用下不松转，称为自锁，其传动效率较低。

圆柱螺纹中，三角形螺纹自锁性能好。它分为粗牙、细牙两种，一般联接多用粗牙螺纹。细牙的螺距小，升角小，自锁性能更好，常用于细小零件薄壁管中，有振动或变载荷的联接，以及微调装置等。管螺纹用于管件紧密联接。矩形螺纹效率高，但因不易磨制，且内外螺纹旋合定心较难，故常为梯形螺纹所代替。锯齿形螺纹牙的工作边接近矩形直边，多用于承受单向轴向力。

圆锥螺纹的牙型为三角形，主要靠牙的变形来保证螺纹副的紧密性，多用于管件。螺纹的类型如图 1-8 所示。

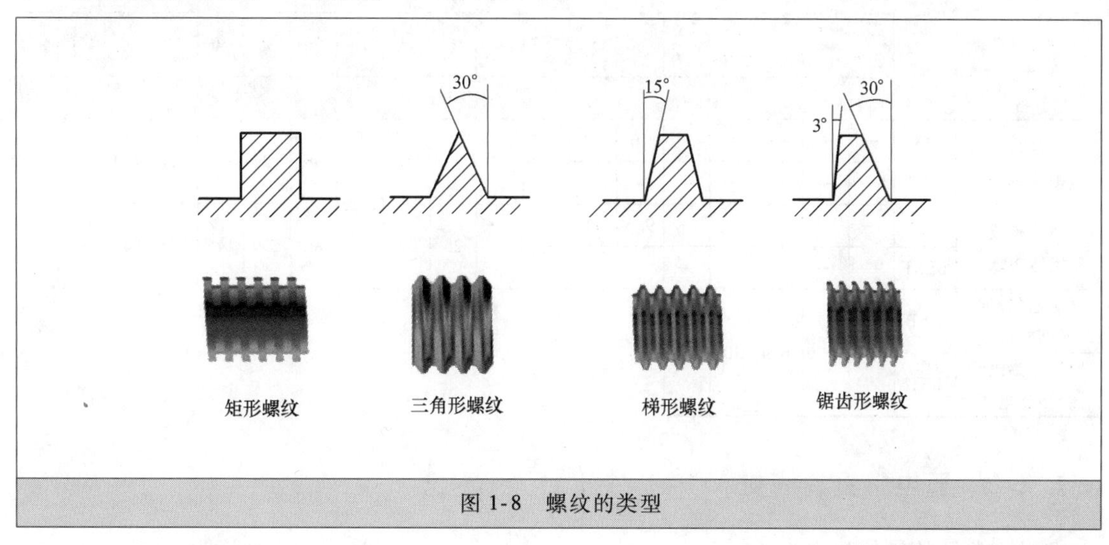

图 1-8 螺纹的类型

★1.2.2 电线

电线可以分为明装线和暗装线，如图 1-9 所示。

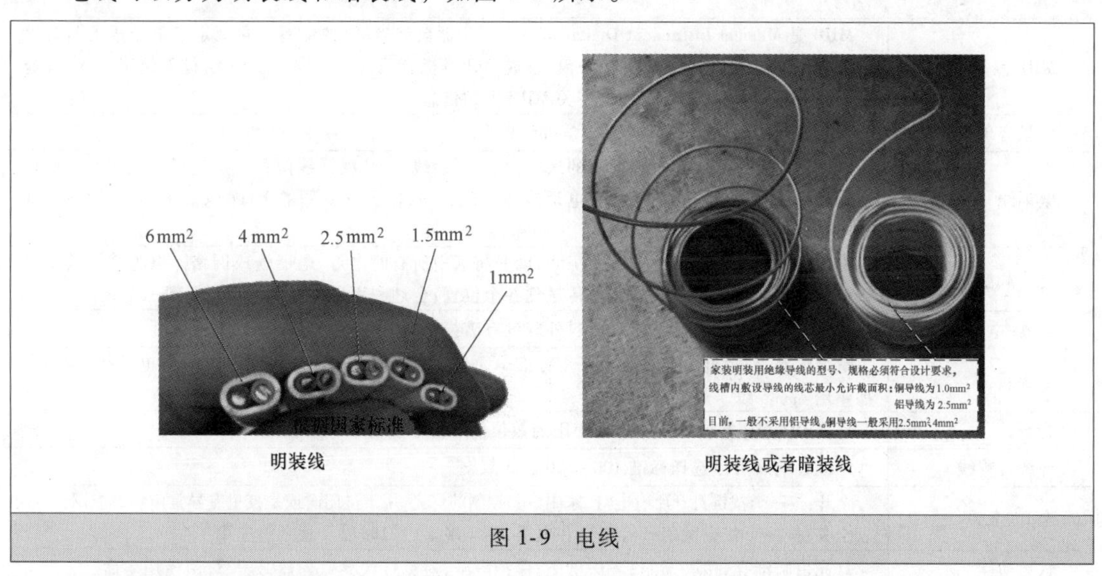

图 1-9 电线

一些电线的规格见表 1-1。

表 1-1 一些电线的规格

电线名称	型号	绝缘电线线芯标称截面积/mm²																		
		2×0.3	2×0.4	2×0.5	2×0.75	2×1.0	1.0	1.5	2.5	4	6	10	16	25	35	50	70	95	120	150
		截面积/mm²																		
聚氯乙烯绝缘电线	BV	—	—	—	—	—	5.3	8.6	11	14	18.1	34	48	72	93.3	137	170	235	257	320
	BLV	—	—	—	—	—	—	—												

（续）

电线名称	型号	绝缘电线线芯标称截面积/mm^2																		
		2×0.3	2×0.4	2×0.5	2×0.75	2×1.0	1.0	1.5	2.5	4	6	10	16	25	35	50	70	95	120	150
		截面积/mm^2																		
橡皮绝缘电线	BX	—	—	—	—	—	16	18	21	26	31	52	69	99	121	170	211	229	320	391
	BLX	—	—	—	—	—	—	—												
氯丁橡皮绝缘电线	BXF	—	—	—	—	—	9.6	11	13	17	25	38	59	80	109	145	193	246	—	—
	BLXF	—	—	—	—	—	—	—												
聚氯乙烯绝缘平型软电线	RVB	14.5	16.6	26.4	30	34														
聚氯乙烯绝缘绞型软电线	RVS																			

★1.2.3 弱电常见的线材

弱电常见的线材见表1-2。

表1-2 弱电常见的线材

名称	解说
MIDI线材	MIDI是Musical Instrument Digital Interface（乐器数字接口）的缩写。它规定了电子乐器与计算机间进行连接的硬件、数据通信协议，已成为计算机音乐的代名词。MIDI线材是使用在MIDI应用上的线材，常用五芯线来传送有关MIDI上的信息
背景音乐线	背景音乐线可以选择标准2×0.3mm^2线
电话线	电话线就是用于实现打电话用的线，有二芯电话线、四芯电话线两种。家庭里一般用二芯电话线。网络线也可以用作电话线。电话线连接时，一般需要用专用的RJ11电话水晶头，插在标准的电话连接模块里
电力载波	电力线将电能传到家中的各个房间，同时将家中所有的电灯、电器连成网络。电力载波技术是将低压控制信号加载到电力线上传送到各个位置，合理利用了电力线的网络资源
电器、电料的包装	电器、电料的包装需要完好，材料外观没有破损，附件、备件需要齐全
电源线	单个电器支线、开关线一般需要用标准1.5mm^2的电源线，主线用标准2.5mm^2电源线，空调器插座用4mm^2线
光纤	许多CD、MD等录放音器材常使用的数位信号传输线材
环绕音响线	环绕音响线可以选择标准100~300芯无氧铜
全开、全关	全开：按一个按键打开所有电灯，家中所要控制的灯光，用于进门时或是夜里有异常声响时应用 全关：按一个按键关闭所有电灯和电器，用于晚上出门时以及睡觉前应用
软启功能	灯光由暗渐亮，由亮渐暗；环保功能，保护眼睛，避免灯丝骤凉骤热，延长灯泡使用寿命
视频线	视频线可以选择标准AV影音共享线
塑料电线保护管、接线盒、各类信息面板	1）塑料电线保护管、接线盒、各类信息面板必须是阻燃型产品，外观没有破损、没有变形 2）金属电线保护管、接线盒外观没有折扁、没有裂缝，管内没有毛刺，管口需要平整 3）通信系统使用的终端盒、接线盒、配电系统的开关、插座，需要与各设备相匹配
网络开关	网络开关与普通开关有差异。网络开关具有网络功能。网络开关分为R型网络开关、T型网络开关 1）R型网络开关——接电灯时，与普通开关一样可以控制电灯的开关。不过，R型网络开关是电子开关，可以接收控制命令并执行。即R型网络开关能够让电灯实现了遥控等网络功能，不再是非得走到开关处才能开关灯了 2）T型网络开关——不接灯，只接220V电源，可以发出控制命令，让R型网络开关执行，达到控制目的

（续）

名　称	解　说
网络线	网络线用于家庭宽带网络的连接应用，内部一般有8根线。家居常用的网络线有5类、超5类两种
音频线	音频线主要在家庭影院、背景音乐系统中应用。音频线用于把客厅里家庭影院中激光CD机、DVD等的输出信号，送到功率放大器的信号输入端子的连接
音视频线	音视频线主要用于家庭视听系统的应用。音视频线一般是三根线并在一起，一根细的为左声道屏蔽线，另一根细的为右声道屏蔽线，一根粗的为视频图像屏蔽线
音响线	音响线也就是喇叭线。音响线主要用于客厅里家庭影院中功率放大器、音箱间的连接。一些音响线如下：音响线有两芯、三芯、四芯、五芯不等，较专业的音响多半使用三芯以上的线材，分别接到XLR接头的Ground（接地）、+、-三个接点
有线电视线、数字电视线等	有线电视同轴电缆主要用于有线电视信号的传输，如果用于传输数字电视信号时会有一定的损耗。数字电视同轴电缆主要用于数字电视信号的传输应用，也能够传输有线电视信号 同轴电缆线是一般RCA接头最常使用的线材，75Ω的同轴电缆线也是S/PDIF数位式讯号使用的线材

★1.2.4 音响线

金银线（音箱线）规格有50芯、100芯、150芯、200芯等，用于功放机输出到音箱（喇叭）的接线。喇叭线，也就是音响线。音响线如图1-10所示。

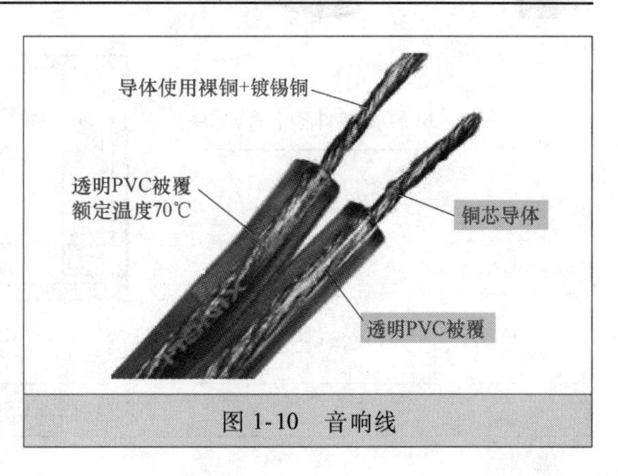

图1-10　音响线

★1.2.5 三色差线

三色差线是比S端子线质量更好的视频线，传输模拟信号，目前应该是模拟信号中最好的视频线，新近出的高端电视，以及家用投影仪都会带有这种接口。三色差线如图1-11所示。

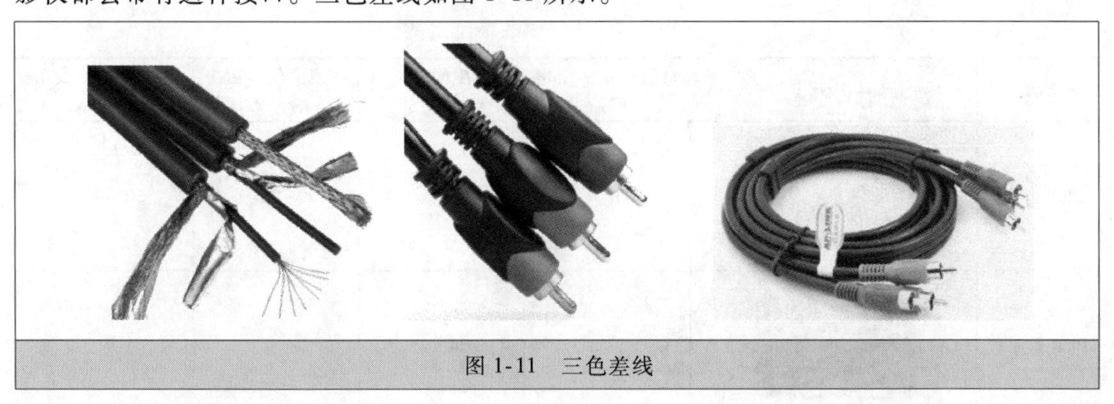

图1-11　三色差线

★1.2.6 USB接口

USB是Universal Serial Bus的缩写，其中文名称为通用串行总线。USB接口有USB1.1、USB2.0等类型。两者在传输速度上有差异，USB1.1为12Mbit/s，USB2.0可达480Mbit/s。USB2.0向下兼容USB1.1。

USB 接口具有传输速度更快、支持热插拔以及连接多个设备的特点。USB 总线包含四根信号线，其中 D+和 D-为信号线，VBUS 和 GND 为电源线。

USB 引脚定义如图 1-12 所示。

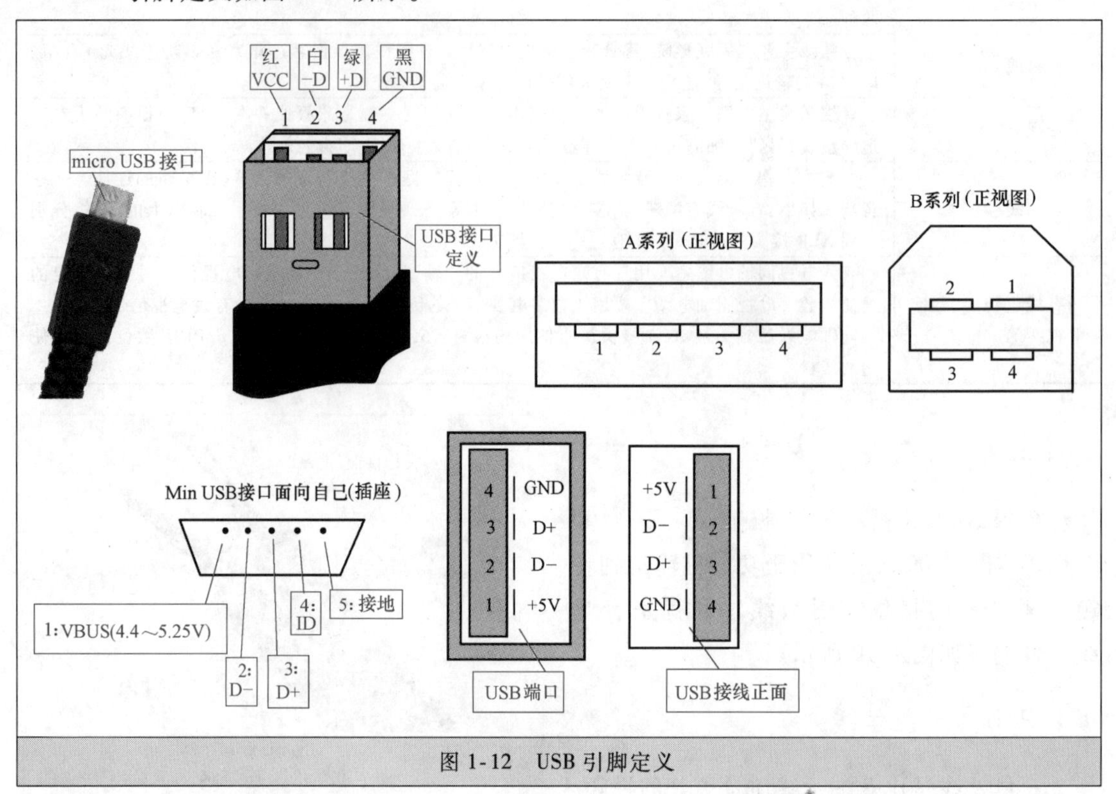

图 1-12　USB 引脚定义

★1.2.7　PPR 管件的用量

PPR 管件的参考用量见表 1-3。

表 1-3　PPR 管件的参考用量

名称	图例	两卫生间一厨房一般用量	一卫生间一厨房一般用量	一卫生间一厨房一阳台一般用量	两卫生间一厨房一阳台一般用量
90°弯头		70 只	40 只	20~30 只	30~40 只
PPR 热水管		80m	40m		
直接头		10 只	5 只	5~10 只	3~6 只

（续）

名称	图例	两卫生间一厨房一般用量	一卫生间一厨房一般用量	一卫生间一厨房一阳台一般用量	两卫生间一厨房一阳台一般用量
同径三通		14 只	7 只	4~8 只	5~10 只
45°弯头		10 只	5 只	5~10 只	10~15 只
内丝直弯		13 只	7 只	10~12 只	17~20 只
内丝直接		4 只	2 只	2~4 只	3~5 只
内丝三通		2 只	1 只		
过桥弯		3 根	1 根	1~2 根	3~4 根
生料带		4 卷	2 卷	1~2 卷	2~5 卷
堵头		13 只	7 只	10~20 只	20~30 只
管卡		60 只	40 只	10~20 只	15~40 只

（续）

名称	图例	两卫生间一厨房一般用量	一卫生间一厨房一般用量	一卫生间一厨房一阳台一般用量	两卫生间一厨房一阳台一般用量
外丝直径		2只	1只	1只	1~2只
外丝直接		2只	1只	1只	1~2只

★1.2.8　PVC排水管

PVC排水管应用很广。PVC排水管壁面光滑，流体阻力小，密度仅为铁管的1/5。常用PVC-U排水管规格：公称外径为32mm、40mm、50mm、75mm、90mm、110mm、125mm、160mm、200mm、250mm、315mm。PVC-U排水管的长度一般为4m或6m。

大口径PVC排水管是指口径200mm以上的管材。主流的大口径PVC排水管规格是200mm、250mm、315mm、400mm、500mm口径。大口径PVC排水管管材接口有直接、带承插口等种类。

PVC-U排水管如图1-13所示。

图1-13　PVC-U排水管

PVC 排水管室内、室外安装方法有区别。室内安装，可以直接靠墙角开孔装上 PVC 排水管，固定好后，做好防水。室外安装一般采用专门的卡口，一头用膨胀螺钉等固定在外墙，另一头用 PVC 的卡口卡住管子，接口处直接加 PVC 胶水粘接即可。如果 PVC 排水管需要活动，则需要采用活结。

PVC-U 排水管管件外形见表 1-4。

表 1-4 PVC-U 排水管管件外形

名称	图例	名称	图例
45°弯头	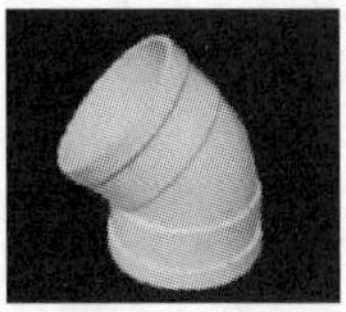	45°弯头(带口)	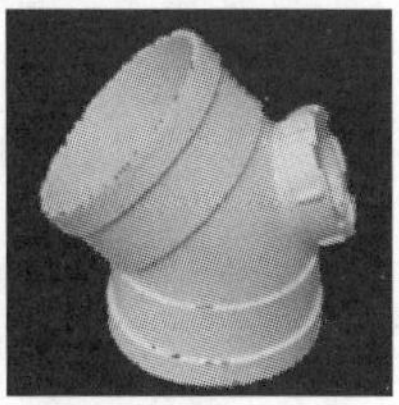
90°弯头	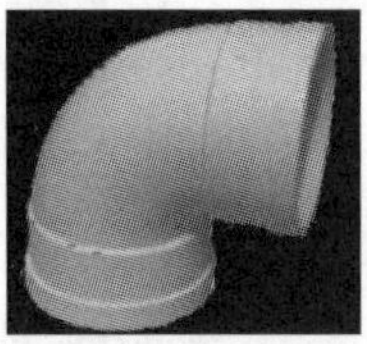	90°弯头(带口)	
P 形弯	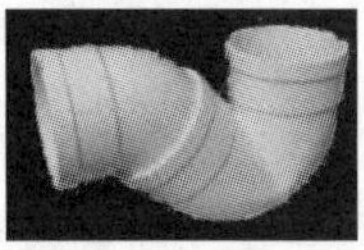	P 形弯(带口)	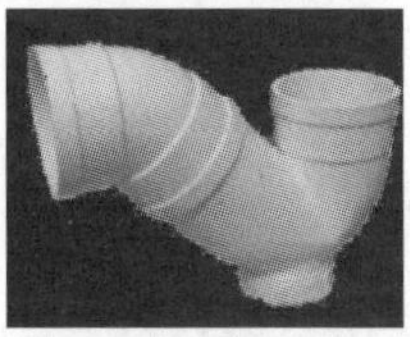
S 形弯	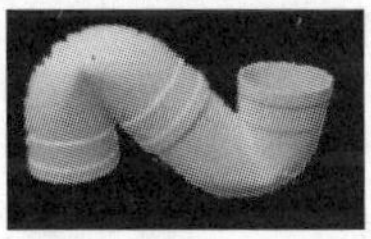	S 形存水弯(带口)	
异径接头(补芯)		存水弯(C 形弯)	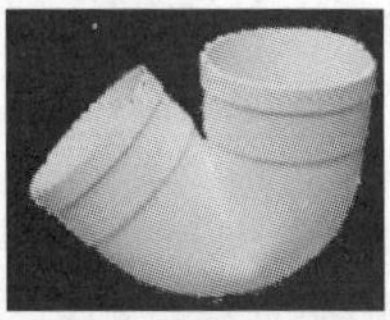
大便器接口	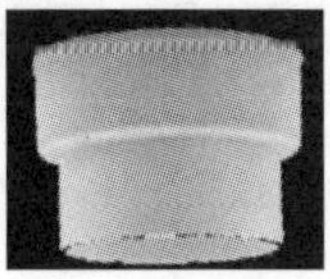	方地漏	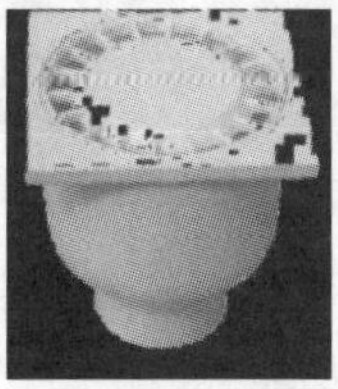

（续）

名称	图例	名称	图例
止水环		圆地漏	
立体四通	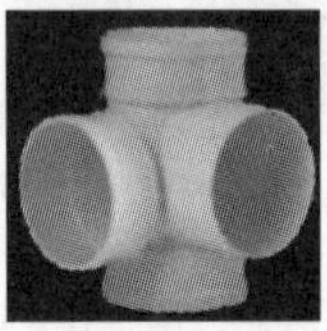	清扫口	
四通	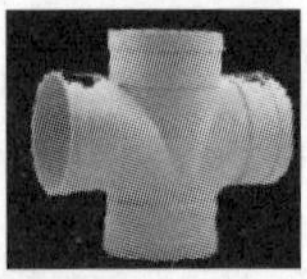	瓶形三通	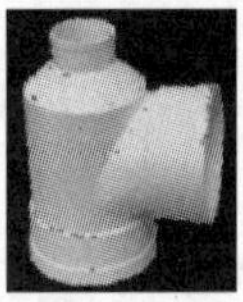
三通		双联斜三通（H形管）	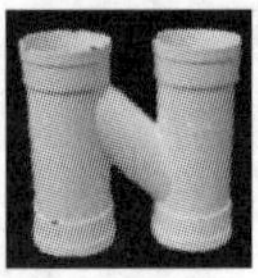
套管接头（带口）	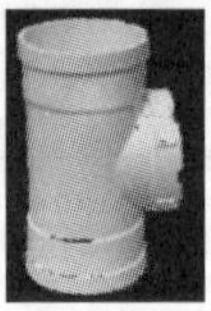	套管接头（直接）	
透气帽	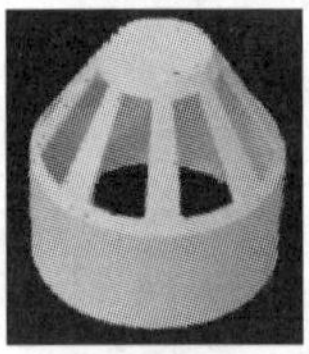	洗衣机地漏	
消音90°弯头		消音三通	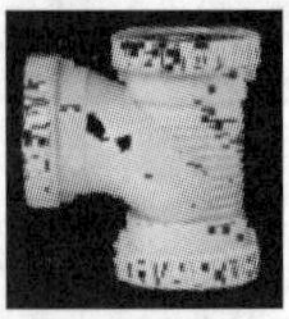
消音双联斜三通（H形管）		消音四通	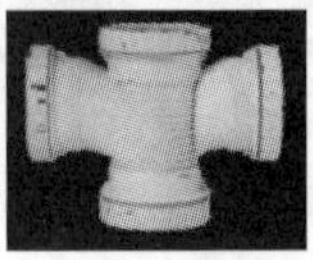

（续）

名称	图例	名称	图例
消音套管接头(带口)		消音斜三通	
消音异径接头		消音异径三通	
斜三通		斜四通	
异径三通		雨水斗	
预埋地漏		预埋防漏接头	
圆地漏		止水环	

★1.2.9　石灰石硅酸盐水泥强度指标

石灰石硅酸盐水泥强度指标见表1-5。

★1.2.10　建筑排水塑料管材的参数

建筑排水塑料管材的参数见表1-6。

表 1-5　各强度等级水泥的各龄期强度指标　　　　（单位为 MPa）

强度等级	抗压强度		抗折强度	
	3d	28d	3d	28d
32.5	≥11.0	≥32.5	≥2.5	≥5.5
32.5R	≥16.0	≥32.5	≥3.5	≥5.5
42.5	≥16.0	≥42.5	≥3.5	≥6.5
42.5R	≥21.0	≥42.5	≥4.0	≥6.5

表 1-6　建筑排水塑料管材的参数

项目 \ 管材名称		硬聚氯乙烯实壁管	芯层发泡硬聚氯乙烯管	消音硬聚氯乙烯双层轴向中空壁管	高密度聚乙烯管	聚丙烯静音排水管
适用范围	50m 以下建筑	√				
	50m 及 50m 以上建筑	√	×	√	√	
	适用水温	<40℃			<70℃	
	排水噪声	大于排水铸铁管	略大于排水铸铁管(应配合消音管件使用)		低于排水铸铁管	
管径范围/mm		32~200	40~200	50~160	32~315	50~160
主要连接方式	相同材质	承插粘接连接，橡胶密封圈连接	承插粘接连接	螺母压紧式连接	热熔对接、电熔连接	橡胶密封圈连接
	与其他材质塑料管	承插粘接连接,橡胶密封圈连接			橡胶密封圈连接	
	与金属管	承插连接,卡箍连接,法兰连接	转换成实壁管件与金属管连接		卡箍连接、法兰连接	
平均密度/(g/cm^3)		1.45~1.55			≥0.94	1.20~1.80
导热系数 λ/[W/(m·K)]		0.20~0.21			0.40	—
线膨胀系数 α/($\times10^{-5}$/℃)		6~8			20	9
弹性模量(20℃)/MPa		2800~3200			≥700	—
耐热性		自熄性			易燃	—
纵向回缩率		≤5%			≤3	
拉伸强度/MPa		≥40			—	
管材、管件颜色		白色、灰色			黑色	蓝色、灰色
合格		低	低	中	较高	高

★1.2.11　建筑排水塑料管道伸缩节最大伸缩量

建筑排水塑料管道伸缩节最大伸缩量见表 1-7。

表 1-7　建筑排水塑料管道伸缩节最大伸缩量

管径/mm	50	75	90	110	125	160	200
最大允许伸缩量/mm	12	15	20	20	20	25	25

★1.2.12　建筑排水塑料管道支架与吊架最大间距

建筑排水塑料管道支架与吊架最大间距见表 1-8。

★1.2.13　建筑排水塑料管道转弯管道管卡中心与弯管中心的最大间距

建筑排水塑料管道转弯管道管卡中心与弯管中心的最大间距见表 1-9。

表 1-8 建筑排水塑料管道支架与吊架最大间距

管径/mm		32	40	50	75	90	110	125	160	200
立管/m		1.20	1.20	1.20	1.50	1.70	2.00	2.00	2.50	2.50
横管/m	冷水	0.40	0.50	0.50	0.75	0.90	1.10	1.30	1.60	1.60
	热水	0.25	0.35	0.35	0.50	0.60	0.80	1.00	1.25	1.25

表 1-9 建筑排水塑料管道转弯管道管卡中心与弯管中心的最大间距

管径/mm	支架中心至弯管中心距离/mm	管径/mm	支架中心至弯管中心距离/mm
$d_n \leqslant 40$	≤200	$75 < d_n \leqslant 110$	≤550
$40 < d_n \leqslant 50$	≤250	$110 < d_n \leqslant 125$	≤625
$50 < d_n \leqslant 75$	≤375	$125 < d_n \leqslant 160$	≤1000

★1.2.14 建筑排水塑料管道排水横管的直线管段上检查口或者清扫口间的最大距离

建筑排水塑料管道排水横管的直线管段上检查口或者清扫口间的最大距离见表 1-10。

表 1-10 建筑排水塑料管道排水横管的直线管段上检查口或者清扫口间的最大距离

管径/mm	清扫设备种类	距离/m	
		生活废水	生活污水
50~75	检查口	15	12
	清扫口	10	8
110~160	检查口	20	15
	清扫口	15	10
200	检查口	25	20

★1.2.15 非陶瓷类卫生洁具的分类

非陶瓷类卫生洁具的分类见表 1-11。

表 1-11 非陶瓷类卫生洁具的分类

种类	类型	结构	安装方式	排污方向	按用水量分	使用用途	材质
坐便器	挂箱式 坐箱式 连体式 冲洗阀式	冲落式 虹吸式 喷射虹吸式 漩涡虹吸式	落地式 壁挂式	下排式 后排式	普通型 节水型	成人型 幼儿型 残疾人/老年人专用型	亚克力 人造石
小便器	—	冲落式 虹吸式	落地式 壁挂式	—	普通型 节水型	—	亚克力 人造石
净身器	—	—	落地式 壁挂式	—	—	—	亚克力 人造石

（续）

种类	类型	结构	安装方式	排污方向	按用水量分	使用用途	材质
洗面器	—	—	台式 立柱式 壁挂式	—	—	—	亚克力 人造石
洗涤槽	—	—	台式 壁挂式	—	—	住宅用 公共场所用	亚克力 人造石
浴缸	—	—	—	—	—	—	亚克力 人造石
淋浴盆	—	—	落地式	—	—	—	亚克力 人造石

★1.2.16　非陶瓷类卫生洁具最大允许变形

非陶瓷类卫生洁具最大允许变形见表1-12。

表1-12　非陶瓷类卫生洁具最大允许变形

产品名称	安装面/mm	表面/mm	整体/mm	边缘/mm
坐便器	3	4	6	—
小便器	5	6mm/m,最大7	6mm/m,最大7	—
洗面器	3	6mm/m,最大10	6mm/m,最大10	4
净身器	3	4	6	—
洗涤槽	4	6mm/m,最大7	6mm/m,最大7	5
浴缸	—	6mm/m,最大10	6mm/m,最大10	—
淋浴盆	—	6mm/m,最大7	6mm/m,最大7	—

注：形状为圆形或艺术造型的产品，边缘变形不作要求。

★1.2.17　非陶瓷类卫生洁具尺寸允许偏差

非陶瓷类卫生洁具尺寸允许偏差见表1-13。

表1-13　非陶瓷类卫生洁具尺寸允许偏差

尺寸类型	尺寸范围/mm	允许偏差/mm
外形尺寸	≤1000	±5
	>1000	-10
孔眼直径	$\phi<15$	+2
	$15\leq\phi\leq30$	±2
	$30\leq\phi\leq80$	±3
	$\phi>80$	±5
孔眼圆度	$\phi\leq70$	2
	$70<\phi\leq100$	4
	$\phi>100$	5
孔眼中心距	≤100	±3
	>100	规格尺寸×±3%
孔眼距产品中心线偏移	≤100	±3
	>100	规格尺寸×±3%

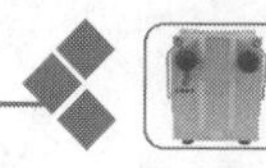

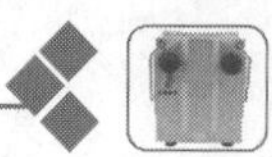

（续）

尺寸类型	尺寸范围/mm	允许偏差/mm
孔眼距边	≤300	±9
	>300	规格尺寸×±3%
安装孔平面度	—	2
排污口安装距	—	-30~0

★1.2.18 非陶瓷类卫生洁具用水量

非陶瓷类卫生洁具用水量见表1-14。

表1-14 非陶瓷类卫生洁具用水量

产品名称	类　别	用水量限值/L
坐便器	普通型(单/双档)	9
	节水型(单/双档)	6
小便器	普通型	5
	节水型	3

★1.2.19 轻质陶瓷砖尺寸允许偏差

轻质陶瓷砖尺寸允许偏差见表1-15。

表1-15 轻质陶瓷砖尺寸允许偏差

<table>
<tr><th colspan="2" rowspan="2">尺寸类别</th><th colspan="4">瓷砖上表面积 S/cm^2</th></tr>
<tr><th>$S\leq190$</th><th>$190<S\leq410$</th><th>$410<S\leq1600$</th><th>$S>1600$</th></tr>
<tr><td rowspan="3">长度和宽度</td><td>每块砖(2条或4条边)的平均尺寸相对于工作尺寸(W)的允许偏差(%)</td><td>±0.8</td><td>±0.6</td><td>±0.5</td><td>±0.4</td></tr>
<tr><td>每块砖(2条或4条边)的平均尺寸相对于10块砖(20条或40条边)平均尺寸的允许偏差(%)</td><td>±0.4</td><td>±0.4</td><td>±0.4</td><td>±0.3</td></tr>
<tr><td colspan="5">制造商常选用以下尺寸：
a)模数砖名义尺寸连接宽度允许在2~5mm之间
b)非模数砖工作尺寸与名义尺寸之间的偏差不大于±2%，最大5mm</td></tr>
<tr><td>厚度</td><td>每块砖厚度的平均值相对于工作尺寸的允许偏差(%)</td><td colspan="4">±10</td></tr>
<tr><td colspan="2">边直度①(正面)
相对于工作尺寸的最大允许偏差(%)</td><td>±0.5</td><td>±0.5</td><td>±0.5</td><td>±0.3</td></tr>
<tr><td colspan="2" rowspan="2">直角度①
相对于工作尺寸的最大允许偏差(%)</td><td>±0.6</td><td>±0.6</td><td>±0.6</td><td>±0.6</td></tr>
<tr><td colspan="4">边长 L>600mm 的砖，直角度用大小头和对角线的偏差表示，最大偏差≤2.0mm</td></tr>
<tr><td rowspan="4">表面平整度②最大允许偏差(%)</td><td>a. 相对于由工作尺寸计算的对角线的中心弯曲度</td><td colspan="4">-0.3，+0.5</td></tr>
<tr><td>b. 相对于工作尺寸的边弯曲度</td><td colspan="4">-0.3，+0.5</td></tr>
<tr><td>c. 相对于由工作尺寸计算的对角线的翘曲度</td><td colspan="4">-0.3，+0.5</td></tr>
<tr><td colspan="5">边长大于600mm的砖，表面平整度用上凸和下凹表示，其最大偏差不超过2.0mm</td></tr>
</table>

① 不适用于有弯曲形状的砖；

② 不适用于砖的表面有意制造的不平整效果。砖的表面有意制造不平整效果时应测量其底面。

★1.2.20　聚合物水泥防水浆料的分类

聚合物水泥防水浆料的分类如图 1-14 所示。

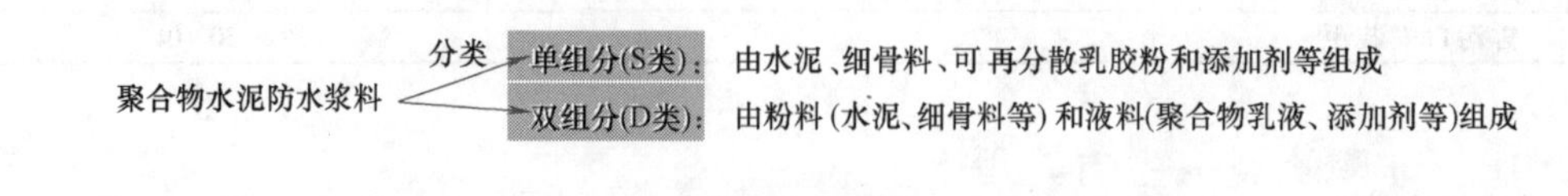

图 1-14　聚合物水泥防水浆料的分类

★1.2.21　常见的连接管

ϕ14.5 不锈钢丝编织软管。还有 ϕ13.5 不锈钢丝编织软管等种类。有的内管采用三元乙丙胶（防爆设计）、连接头采用红锻铜（纯铜材质）、连接帽采用红锻铜镀铬、密封圈采用丁晴密封胶。常见的长度为 30cm、40cm、50cm、60cm、80cm、100cm 等，如图 1-15 所示。

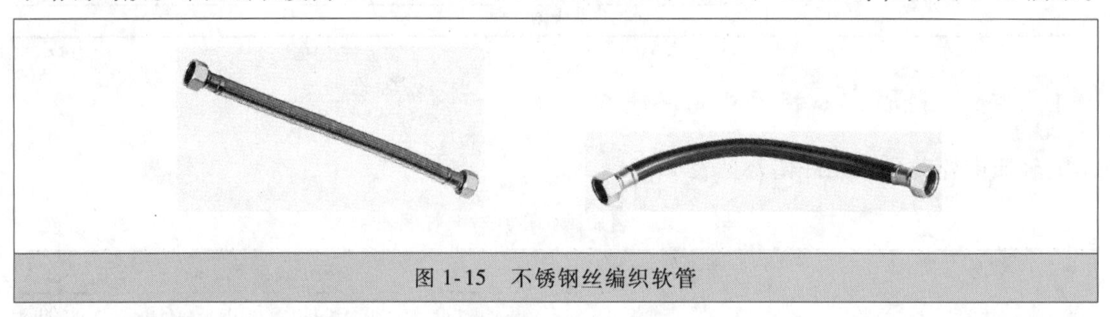

图 1-15　不锈钢丝编织软管

ϕ14 不锈钢波纹管，长度有 100cm、80cm、70cm、60cm、50cm、30cm、20cm 等种类，如图 1-16 所示。

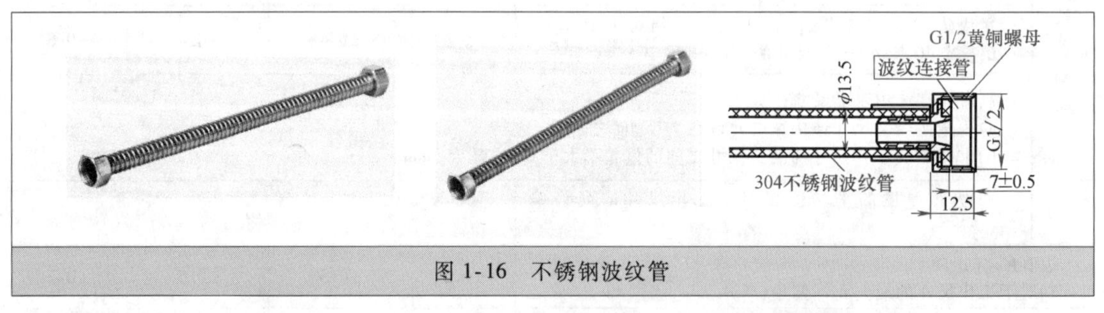

图 1-16　不锈钢波纹管

ϕ11 菜盆龙头进水软管，长度有 80cm、60cm、50cm、45cm 等种类，如图 1-17 所示。

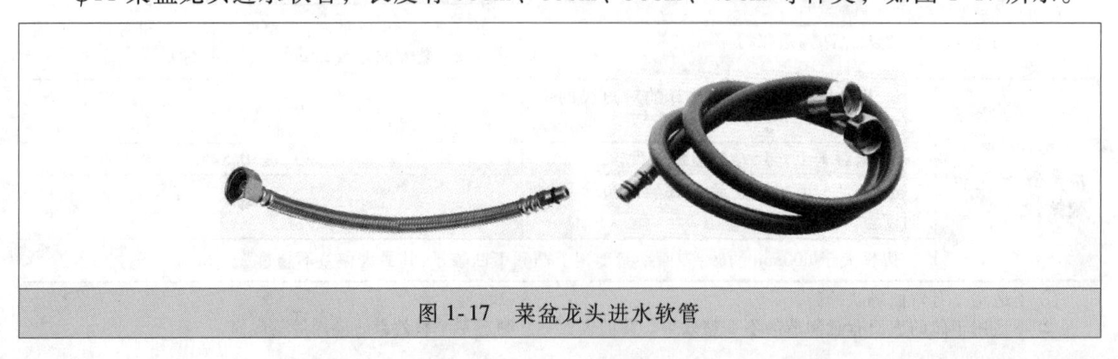

图 1-17　菜盆龙头进水软管

ϕ15.5 高级卫厨进水软管，长度有 50cm、40cm、30cm 等种类。ϕ15 包塑钢丝编织软管，长度有 150cm、120cm、60cm 等种类。另外，ϕ15.5 卫厨进水软管长度有 50cm 的，如图 1-18 所示。

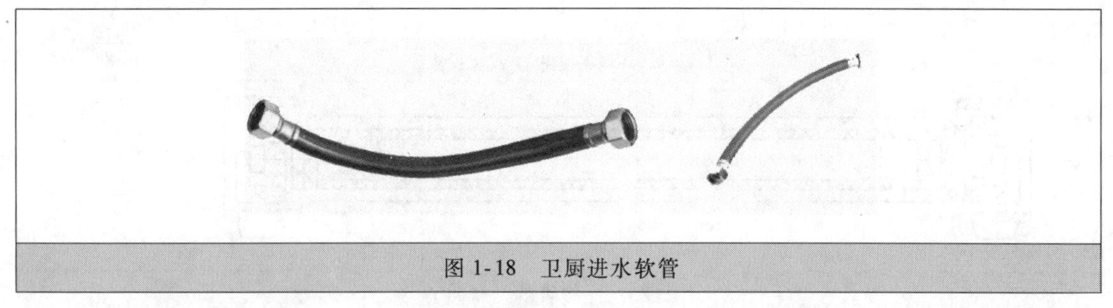

图 1-18 卫厨进水软管

ϕ14 不锈钢双扣淋浴软管，长度有 200cm、180cm、120cm 等种类，如图 1-19 所示。

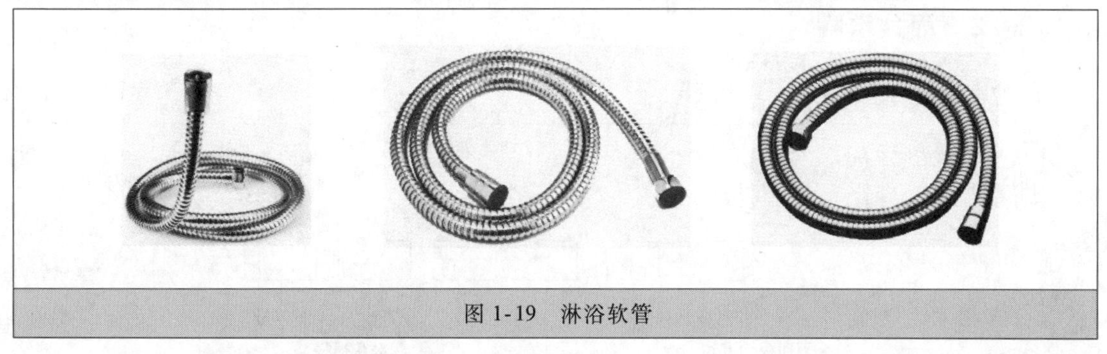

图 1-19 淋浴软管

连接软管主要有双头四分连接管、单头连接软管、淋浴软管以及不锈钢编织软管和不锈钢波纹硬管。一些连接软管的特点与应用如下：

双头四分连接管——主要用于双孔水龙头进水、热水器、马桶等。

波纹硬管——热水器上一般使用波纹硬管。

水龙头——一般用编织软管。

单头连接软管——主要用于冷、热单孔水龙头和厨房水龙头的进水（一般水龙头里面有配送）。

淋浴软管——一般 1.5m 长度两头四分标准淋浴软管。

双外丝接头——连接软管长度尺寸不够可以用双外丝接头连接。

软管安装辅料——连接软管常需要的安装辅料是生料带。

软管搭配件——常搭配的器具是三角阀。

软管适用温度——连接软管适用温度一般≤90℃。

软管主要配置——有 G1/2" 螺母、M10×1 接头、 304 不锈钢丝、橡胶内管、橡胶垫片。

软管——在卫生设备系统中，由橡胶管、不锈钢编织网（包括不锈钢波纹管）或铜波纹管或聚氯乙烯（PVC）加丝、铜芯、连接套、胶垫（或 O 形密封圈）和连接螺母组成的柔性管。

连接软管——在卫生设备系统中，用于连接给水器具与管路的软管。

洗涤软管——用于连接洗涤喷头与洗涤器的软管。

连接管的结构特点，如图 1-20 所示。

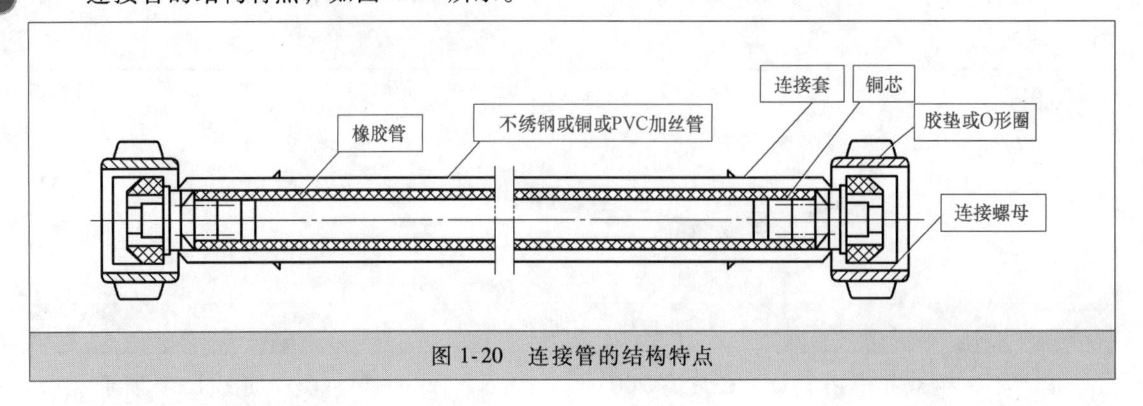

图 1-20　连接管的结构特点

★1.2.22　面盆水嘴

面盆水嘴的标志如图 1-21 所示。

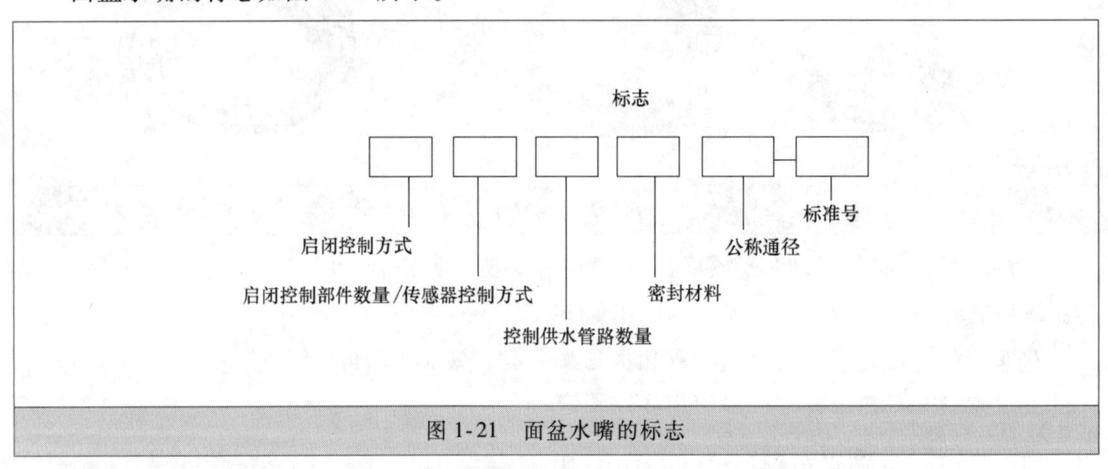

图 1-21　面盆水嘴的标志

面盆水嘴按启闭控制方式分为机械式和非接触式两类，代号见表 1-16。

表 1-16　启闭控制方式

启闭控制方式	机械式	非接触式
代号	J	F

机械式面盆水嘴按启闭控制部件数量分为单柄和双柄两类，代号见表 1-17。

表 1-17　启闭控制部件数量

启闭控制部件数量	单柄	双柄
代号	D	S

非接触式面盆水嘴按传感器控制方式分类见表 1-18。

表 1-18　传感器控制方式

传感器控制方式	反射红外式	遮挡红外式	热释电式	微波反射式	超声波反射式	其他类型
代号	F	Z	R	W	C	Q

面盆水嘴按控制供水管路的数量分为单控和双控两类，代号见表1-19。

表1-19　供水管路的数量

供水管路的数量	单控	双控
代号	D	S

面盆水嘴按密封材料分为陶瓷和非陶瓷两类，代号见表1-20。

表1-20　密封材料

密封材料	陶瓷	非陶瓷
代号	C	F

★1.2.23　承重混凝土多孔砖

承重混凝土多孔砖如图1-22所示。

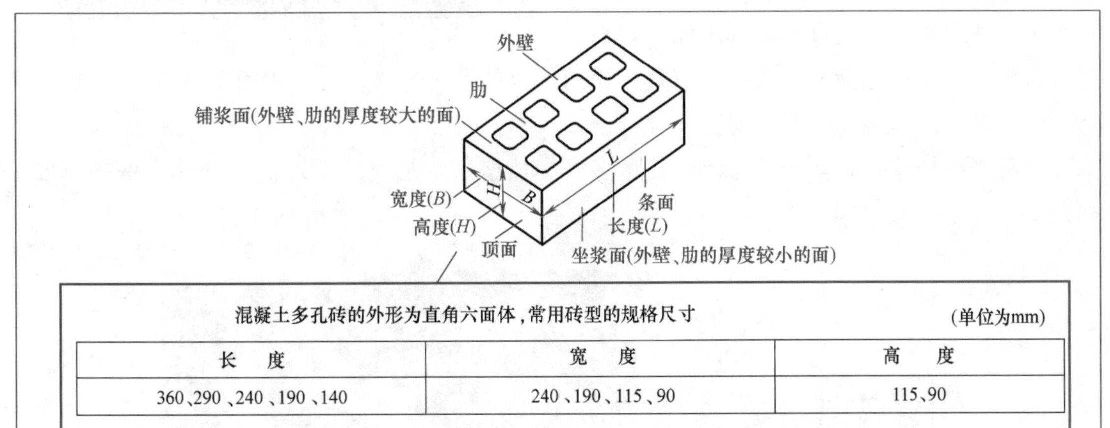

图1-22　承重混凝土多孔砖

★1.2.24　雨淋喷头

雨淋喷头如图1-23所示。

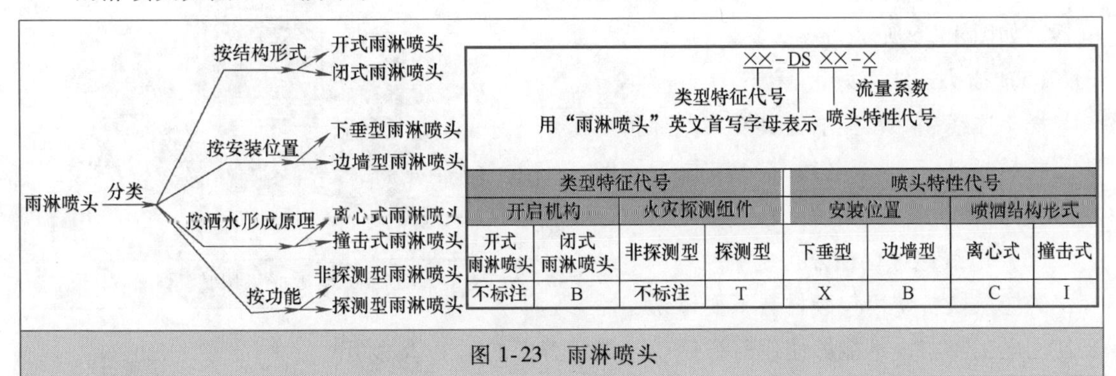

图1-23　雨淋喷头

☆☆ 1.3 安全与防护 ☆☆

一些用电安全与用电防护如下：

（1）防止绝缘部分破损

例如，灯座、插座或插头的外壳碰裂或者电线的绝缘皮磨损，坏了的需要及时更换，电线绝缘皮磨损处和电线的接头处要用绝缘胶布缠好。灯座、插座电线绝缘皮磨损如图 1-24 所示。

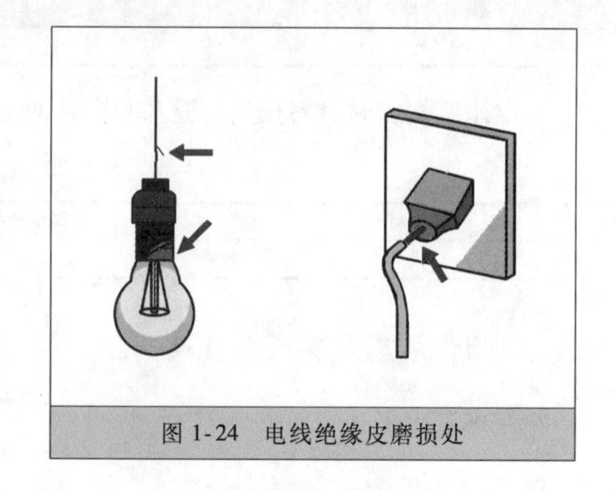

图 1-24 电线绝缘皮磨损处

（2）电路不要与金属连在一起

室内外电路不要与金属连在一起，更不要把电线挂在铁丝上，万一绝缘皮破了，铁丝就带电，这是很危险的。为此，尽量不使用传统的吊线灯具，要使用固定灯座的灯具。

（3）尽量多安排墙壁固定插座

使用移动插排，存在安全隐患，尽量多安排墙壁固定插座。插座需要选择有保护门的，如图 1-25 所示。

图 1-25 尽量多安排墙壁固定插座和选择有保护门的插座

（4）必要时采用智能插座

必要时采用智能插座，能够更好地控制电器，如图 1-26 所示。

图 1-26 必要时采用智能插座

（5）插头连线完好

插头连线完好，配电箱具有短路保护功能。拔插插头不要拿电线部分拽拉，如图 1-27 所示。

（6）电线绝缘层恢复正确

绝缘层恢复使用包裹材料不要错误，需要使用电工胶布，不能够使用普通透明胶等代替，如图 1-28 所示。

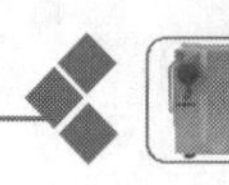

图 1-27 不要拿电线部分拽拉

图 1-28 电线绝缘层恢复需要正确

(7) 尽量多安装五孔插座

尽量多安装五孔插座，满足二孔、三孔的需要，如图 1-29 所示。

图 1-29 尽量多安装五孔插座，满足二孔、三孔的需要

(8) 必须采用断路器保护

刀开关基本不再作为家庭家居总开关来使用，总开关应采用断路器，如图 1-30 所示。

(9) 家居线路尽量走暗线

家庭家居线路（主要是指城镇家居线路）尽量走暗线，如图1-31所示。

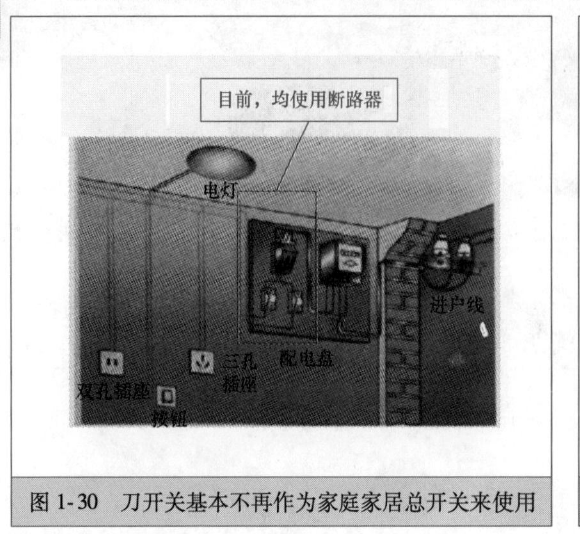

图1-30　刀开关基本不再作为家庭家居总开关来使用

图1-31　家居线路尽量走暗线

（10）线路要分组

家居插座线路需要分几组，照明线路需要分几组，如图1-32所示。大功率的电器需要单独设置一组，电器的功率见表1-21。

图1-32　家居插座线路需要分几组

表1-21　电器的功率

电器名称	一般电功率/W	估计用电量/kW·h
窗式空调器	800～1300	最高每小时0.8～1.3
家用电冰箱	65～130	大约每日0.85～1.7
洗衣机（单缸） （双缸） 加热（滚筒）	230 380 850～1750	最高每小时0.23 最高每小时0.38 最高每小时0.85～1.75
微波炉	950	每10分钟0.16
电热淋浴器	1200	每小时1.2
电水壶	2000	每小时2
电饭煲	1200	每小时1.2
电熨斗	750	每20分钟0.25
理发吹风器	450	每5分钟0.04

（续）

电器名称	一般电功率/W	估计用电量/kW·h
吸尘器	400	每15分钟0.1
吊扇（大型） （小型）	150 75	每小时0.15 每小时0.08
电视机（21寸） （25寸）	70 100	每小时0.07 每小时0.1
CD、VCD	80	每小时0.03
音响器材	100	每小时0.1

（11）电器位置

电器需要事先确定好位置，并且考虑将来可能变动的位置，如图1-33和图1-34所示。

图1-33 电器需要事先确定好位置

图1-34 电器位置要正确

（12）开关位置要正确、操作方便

开关位置要正确、操作方便，如图1-35所示。

（13）导线选择与连接

导线选择与连接需要正确，如图1-36所示。

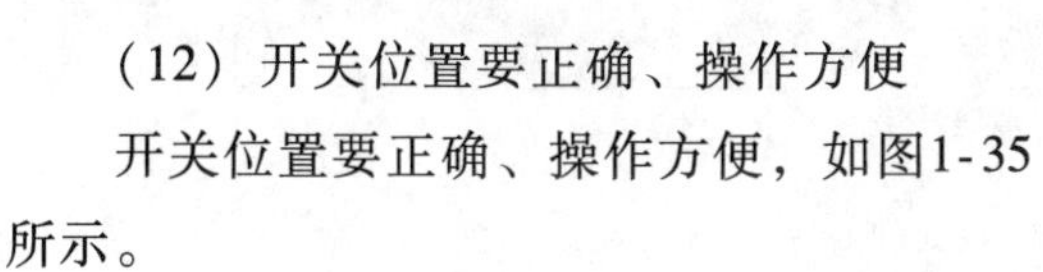

导线最大容许持续电流

截面积/mm^2	橡皮绝缘或聚氯乙烯铜导线			
	明装/A	两根单芯/A	三根单芯/A	四根单芯/A
1	18	12	11	10
1.5	22	14	13	12
2.5	30	21	20	18
4	40	31	27	25

图1-35 开关位置要正确、操作方便

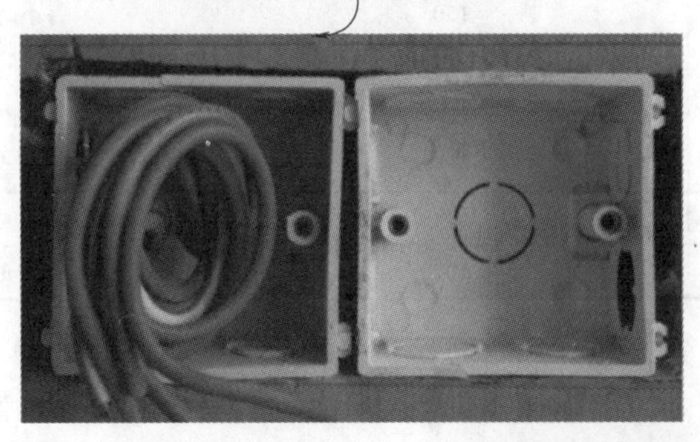

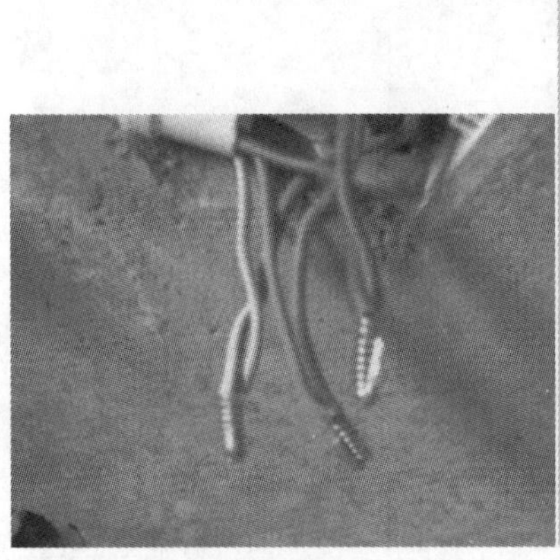

图 1-36　导线选择要正确、导线连接要正确

（14）会使用灭火器

学会使用灭火器，如图 1-37 所示。

应对用电引发火灾的措施与应对方法：

1）立即切断电源，并快速移开附近的易燃易爆物品，如书本、桌布、煤气瓶和其他小家电等。电源尚未切断时，切勿把水浇到电气用具或开关上。

2）若是电视机、计算机等家电起火，注意不要用灭火器或者水去灭火，而应用棉被、毛毯等物品来扑灭火焰。

3）无法切断电源时，应用不导电的灭火剂灭火，不要用水及泡沫灭火。

4）迅速拨打“119”火警电话。

图 1-37　学会使用灭火器

应对发生短路导致断电的措施与应对方法：

1）保持冷静。关闭家中当前开启的电器，以防突然通电的时候，烧坏电器。

2）检查总电闸和分电闸是否已自动关闭。如果只是部分电路短路，要切断分电路的电闸。

3）打电话请专业的电工前来维修，切勿私自安装熔丝。

（15）安全用电

触电对人体的伤害程度如图1-38所示。

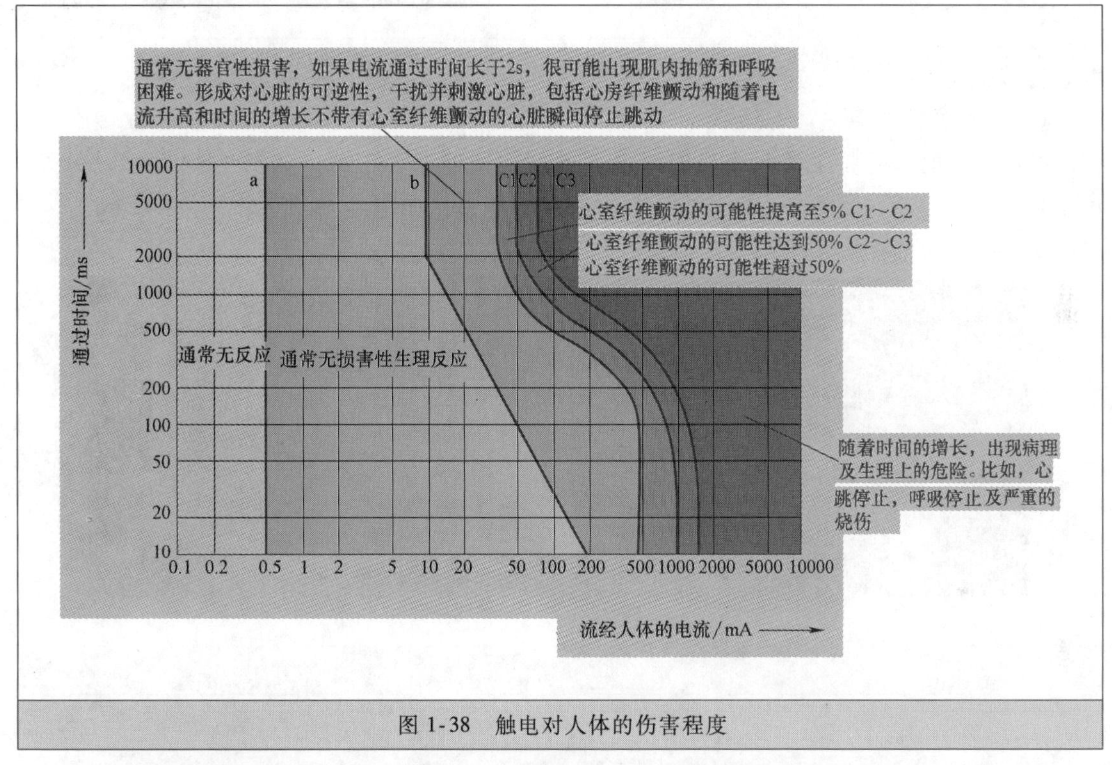

图1-38　触电对人体的伤害程度

家装常见的触电类型包括双相触电和单相触电，它们的特点如图1-39所示。

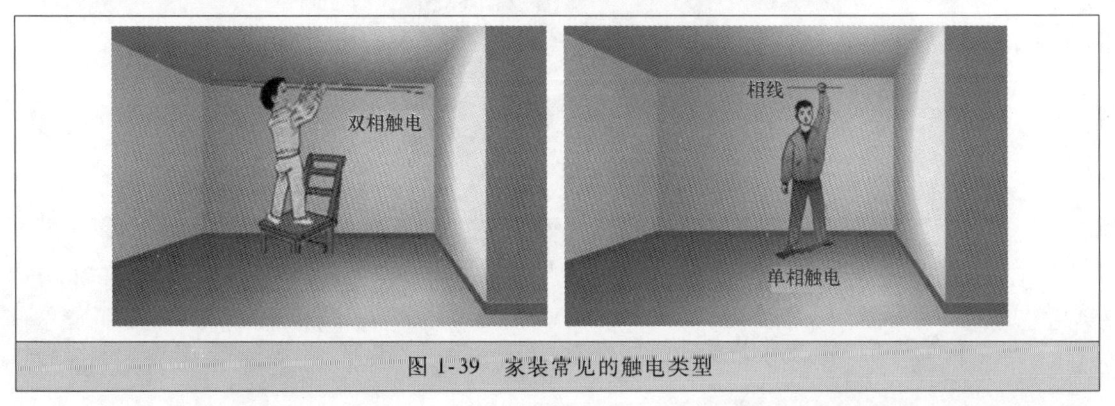

图1-39　家装常见的触电类型

家装时，如果遇到电气相关火灾，不能采用水灭火，如图1-40所示。遇到带电电线触及触电者身上，在没有确定是否可以采用徒手操作时，最好尽快使用绝缘棒挑开电线，如图1-41所示。

图 1-40　电气相关火灾不能够采用水灭火

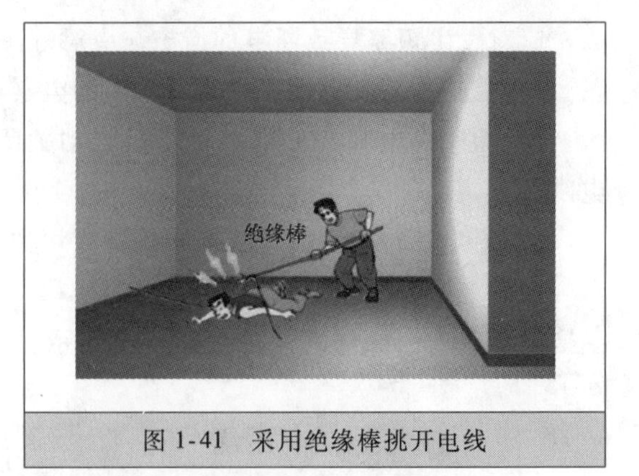

图 1-41　采用绝缘棒挑开电线

（16）操作注意点

登高操作时，需要注意电线不能漏电，攀高工具停靠要正确，如图 1-42 所示。另外，施工现场需要张贴有关标语、注意点、注意事项等标识，如图 1-43 所示。

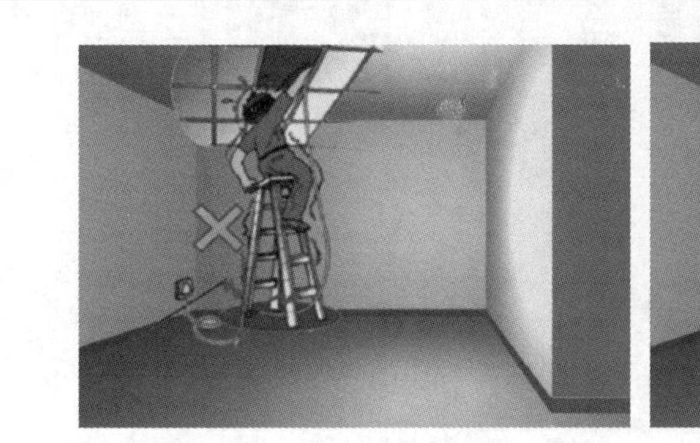

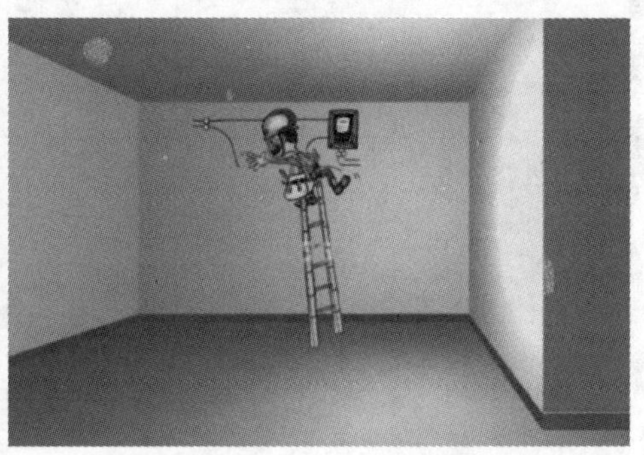

图 1-42　操作注意点

图 1-43　文明施工标识

☆☆　1.4　工　　具　☆☆

★1.4.1　试电笔

一般试电笔测试电压的范围通常在 60～500V。测试时如果氖泡发光，则说明导线有电，

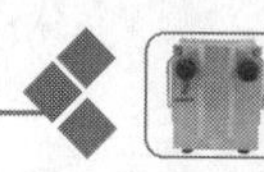

或者为通路的相线。试电笔有普通试电笔、数显试电笔等种类，试电笔的结构和特点如图1-44所示。

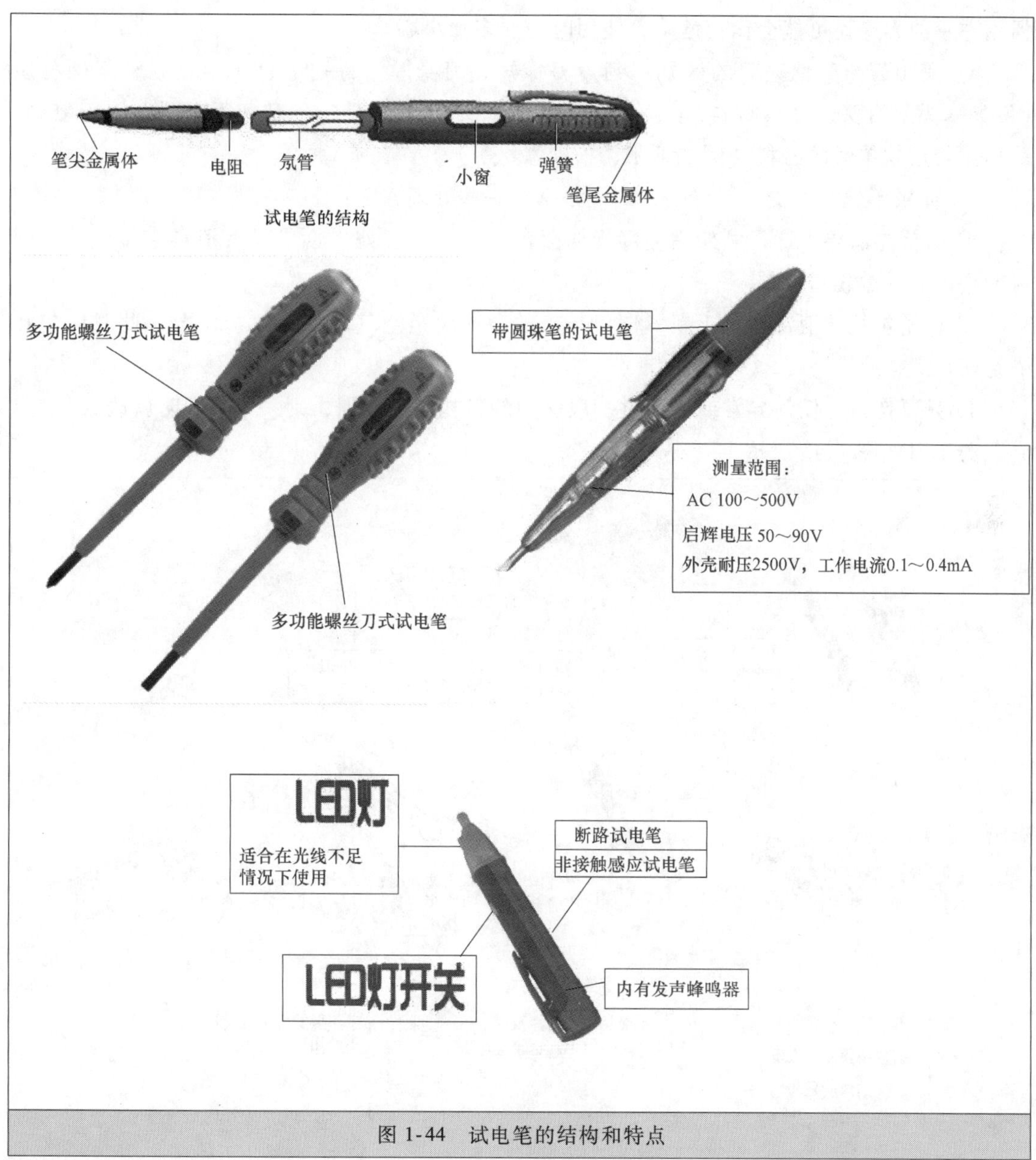

图1-44 试电笔的结构和特点

★1.4.2 美工刀

使用美工刀的一些注意事项如下：

1）美工刀有大小等多种型号，根据实际情况来选择。美工刀片中刀产品规格为0.5mm×18mm×100mm、小刀产品规格为0.4mm×9mm×80mm等。

2）美工刀正常使用时一般只使用刀尖部分。因刀身很脆，使用时不能伸出过长的刀身。

3）美工刀刀身的硬度与耐久因刀身质地不同而有差异。

4）刀柄的选用需要根据手型来挑选，并且握刀手势要正确。

5）很多美工刀为了方便折断都会在折线工艺上做处理，但是需要注意，这些处理对于惯用左手的人来说可能会比较危险，使用时需要多加小心。

6）美工刀与其他刻刀的区别：刻刀刀锋短，刀身厚，特别适合于雕刻各种坚硬材质（例如木头、石头、金属材料）。美工刀刀锋长，刀尖多为斜口，刀身薄，可以用于雕刻、裁切比较松软单薄的材料（例如纸张、松软木材等）。

7）如果不慎操作美工刀受伤，则应该学会一些处理方法：

① 以首先需要消毒，例如用消毒棉棒蘸消毒液消毒。如果创口没有消毒直接包扎，则可能会因此导致伤口坏损。

② 止血包扎，消毒后对于新鲜伤口最大的敌人就是空气中的氧气与水分，此时应包扎隔绝伤口。

③ 只要伤口有任何异常或者超过一般认为的包扎处理范围，则一定要即时就医。

美工刀如图 1-45 所示。

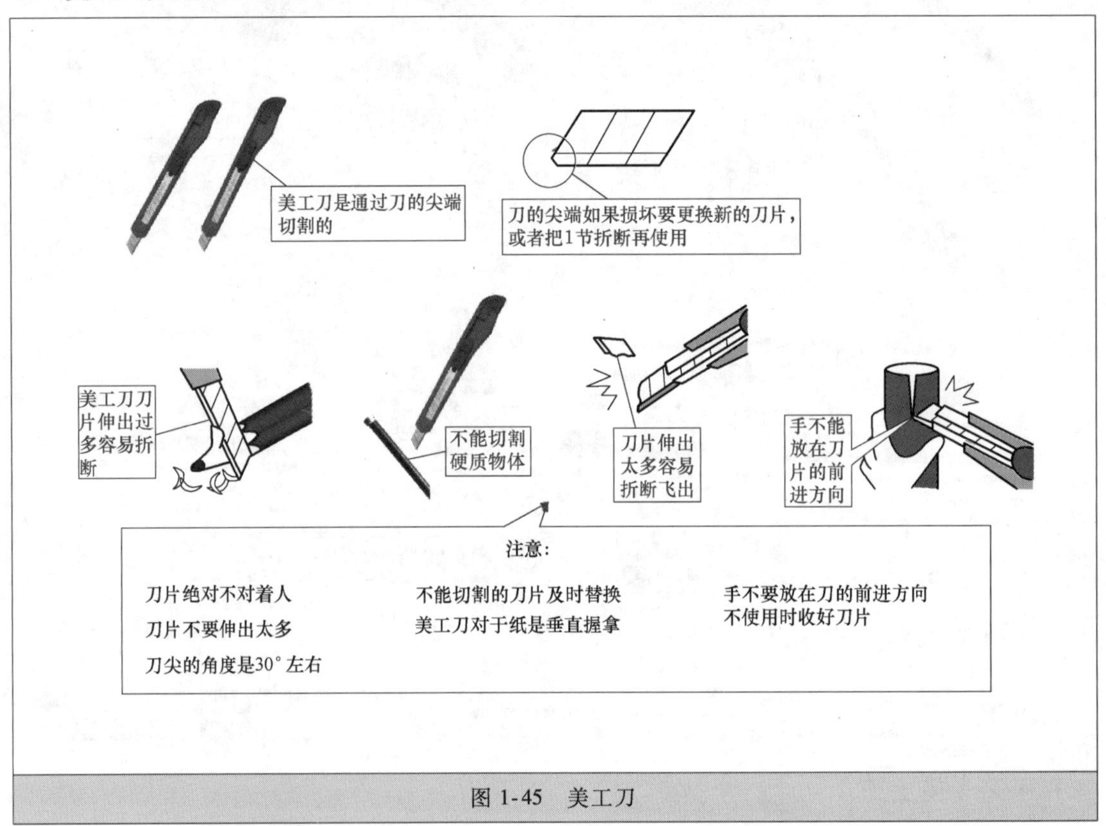

图 1-45　美工刀

★1.4.3　PVC 断管钳

一种 PVC 断管钳是由钳身、钳牙、中轴、销轴、手柄组成，其特征是，钳牙呈鸭嘴形切断刀，在钳牙下端中间有个轴，在中轴上有一弹簧；手柄与钳身通过销轴固定在一起，中轴通过销轴固定在钳身及手柄上。

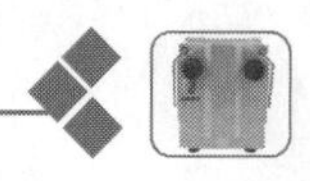

PVC 断管钳如图 1-46 所示。

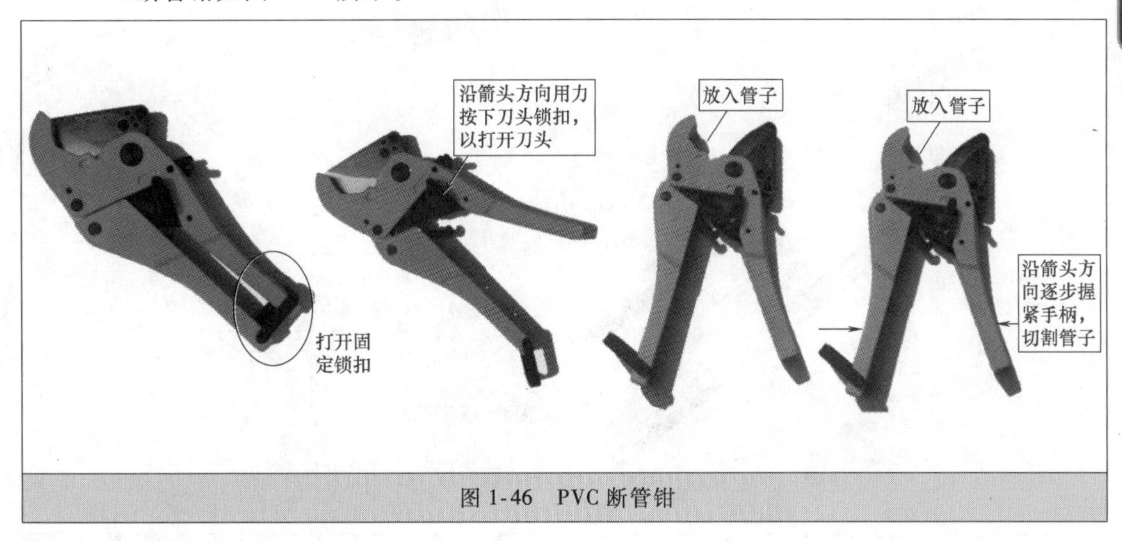

图 1-46　PVC 断管钳

★1.4.4　PVC 电线管弯管器

PVC 电线管弯管器又叫作弯管弹簧，其有多种规格，需要根据电线管规格来选择。弯管弹簧的特点与有关要求如下：

1）弯管器分为 205#弯管器、305#弯管器。其中，205#弯管器适合轻型线管，305#弯管器适合中型线管。

2）四分电线管外径为 16mm，壁厚 1mm 的，需要选用 205#弯管器，弹簧外径为 13mm。

3）四分电线管外径为 16mm，壁厚 1.5mm 的，需要选用 305#弯管器，弹簧外径为 12mm。

4）四分 PVC 电线管弯管器可以选择直径为 13.5mm、长度为 38cm。

5）六分电线管外径为 20mm，壁厚 1mm 的，需要选用 205#弯管器，弹簧外径为 17mm。

6）六分电线管外径为 20mm，壁厚 1.5mm 的，需要选用 305#弯管器，弹簧外径为 16mm。

7）六分管 PVC 电线管弯管器可以选择直径为 16.5mm、长度为 41cm。

8）一寸电线管外径为 25mm，壁厚 1mm 的，需要选用 205#弯管器，弹簧外径为 22mm。

9）一寸弯管器可以选择直径为 21.5mm、长度为 43cm。

10）32mm 的 PVC 电线管弯管器可以选择直径为 28mm、长度为 43mm。

11）四分弯管器（直径为 16mm）一般比六分弯管器（直径为 20mm）要贵一些。

12）另外，还有加长型的弯管器。加长型的弯管器长度达到 410mm、450mm、510mm、540mm 等。

13）PVC 电线管有厚有薄，厚的电线管也叫中型线管，需要选择直径比较小的弯管器。薄的电线管也叫轻型线管，需要选择直径比较粗的弯管器。

PVC 电线管弯管器如图 1-47 所示。

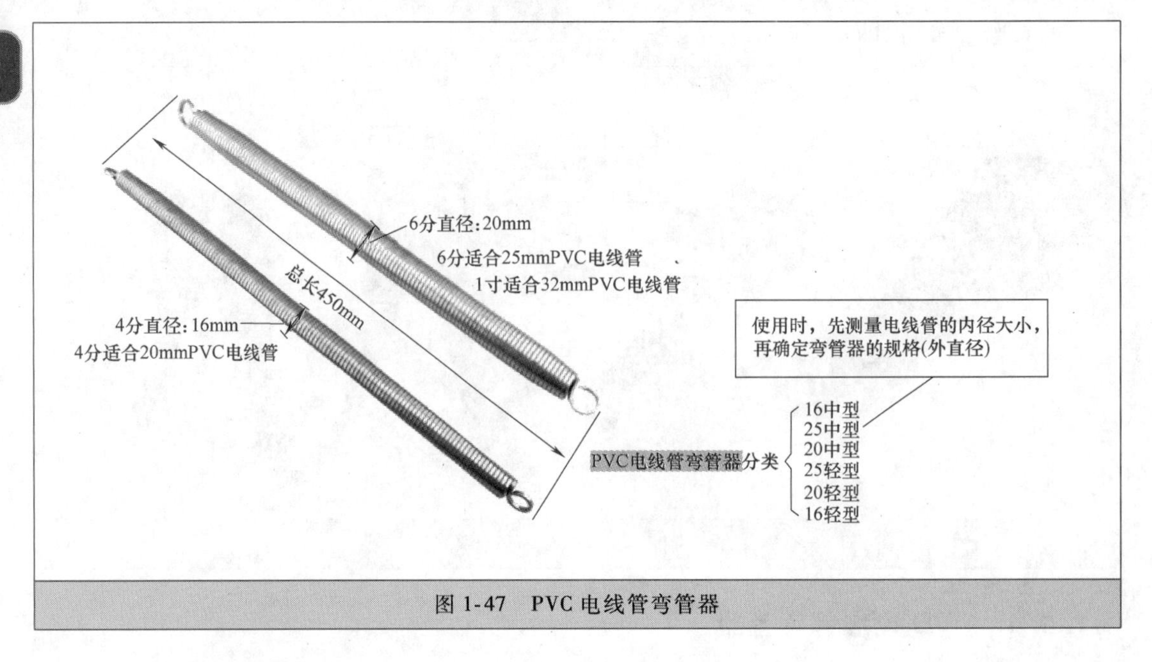

图 1-47 PVC 电线管弯管器

★1.4.5 墙壁开槽机

有的墙壁开槽机可以通过增减锯片（刀片）的数量实现开槽宽度的调节。使用中，合适的开槽宽度能提高开槽的效率，以及延长墙壁开槽机的使用寿命。

根据需要切割不同的尺寸，选择适合的刀具。有的选择直径 106mm 刀片，可以切割 25mm×25mm 的槽。选择直径 127mm 的刀片，可切割 35mm×35mm 的槽。

墙壁开槽机有 3 刀片、5 刀片等类型，根据实际情况选择。安装刀片时，刀片与刀片间需要留有间隙（加隔开环）。

墙壁开槽机如图 1-48 所示。

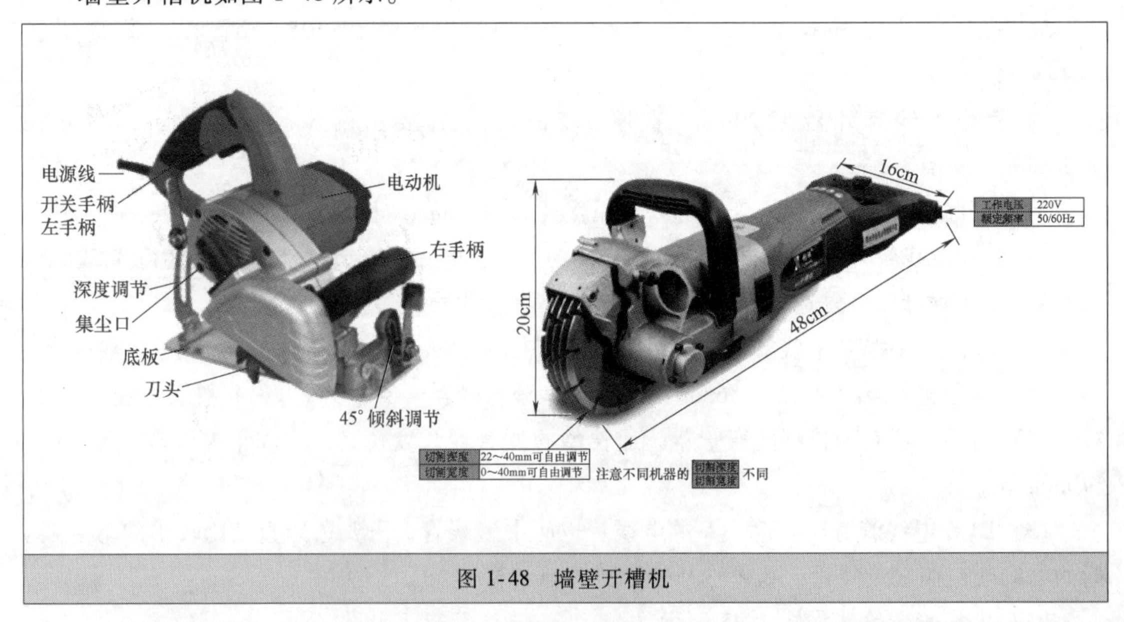

图 1-48 墙壁开槽机

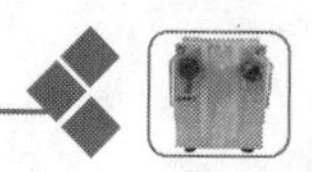

★1.4.6 电锤

电锤主要是用来在大理石、混凝土、人造石料、天然石料及类似材料上钻孔的一种锤类工具，其具有内装冲击机构，可进行冲击带旋转作业。

电锤如图1-49所示。

使用电锤在瓷砖上打孔的方法、要点如下：

1）首先把电锤调整到冲击档，并且装好适合的钻头，再接通电源，先按下电锤开关试一下，看是否在冲击档。正确无误后，确定打孔部位，做好标记，并且把钻头对准打孔标记，然后轻按开关让电锤低速旋转（此时绝对不要用力按开关），等瓷砖墙面有凹洞时，再稍用力按开关让转速稍微快一点，并且要用力往前推把力量集中在钻头上。如果瓷砖已经被打穿，才可以把开关用力按到底，让电锤高速转起来直到要打出孔的深度。

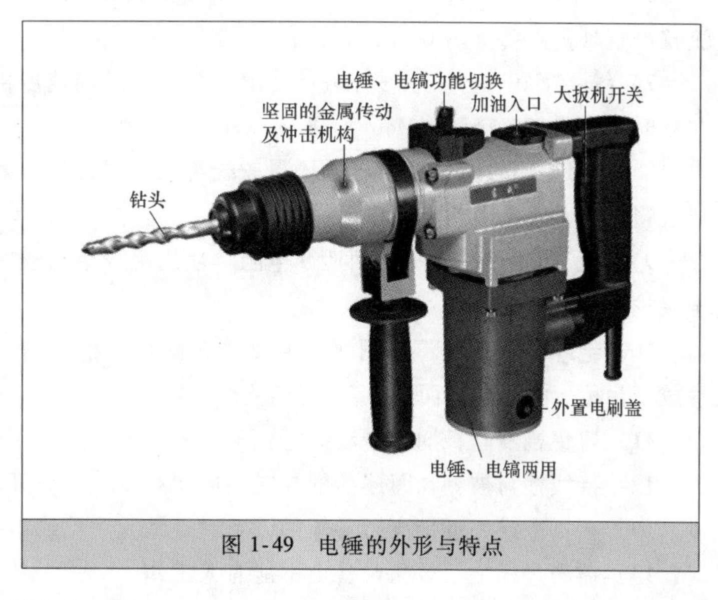

图1-49 电锤的外形与特点

2）在瓷砖地面上打孔，也是装上冲击钻头，调到冲击档，开始电锤转速一定要慢，等瓷砖上有凹洞时，才能够慢慢提高转速。

3）新手用电锤在瓷砖上打孔时，往往速度控制不好，会出现打裂瓷砖的现象。因此，可先用陶瓷钻头，调到电钻档打穿瓷砖表面，再换用冲击钻头，调到冲击档钻进混凝土。

4）瓷砖的边角部位比较脆，电锤打孔时更容易裂，因此，尽量不要靠近瓷砖的边角打孔。如果必须要在瓷砖的边角打孔，则可以首先选用玻璃钻头对瓷砖边角进行钻孔。

★1.4.7 绝缘电阻表

所应用的绝缘电阻表的电压等级需要高于被测物的绝缘电压等级：

1）测量额定电压在500V以下的设备或线路的绝缘电阻时，可选用500V或1000V绝缘电阻表。

2）测量额定电压在500V以上的设备或线路的绝缘电阻时，应选用1000~2500V绝缘电阻表。

3）一般情况下，测量低压电气设备绝缘电阻时可选用0~200MΩ量程的绝缘电阻表。

指针式绝缘电阻表的使用方法与使用注意事项如下：

1）测量前，需要将被测设备电源切断，并且对地短路放电。

2）被测物表面要清洁，减少接触电阻，以确保测量结果的正确性。

3）测量前，需要将绝缘电阻表进行一次开路与短路试验，以检查绝缘电阻表是否良好。

4）绝缘电阻表使用时需要放在平稳、牢固的地方，并且远离大的外电流导体与外磁场。

5）正确接线，绝缘电阻表上一般有三个接线柱，其中L端接在被测物与大地绝缘的导体部分。E端接被测物的外壳或大地。G端接在被测物的屏蔽上或不需要测量的部分。

6）测量绝缘电阻时，一般只用L和E端。测量电缆对地的绝缘电阻或被测设备的漏电流较严重时，需要使用G端，并且将G端接屏蔽层或外壳。

7）线路接好后，按顺时针方向转动摇把。摇动的速度由慢而快，当转速达到120r/min左右时，保持匀速转动，1min后读数。

8）绝缘电阻表接线柱引出的测量软线绝缘需要良好，两根导线间、导线与地间需要保持适当距离，以免影响测量精度。

9）为了防止被测设备表面泄漏电阻，使用绝缘电阻表时，需要将被测设备的中间层接于保护环。

10）绝缘电阻表在不使用时，需要放在固定的柜子内，环境气温不宜太冷或太热，切忌放于污秽、潮湿的地面上。

11）避免剧烈、长期的振动。

12）接线柱与被测物间连接的导线不能用绞线，应分开单独连接。

13）在雷电或邻近带高压导体的设备时，禁止用绝缘电阻表进行测量。

14）摇测过程中，被测设备上不能有人工作。

15）绝缘电阻表未停止转动前或被测设备未放电前，严禁用手触及。

16）绝缘电阻表拆线时，不要触及引线的金属部分。

17）读数完毕，需要将被测设备放电。

18）要定期校验绝缘电阻表的准确度。

绝缘电阻表的外形如图1-50所示。

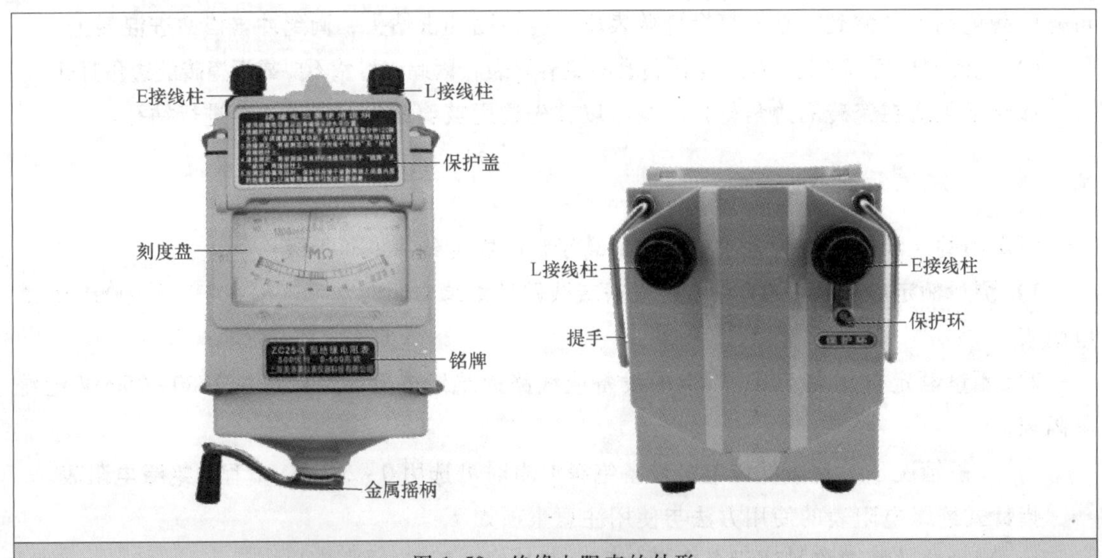

图1-50　绝缘电阻表的外形

★1.4.8 常见电气符号

常见电气符号见表1-22。

表1-22 常见电气符号

图形符号	名称	图形符号	名称	图形符号	名称
	电源箱		单极拉线开关		导线穿管保护
	电表箱	C	暗装开关		导线不连接
	配电箱	EX	防爆开关		导线连接
	电话箱	EN	密闭开关		向上配线
	电话箱		单极自动开关		向下配线
	电话出线盒		双极自动开关		垂直通过配线
	电视出线盒		三极自动开关		接地线
	按钮		四极自动开关		接地极
	带指示灯按钮		主干线		接地
t	单极限时开关		配电线路		保护接地
	带指示灯开关	n	n根线		电缆终端头
	暗装单极跷板开关	F	电话线		架空线路
	暗装双极跷板开关	V	电视线		壁龛交接箱
	暗装三极跷板开关		地下管线		落地交接箱

（续）

图形符号	名称	图形符号	名称	图形符号	名称
	架空交接箱		报警器	AP	电源箱
	二分配器		暗装单相插座	AL	配电箱
	四分配器		带接地插孔的暗装单相插座	AW	电表箱
	二分支器		带保护接点插座	DHAW	多用户电子式电表箱
	四分支器		带护板插座	FQAW	防窃电型电表箱
	终端电阻 75Ω	N	中性线	ZAL	住宅配电箱
	放大器	PE	接地线		带漏电保护断路器
	负荷开关	L_1 L_2 L_3	相线	QL	负荷开关
	断路器	PC	阻燃硬塑料管	QS	隔离开关
	隔离开关	SC	镀锌焊接钢管	QF	断路器
$\frac{A-B}{C}D$	A编号，B容量 C线序，D用户数	MT	电线管	QR	漏电保护器
	照明灯	PR	塑料线槽	QV	真空开关
	荧光灯	Wh	电能表		室外地坪
	电铃	GM	燃气表		室内地坪

第 2 章 基本技能

☆☆ 2.1 电工基本技能 ☆☆

★2.1.1 导线绝缘层的剥除

可以用美工刀或者电工刀来剥削塑料硬导线（线芯等于或小于 4mm^2）绝缘层单股铜芯线，如图 2-1 所示。

★2.1.2 单芯铜导线直线连接

单芯铜导线直线连接有绞接连接法、缠卷连接法。

绞接连接法操作要点：绞接时，先将导线互绞 2~3 圈，再将两线端分别在另一线上紧密缠绕 5 圈，余线剪弃，使线端紧压导线。此种连接法适用于 4mm^2 及以下的单芯线连接，如图 2-2 所示。

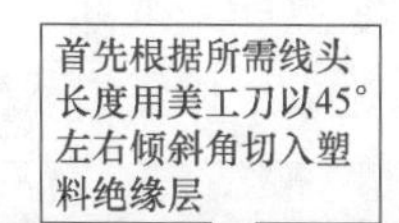

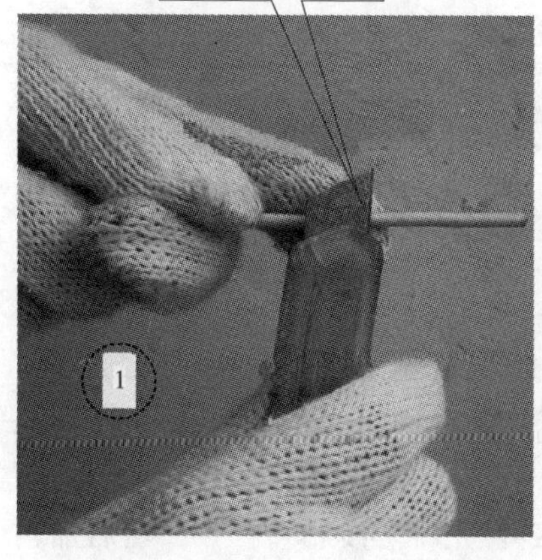

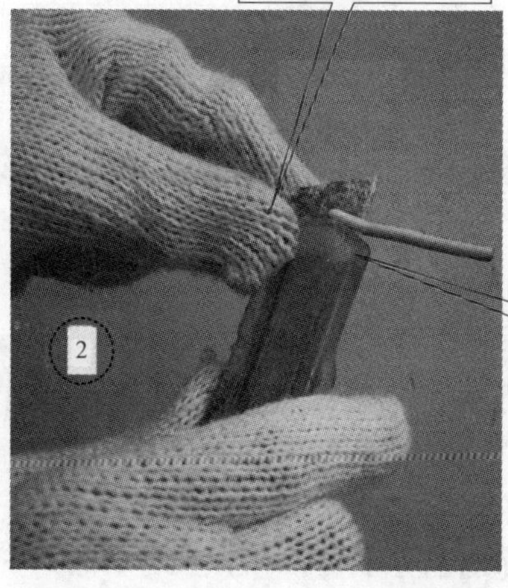

图 2-1 导线绝缘层的剥除

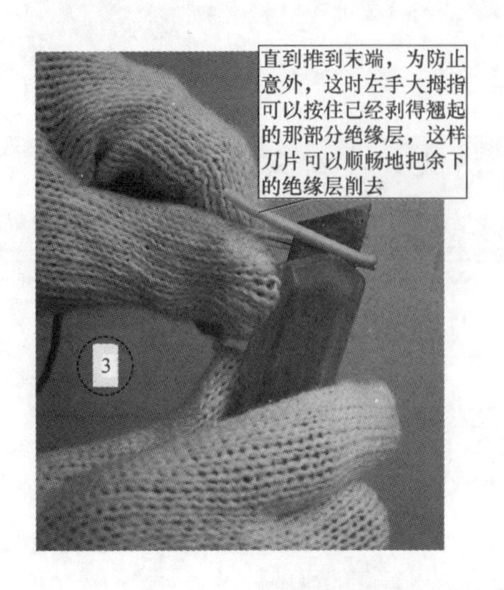

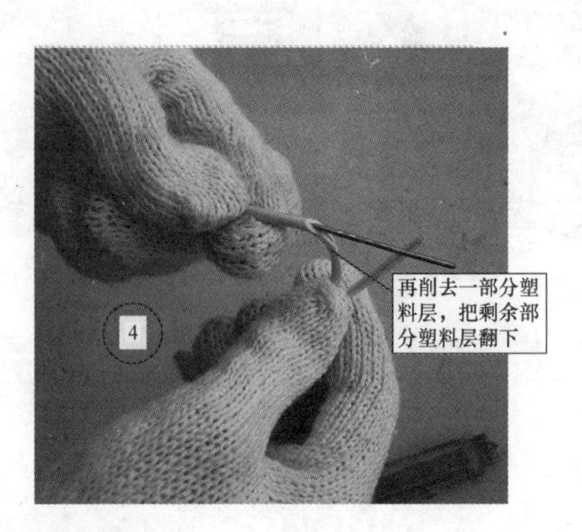

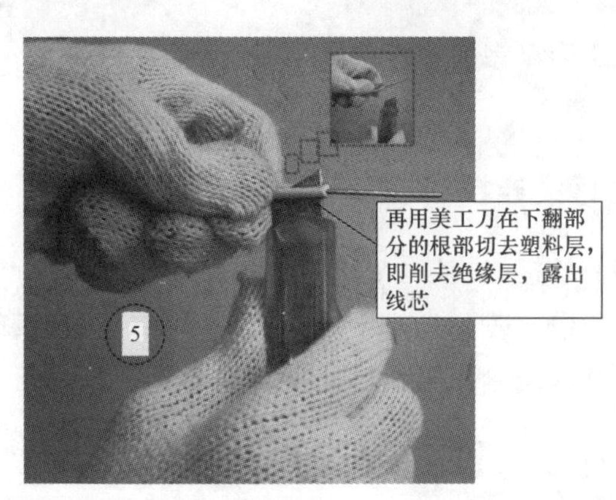

图 2-1　导线绝缘层的剥除（续）

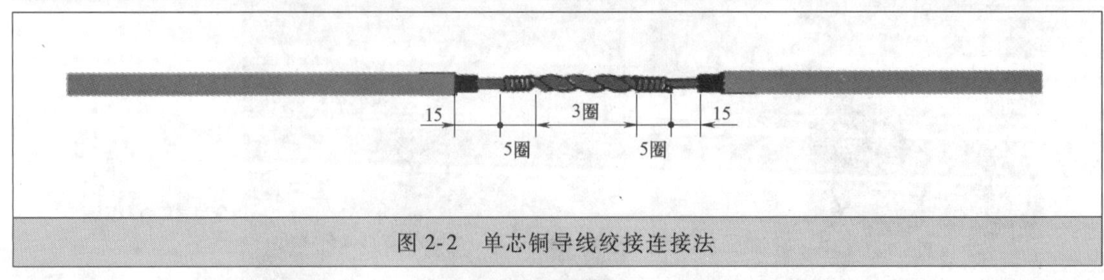

图 2-2　单芯铜导线绞接连接法

缠卷连接法分为加辅助线、不加辅助线两种方法，适用于 6mm^2 及以上单芯线的直接连接。

加辅助线的缠卷连接法具体操作方法与要点如下：首先将两线相互合并，然后加辅助线后用绑线在合并部位中间向两端缠绕，其长度为导线直径的 10 倍，再将两线芯端头折回，在此向外单独缠绕 5 圈，然后与辅助线捻绞 2 圈，再将余线剪掉，如图 2-3 所示。

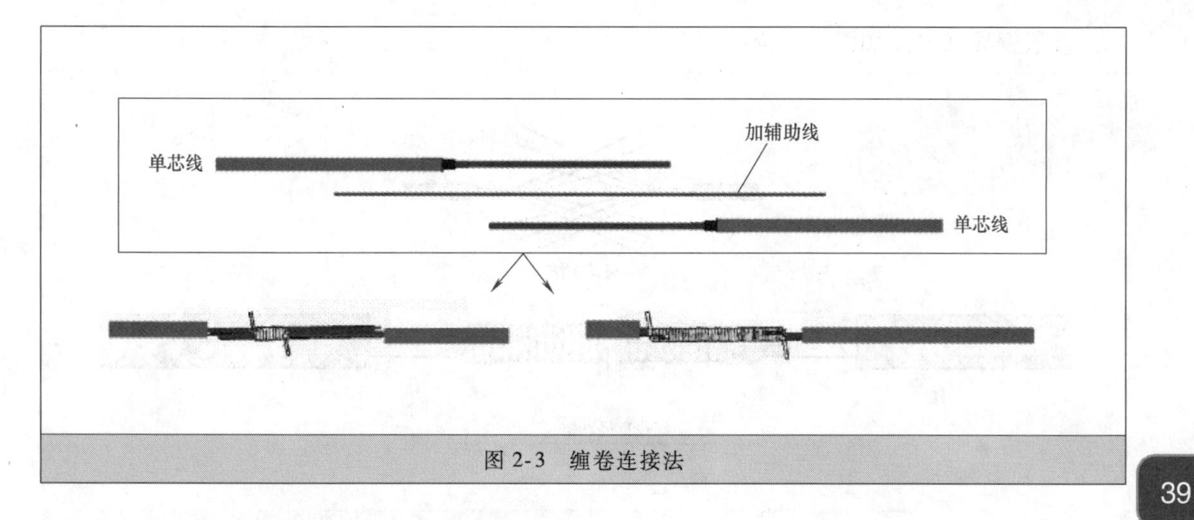

图 2-3 缠卷连接法

★2.1.3 单芯铜导线分支连接

单芯铜导线分支连接如图 2-4 所示。

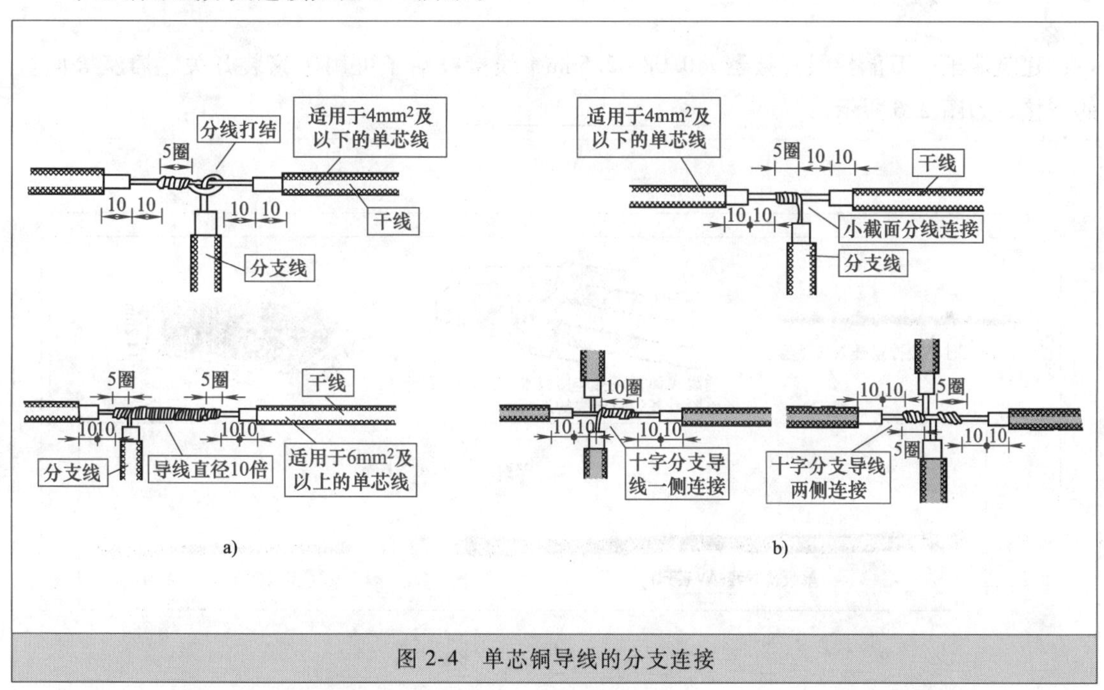

图 2-4 单芯铜导线的分支连接

★2.1.4 多股铜导线连接

多股铜导线连接单卷法操作方法：首先把多股导线顺次解开成 30°伞状，用钳子逐根拉直并将导线表面刮净，剪去中心一股，再把张开的各线端相互插叉到中心完全接触；然后把张开的各线端合拢，并且取相邻两股同时缠绕 5~6 圈后，另换两股缠绕，把原有两股压在里档或剪弃，再缠绕 5~6 圈后，采用同法调换两股缠绕，依此这样直到缠到导线叉开点为止；最后将压在里档的两股导线与缠线互绞 3~4 圈，剪弃余线，余留部分用钳子敲平贴紧导线。再用同样的方法做另一端即可。

多股铜导线连接如图 2-5 所示。

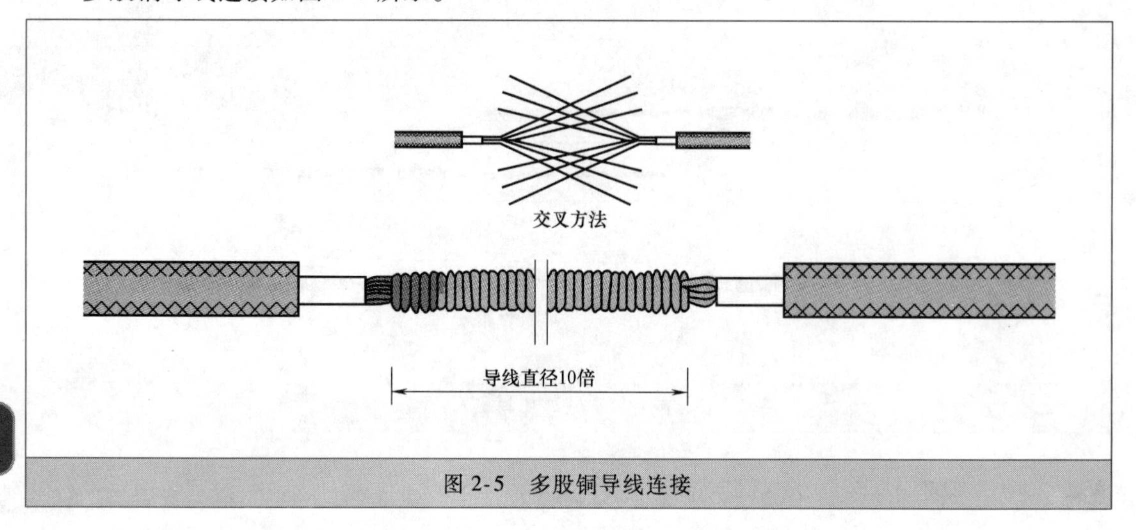

图 2-5　多股铜导线连接

★2.1.5　接线端子连接电线

建筑端子、万能导线连接器、0.08～2.5mm² 线接线端子可用于家装开关、插座等面板的连接，如图 2-6 所示。

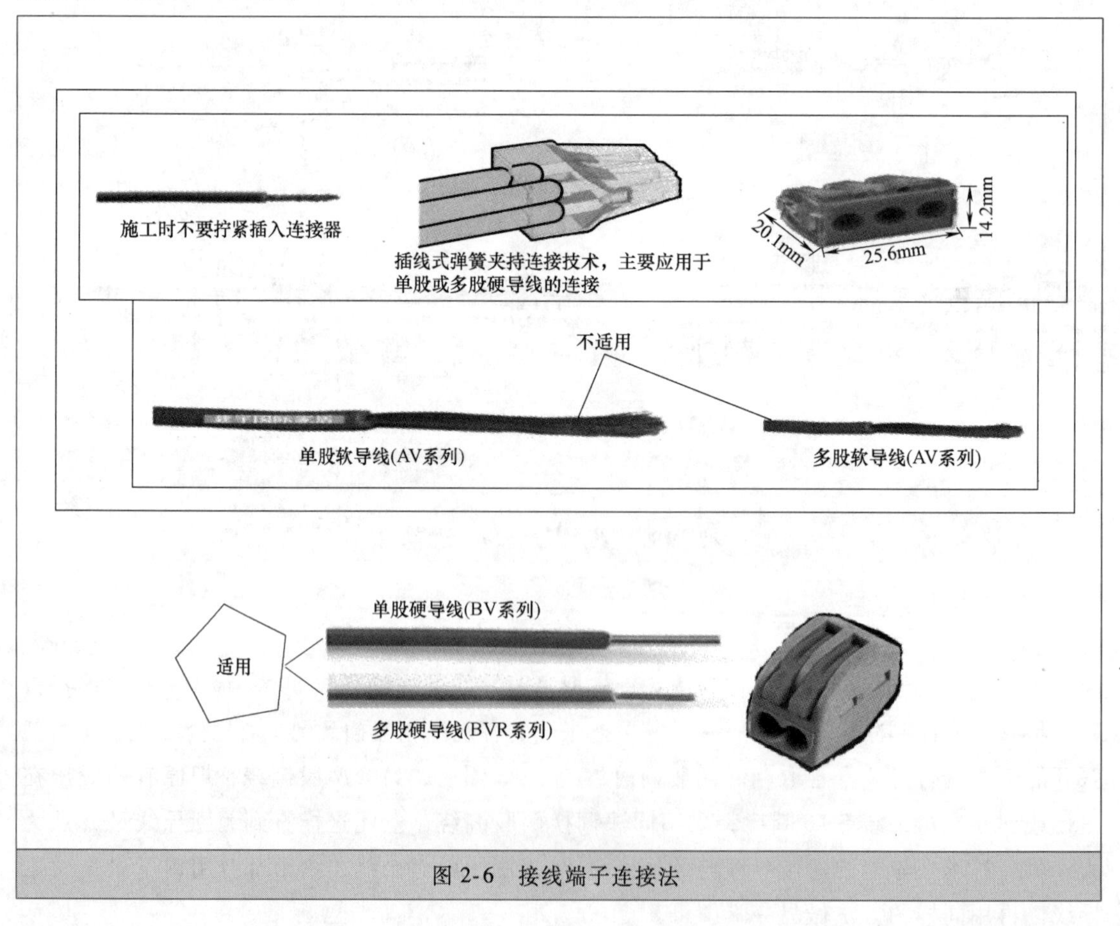

图 2-6　接线端子连接法

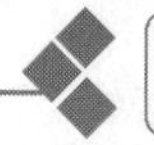

★2.1.6　导线绝缘的恢复

导线绝缘的恢复可以采用绝缘带包扎以实现其绝缘的恢复。缠绕注意点如下：

1）缠绕时应使每圈的重叠部分为带宽的一半。

2）接头两端为绝缘带的两倍。

导线绝缘的恢复如图 2-7 所示。

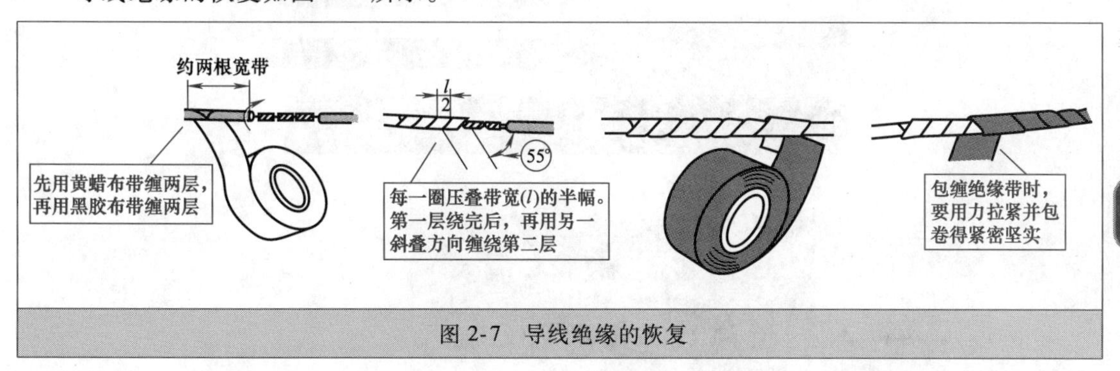

图 2-7　导线绝缘的恢复

★2.1.7　单联开关的安装

单联开关的安装如图 2-8 所示。

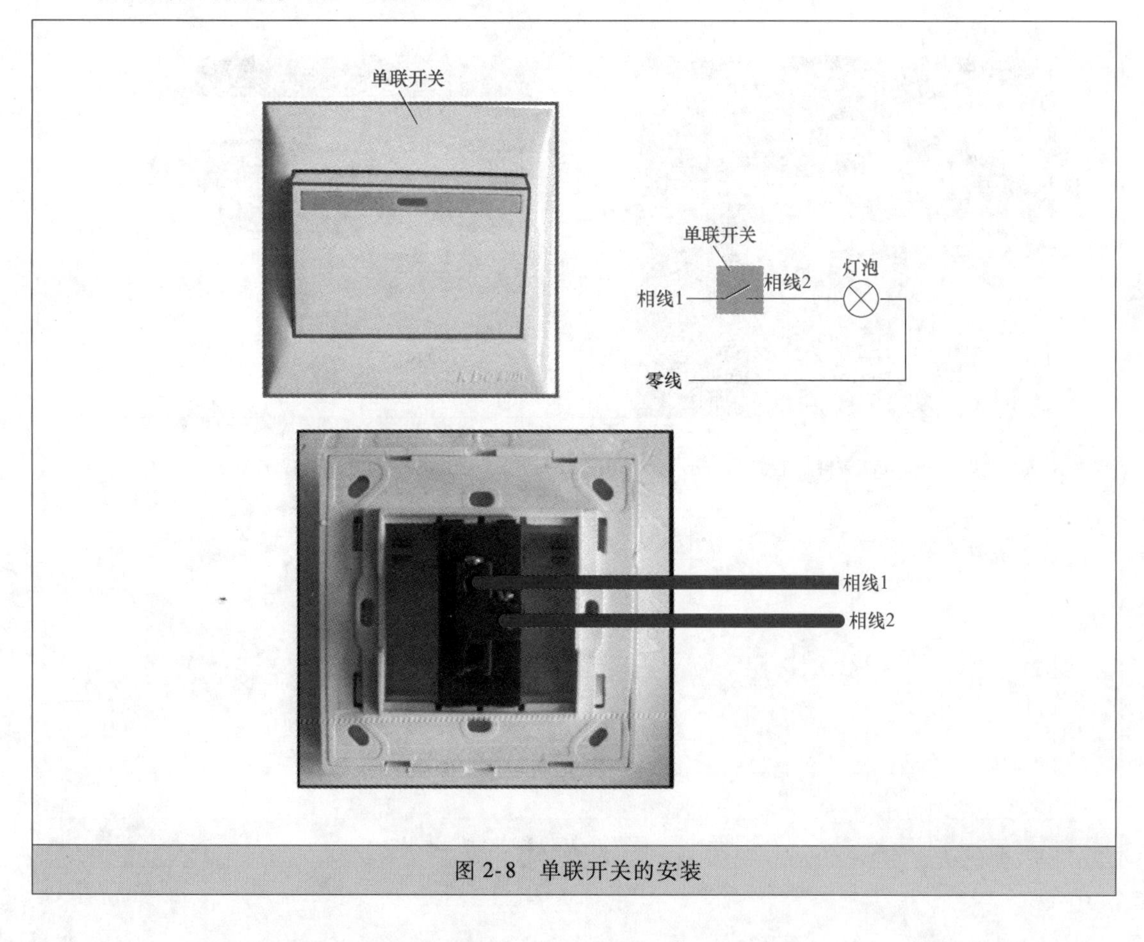

图 2-8　单联开关的安装

★2.1.8　双控开关的特点与安装

双控开关的特点与安装如图 2-9 所示。

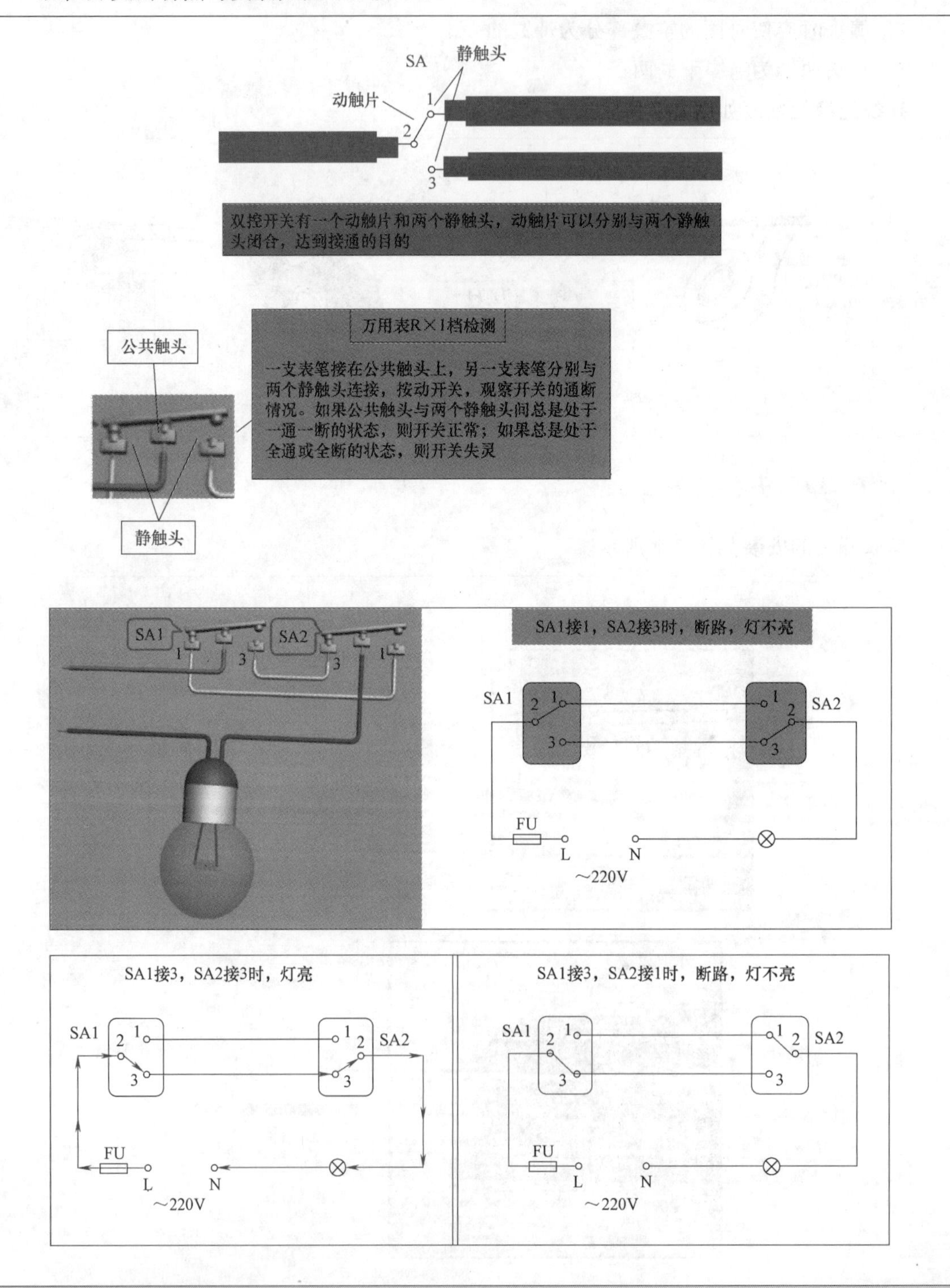

图 2-9　双控开关的特点与安装

根据开关间的组合触头使电路接通与断开的情况来判断双控开关的工作情况。

★2.1.9 线盒接线与线管连接

线盒接线与线管连接如图 2-10 所示。

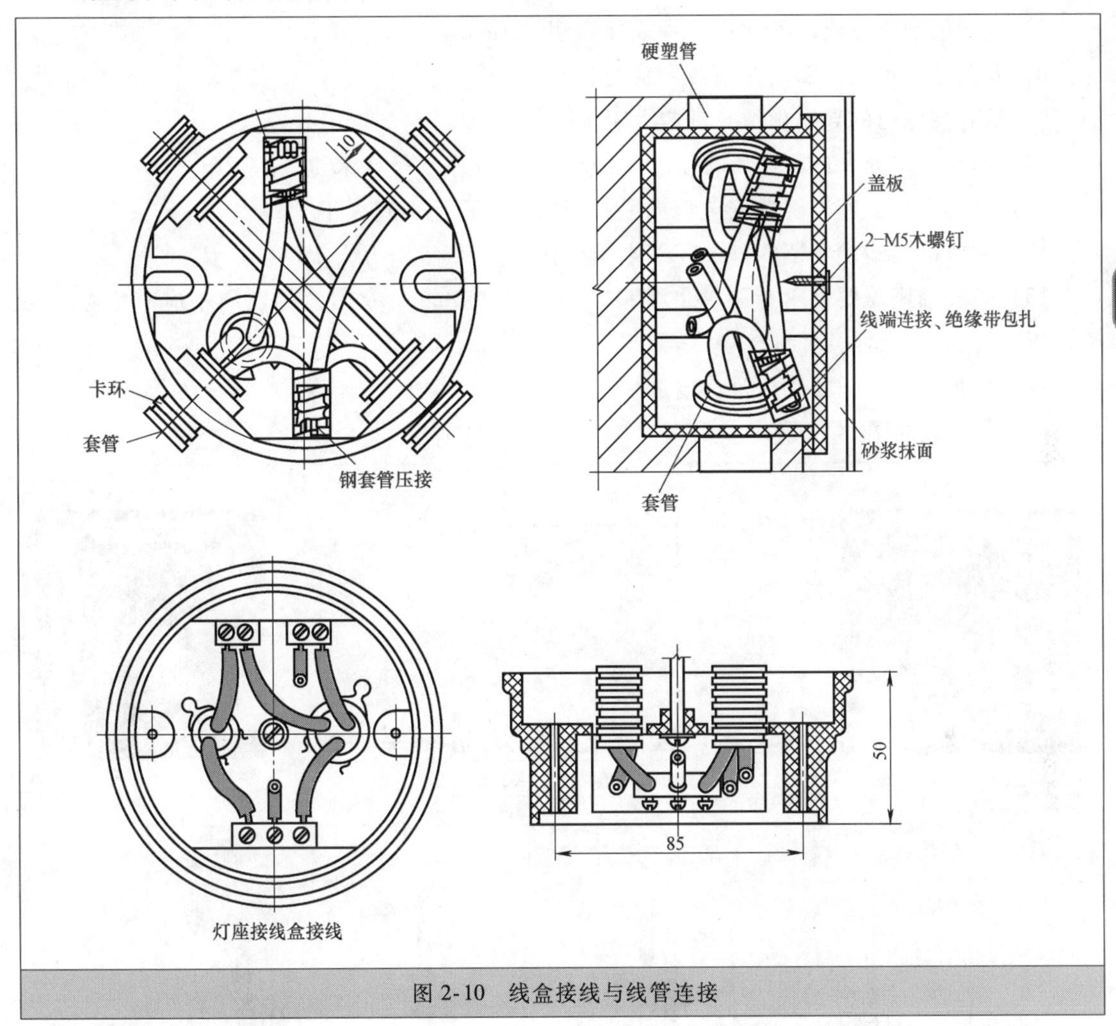

图 2-10 线盒接线与线管连接

★2.1.10 插座

插座安装的一些要求如下：

1）家庭强电安装要求规范，普通墙壁插座的高度一般离地面要 40cm。

2）影音电器需要根据实际情况来调整插座的高度。

3）一些比较注重设计感的电视柜高度较低，只有 30cm 左右，采用普通插座的高度时需要调整，以免出现墙壁插座露在外面，影响美观的问题。普通电视柜高度有的为 50cm 左右。如果电视墙插座的高度采用 40cm，则会出现柜体遮挡墙壁插座，引起操作不便的问题。因此，在装修前最好确定电视柜的类型，以便确定电视墙一面墙壁插座的高度。

4）背景墙最好布置 1~2 个三联的双孔墙壁插座，以及 2 个五孔墙壁插座，以满足电视

机、功放、机顶盒、游戏机的需要。

5）3P 以上柜式空调器、即热式电热水器等大功率电器，总功率不超过 7360W，电器无三片插头，直接接线。为此，可以选择断路器代替插座。

6）面对插座接线是左零右相。三孔插座上面是接地保护线端。

7）盒内的插座端接线不允许有铜线裸露超过 1mm。

8）开关插座不允许安装在瓷砖腰线与花砖上。

9）所有插座内的导线预留长度应大于 15cm。

10）插座与水龙头的距离不得小于 10cm，以及插座不得在水龙头的正下方。

11）落地安装插座需要选安全型插座，安装高度距地面宜大于 15cm。

12）插座的接地端子不能够与零线端子直接连接。

13）暗装插座需要采用专用盒，线头需要留足 150mm，专用盒的四周不应有空隙。插座盖板需要端正，紧贴墙面。

14）尽量减少排插的使用量，增加插座。

插座的安装如图 2-11 所示。

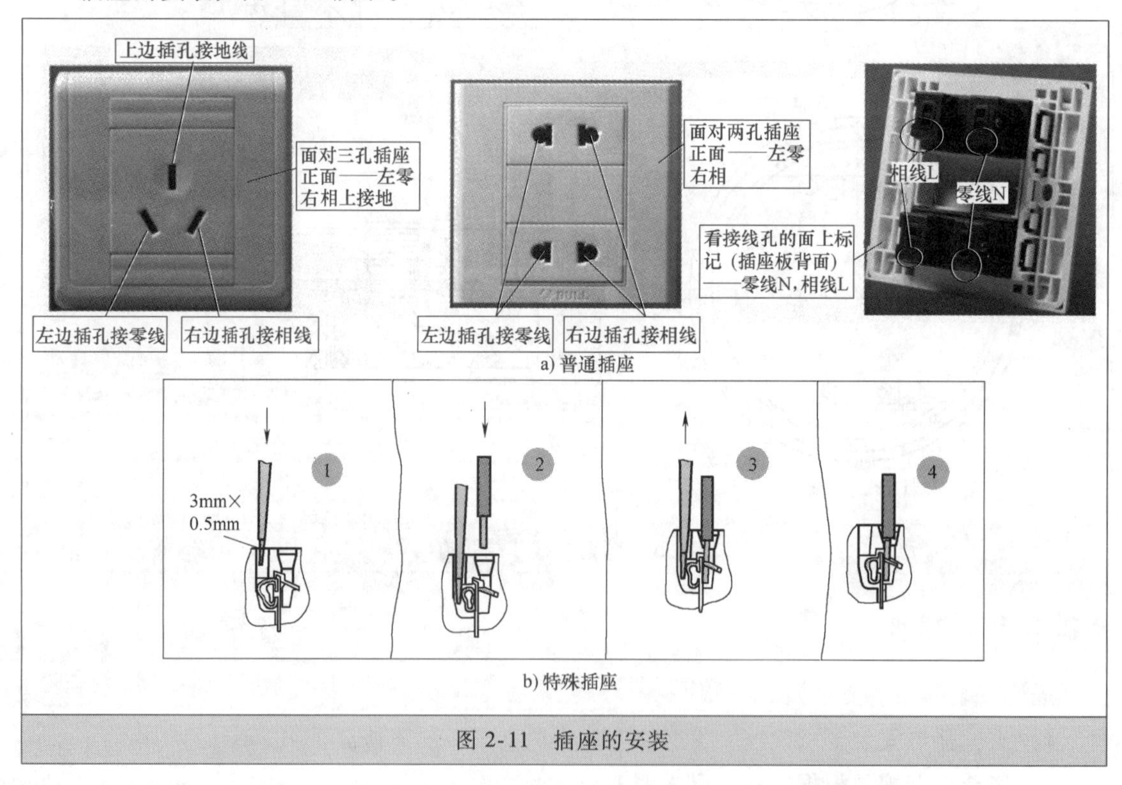

a) 普通插座

b) 特殊插座

图 2-11　插座的安装

★2.1.11　暗盒的安装

暗盒安装的主要步骤：了解暗盒安装的一些要求→选择好暗盒→定好暗盒的位置→根据暗盒大小开孔→穿好管→调整与固定暗盒。

根据选择好的暗盒尺寸增加 1cm 进行开孔，并且开孔需要与布管的管槽连通，管盒连通后能够平稳安装好，这就需要开孔时，把暗盒连管的敲落孔对应好连管的位置，并且考虑

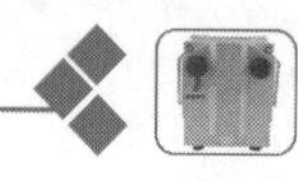

锁口的厚度对暗盒孔的要求。

暗盒的安装如图2-12所示。

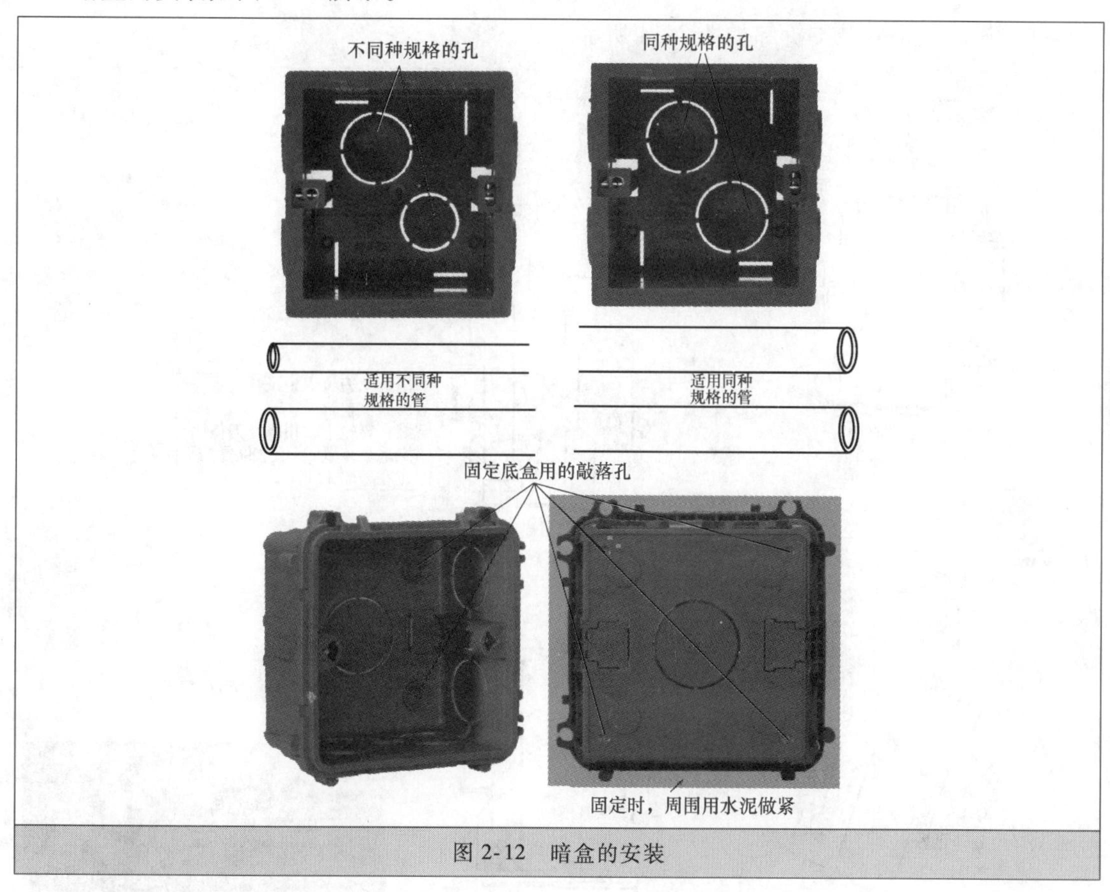

图2-12 暗盒的安装

★2.1.12 普通座式灯头安装

普通座式灯头安装方法如下：

1）将电源线留足维修长度后剪除余线并剥出线头。

2）区分相线、零线，对于螺口灯座中心簧片应接相线。

3）用连接螺钉将灯座安装在接线盒上。

普通座式灯头如图2-13所示。

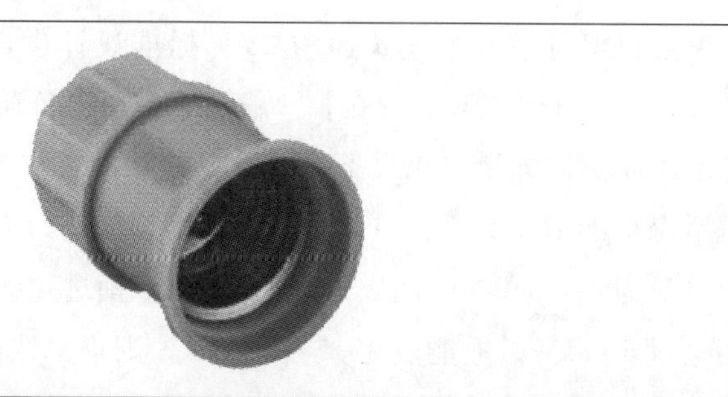

图2-13 普通座式灯头

★2.1.13　小型断路器的安装与拆卸

小型断路器的安装与拆卸如图 2-14 所示。

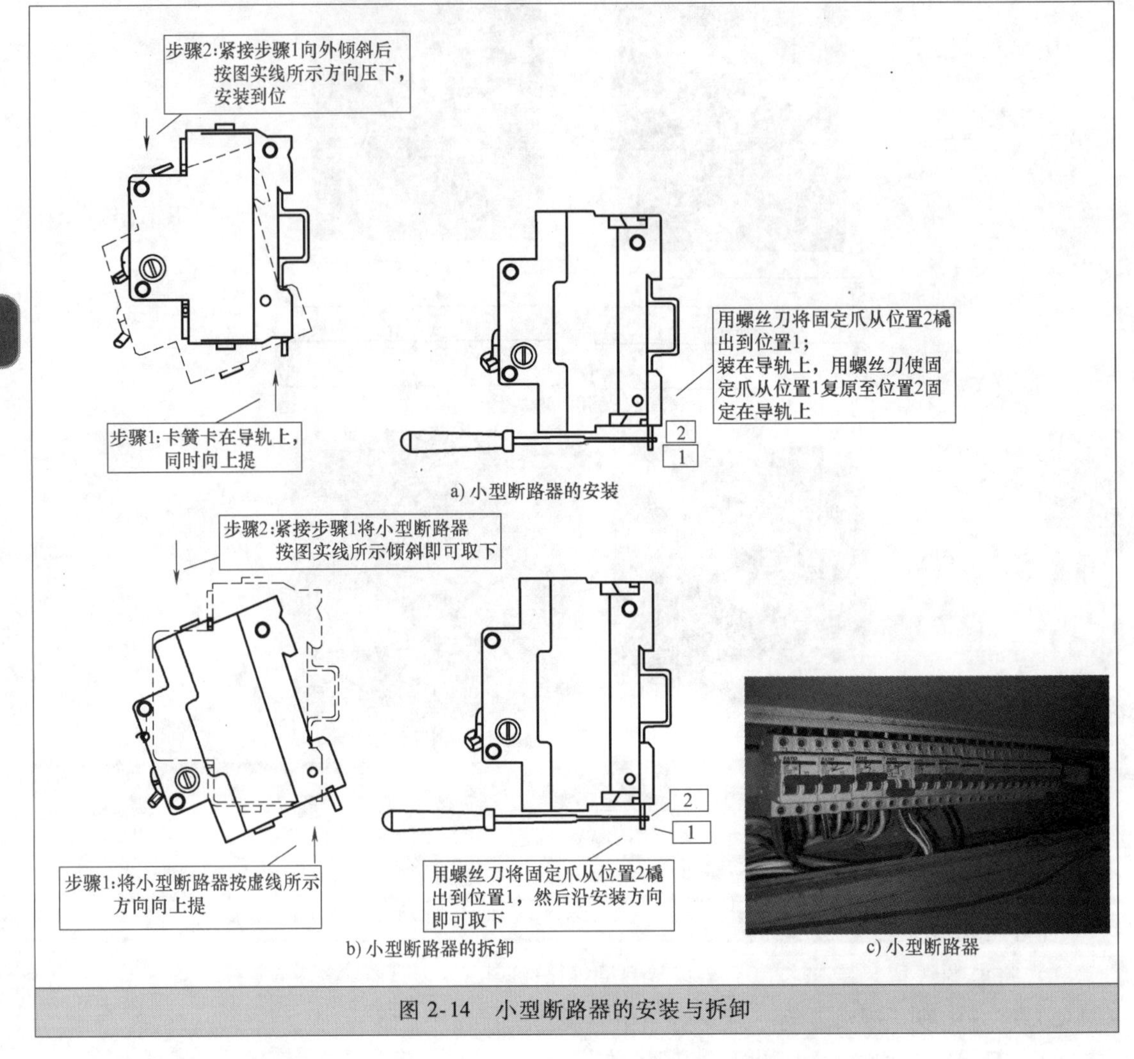

图 2-14　小型断路器的安装与拆卸

★2.1.14　电能表

以前，家居根据每平方米建筑面积 25W 标准设计供电设施，两居室的用电量不超过 1400W，三居室不超过 1700W。现在，一般两居室用电负荷可以达到 4000W，进户铜导线截面积不得小于 $10mm^2$。如果电热设备多的用户，则需要根据 6~12kW/户来选择，则进户铜导线截面积不得小于 $16mm^2$。也可以根据下面的参数进行参考选择：

用户用电量为 4~5kW，电能表为 5（20）A，则进户线可以选择 BV-3×$10mm^2$。

用户用电量 6~8kW，电能表为 15（60）A，则进户线可以选择 BV-3×$16mm^2$。

用户用电量为 10kW，电能表为 20（80）A，则进户线可以选择 BV-2×25+1×16。

电能表外形与接线如图 2-15 所示。

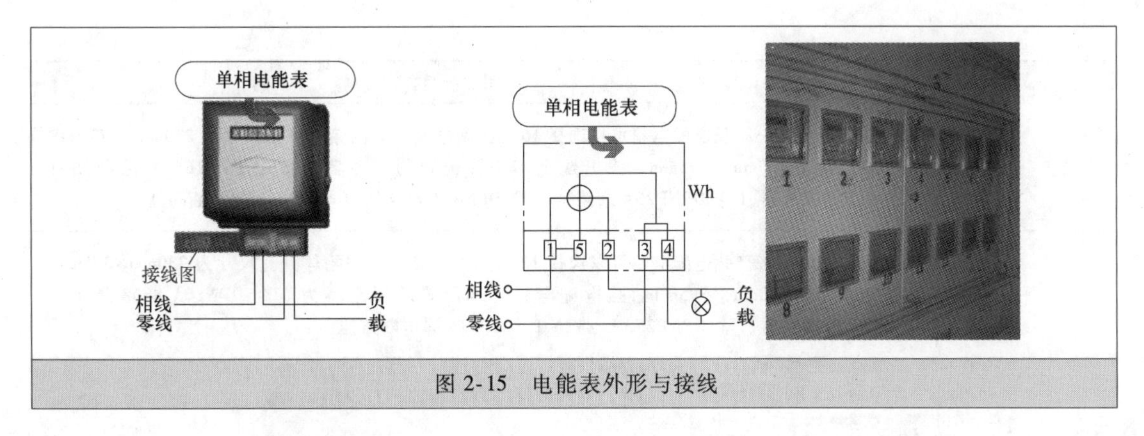

图 2-15 电能表外形与接线

★2.1.15 家装断路器接线图

家装断路器接线图如图 2-16 所示。

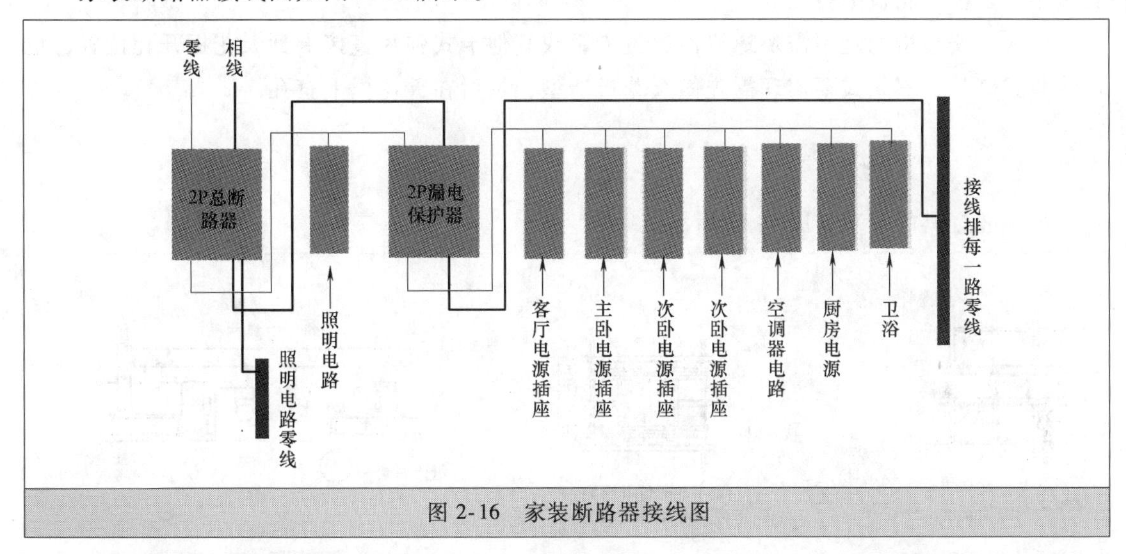

图 2-16 家装断路器接线图

安装强电配电箱箱体前，需要确定强电配电箱的安装位置。有的距离地面 35cm 左右，有的距离地面 1.3m、1.8m 左右等不同安装高度。当箱体高为 50cm 以下时，配电箱垂直度允许偏差 1.5mm；当箱体高为 50cm 以上时，配电箱垂直度允许偏差 3mm。强电配电箱多数采用嵌入式安装。

强电配电箱类型见表 2-1。

表 2-1 强电配电箱类型

房屋类型	断路器配置
一室一厅经济型	一室一厅经济型强电配电箱可以选择 8 回路配电箱
二室一厅经济型	经济型二室一厅强电配电箱可以选择 12 回路配电箱。有的经济型二室一厅强电配电箱有的箱体开孔尺寸为 230mm×300mm，盖板尺寸为 250mm×320mm。强电配电箱内部配置的断路器为 3 个 DPN16A 断路器、3 个 DPN20A 断路器、1 个 DPNP25A 断路器、1 个 2P40A 漏电断路器
二室一厅安逸型	安逸型二室一厅强电配电箱可以选择 12 回路配电箱。有的箱体开孔尺寸为 230mm×300mm，盖板尺寸为 250mm×320mm。强电配电箱内部配置的断路器为 3 个 DPN16A 断路器、4 个 DPN20A 断路器、1 个 DPNP25A 断路器、1 个 2P40A 漏电断路器、1 个 2P40A 一体化漏电断路器

（续）

房屋类型	断路器配置
三室一厅安逸型	安逸型三室一厅强电配电箱可以选择16回路配电箱。有的箱体开孔尺寸为230mm×375mm，盖板尺寸为250mm×395mm。强电配电箱内部配置的断路器为5个DPN16A断路器、5个DPN20A断路器、1个DPNP25A断路器、1个DPN40A断路器、1个2P63A漏电断路器
三室一厅经济型	三室一厅经济型强电配电箱可以选择12回路配电箱。有的箱体开孔尺寸为230mm×375mm，盖板尺寸为250mm×395mm。强电配电箱内部配置的断路器为5个DPN16A断路器、6个DPN20A断路器、1个DPNP25A断路器、1个2P63A漏电断路器

★2.1.16　吸顶安装与嵌入式安装

吸顶安装指的是直接用螺钉把灯体固定在天花板上而露出灯体，也称明装式灯具。吸顶安装不需要在天花板上打孔。

嵌入式安装指的是不需要螺钉而通过卡簧或其他卡式弹片直接卡到天花板开孔位置，也称暗装式灯具。嵌入式要实现需先做天花板造型，然后在天花板上打孔。

★2.1.17　吊顶嵌灯具的安装

吊顶嵌灯具的安装如图2-17所示。

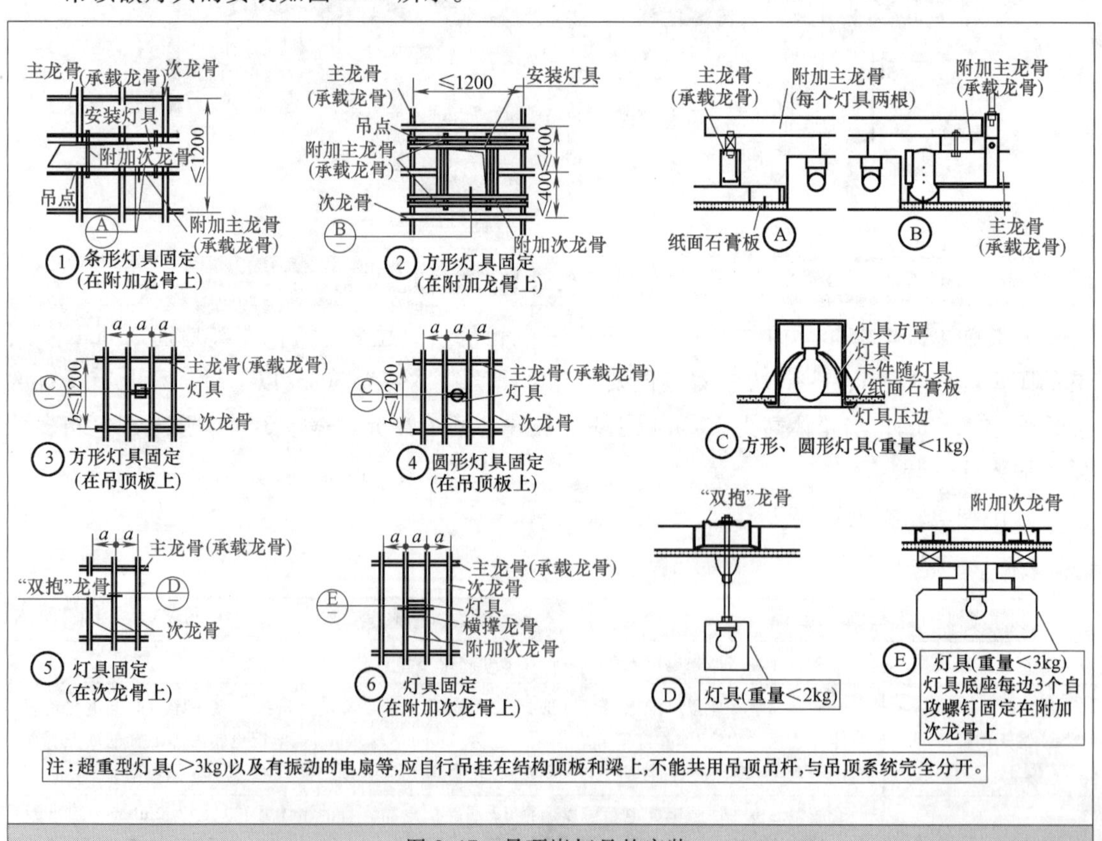

图2-17　吊顶嵌灯具的安装

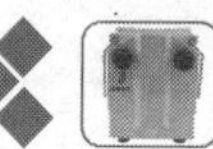

★2.1.18 吊顶灯带的安装

吊顶灯带的安装如图 2-18 所示。

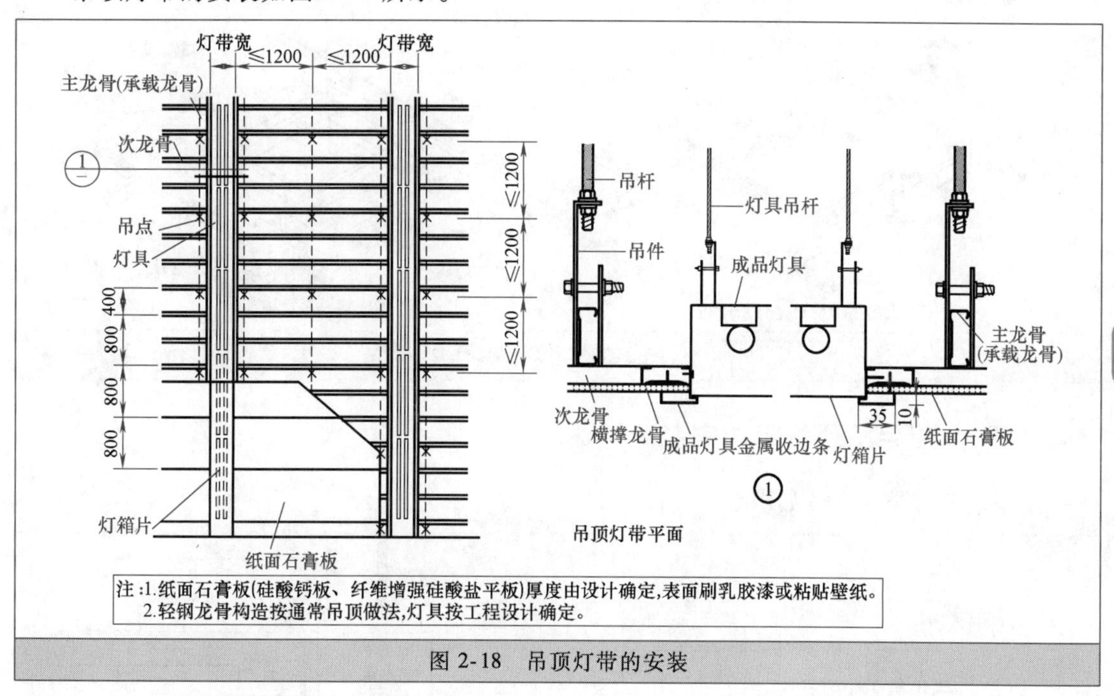

注:1.纸面石膏板(硅酸钙板、纤维增强硅酸盐平板)厚度由设计确定,表面刷乳胶漆或粘贴壁纸。
2.轻钢龙骨构造按通常吊顶做法,灯具按工程设计确定。

图 2-18 吊顶灯带的安装

★2.1.19 吊顶灯槽

吊顶灯槽如图 2-19 所示。

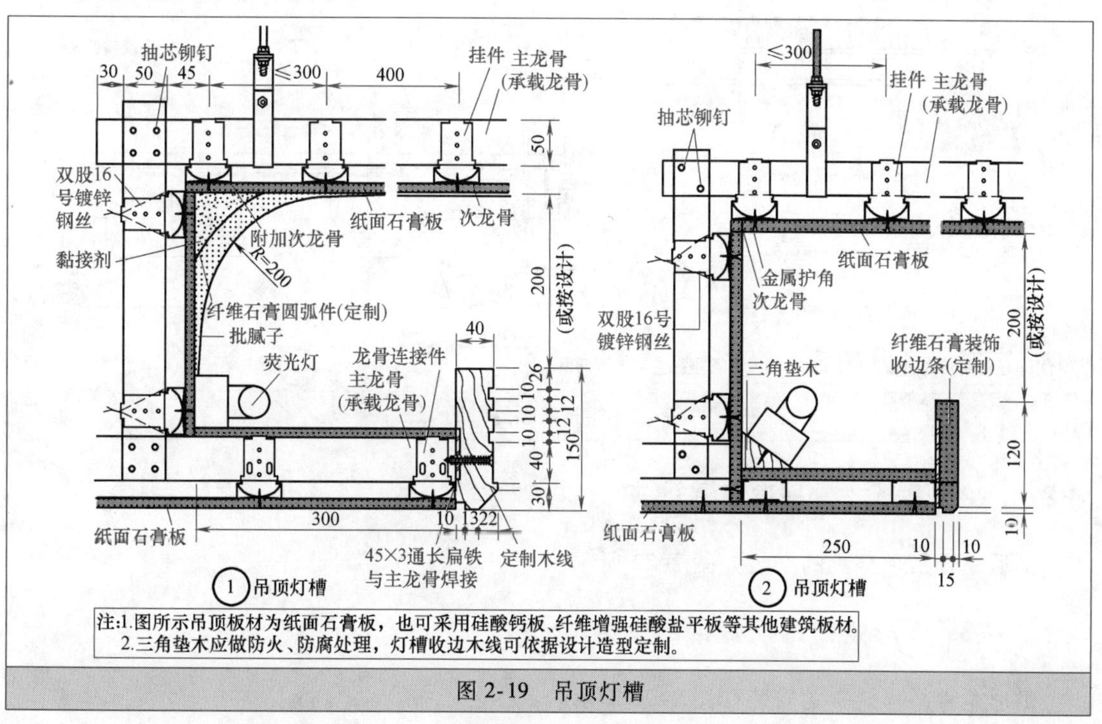

注:1.图所示吊顶板材为纸面石膏板，也可采用硅酸钙板、纤维增强硅酸盐平板等其他建筑板材。
2.三角垫木应做防火、防腐处理，灯槽收边木线可依据设计造型定制。

图 2-19 吊顶灯槽

★2.1.20 吊顶检修口

吊顶检修口如图2-20所示。

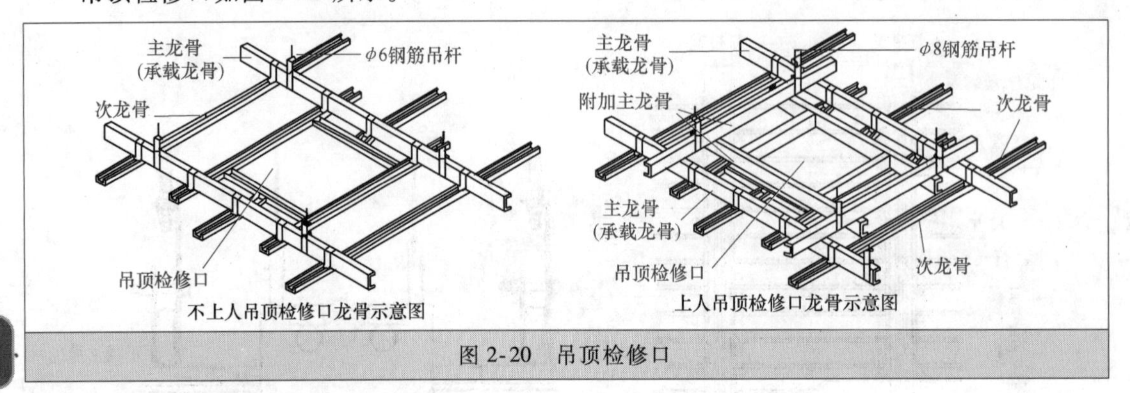

图2-20 吊顶检修口

★2.1.21 暗架吊顶灯带的安装

暗架吊顶灯带的安装如图2-21所示。

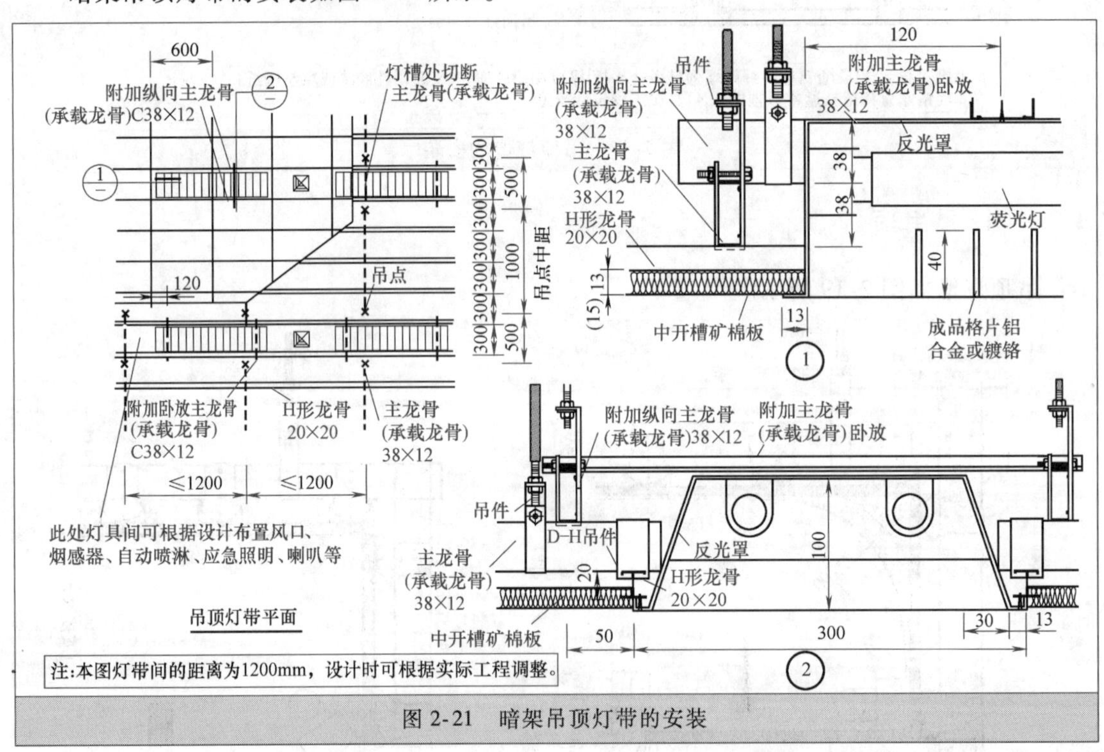

图2-21 暗架吊顶灯带的安装

★2.1.22 T形龙骨吊顶灯具的安装

T形龙骨吊顶灯具的安装如图2-22所示。

★2.1.23 T形龙骨吊顶灯带的安装

T形龙骨吊顶灯带的安装如图2-23所示。

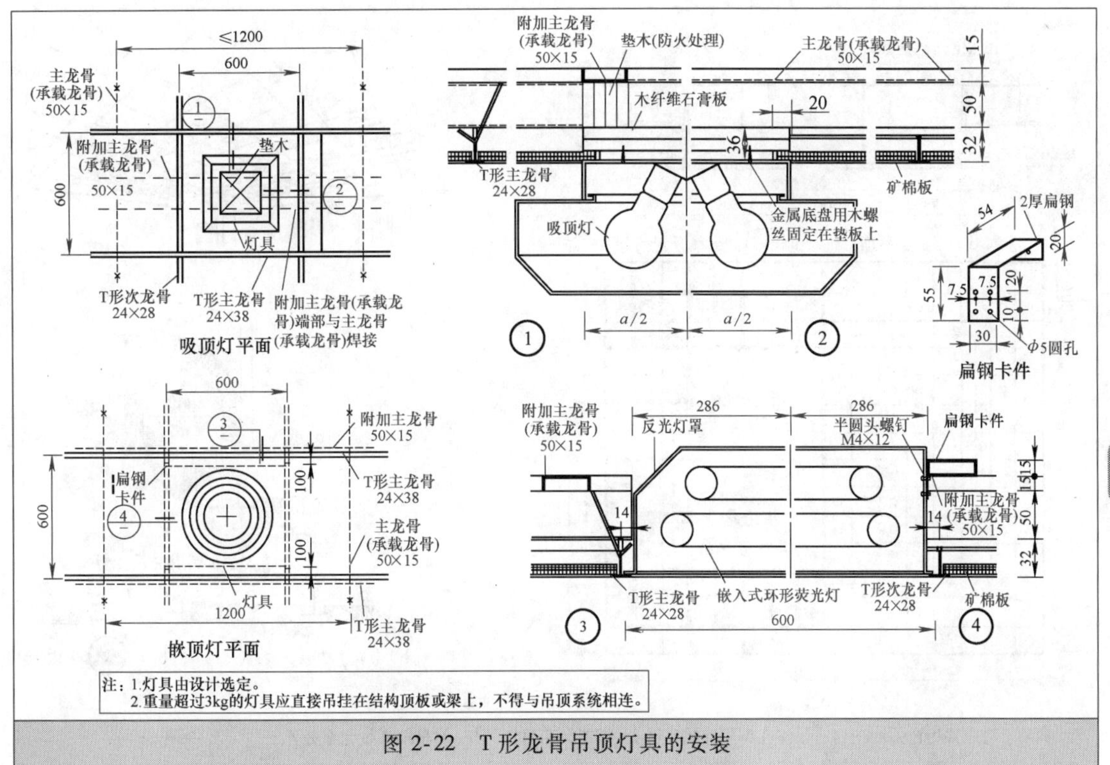

图 2-22　T 形龙骨吊顶灯具的安装

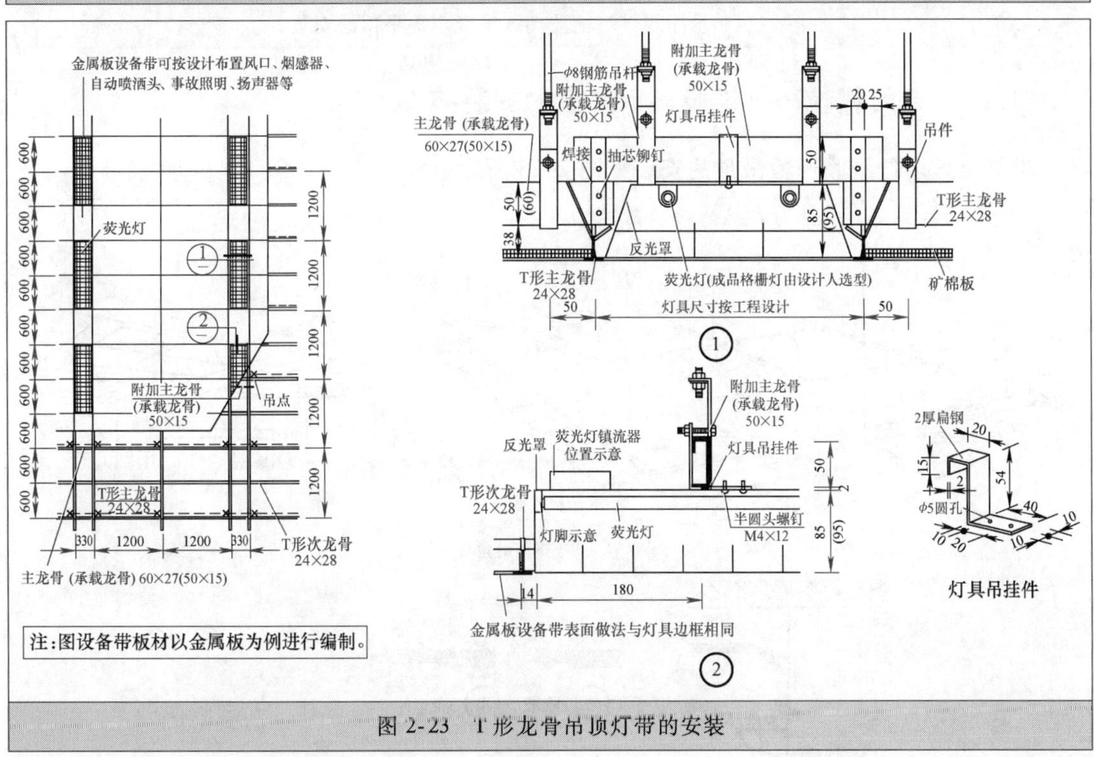

图 2-23　T 形龙骨吊顶灯带的安装

★2.1.24　悬浮式带灯槽玻璃纤维吸声板吊顶的安装

悬浮式带灯槽玻璃纤维吸声板吊顶的安装如图 2-24 所示。

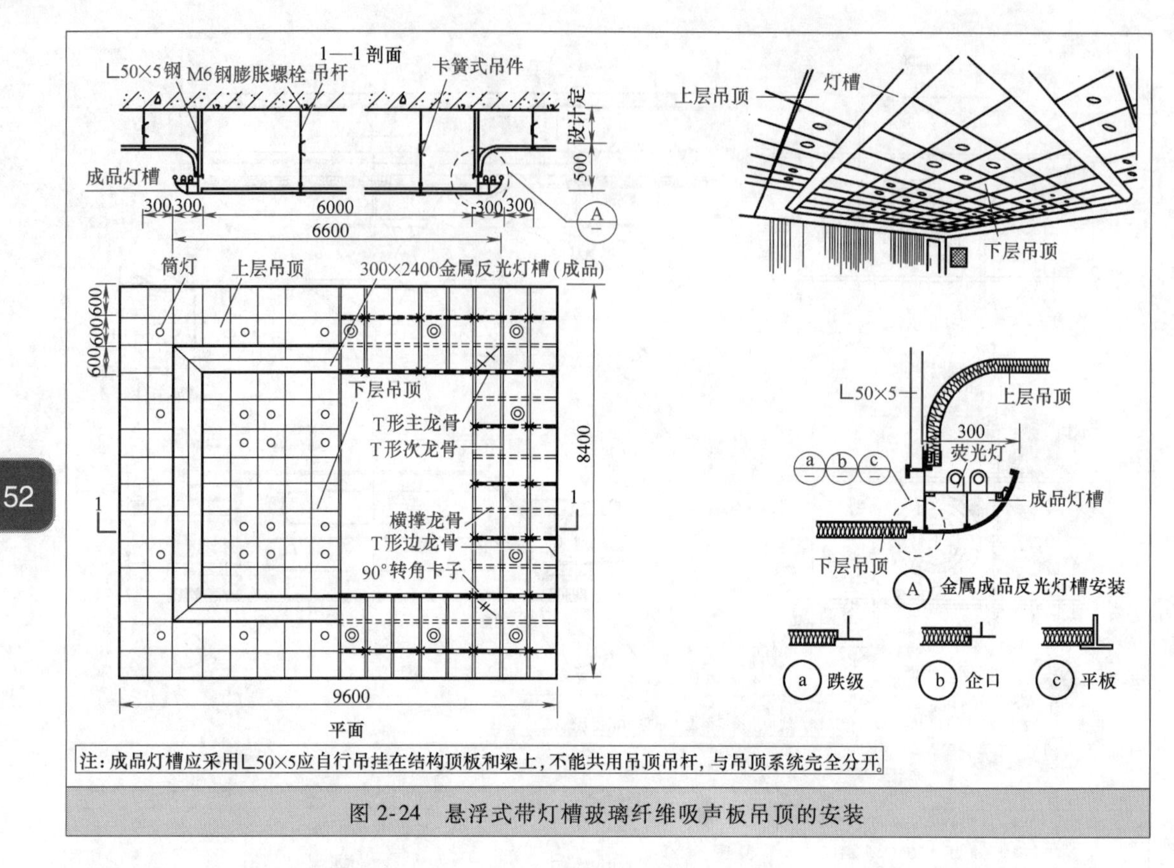

图 2-24　悬浮式带灯槽玻璃纤维吸声板吊顶的安装

★2.1.25　带灯槽玻璃纤维吸声板吊顶的安装

带灯槽玻璃纤维吸声板吊顶的安装如图 2-25 所示。

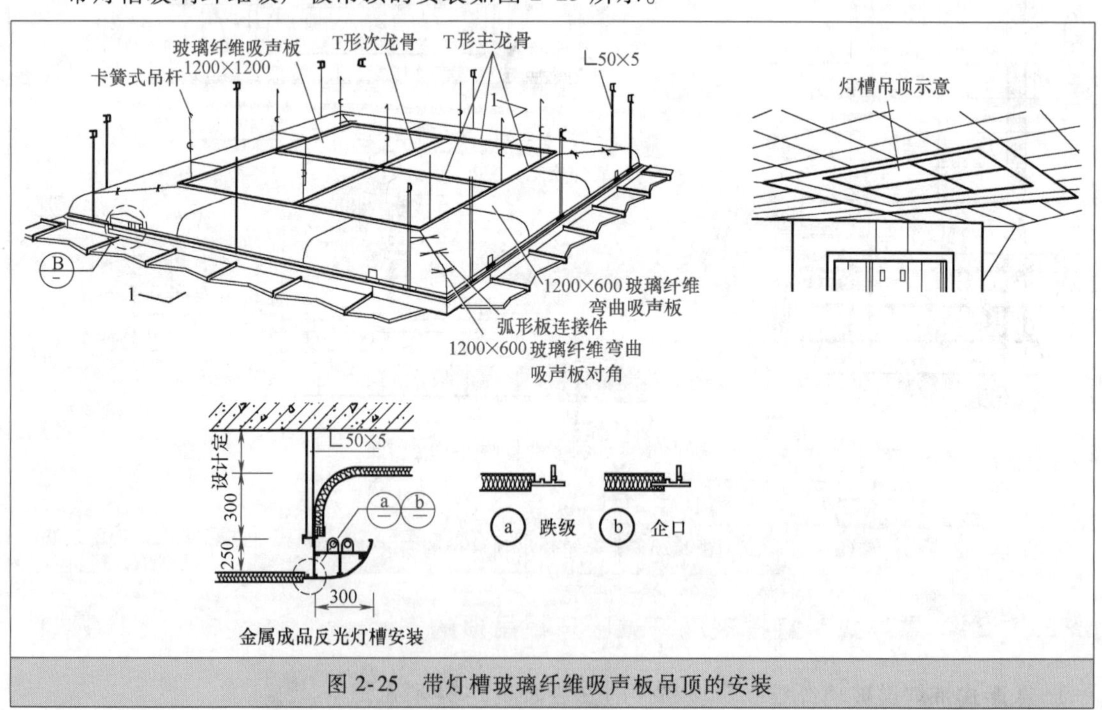

图 2-25　带灯槽玻璃纤维吸声板吊顶的安装

★2.1.26 玻璃纤维吸声板灯具的安装

玻璃纤维吸声板灯具的安装如图 2-26 所示。

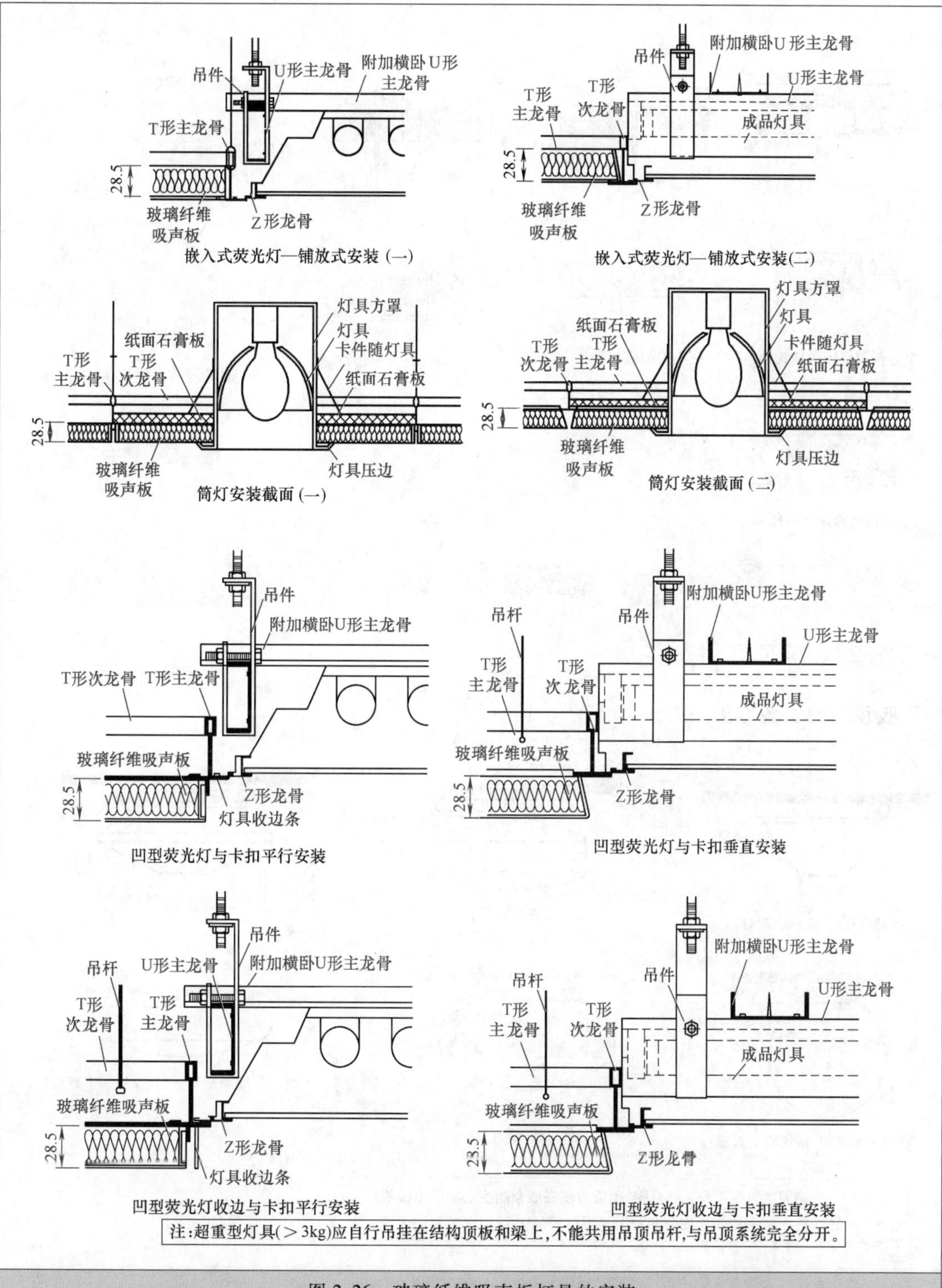

图 2-26 玻璃纤维吸声板灯具的安装

★2.1.27 灯具固定方法

灯具固定方法如图 2-27 所示。

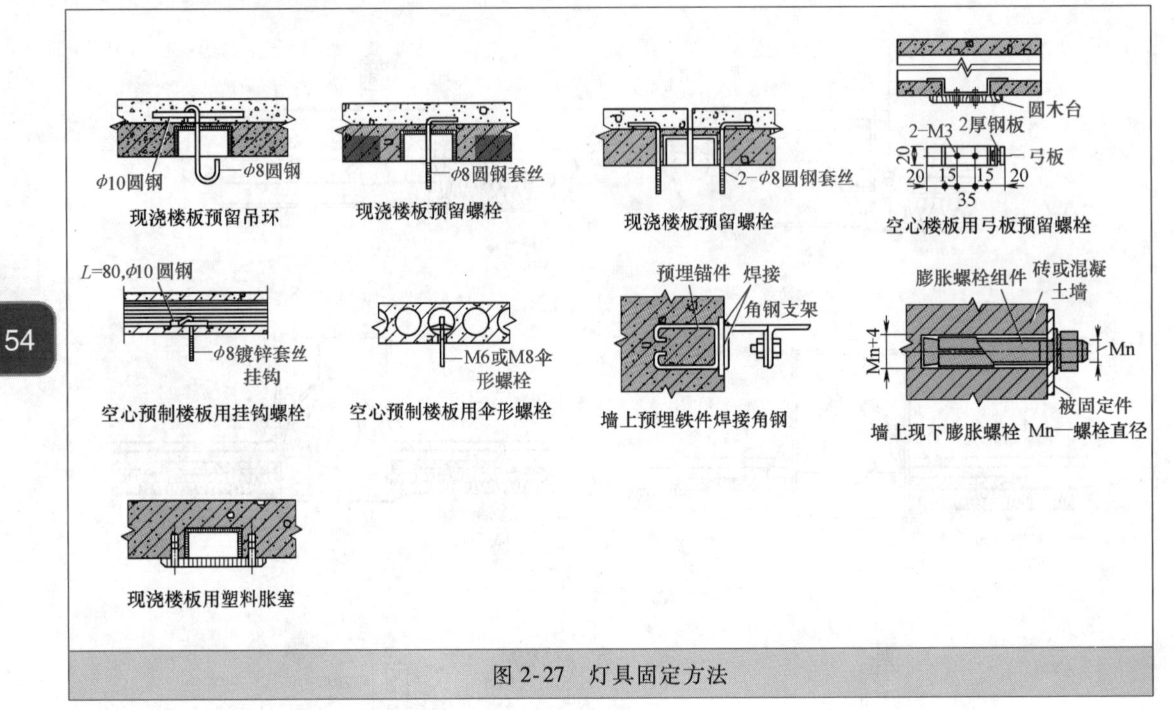

图 2-27　灯具固定方法

★2.1.28 吸顶灯的安装

吸顶灯的安装方法如图 2-28 所示。

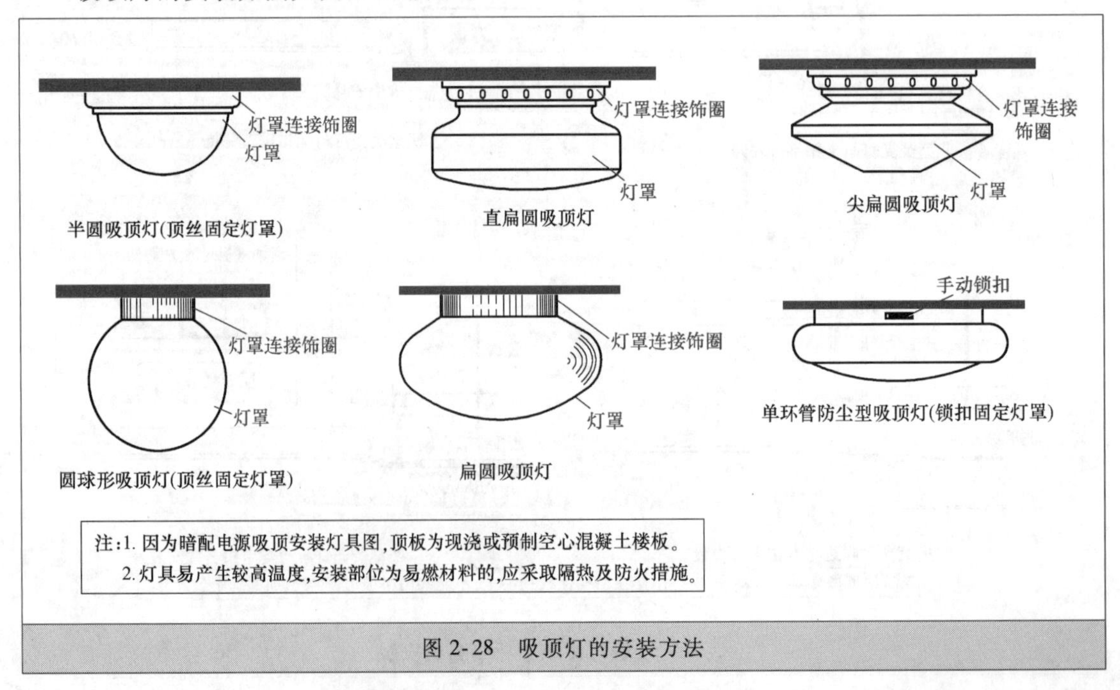

图 2-28　吸顶灯的安装方法

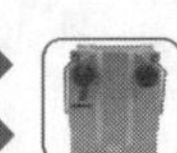

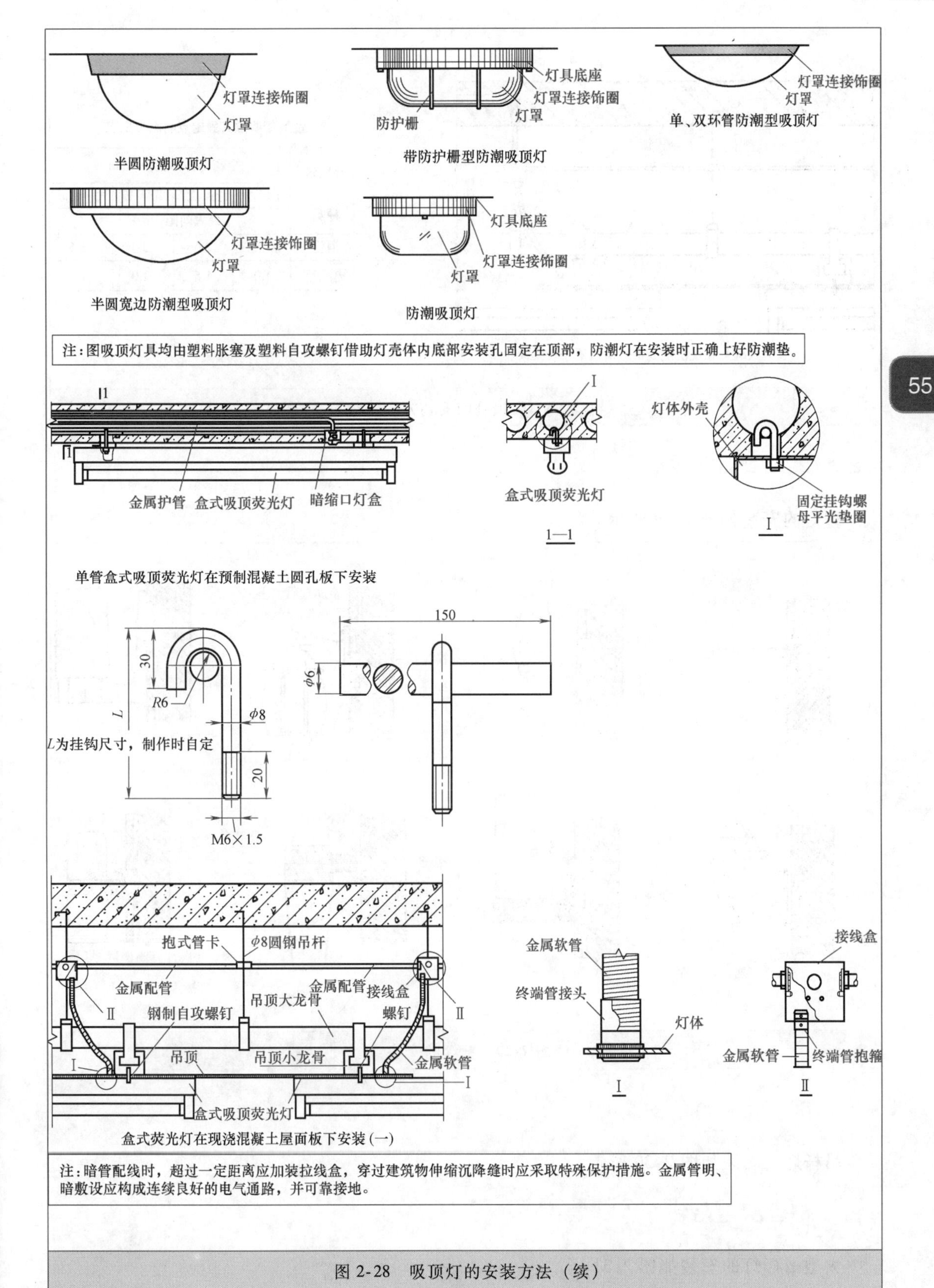

图 2-28 吸顶灯的安装方法（续）

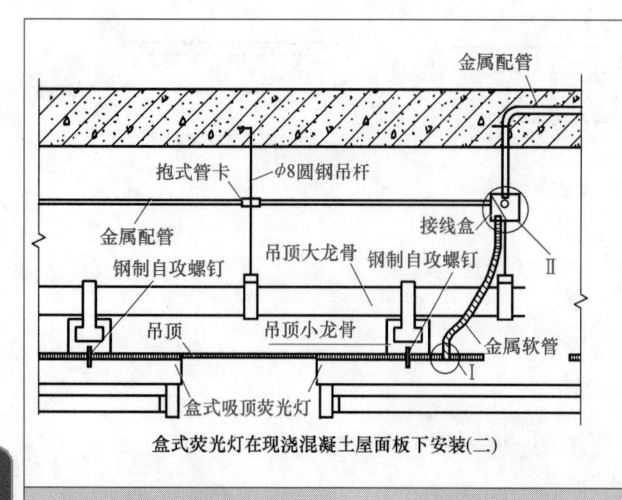

盒式荧光灯在现浇混凝土屋面板下安装(二)

金属管明敷其固定点间距参见表

金属管种类	金属管公称直径/mm			
	15～20	25～32	40～50	70～100
	最大间距/m			
钢管	1.5	2.0	2.5	3.5
电线管	1.0	1.5	2.0	-

图 2-28　吸顶灯的安装方法（续）

★2.1.29　壁灯的安装

壁灯的安装如图 2-29 所示。

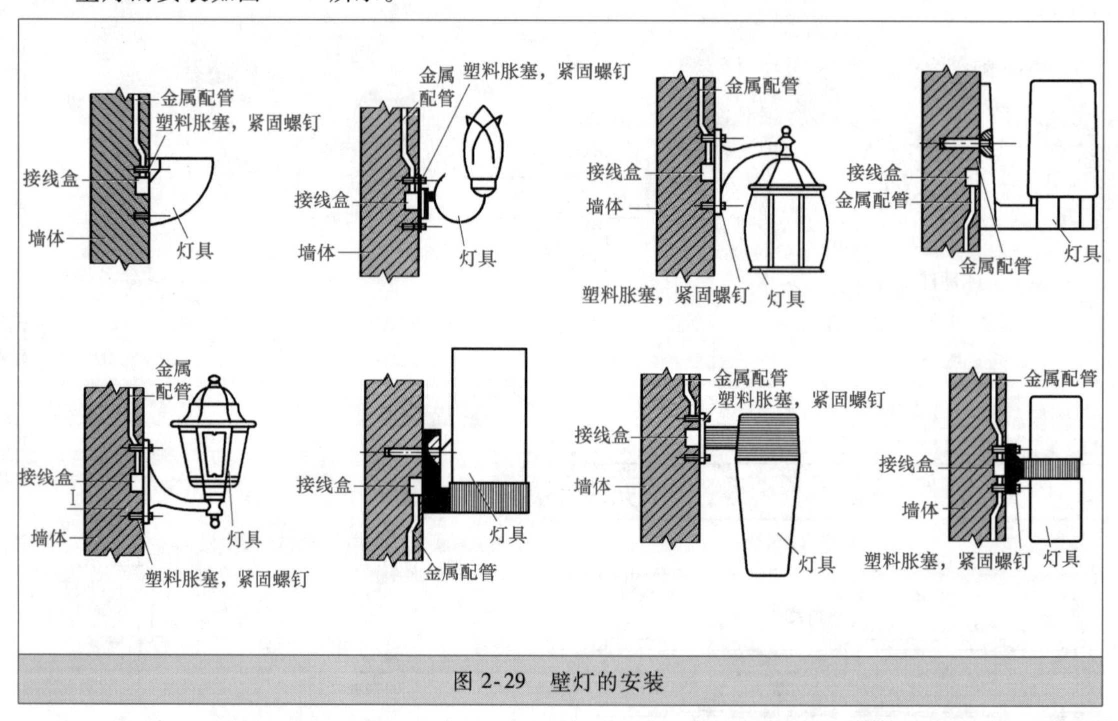

图 2-29　壁灯的安装

★2.1.30　吊杆灯的安装

吊杆灯的安装如图 2-30 所示。

★2.1.31　大型吊杆灯的安装

大型吊杆灯的安装如图 2-31 所示。

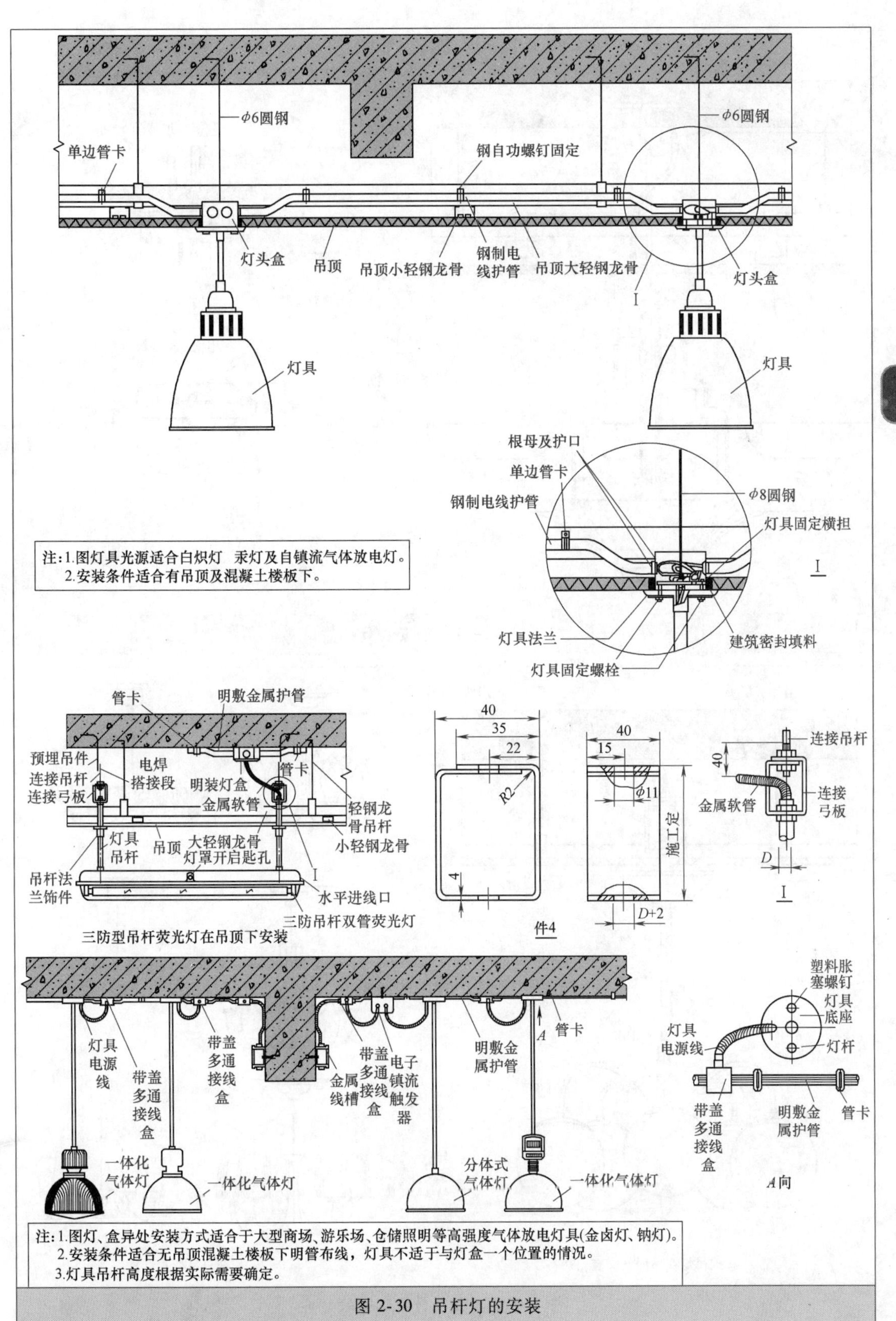
ϕ6圆钢
单边管卡
钢自功螺钉固定
ϕ6圆钢
灯头盒
吊顶
吊顶小轻钢龙骨
钢制电线护管
吊顶大轻钢龙骨
I
灯头盒
灯具
灯具
根母及护口
单边管卡
钢制电线护管
ϕ8圆钢
灯具固定横担
I
灯具法兰
建筑密封填料
灯具固定螺栓
注:1.图灯具光源适合白炽灯 汞灯及自镇流气体放电灯。
2.安装条件适合有吊顶及混凝土楼板下。
管卡
明敷金属护管
预埋吊件
电焊搭接段
管卡
连接吊杆
连接弓板
明装灯盒
金属软管
轻钢龙骨吊杆
灯具吊杆
吊顶
大轻钢龙骨
灯罩开启匙孔
小轻钢龙骨
吊杆法兰饰件
I
水平进线口
三防吊杆双管荧光灯
三防型吊杆荧光灯在吊顶下安装
40
35
22
R2
4
件4
40
15
ϕ11
施工定
D+2
连接吊杆
40
金属软管
连接弓板
D
I
灯具电源线
带盖多通接线盒
带盖多通接线盒
金属线槽
带盖多通接线盒
电子镇流触发器
明敷金属护管
A
管卡
塑料胀塞螺钉
灯具底座
灯具电源线
灯杆
带盖多通接线盒
明敷金属护管
管卡
一体化气体灯
一体化气体灯
分体式气体灯
一体化气体灯
A向
注:1.图灯、盒异处安装方式适合于大型商场、游乐场、仓储照明等高强度气体放电灯具(金卤灯、钠灯)。
2.安装条件适合无吊顶混凝土楼板下明管布线,灯具不适于与灯盒一个位置的情况。
3.灯具吊杆高度根据实际需要确定。

图 2-30 吊杆灯的安装

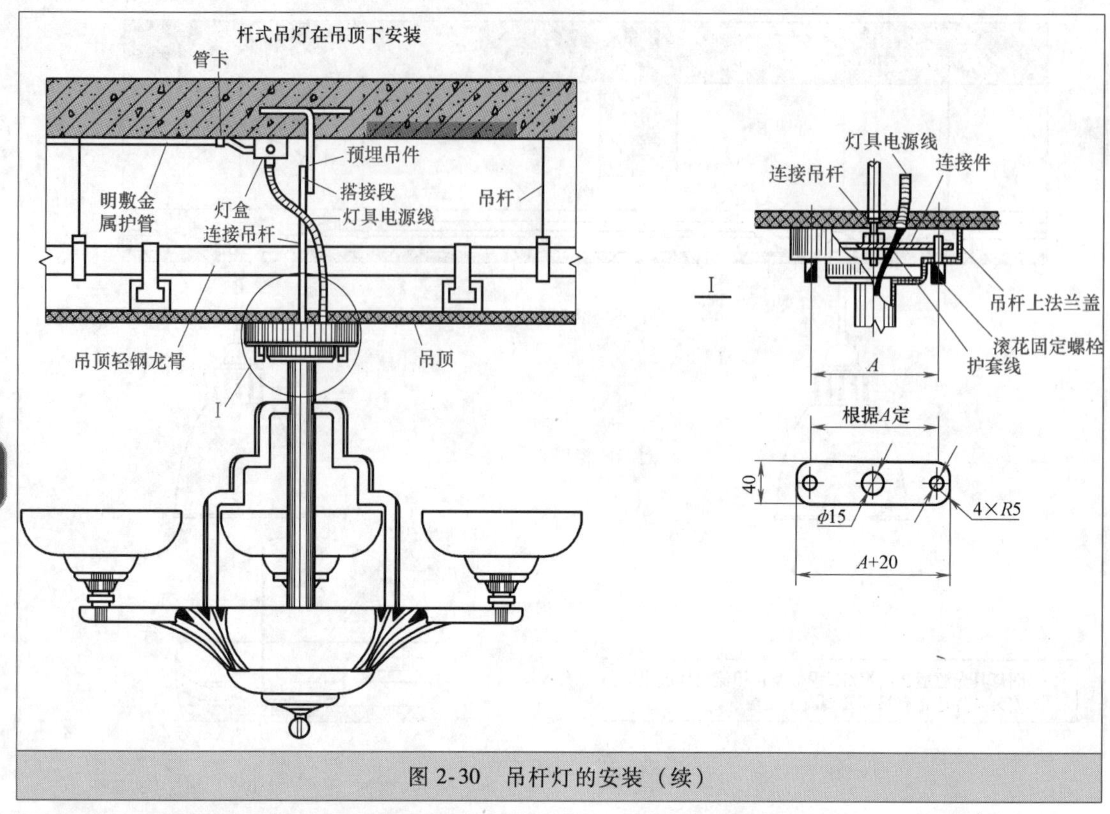

图 2-30　吊杆灯的安装（续）

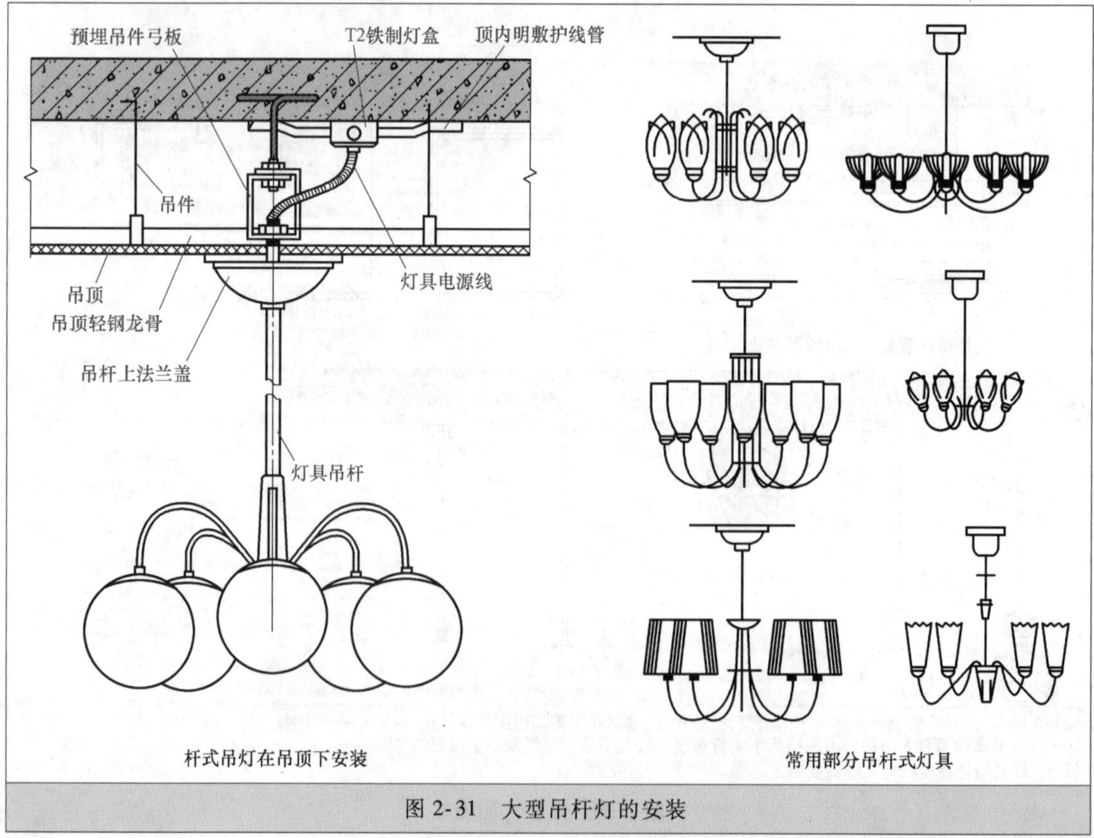

图 2-31　大型吊杆灯的安装

☆☆ 2.2 管工基本技能 ☆☆

★2.2.1 玻璃枪与玻璃胶的使用

玻璃枪与玻璃胶的使用见表 2-2。

表 2-2 玻璃枪与玻璃胶的使用

<table>
<tr><td>玻璃胶</td><td>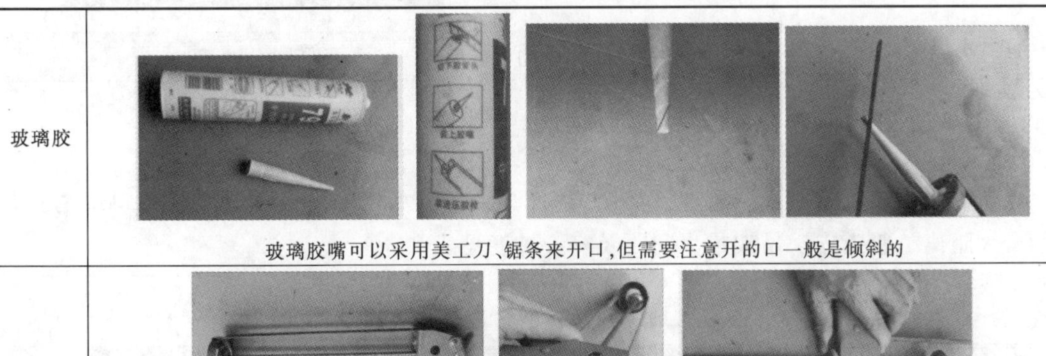
玻璃胶嘴可以采用美工刀、锯条来开口,但需要注意开的口一般是倾斜的</td></tr>
<tr><td>玻璃枪使用的主要步骤</td><td>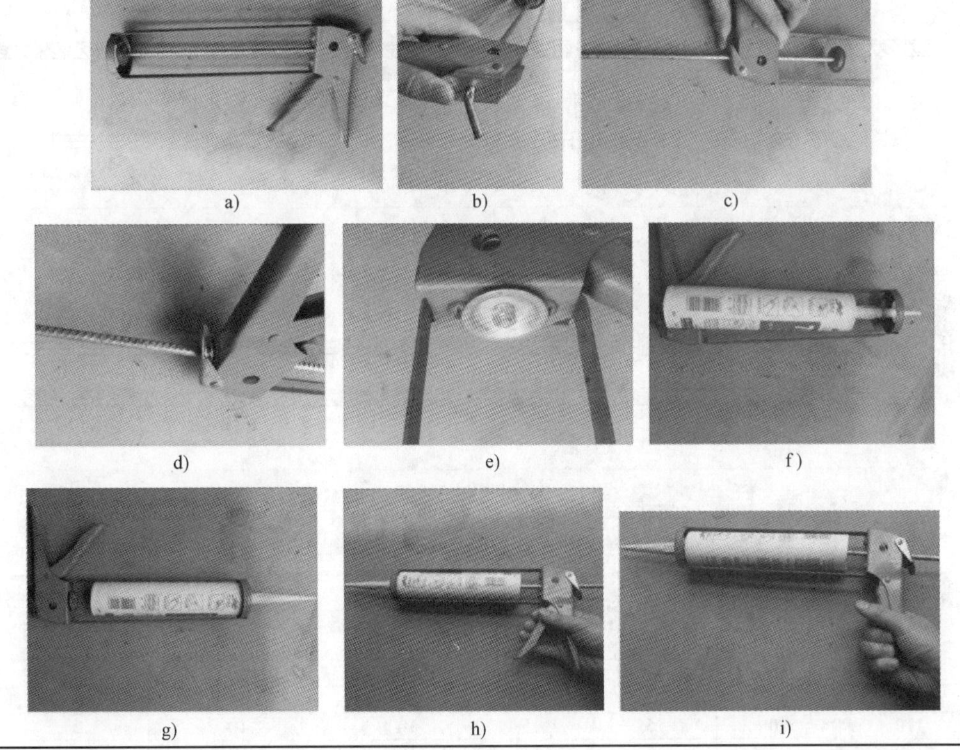
a) b) c) d) e) f) g) h) i)</td></tr>
</table>

★2.2.2 生料带

没有密封橡胶圈的安装，一般需要采用生料带来密封。生料带不要缠反，一般是按顺时针缠。镀锌管道端头接口连接必须绞八牙以上，进管必须五牙以上，不得有爆牙现象。另外，生料带必须在六圈以上方可接管绞紧。

生料带的应用如图 2-32 所示。

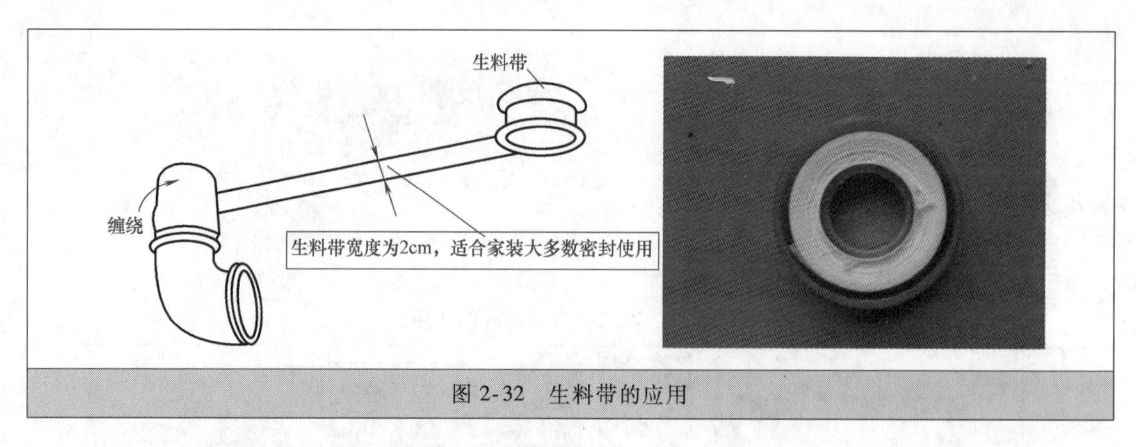

图 2-32　生料带的应用

★2.2.3　建筑排水塑料管道排水横管安装

建筑排水塑料管道排水横管安装如图 2-33 所示。排水横管的直线管段检查口或清扫口间的最大距离，管道支、吊架最大间距及安装坡度见表 2-3。

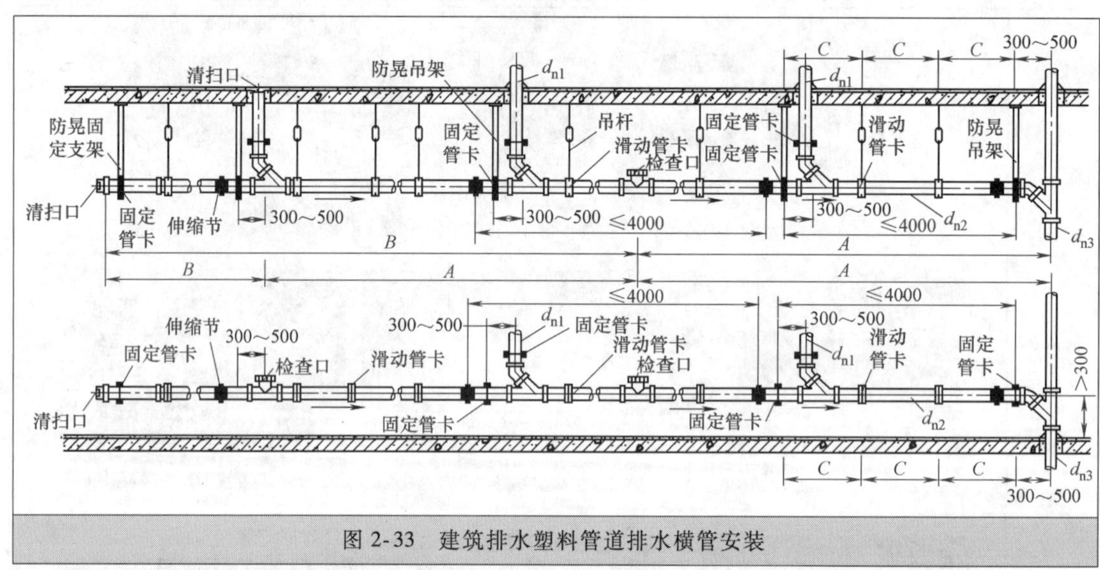

图 2-33　建筑排水塑料管道排水横管安装

表 2-3　排水横管的直线管段检查口或清扫口间的最大距离，管道支、吊架最大间距及安装坡度

横干管外径 d_n /mm	A/m		B/m		C（支、吊架最大间距）/m	安装坡度(%)	
	生活废水	生活污水	生活废水	生活污水		通用坡度	最小坡度
50	15	12	10	8	0.50	2.5	1.2
75	15	12	10	8	0.75	1.5	0.7
110	20	15	15	10	1.10	1.2	0.4
160	20	15	15	10	1.60	0.7	0.3
200	25	20	—	—	1.60	0.5	0.3

★2.2.4　PPR 明装

PPR 暗装到墙壁、楼板、隔离材料等处的管道是能够防止膨胀的。压力和拉伸应力都被吸收而又不损坏各种材料。管道外径（d_e）不宜超过 25mm，连接方式应采用热熔连接。PPR 明装补偿臂最小长度的确定如图 2-34 所示。

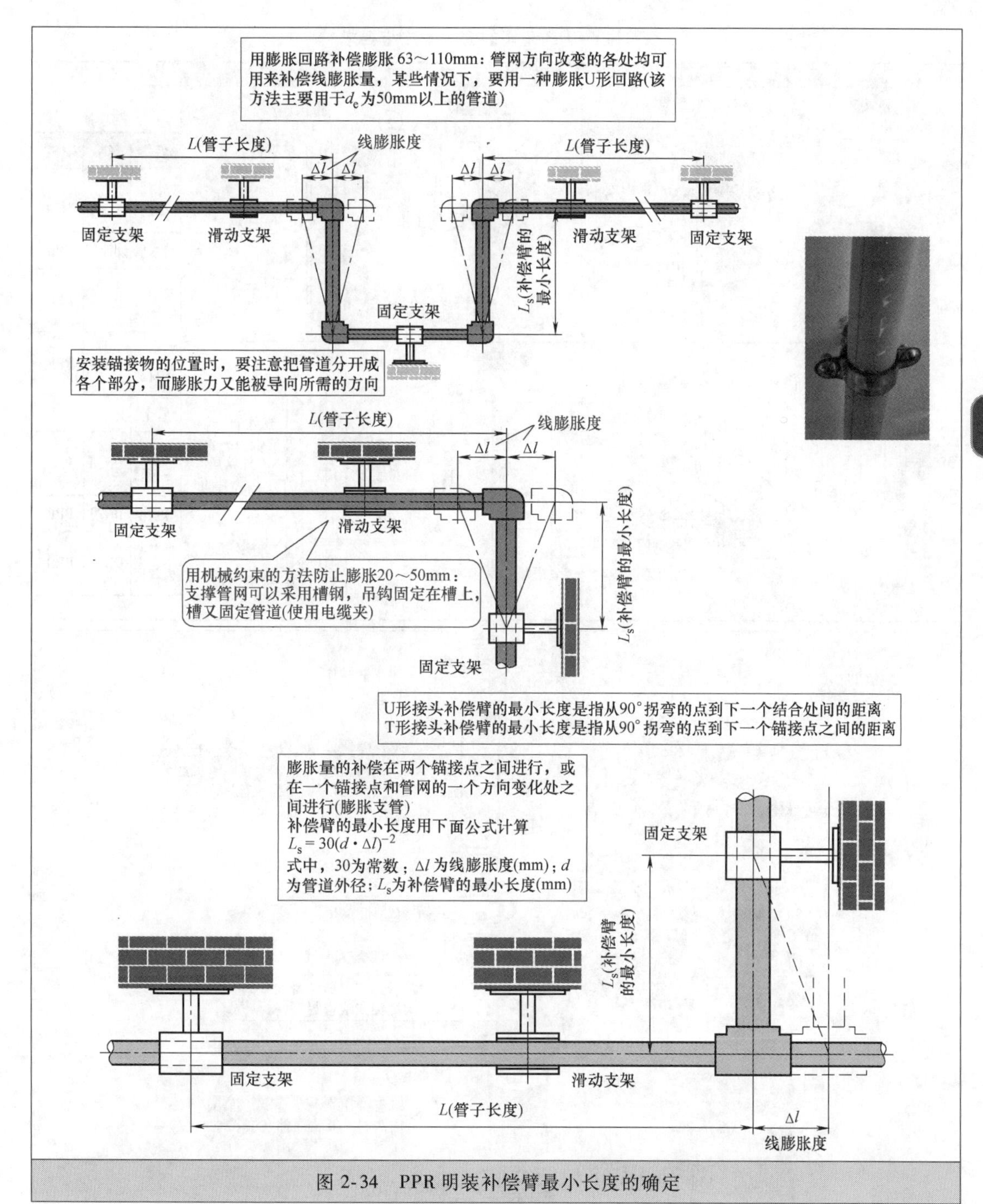

图 2-34　PPR 明装补偿臂最小长度的确定

★2.2.5　PPR 角阀

PPR 角阀的安装方法与要求见表 2-4。

★2.2.6　台盆弹跳式落水的安装

台盆弹跳式落水的安装如图 2-35 所示。

表 2-4　PPR 角阀的安装方法与要求

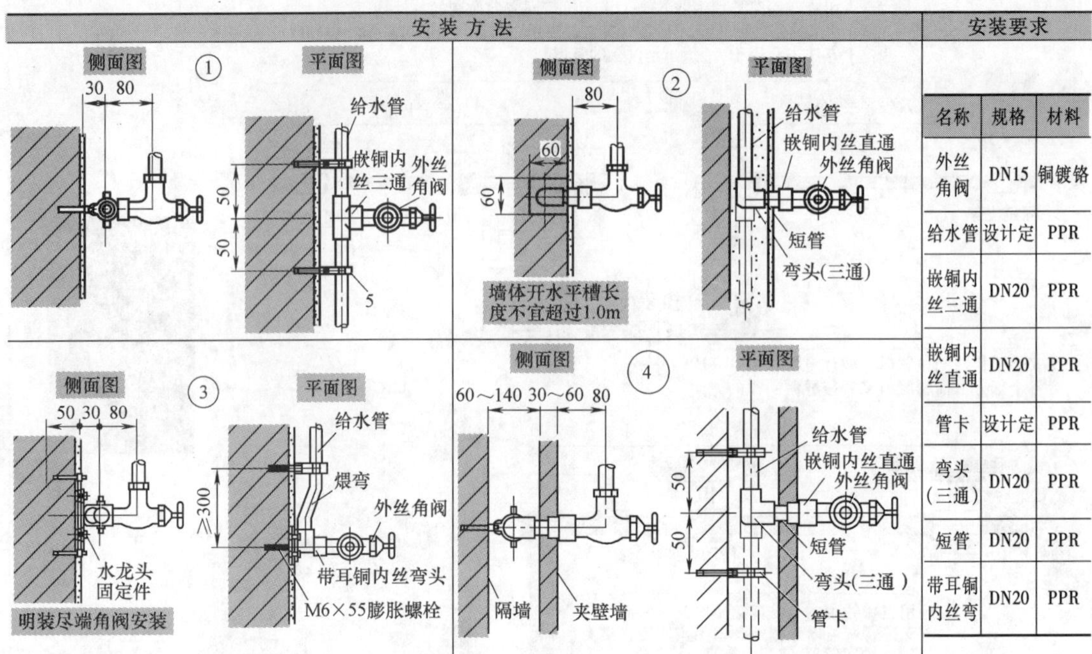

名称	规格	材料
外丝角阀	DN15	铜镀铬
给水管	设计定	PPR
嵌铜内丝三通	DN20	PPR
嵌铜内丝直通	DN20	PPR
管卡	设计定	PPR
弯头(三通)	DN20	PPR
短管	DN20	PPR
带耳铜内丝弯	DN20	PPR

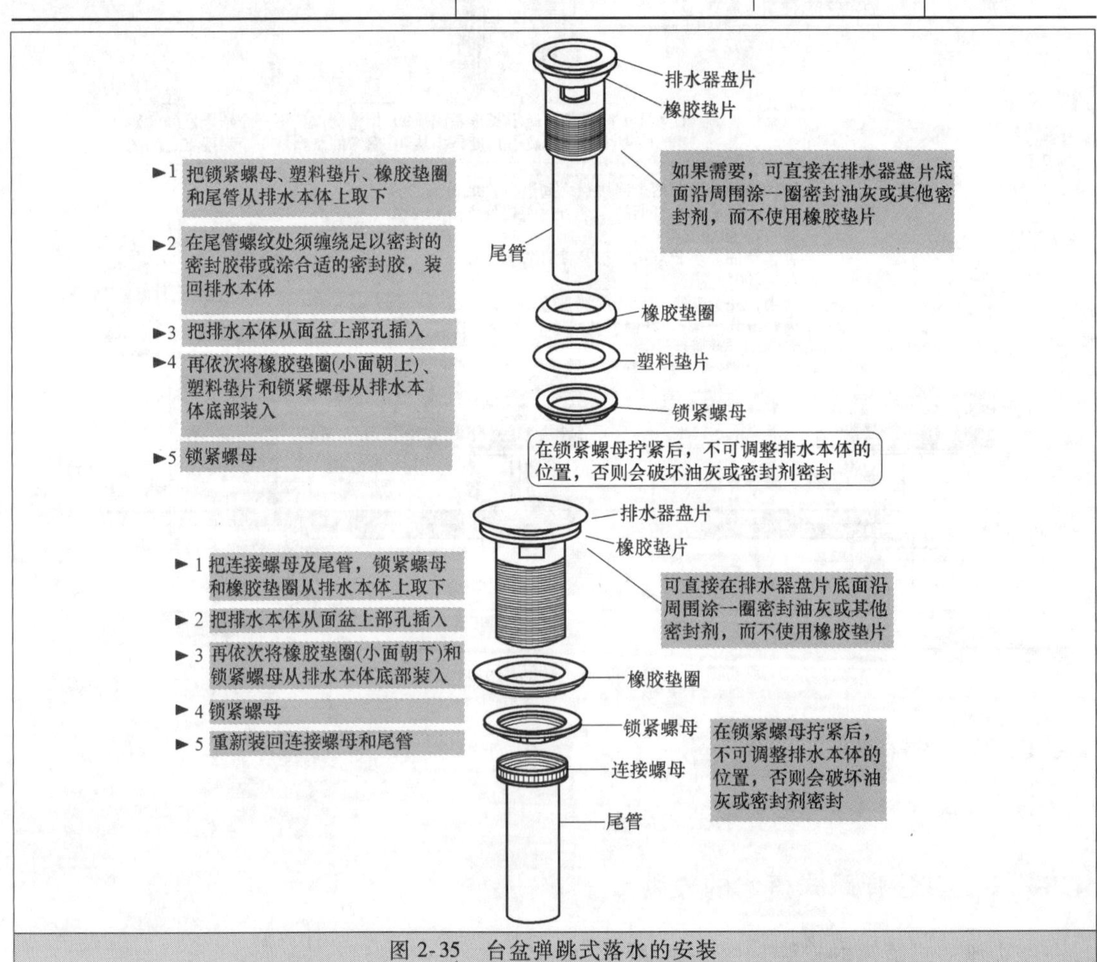

图 2-35　台盆弹跳式落水的安装

★2.2.7　更换台盆弹跳式落水的方法

更换台盆弹跳式落水的方法如图 2-36 所示。

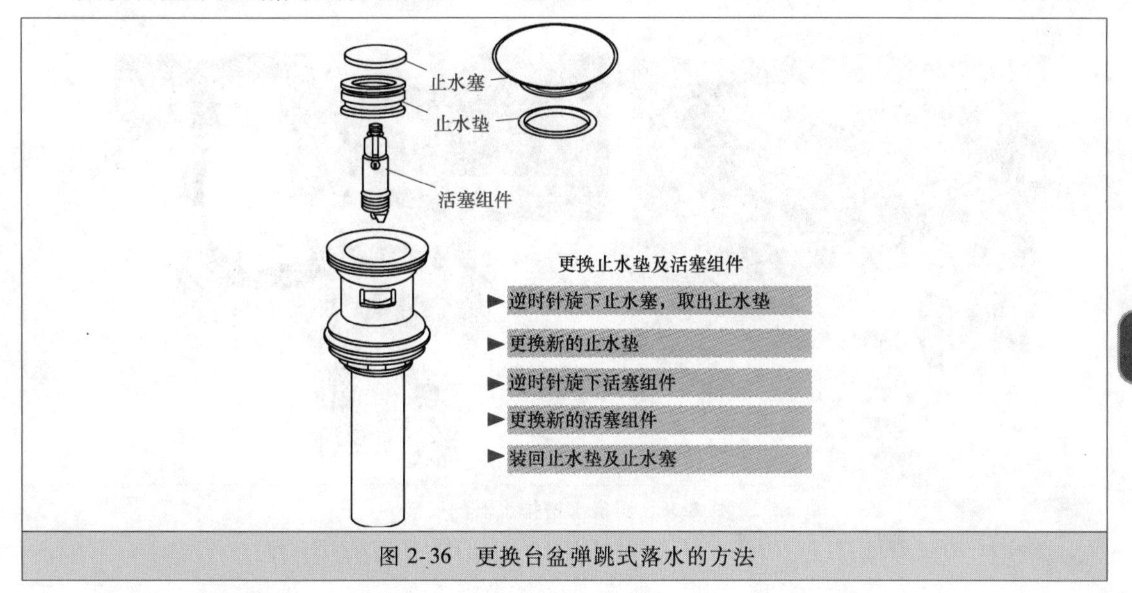

图 2-36　更换台盆弹跳式落水的方法

★2.2.8　墙装式去水弯管的清理

墙装式去水弯管的清理方法如图 2-37 所示。

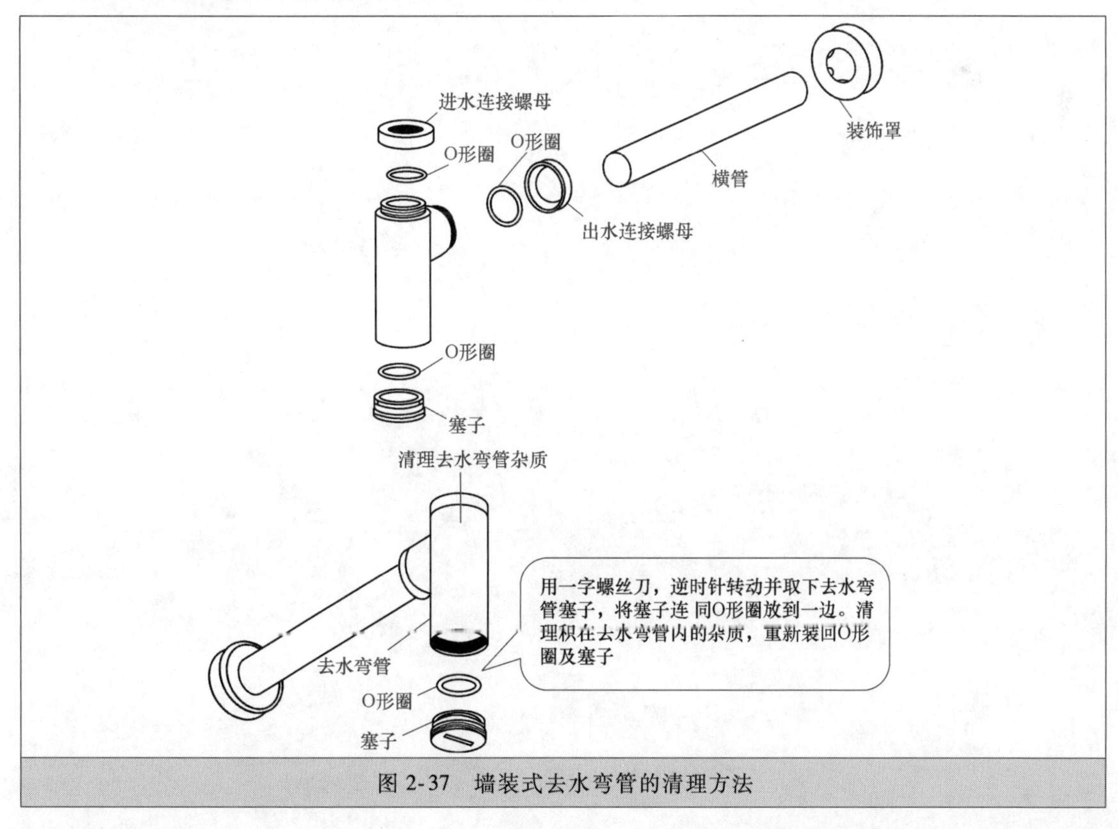

图 2-37　墙装式去水弯管的清理方法

★2.2.9　厨房水槽排水器的安装

厨房水槽排水器的安装如图 2-38 所示。

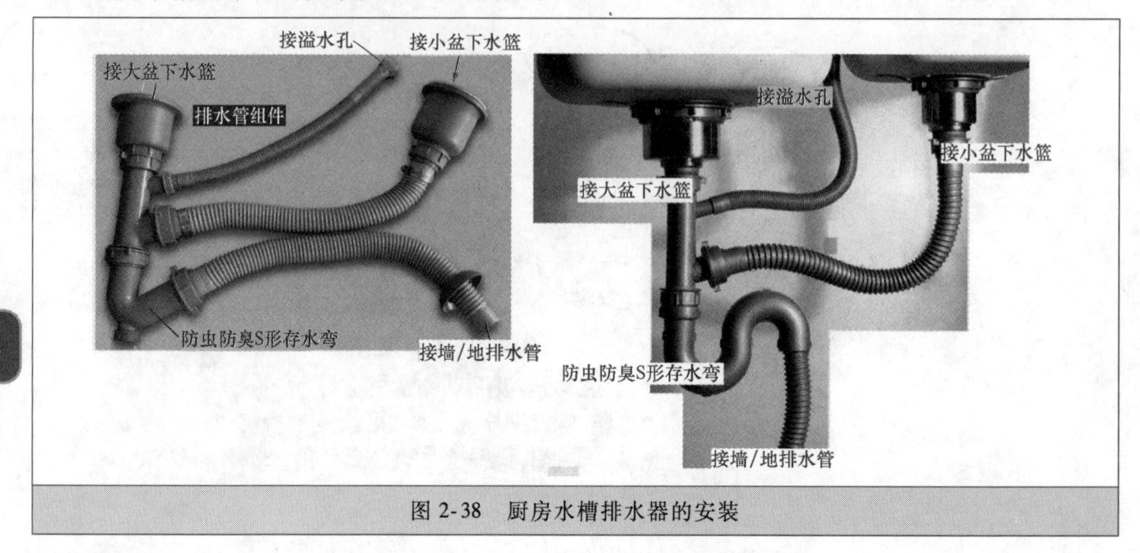

图 2-38　厨房水槽排水器的安装

第3章 设备与设施

3.1 电设备与设施

★3.1.1 饮水机

饮水机与电热水器是家中最大的“偷电贼”，为解决饮水机“偷电”，增加一个定时电源开关就能明显节电。饮水机的安装位置如图 3-1 所示。

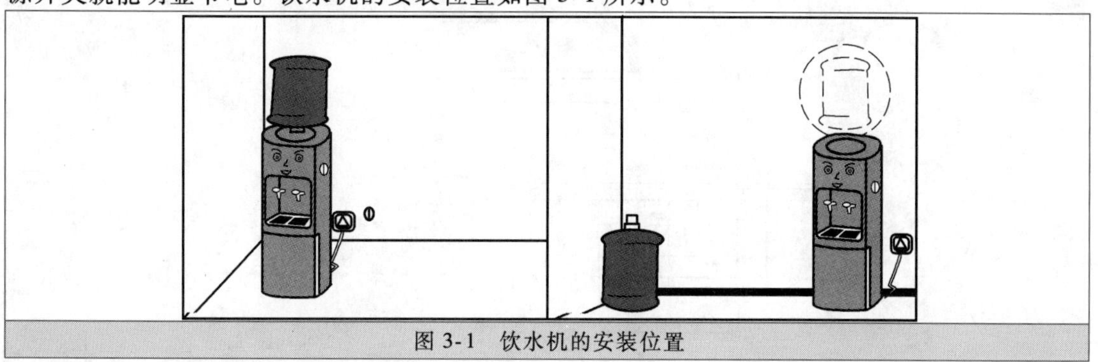

图 3-1 饮水机的安装位置

★3.1.2 抽油烟机

抽油烟机（案例 1）常用附件如图 3-2 所示。

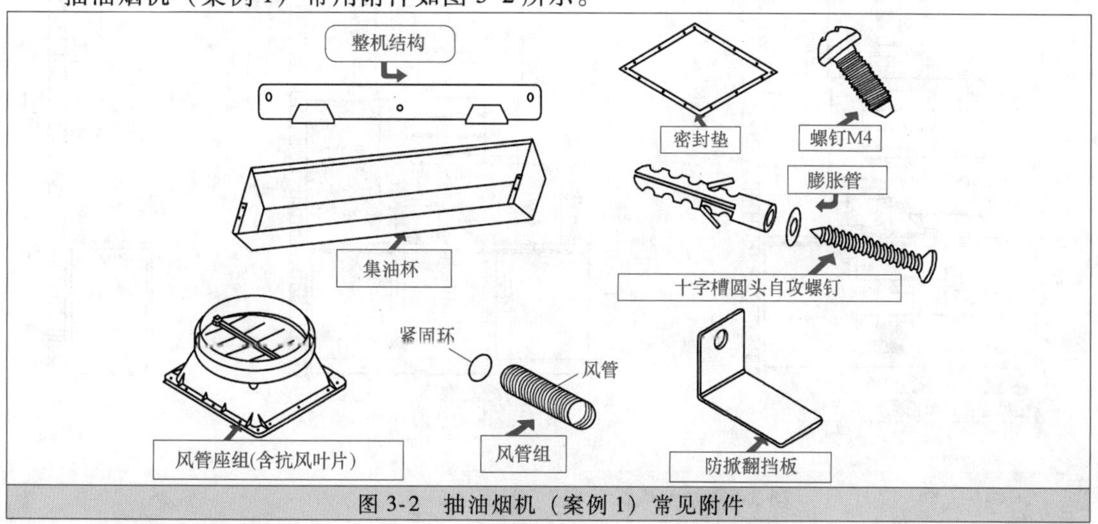

图 3-2 抽油烟机（案例 1）常见附件

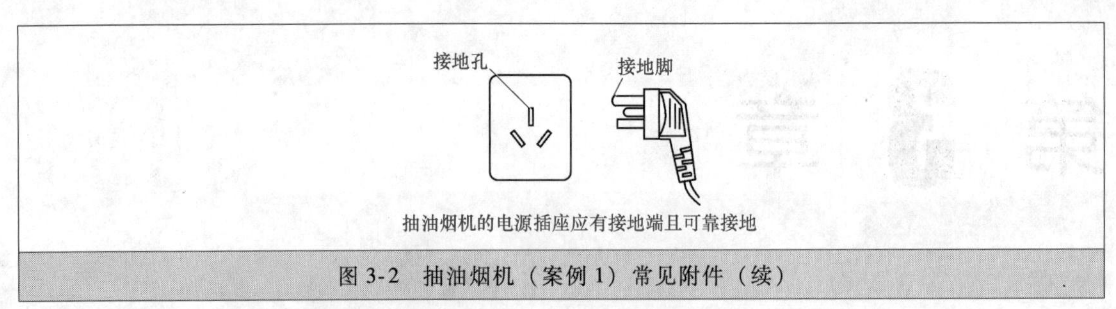

图 3-2 抽油烟机（案例 1）常见附件（续）

抽油烟机（案例 1）安装的方法与要点如图 3-3 所示。

抽油烟机（油烟机）（案例 2）安装的方法与要点如图 3-4 所示。

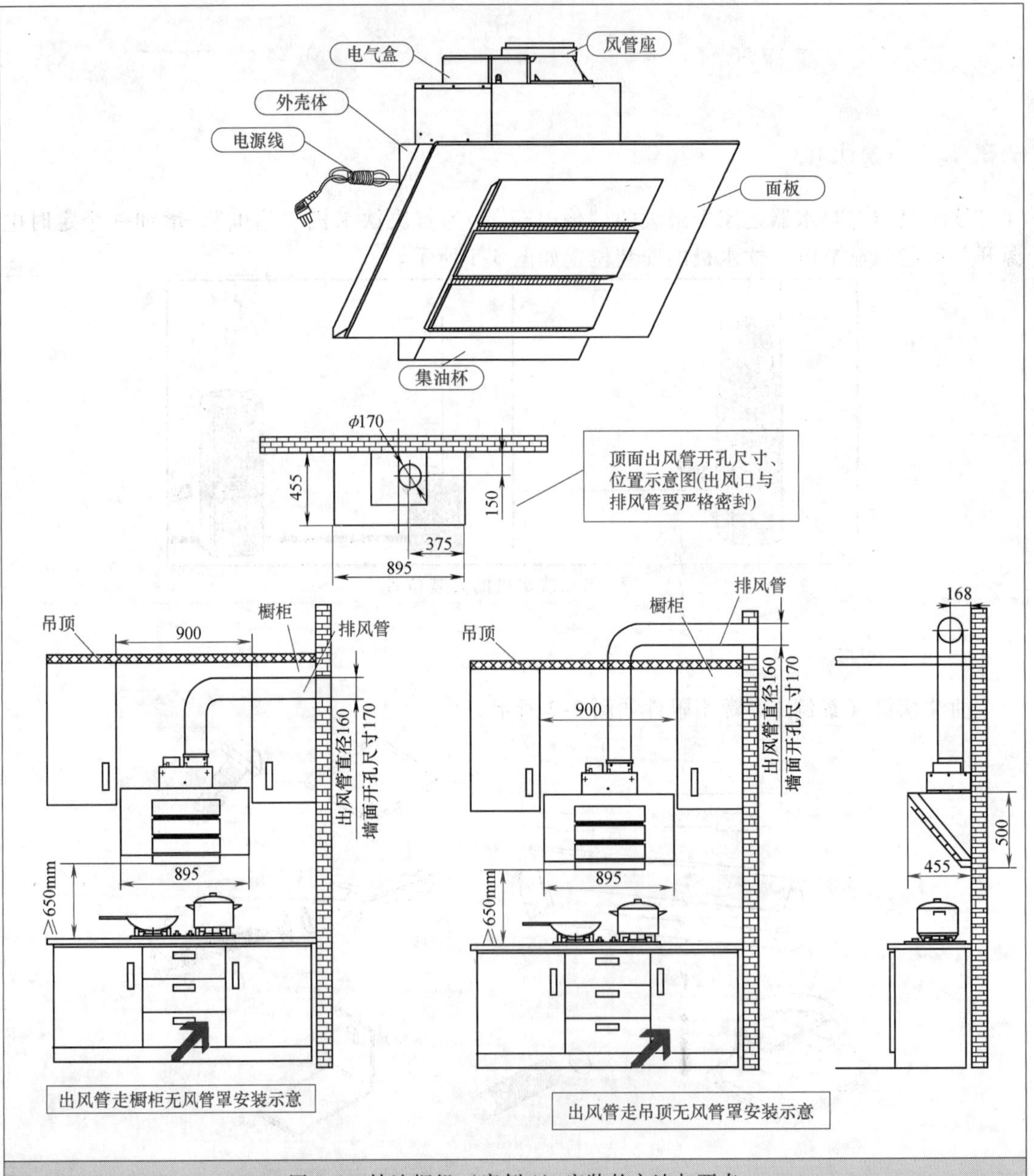

图 3-3 抽油烟机（案例 1）安装的方法与要点

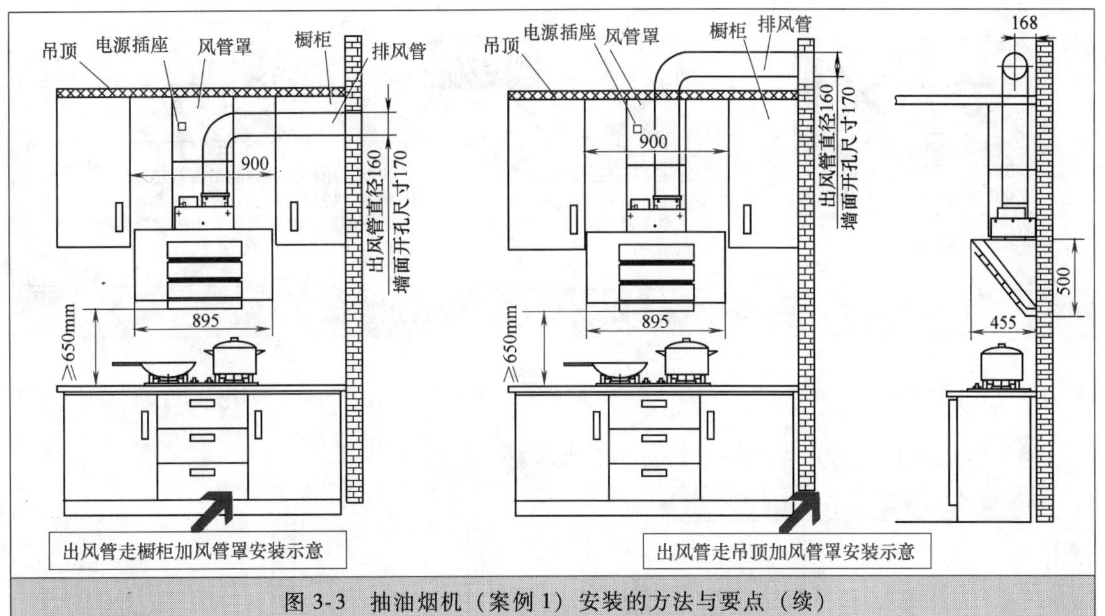

图 3-3 抽油烟机（案例 1）安装的方法与要点（续）

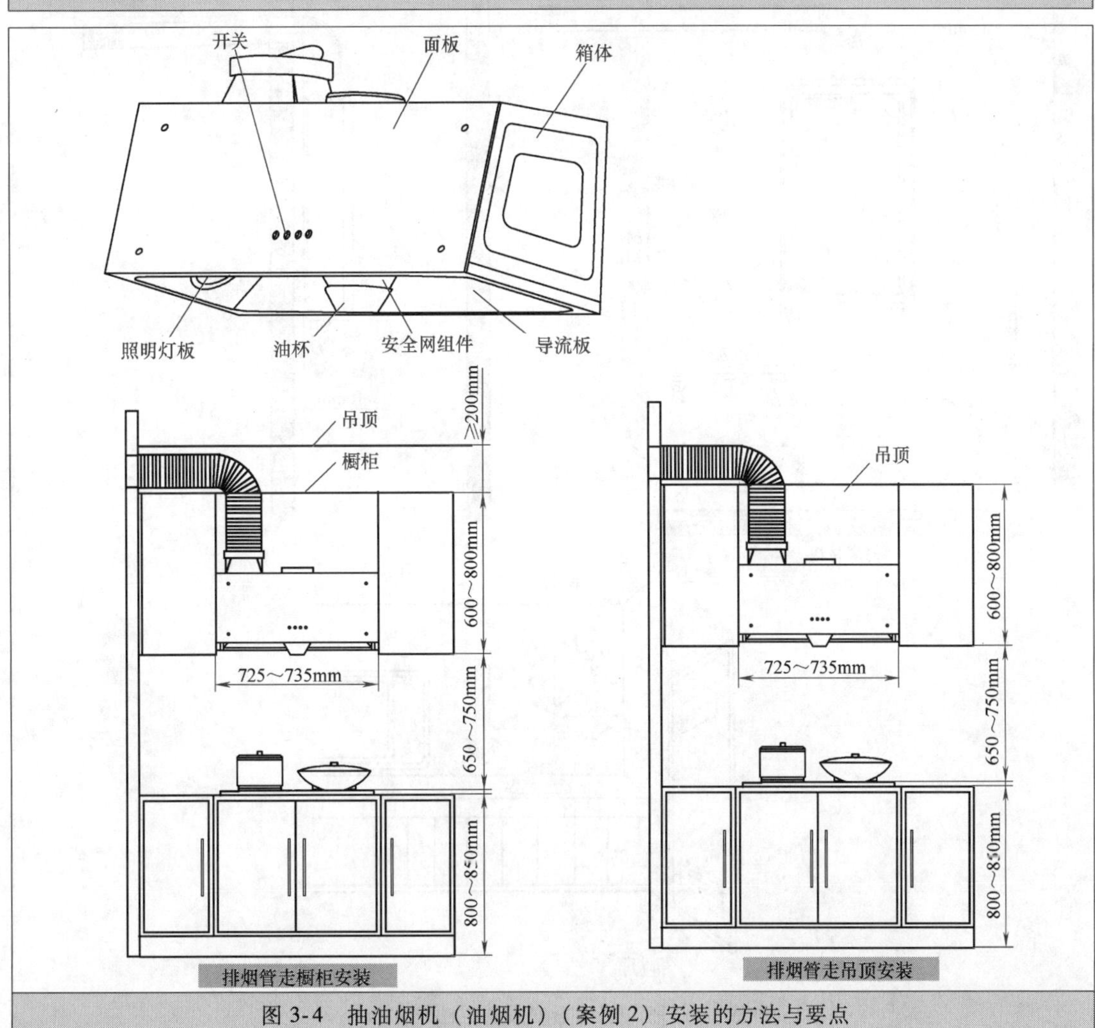

图 3-4 抽油烟机（油烟机）（案例 2）安装的方法与要点

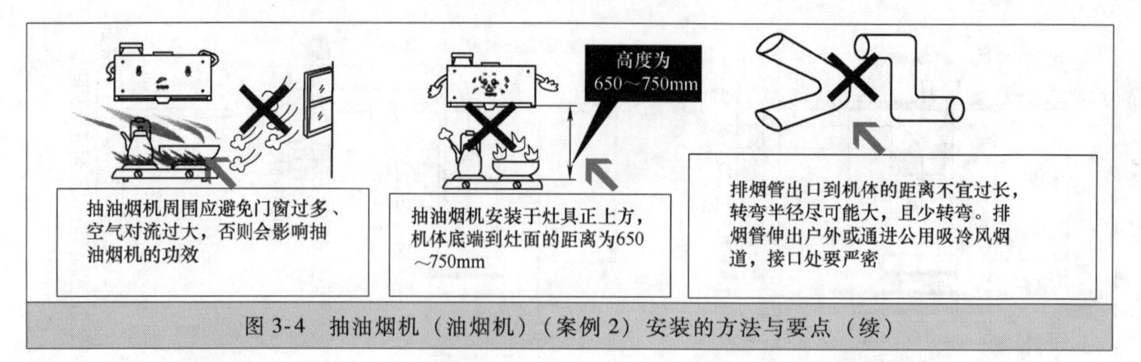

图 3-4　抽油烟机（油烟机）（案例 2）安装的方法与要点（续）

★3.1.3　燃气热水器

燃气热水器安装的方法与要点如图 3-5 所示。

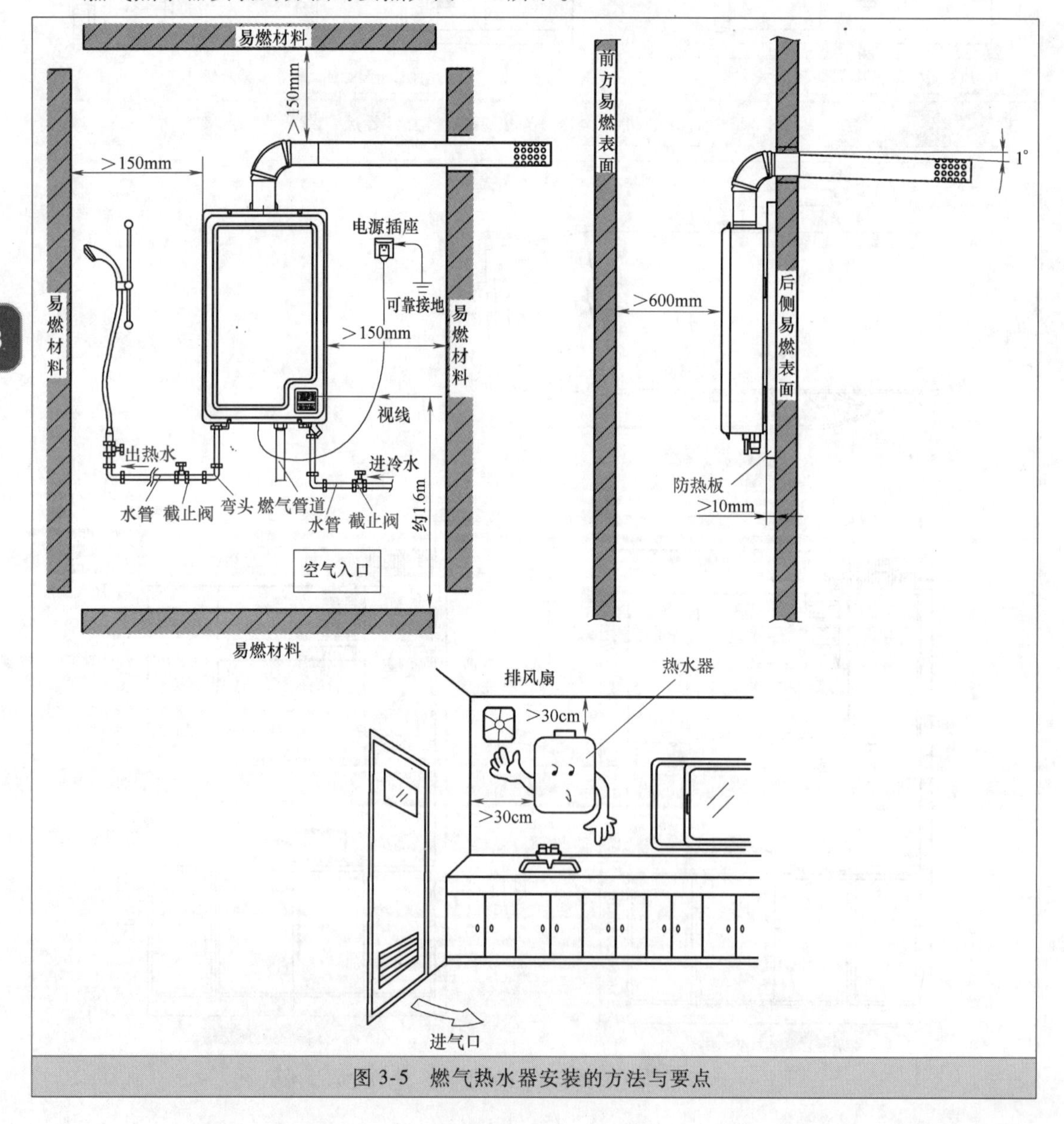

图 3-5　燃气热水器安装的方法与要点

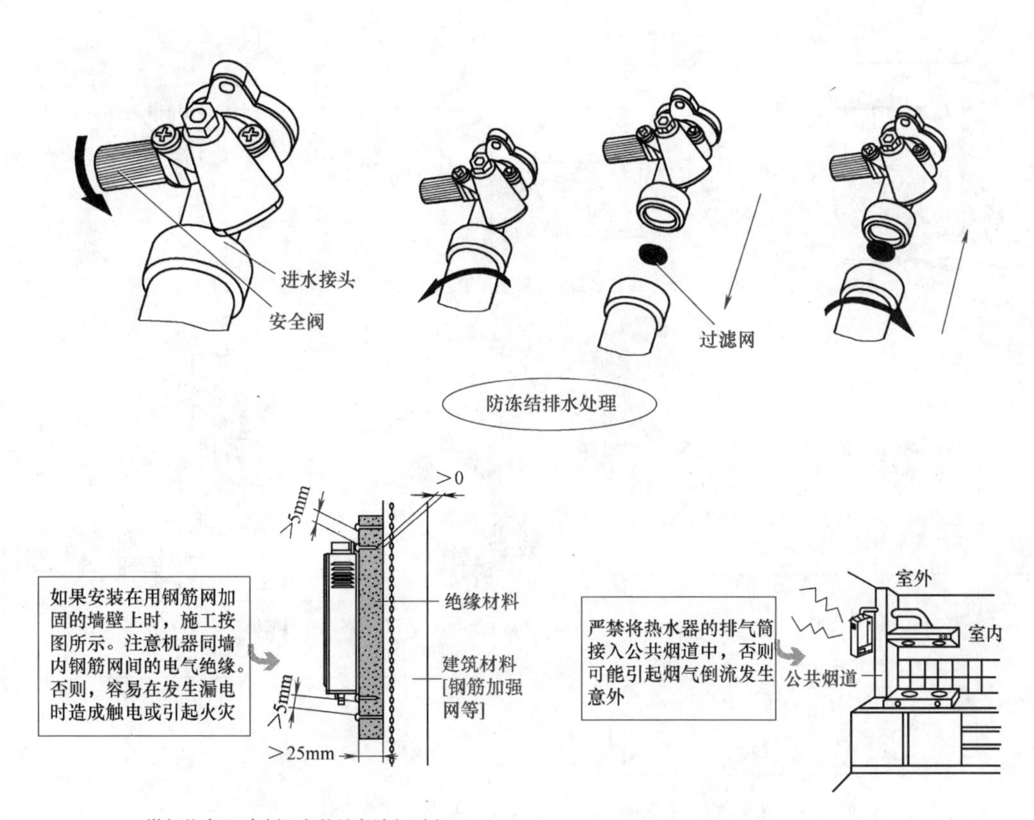

燃气热水器(案例1)安装的方法与要点

强排式热水器安装排烟管后，在热水器使用过程中，严禁在其安装或相连通的房间内开启抽油烟机和排气扇等机械换气设备

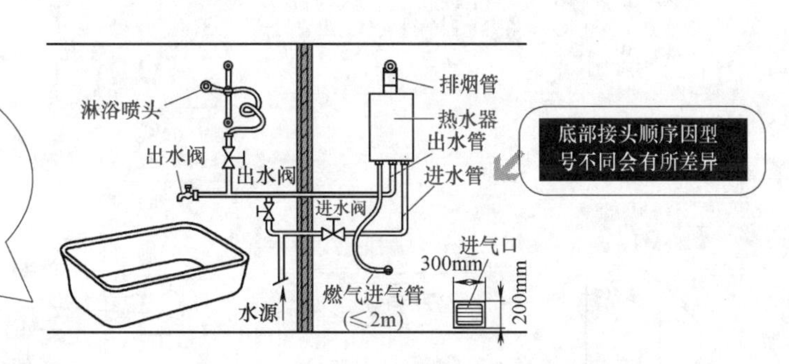

由于热水器工作时，燃气燃烧要消耗大量的氧气并产生一氧化碳气体，而吸入过量的一氧化碳气体会对人体健康造成危害，严重的会造成死亡。因此，禁止将热水器安装在浴室内使用；严格按照要求安装和使用热水器，必须安装排烟管，将废气排到室外；安装热水器的房间必须保证有足够的新鲜空气，并保证房间内通风良好；确定安装部位为不可燃材料建造，热水器周边150mm范围内无可燃物。

图 3-5 燃气热水器安装的方法与要点（续）

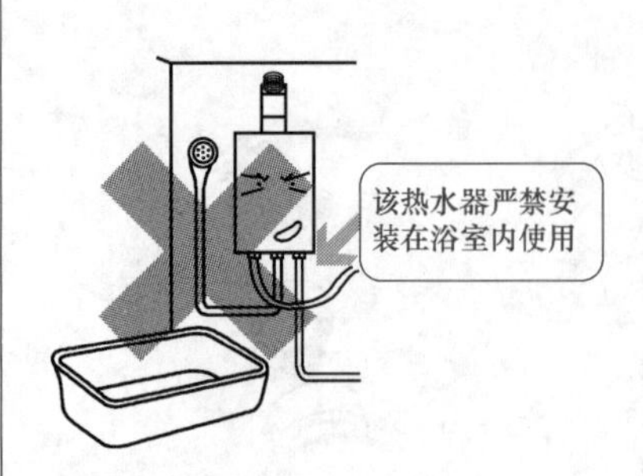

该热水器禁止装在房屋外

热水器严禁安装在密闭的房间内使用。
热水器适宜安装在人的视线与观火窗平齐的位置(即距地面1.55～1.65m左右)，而且与可燃物距离不得太近

热水器的安装位置上方不得有电力明线、电器设备、燃气管道，热水器与电器设备的水平距离应大于40cm；下方不得设置煤气烤炉、煤气灶等燃气具，且不应靠近电磁炉、微波炉等强电磁辐射电器

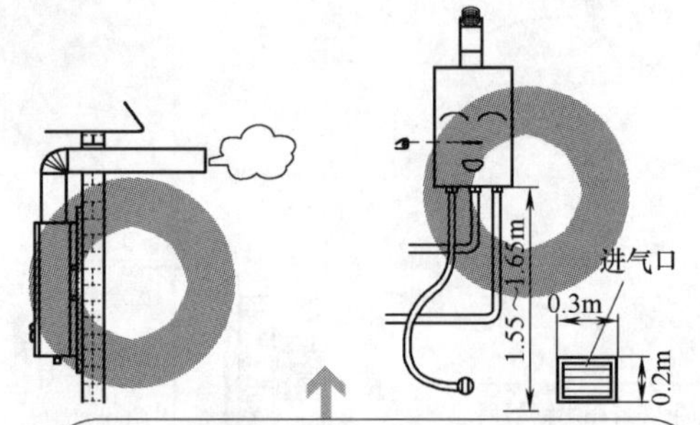

不要安装在强风能吹到的地方，否则会使热水器的火焰熄灭或产生不完全燃烧

安装热水器到周围墙壁及天棚的距离要在150mm以上，安装部位应由不可燃材料建造，若安装部位是可燃材料或难燃材料时，应采用防热板隔离，防热板与墙的距离应大于10mm。在热水器的进水管处应安装进水阀；在热水器的进气口处应安装燃气截止阀

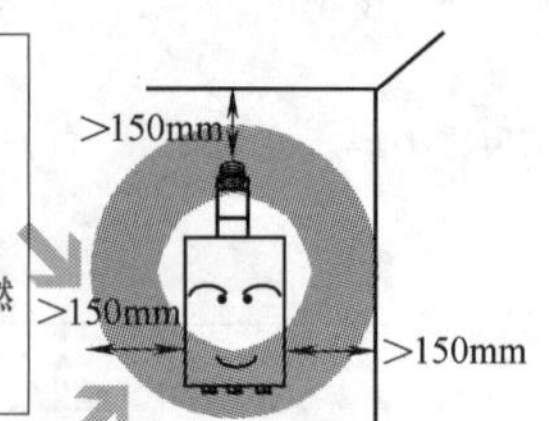

热水器侧上方安装一个单相三孔电源插座，电源插座必须可靠接地，否则应将热水器可靠接地

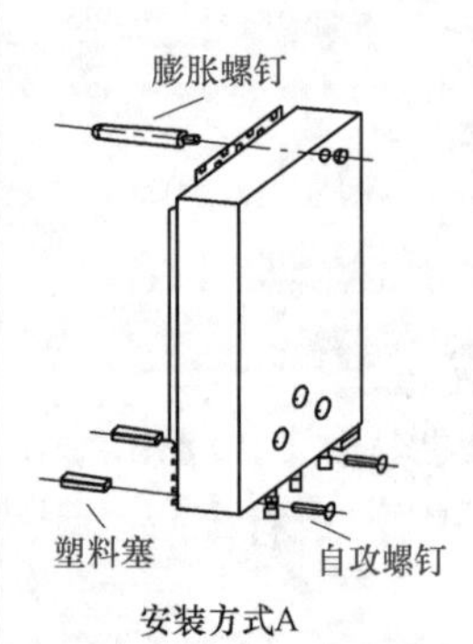

安装方式A

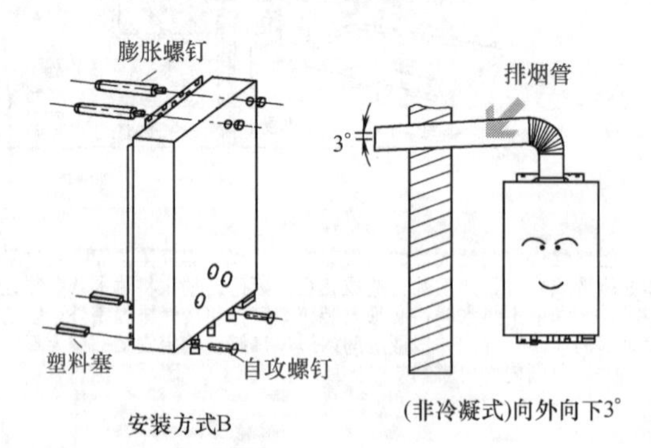

安装方式B

(非冷凝式)向外向下3°

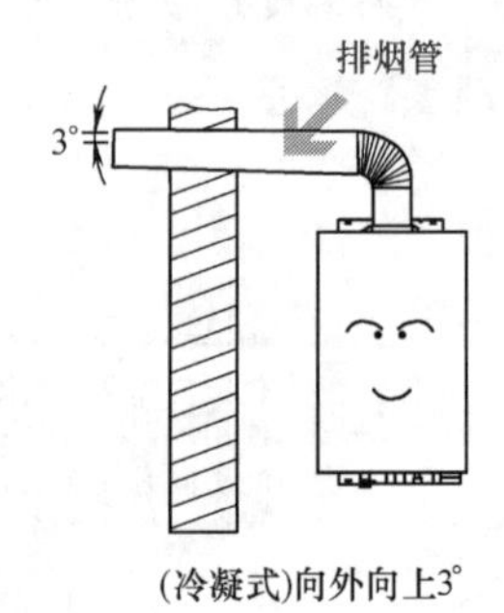

(冷凝式)向外向上3°

图 3-5　燃气热水器安装的方法与要点（续）

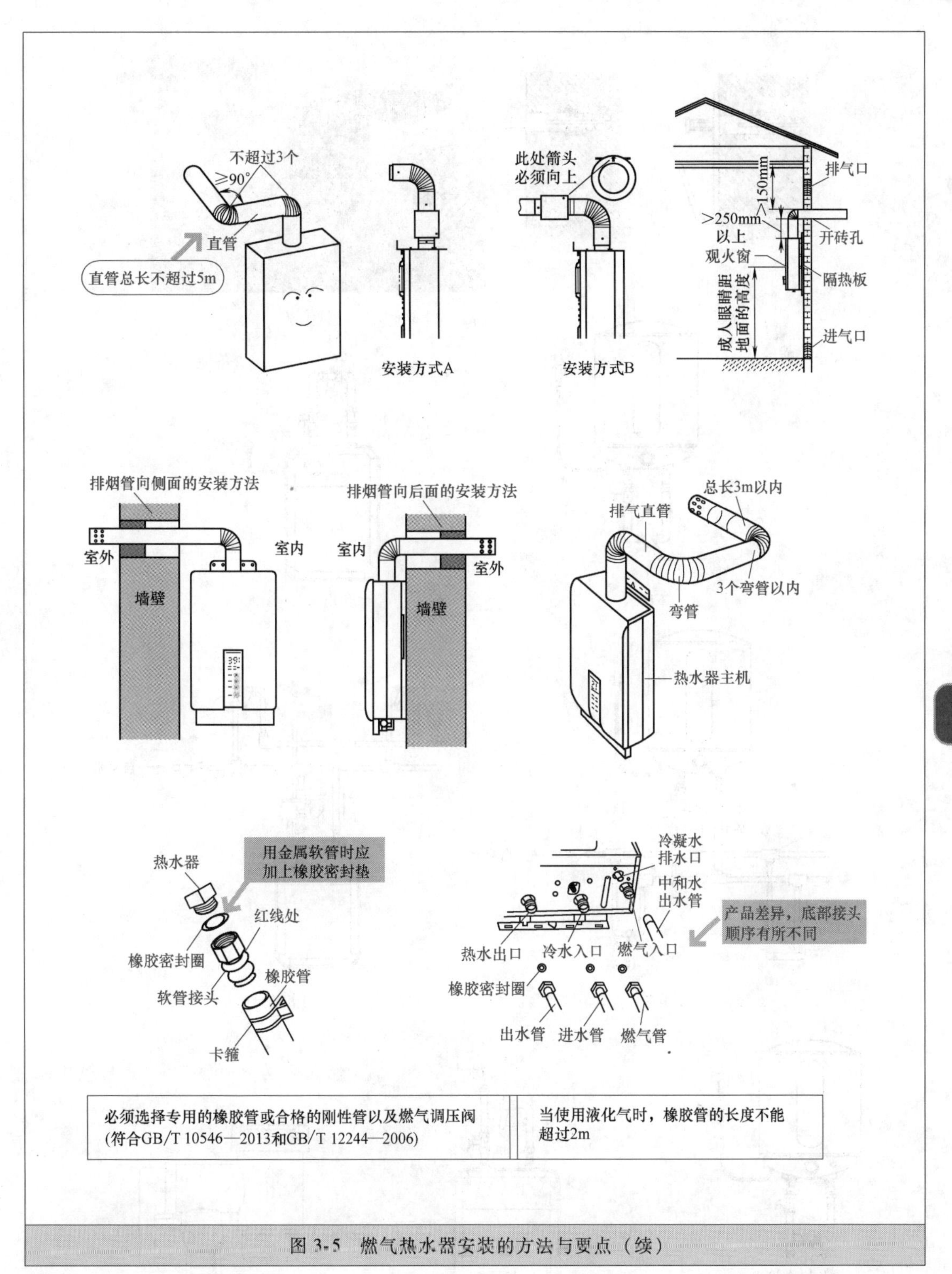

图 3-5 燃气热水器安装的方法与要点（续）

★3.1.4 电热水器

电热水器（案例 1）安装的方法与要点如图 3-6 所示。

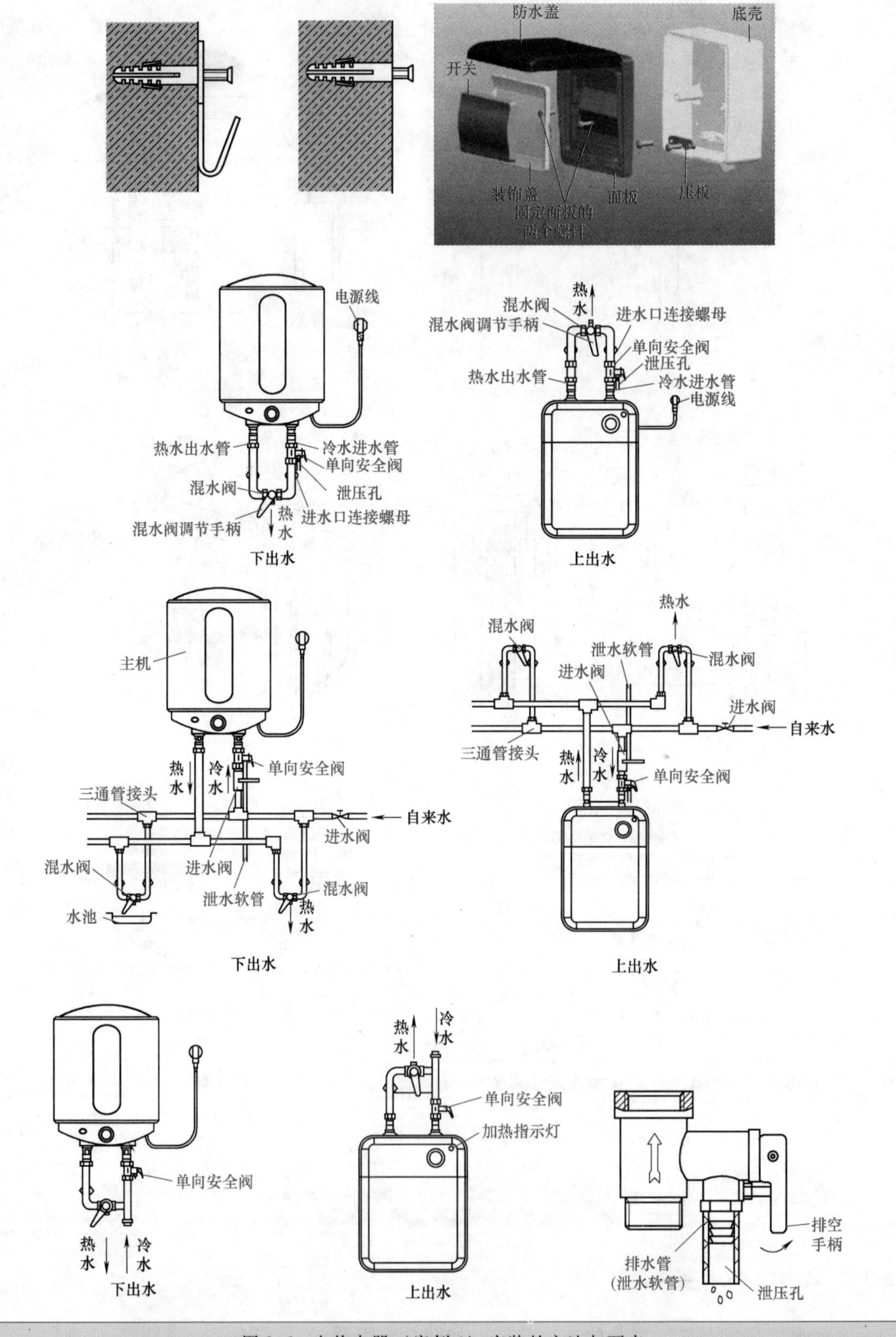

图 3-6　电热水器（案例 1）安装的方法与要点

饮水机与电热水器是家中最大的“偷电贼”，解决电热水器“偷电”的一些操作方法如下：

1）如果每天早晚各洗一次澡，那就让电热水器设定在最高温度，不用做任何调整，这样最省电。

2）如果每天只洗一次澡，平时设定在一半温度，洗澡前再将水加热到最高温度，这样最省电。

3）如果超过 24 小时不用热水，关闭电热水器最省电。

电热水器（案例 2）安装的方法与要点如图 3-7 所示。

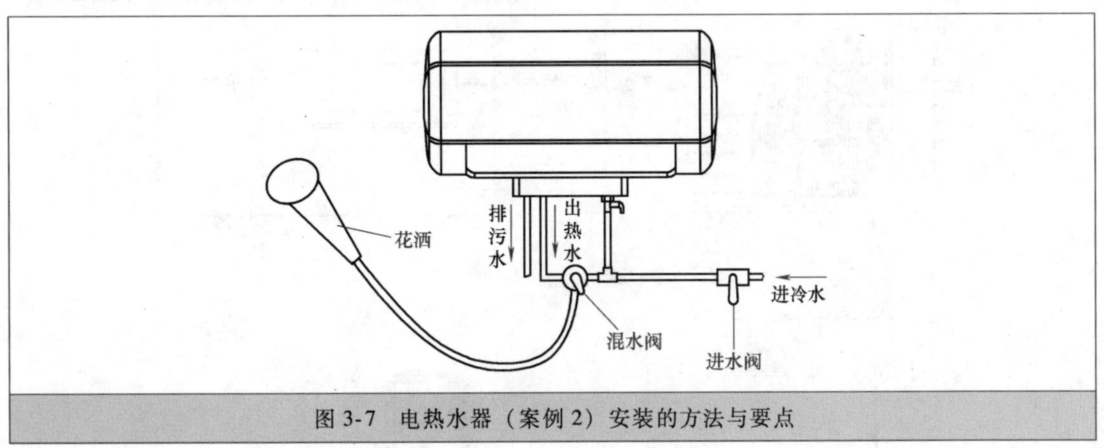

图 3-7 电热水器（案例 2）安装的方法与要点

★3.1.5 即热式电热水器

即热式电热水器安装方法与要点如图 3-8 所示。

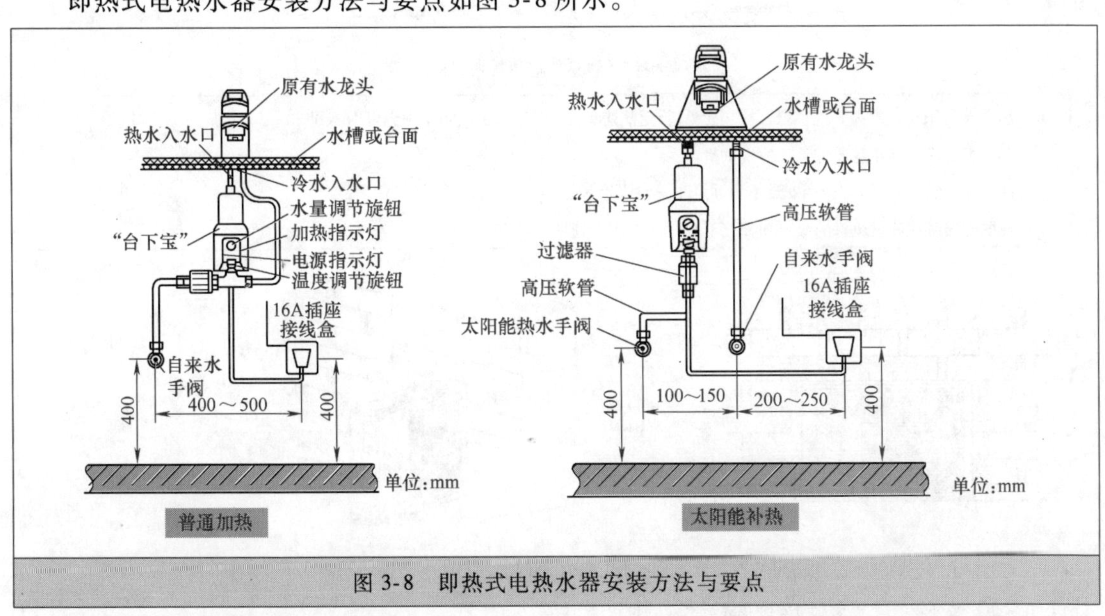

图 3-8 即热式电热水器安装方法与要点

有的机型，需要首先将主机比划好安装位置，做好标记线，再将挂板在线内做好打孔标记，确定打孔位墙内无管线后才可打孔施工，并保持平直固定挂板。将调温阀拧到进水口旋钮朝前，再稳妥挂到挂板。然后将进水管一头拧到供水口，打开水阀放完管内积存脏水后，关阀后再把水管另一头接到调温阀进水口。开阀观察喷头出水顺畅，各结合处确保无渗漏。

有的机型电源线情况：棕色线接相线（L）、蓝色线接零线（N）、黄绿线（双色）接地线（E）。如果无接地条件，可把接地线线头用绝缘胶带包扎后空置。

★3.1.6　空气能热水器

空气能热水器安装的方法与要点如图 3-9 所示。

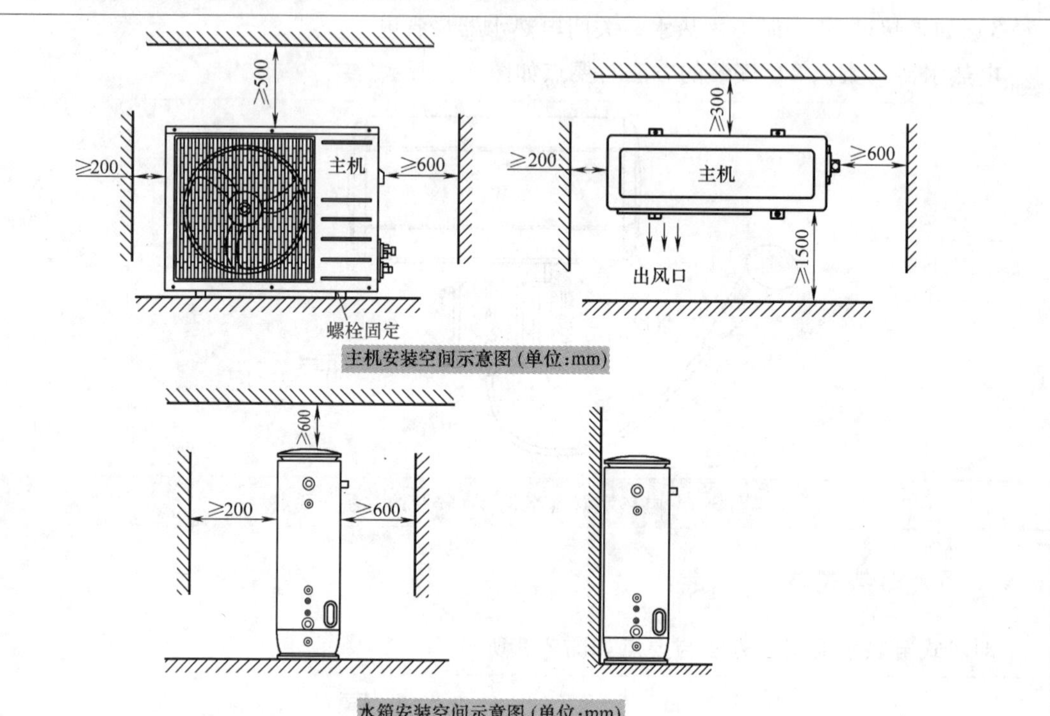

- 选择没有阳光直射和其他热源直接辐射处。若无法避免，安装遮盖物，以防止阳光直射本机
- 支撑面要求水平并且能够承受外机重量
- 将主机安装牢固，否则会因安装不良而产生异常噪声和振动
- 将主机安装在其出风口的噪声和冷气不会打扰邻居之处

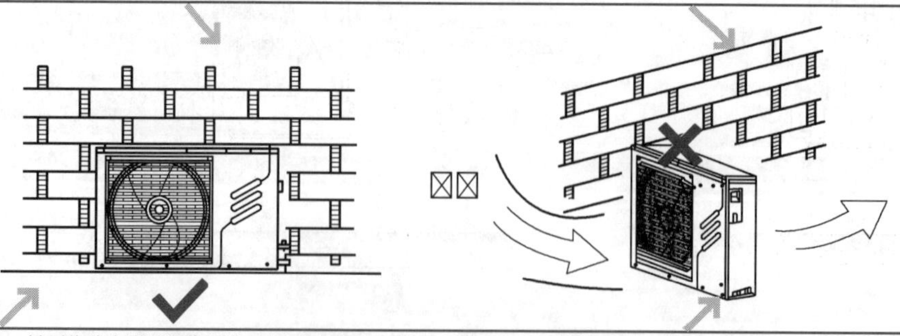

- 尽可能移去附近的障碍物，以防止空气循环范围过小而影响主机性能
- 在满足安装要求的情况下，尽量安装在靠近水箱的位置
- 若在海边或高空有强风的地方安装，为保证风扇正常运行，主机要靠墙安装，必要时可使用挡板

图 3-9　空气能热水器安装的方法与要点

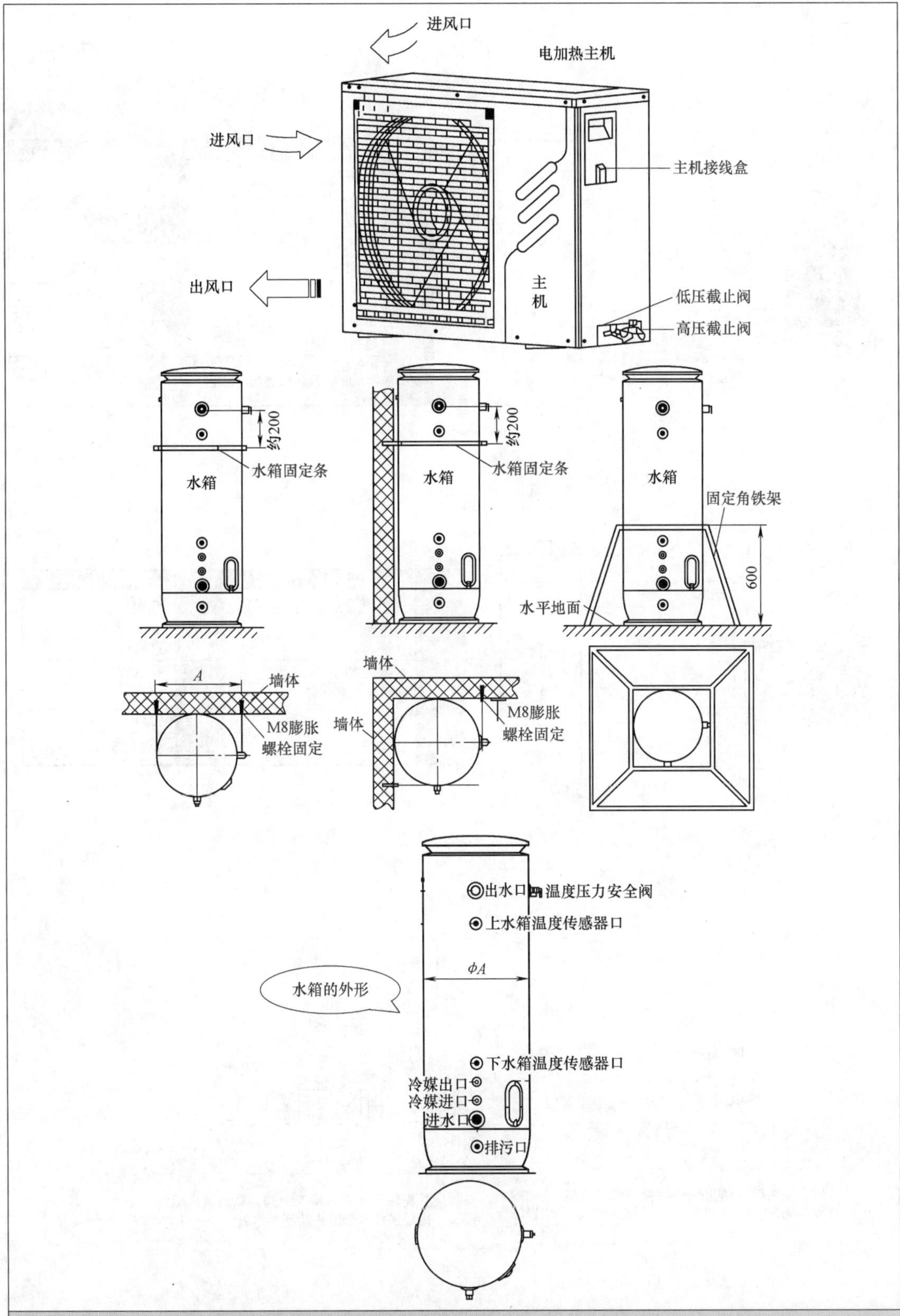

图 3-9 空气能热水器安装的方法与要点（续）

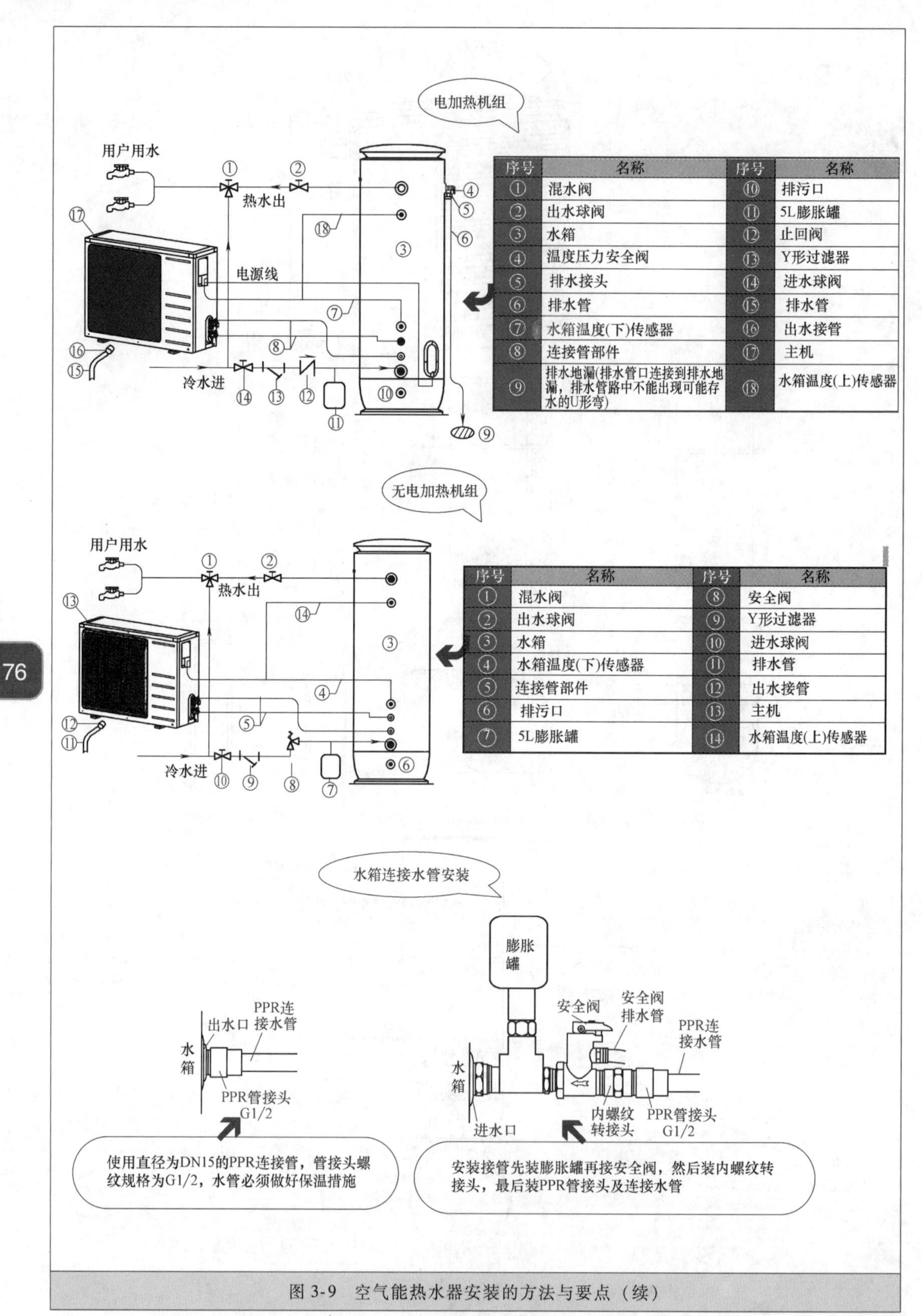

序号	名称	序号	名称
①	混水阀	⑩	排污口
②	出水球阀	⑪	5L膨胀罐
③	水箱	⑫	止回阀
④	温度压力安全阀	⑬	Y形过滤器
⑤	排水接头	⑭	进水球阀
⑥	排水管	⑮	排水管
⑦	水箱温度(下)传感器	⑯	出水接管
⑧	连接管部件	⑰	主机
⑨	排水地漏(排水管口连接到排水地漏，排水管路中不能出现可能存水的U形弯)	⑱	水箱温度(上)传感器

序号	名称	序号	名称
①	混水阀	⑧	安全阀
②	出水球阀	⑨	Y形过滤器
③	水箱	⑩	进水球阀
④	水箱温度(下)传感器	⑪	排水管
⑤	连接管部件	⑫	出水接管
⑥	排污口	⑬	主机
⑦	5L膨胀罐	⑭	水箱温度(上)传感器

图 3-9　空气能热水器安装的方法与要点（续）

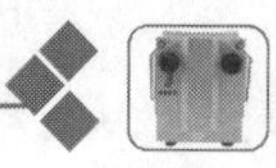

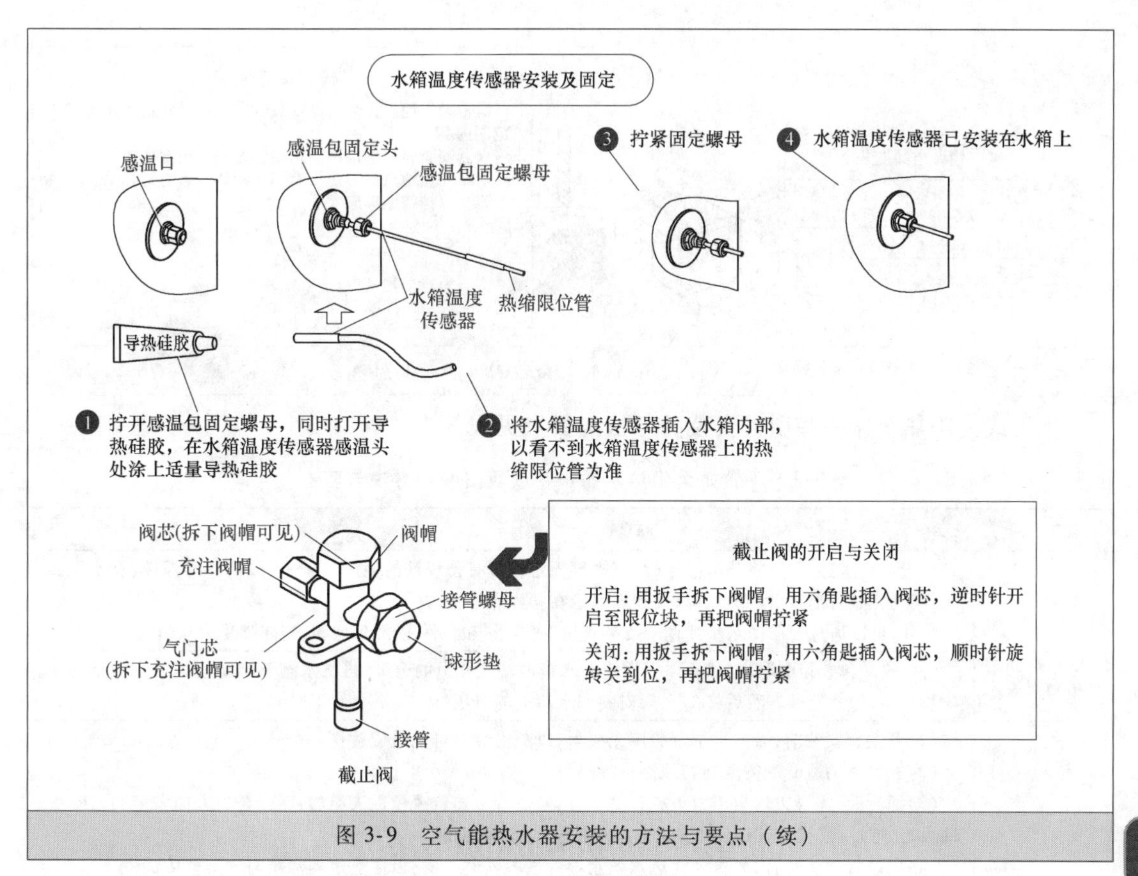

图 3-9 空气能热水器安装的方法与要点（续）

★3.1.7 平置式太阳热水器

平置式太阳热水器安装的方法与要点如图 3-10 所示。

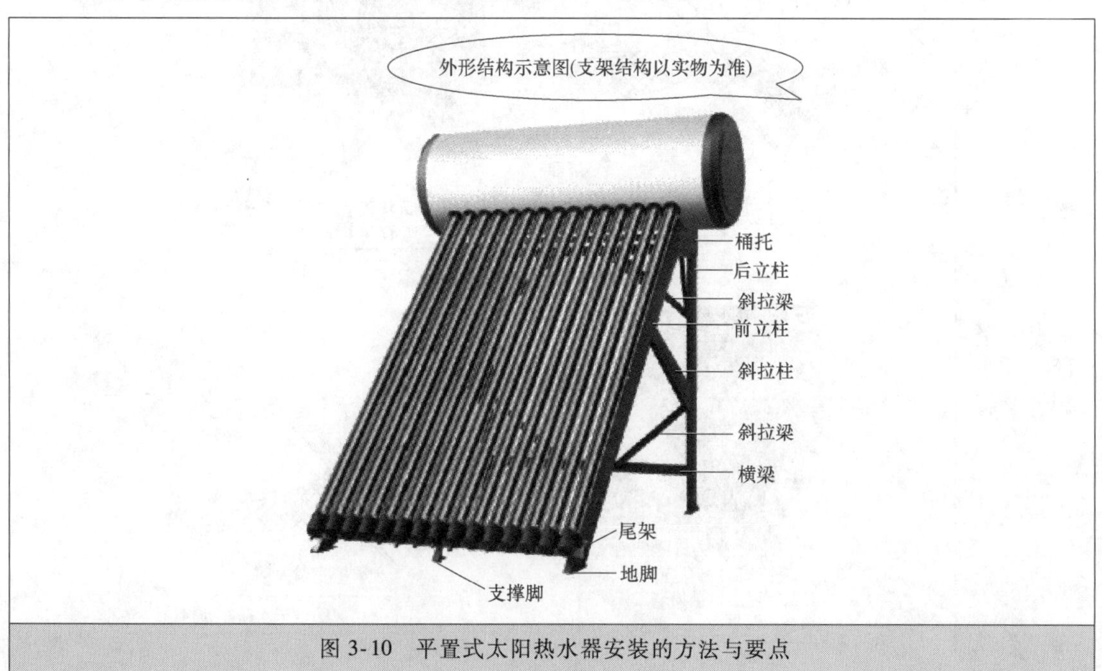

图 3-10 平置式太阳热水器安装的方法与要点

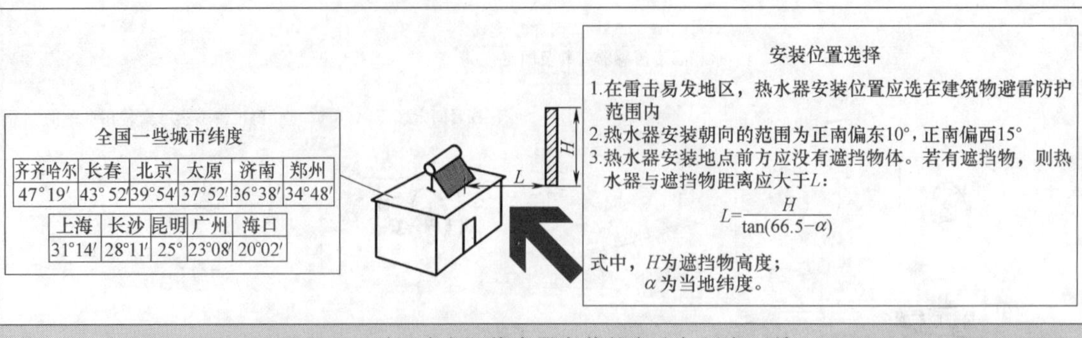

图 3-10　平置式太阳热水器安装的方法与要点（续）

平置式太阳热水器一些项目安装的方法与要点见表 3-1。

表 3-1　平置式太阳热水器一些项目安装的方法与要点

项　目	解　说
支架固定	平置式热水器，可以将热水器地脚、支撑脚固定在带有预埋铁的地脚基础上，或制作水泥砖，在水泥砖上打膨胀螺栓，把热水器的地脚、支撑脚固定在膨胀螺栓上 另外，可以通过硬质防水垫片调节支架高度，确保水箱水平，以及各地脚、支撑脚受力均匀
水箱安装	将水箱从包装箱中取出，然后取下固定在水箱两端螺栓上的螺母，再将水箱下部螺栓插入支架桶托上的长孔中，拧紧螺母。然后将 T/P 阀安装到水箱上的泄压口
真空管安装	（1）真空管安装前，需要尽量避免阳光照射，以免安装时可能造成烫伤 （2）在热管的冷凝端需要均匀地涂抹导热胶 （3）插管时，需要边均匀用力边旋转真空管，使热管旋转着缓慢进入换热盲管，合力方向需要与真空管轴线的方向一致，防止用力不均或速度过快造成导热胶脱落 （4）安装真空管时，需要首先在热水器水箱两端各安装一支，以使热水器水箱与支架整体定位 （5）相关图例如下： 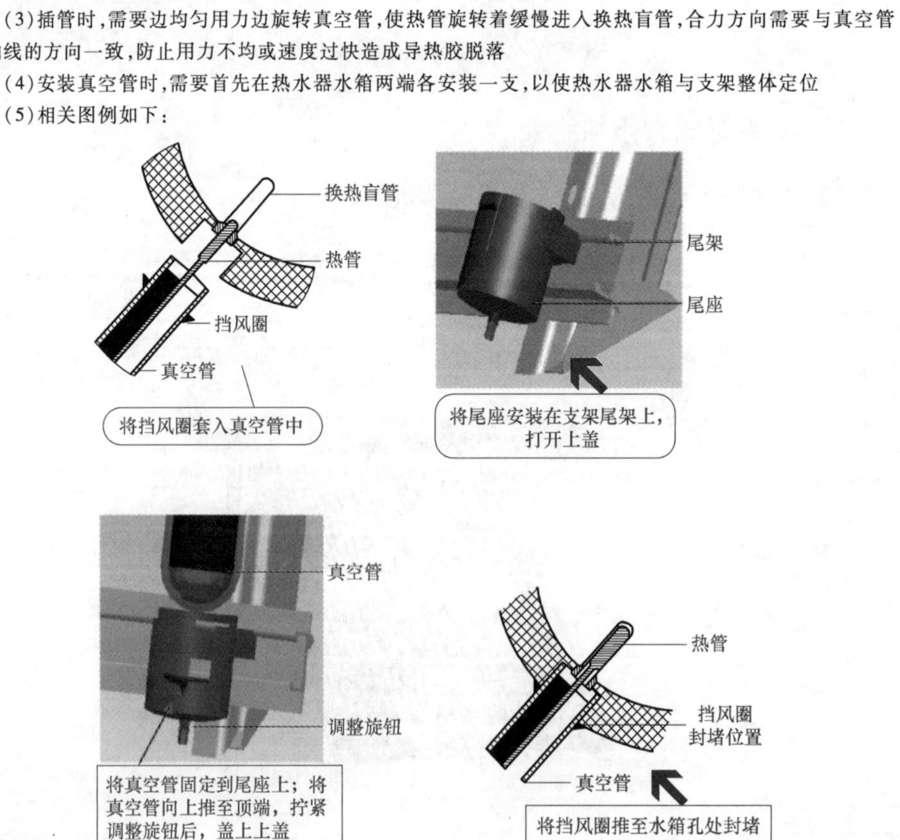

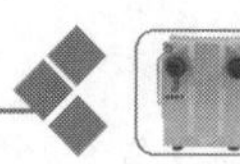

（续）

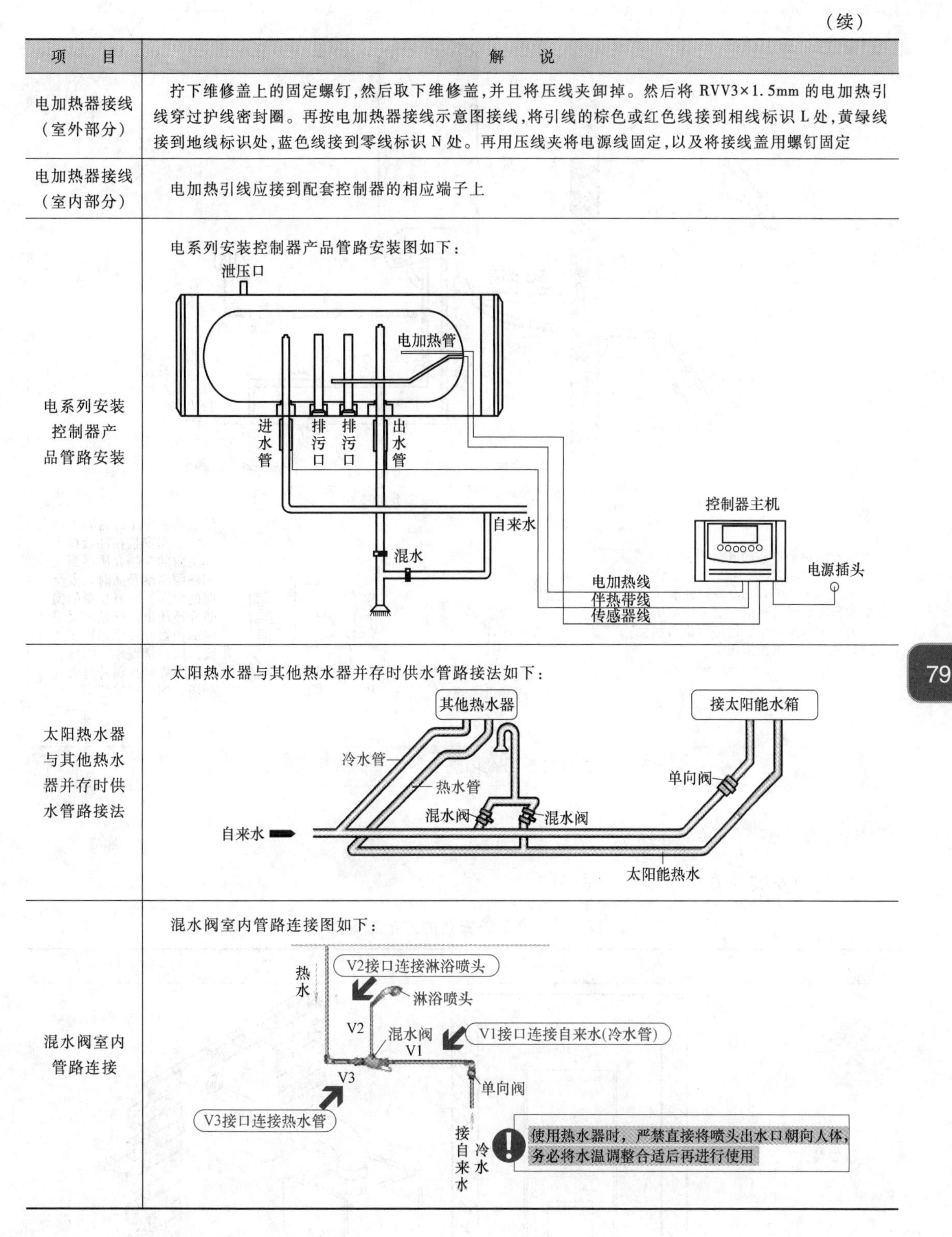

项　目	解　说
电加热器接线（室外部分）	拧下维修盖上的固定螺钉，然后取下维修盖，并且将压线夹卸掉。然后将 RVV3×1.5mm 的电加热引线穿过护线密封圈。再按电加热器接线示意图接线，将引线的棕色或红色线接到相线标识 L 处，黄绿线接到地线标识处，蓝色线接到零线标识 N 处。再用压线夹将电源线固定，以及将接线盖用螺钉固定
电加热器接线（室内部分）	电加热引线应接到配套控制器的相应端子上
电系列安装控制器产品管路安装	电系列安装控制器产品管路安装图如下：
太阳热水器与其他热水器并存时供水管路接法	太阳热水器与其他热水器并存时供水管路接法如下：
混水阀室内管路连接	混水阀室内管路连接图如下：

★3.1.8　平板集热器太阳热水器

平板集热器太阳热水器安装的方法与要点如图 3-11 所示。

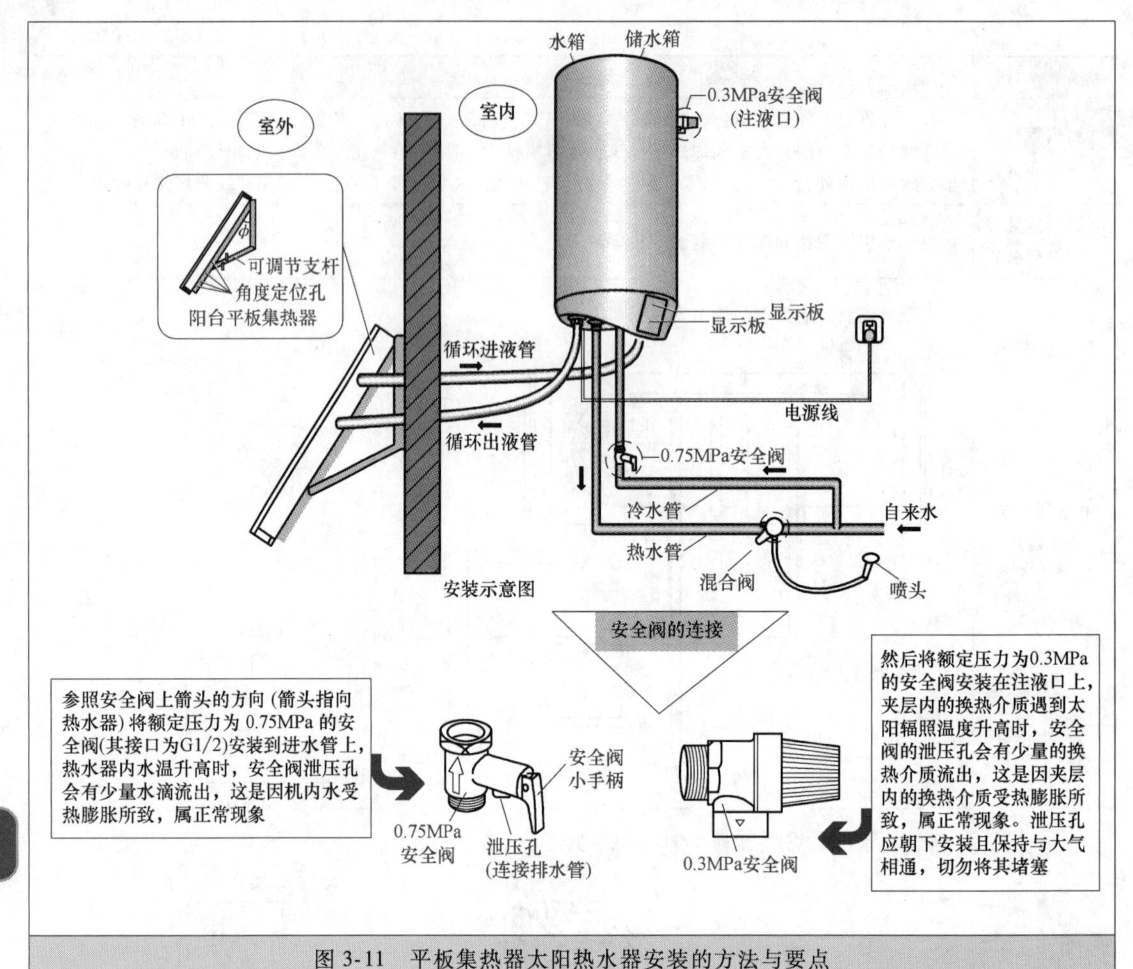

图 3-11　平板集热器太阳热水器安装的方法与要点

★3.1.9　采暖炉

采暖炉安装的方法与要点见表 3-2。

表 3-2　采暖炉安装的方法与要点

项目	解　　说
主机安装	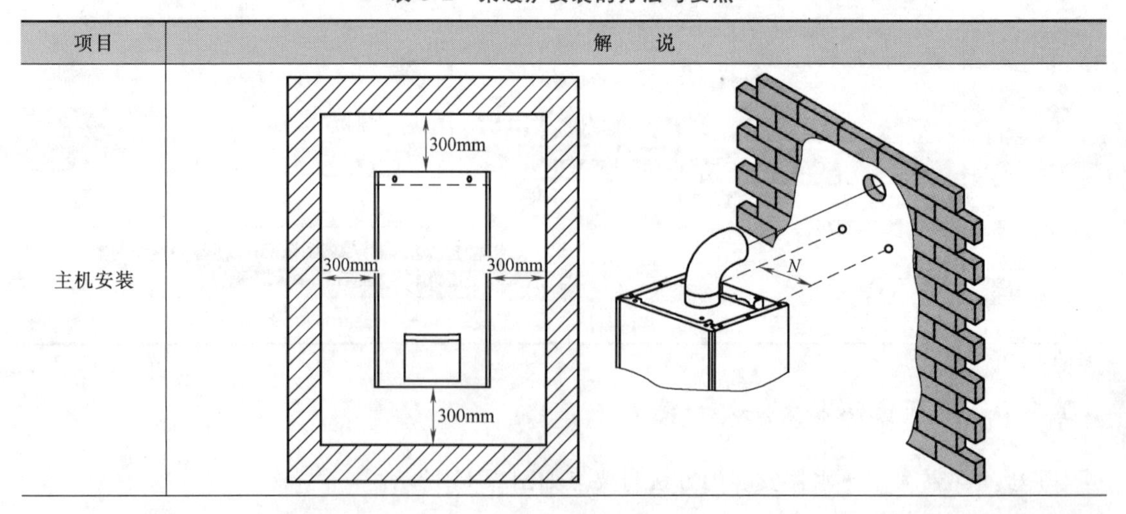

（续）

项目	解　说
主机安装	(1)根据采暖炉的安装尺寸,确定安装膨胀挂钩的位置 (2)根据有关参数,在墙上描出安装孔,保持水平 (3)有的需要用 φ12mm 的钻头在墙壁上钻孔,深度为 65mm (4)再将膨胀挂钩固定在墙上,挂上采暖炉,将采暖炉与水管相连
供暖、热水管连接	水压表　生活热水口　注水/补水旋钮　采暖回水口 S　H　G　C　R 采暖出水口　燃气口　冷水入口 注水/补水口　安全阀泄水管口 (1)一般供水压力需大于 0.03MPa (2)在采暖系统的最低位置一般要安装排水阀 (3)供水管和燃气配管上必须安装中间阀门 (4)采暖配管中,主配管一般用 DN25 以上的管,支管一般用 DN20 以上的管 (5)采暖管路上设有分水器或分水阀门时,使用过程中至少要打开一个,如果全部关闭可能对采暖炉的过热保护等功能有影响 (6)如果水的硬度超过 450mg/L,一般需要进行软化处理
同轴烟道安装	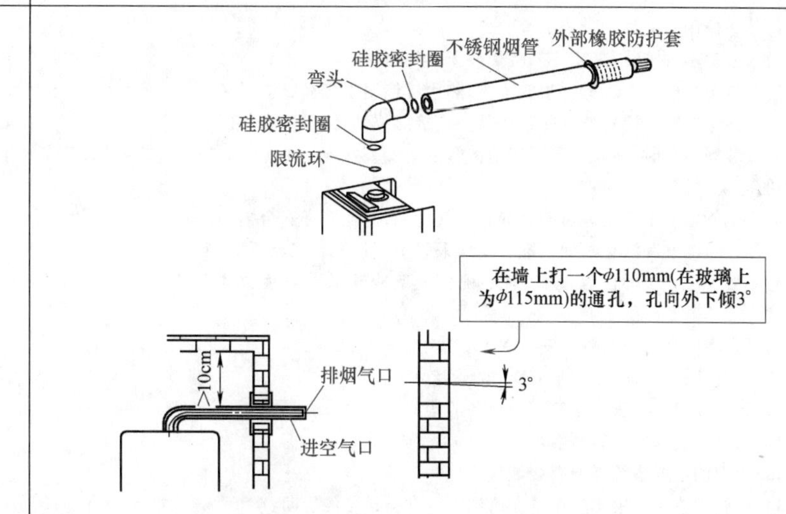 (1)根据房间水路系统及燃气管道的需要,选择最适合的烟道固定方向,烟管伸出外墙周围 50cm 内不得有电源线及易燃物品 (2)最长烟管的折算长度不超过 3m(90°弯头损失折算为 1m) (3)20kW 机型,烟管直线长度在 1m 内,一般需要在排烟口上安装限流环(φ44mm)。如果超出 1m,则不需要安装限流环 (4)采暖炉与弯头、烟管间的搭接长度一般不小于 20mm (5)同轴烟道上的进/排气孔必须全部伸出外墙,需要确保进气、排气畅通 (6)在玻璃上切孔安装后,装上外套圈,需要用玻璃胶对缝隙进行密封

（续）

项目	解说
同轴烟道安装	(7)相关图例如下： 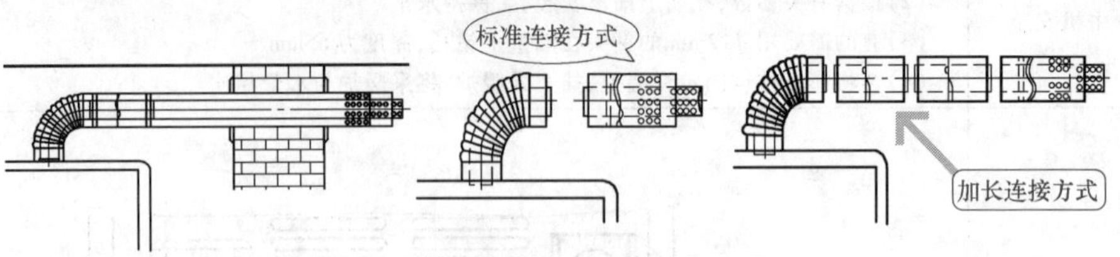
电路连接	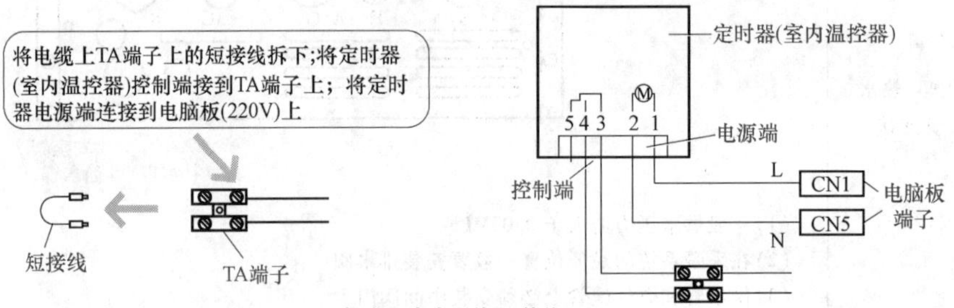 定时器(室内温控器)接线 (1)采暖炉适用于220V/50Hz的电源,必须有可靠的接地 (2)电源线破损时采暖炉不能使用
注意点	(1)禁止使用与采暖炉规定不符的燃气种类 (2)采暖炉不宜暗装,禁止将采暖炉装于室外 (3)采暖炉只能用于家庭供暖或洗浴,热水不能用于烹饪或饮用水 (4)定期用肥皂水检查燃气配管或其他连接部位是否有泄漏现象 (5)安装采暖炉时,需要在采暖炉前的管道上安装燃气截止阀,燃气管路的不正确安装会有燃气泄漏和爆炸的危险 (6)排烟管的不正确安装可能会导致废气泄漏,危及人身安全 (7)液化石油气和液化石油气混合空气采暖炉不得安装在地下室、半地下室 (8)不要安装在可燃性墙壁上,需要确保墙壁能够承受采暖炉的重量,墙面必须能够支撑悬挂50kg以上 (9)必须在暖气的回水管上安装Y形过滤器 (10)燃气管道一般采用大于G1/2″的管道 (11)禁止使用煤气管或水管作为设备的接地线 (12)禁止未装烟管运行采暖炉 (13)房间的配电系统需要有接地线 (14)采暖炉连接开关不应设置在有浴盆或淋浴设备的房间 (15)采暖炉的插座需要通过安全认证;带电作业有发生致命性电击的危险 (16)采暖炉要与其他电气设备保持50cm以上的距离。不应靠近电磁炉、微波炉等强电磁辐射电器安装

★3.1.10 浴霸

浴霸安装的方法与要点如图3-12所示。

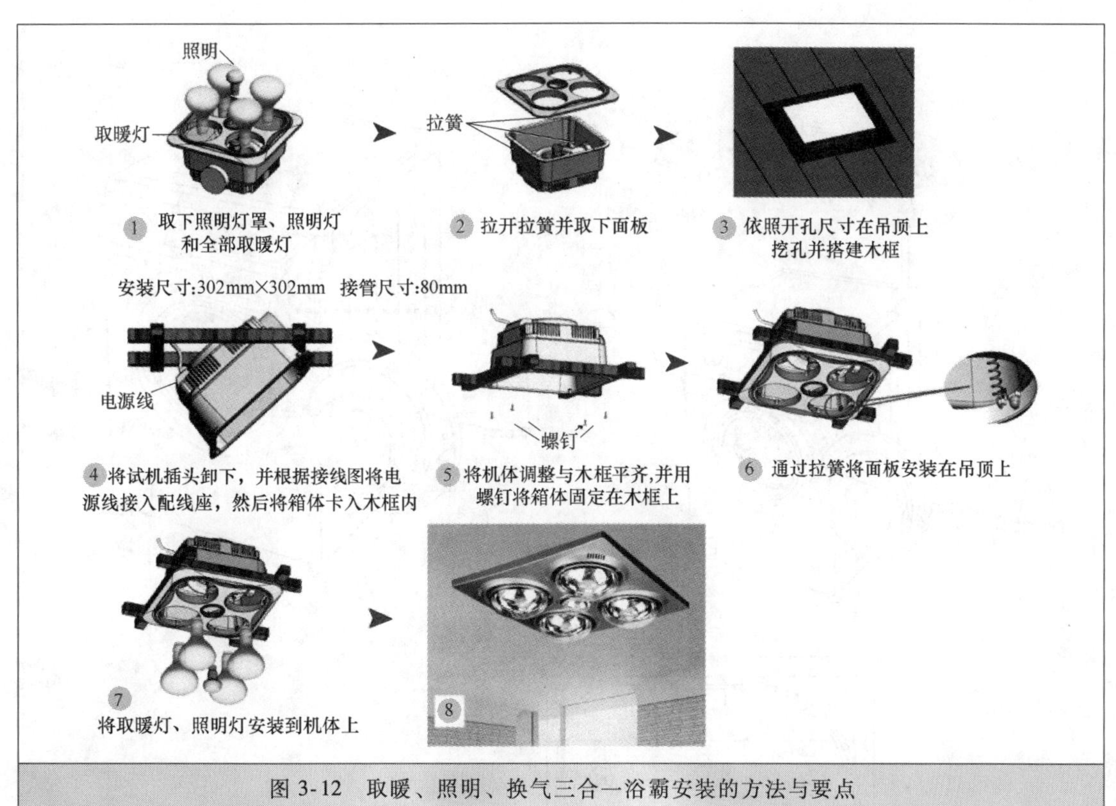

图 3-12 取暖、照明、换气三合一浴霸安装的方法与要点

★3.1.11 洗衣机的连接

洗衣机连接安装的方法与要点如图 3-13 所示。

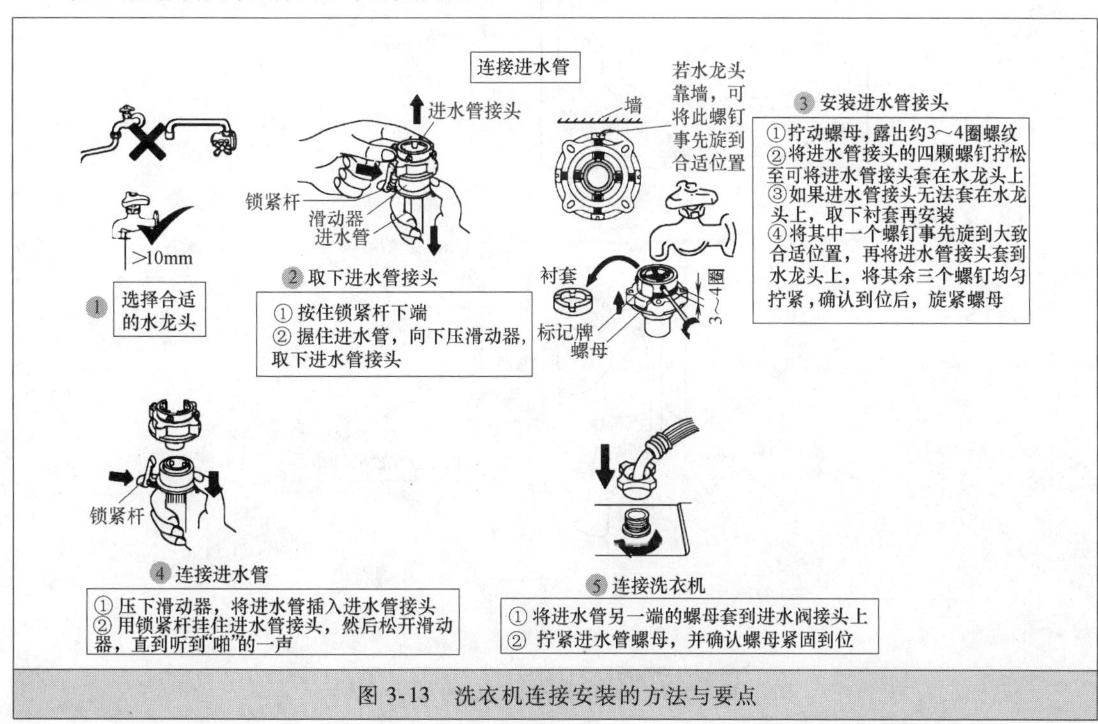

图 3-13 洗衣机连接安装的方法与要点

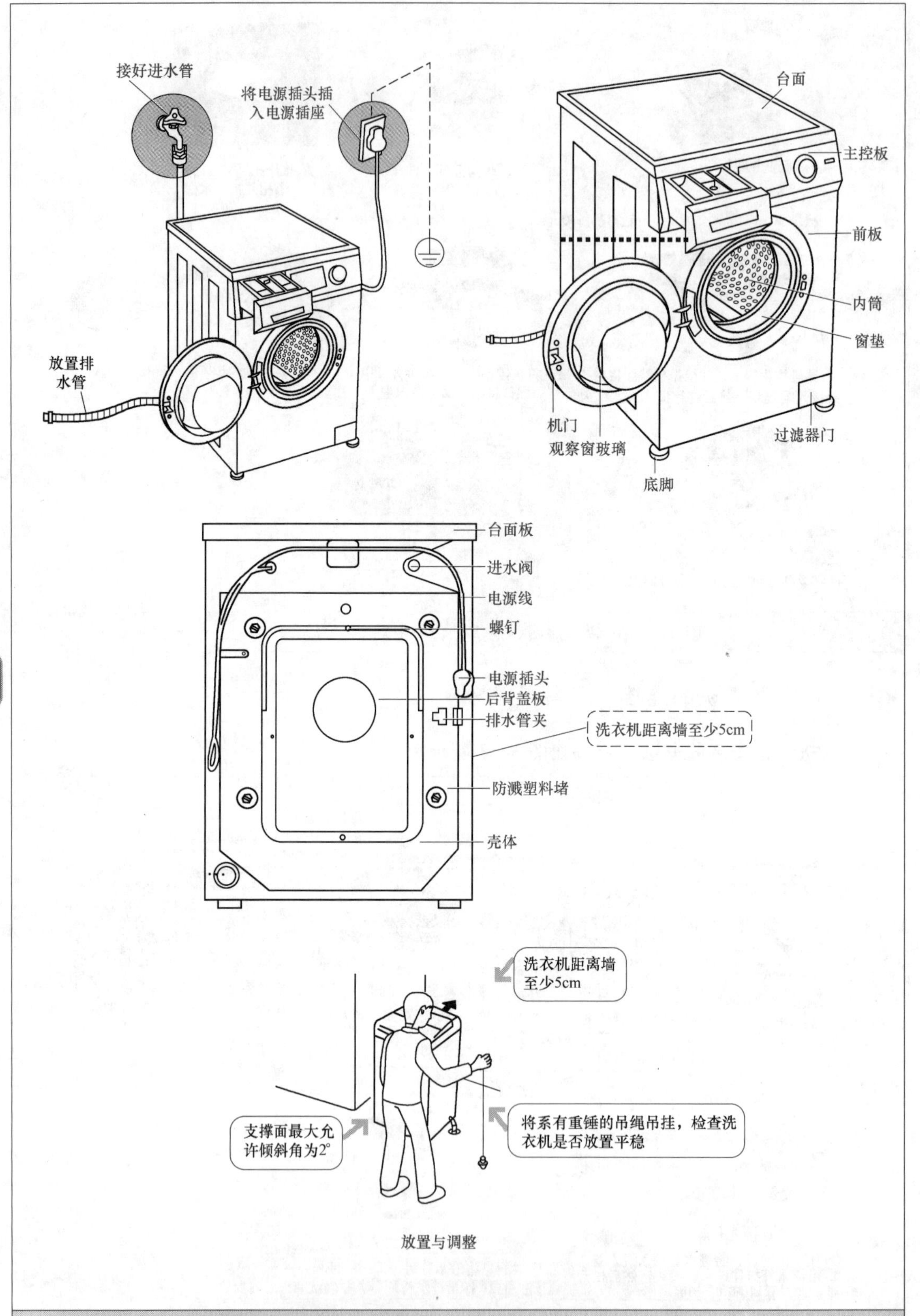

图 3-13　洗衣机连接安装的方法与要点（续）

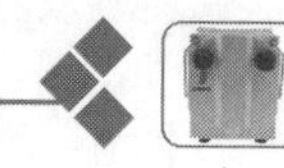

★3.1.12 换气扇（排风扇）

家用换气扇大致可分为以下几类：百叶窗式换气扇、窗玻璃安装式换气扇（橱窗式）、天花板式换气扇、自由进气型换气扇（管道式）、全导管型换气扇等。

换气扇选购的方法与要点，见表3-3。

表3-3 换气扇选购的方法与要点

类　型	解　说
天花板式换气扇	需要安装换气扇的场所装有天花板，并且天花板上部有直接排往外部空间的出风口时，可以选用天花板式换气扇
管道式换气扇	需要安装换气扇的地方装有天花板，并且天花板上方预留装有排往室外的管道时，可以选用管道式换气扇
隐蔽式排气的全导管型换气扇	需要通过装在天花板上的管道向室外排气，或者大型楼宇用于加速管道内气体流速时，可以选用隐蔽式排气的全导管型换气扇
百叶窗式换气扇	直接安装在墙壁的孔洞上，将室内污浊空气排往室外吸进新鲜空气时，可以选用百叶窗式换气扇，百叶窗式换气扇在安装方式上属于隔墙式换气扇
橱窗式换气扇	需要安装于居室、商场、宾馆、办公室及娱乐场所的玻璃门窗上时，可以选用橱窗式换气扇

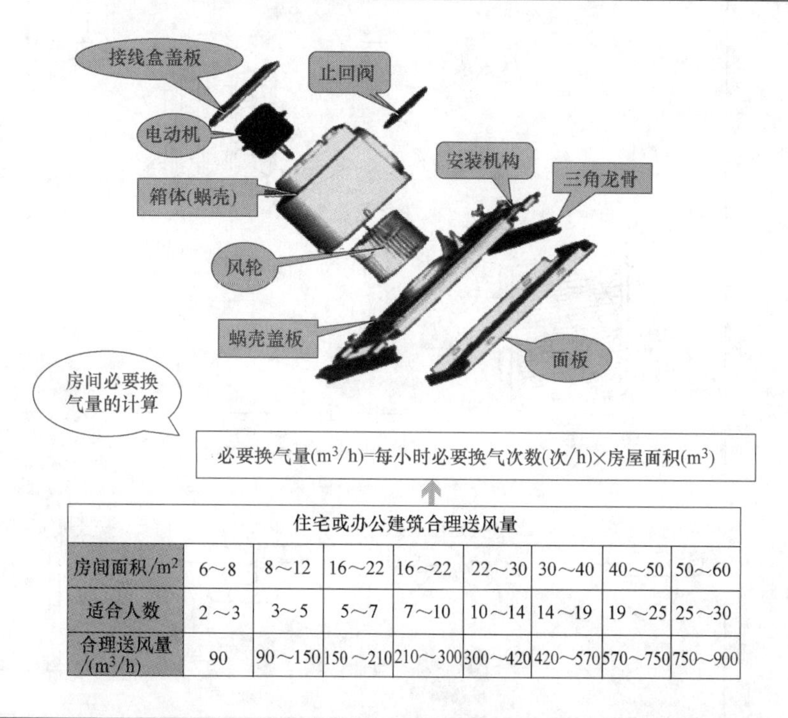

住宅或办公建筑合理送风量								
房间面积/m²	6～8	8～12	16～22	16～22	22～30	30～40	40～50	50～60
适合人数	2～3	3～5	5～7	7～10	10～14	14～19	19～25	25～30
合理送风量/(m³/h)	90	90～150	150～210	210～300	300～420	420～570	570～750	750～900

换气扇数量的确定：安装换气扇时，可以根据型号的送风量计算需要安装的数量。计算公式参考数据如下：

$$换气扇数量=\frac{房间体积(m^3)\times 每小时所需换气次数}{换气扇的排气量(m^3/min)\times 60(min)}$$

换气扇在不同安装场所的每小时换气次数见表3-4。

表 3-4　换气扇在不同安装场所的每小时换气次数

安装场所		每小时所需换气次数	安装场所		每小时所需换气次数
酒店	餐厅	8	学校	实验室、礼堂、课堂	6
	厨房	15		体育室	8
	门厅	5		洗手间	12
	洗手间	5	办公室	办公室	6
	洗衣房	15		会议室	12
住宅	住宅	15	电影院、放映室	放映室	10
	浴室、洗手间	10			
	客厅、睡房	6	工厂	办公室	6
医院	候诊室	10		复印室	20
	诊所、病房	6	馆、酒吧	餐厅	6
	手术房	5		厨房	20

一些排气扇的安装方法与要点见表 3-5。

表 3-5　一些排气扇的安装方法与要点

类　型	图　解

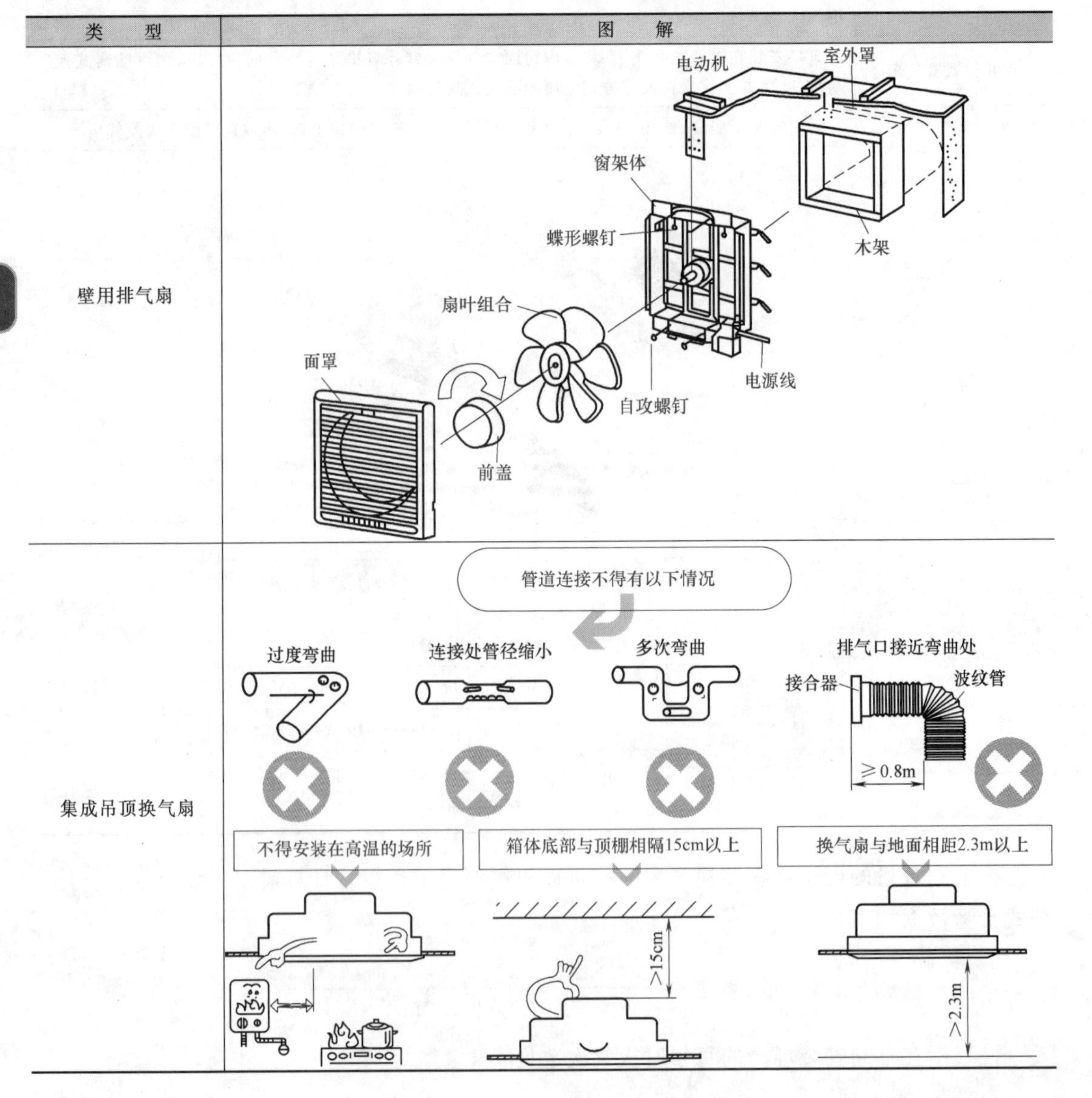

另外一换气扇案例安装方法与要点如图 3-14 所示。

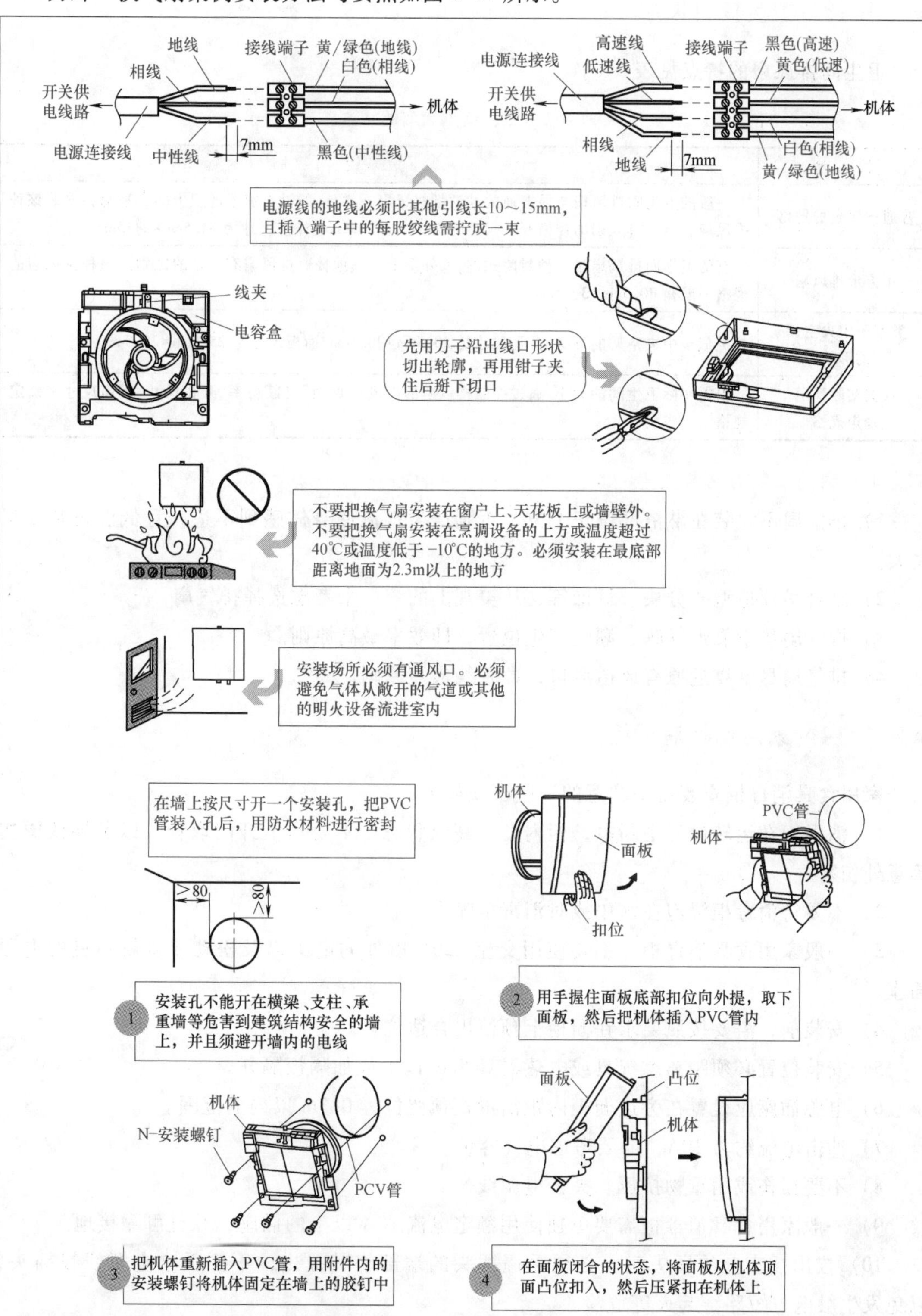

图 3-14 换气扇案例安装方法与要点

★3.1.13　卫生间排风扇

卫生间排风扇的特点见表3-6。

表3-6　卫生间排风扇的特点

类　型	解　说
普通排风扇的规格	一般的卫生间排风扇与最普通的抽油烟机风扇一样，一般没有窗子的卫生间几乎都会安装该种排风扇。该种排风扇的规格开孔尺寸为29.5cm×29.5cm、外框尺寸为34.5cm×34.5cm
正方形排风扇	有的卫生间排风扇是一种封闭式的，其外形上与其他普通排风扇有一定的区别。该种排风扇的规格一般是30.5cm×30.5cm
类似于中央空调的形状	类似于中央空调的形状，开孔尺寸是20.5cm×20.5cm，面板尺寸是25.5cm×25.5cm
根据实际情况确定规格	根据实际卫生间的大小，通过控制排风扇的出风口直径、定额功率、开孔尺寸、板面尺寸来确定规格

排气扇的安装方法与要点：

1）排气扇不宜装在淋浴部位正上方，否则产生气流使身体感到不适，且低温时热量损失大。

2）结合吊顶造型、分块、灯饰等，从美观上的统一来考虑选择排气扇。

3）排气扇尽量靠近气味、潮气产生位置，即效率最高原则。

4）排气扇尽量靠近原有风道风口，即管线最短原则。

★3.1.14　家用食具消毒柜

家用食具消毒柜安装需要注意的一些事项如下：

1）消毒柜在运转过程中断电，柜内处于高温状态，不要马上开门取物，以免导致烫伤等意外伤害。

2）不要将消毒柜浸泡在水中或对消毒柜喷水。

3）一般家用食具消毒柜，不要使用交流220V以外的电源以及松动或接触不良的电源插座。

4）安装前，需要按照要求在橱柜上预留出合适位置。

5）安装位置必须距离燃气具或电热器具5cm以上或加隔板隔开。

6）电源插座应设置在旁边橱柜内距消毒柜预留位置0.3m以内的范围。

7）冲击电流约为10A，需要考虑电气容量。

8）不要损伤或用重物挤压、夹击电源线。

9）一般家用食具消毒柜需要单独使用额定电流10A以上的插座，并且可靠接地。

10）拔出插座上的插头时，必须手握插头的端部将其拔出，不要手拿电源线拔插头，以免发生触电、短路、起火等危险。

11）一般家用食具消毒柜需要可靠接地，但不得将地线接于煤气管、自来水管、避雷针及电话线上；接地不良会造成触电，引发意外事故。

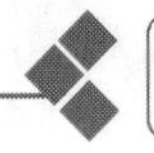

12）家用食具消毒柜需要安装于能承受重量的地方，以免部件掉落造成伤害或损失。

13）固定消毒柜时，柜体底部需要有平台支撑，不能仅靠门框处的螺钉固定。

家用食具消毒柜的外形与安装如图 3-15 所示。

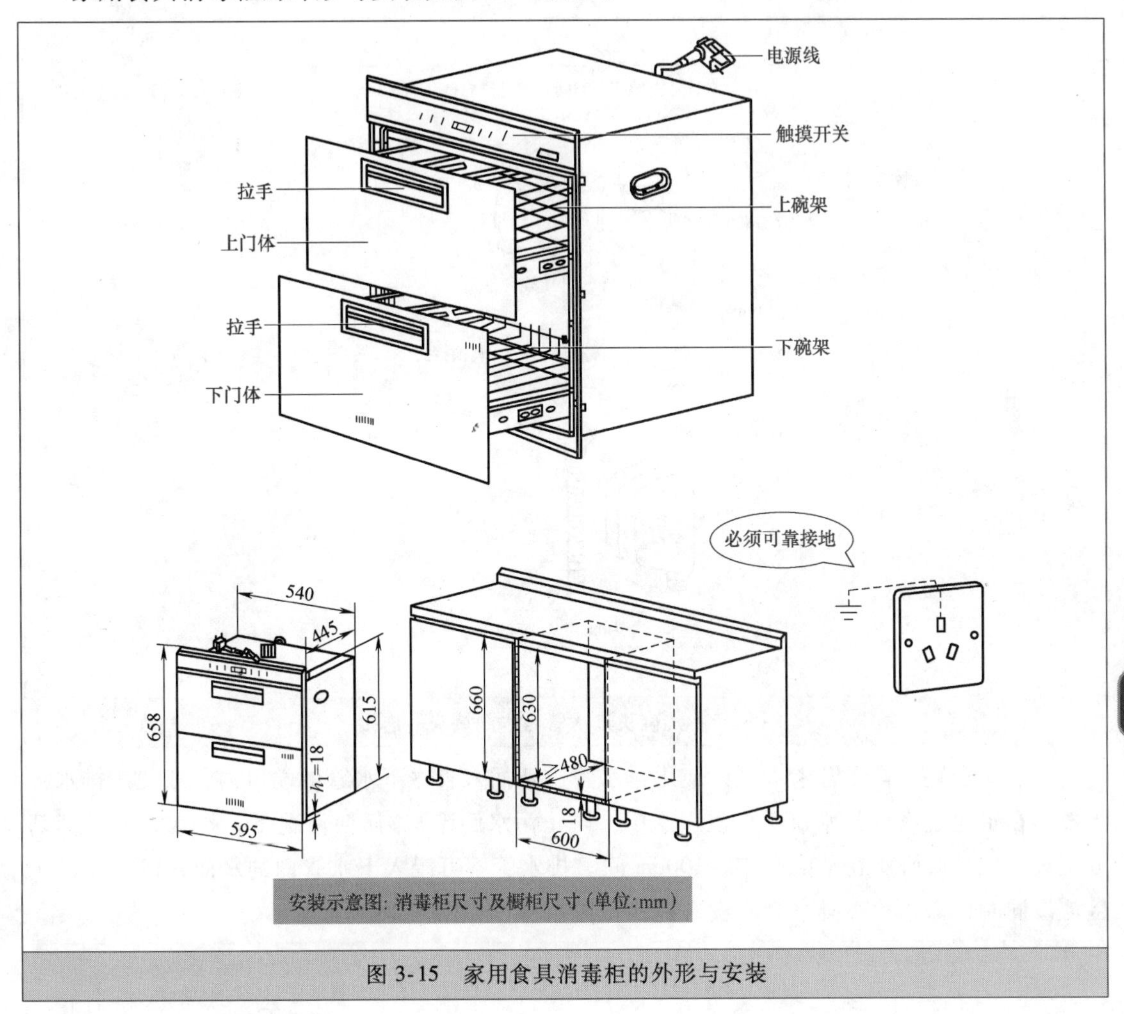

图 3-15　家用食具消毒柜的外形与安装

★3.1.15　洗碗机

洗碗机的安装要求如图 3-16 所示。

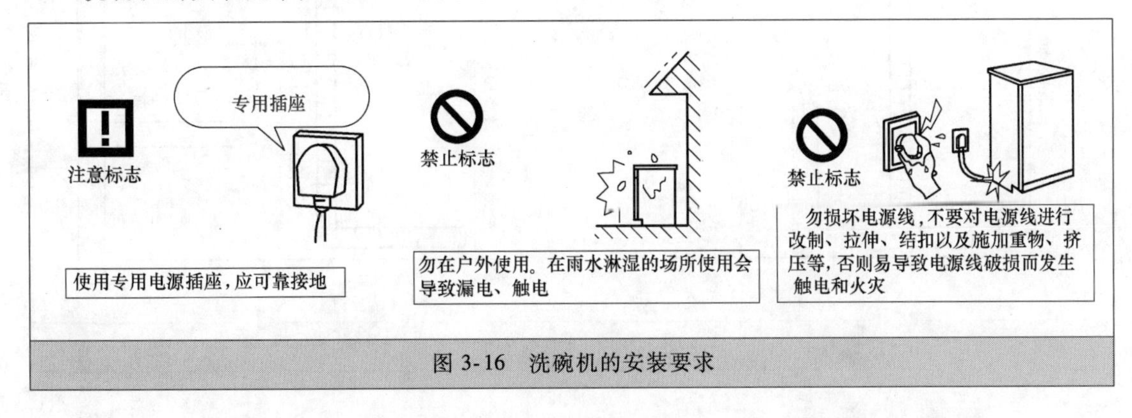

图 3-16　洗碗机的安装要求

将洗碗机进水管与水阀接头紧密连接，并且在公螺纹上缠上生胶带密封，以防漏水。有的洗碗机进水管接头螺纹为 G3/4″（6 分管），如果与水阀不匹配，则需要采用相应的转换接头，如图 3-17 所示。

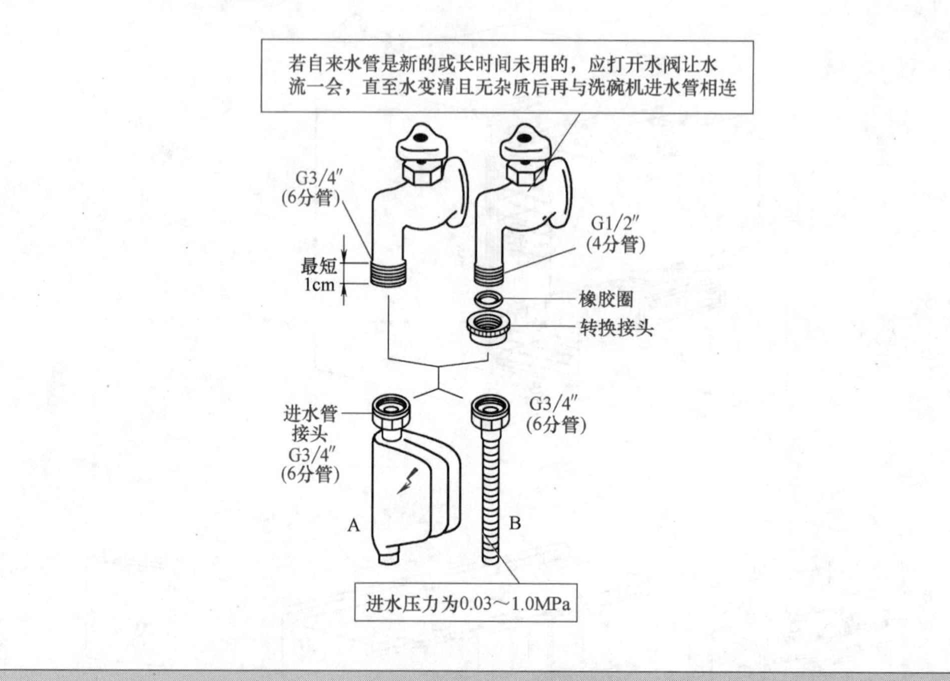

图 3-17　洗碗机进水管与水阀接头的连接

排水管安装：排水管末端可以使用排水管支架插入直立下水管的端口内，或使用排水管支架挂在水池边缘（排水口不可浸入水中，防止污水倒流）。任何情况下，排水管的最高部分距离洗碗机底脚所在平面在 40～100cm 间。排水管不可浸入下水管内的水面，以防止污水倒流。同时，需要检查排水管应没有被凹瘪或折弯，如图 3-18 所示。

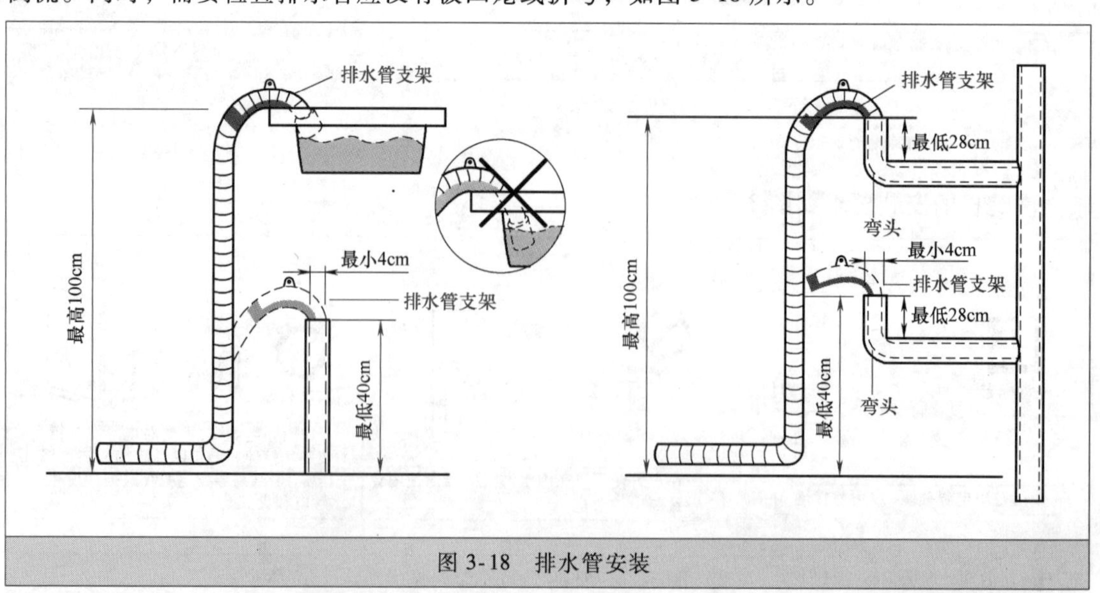

图 3-18　排水管安装

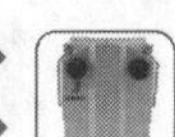

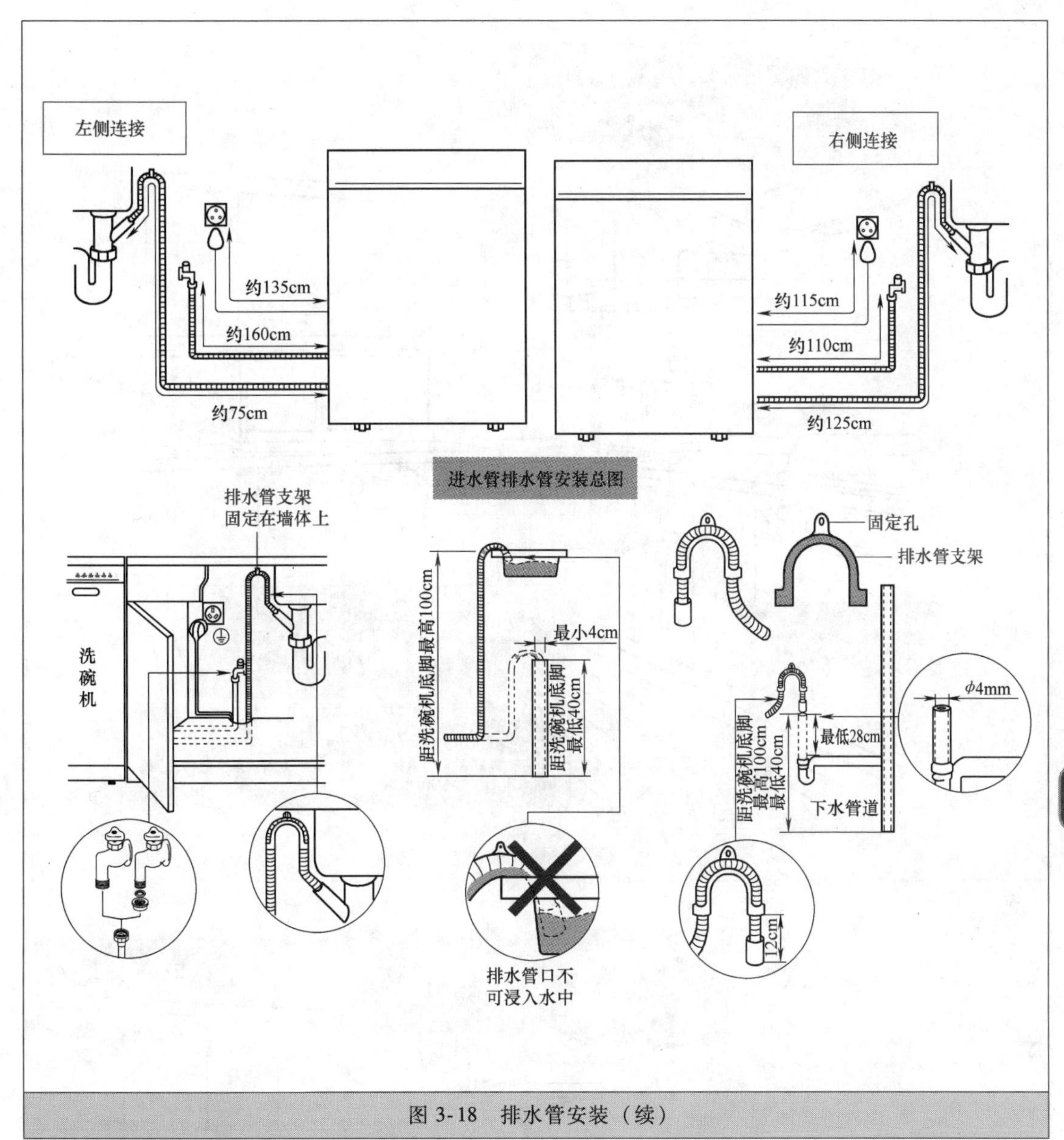

图 3-18 排水管安装（续）

★3.1.16 热风蒸箱

热风蒸箱安装方法与要求如图 3-19 所示。

★3.1.17 微波炉

微波炉安装方法与要求如图 3-20 所示。

★3.1.18 电饭煲与电压力锅

电饭煲与电压力锅电源一般是三相插头，需要 10A 或者以上三孔插座。电饭煲与电压力锅电源线长 1m 左右。电饭煲与电压力锅外形如图 3-21 所示。

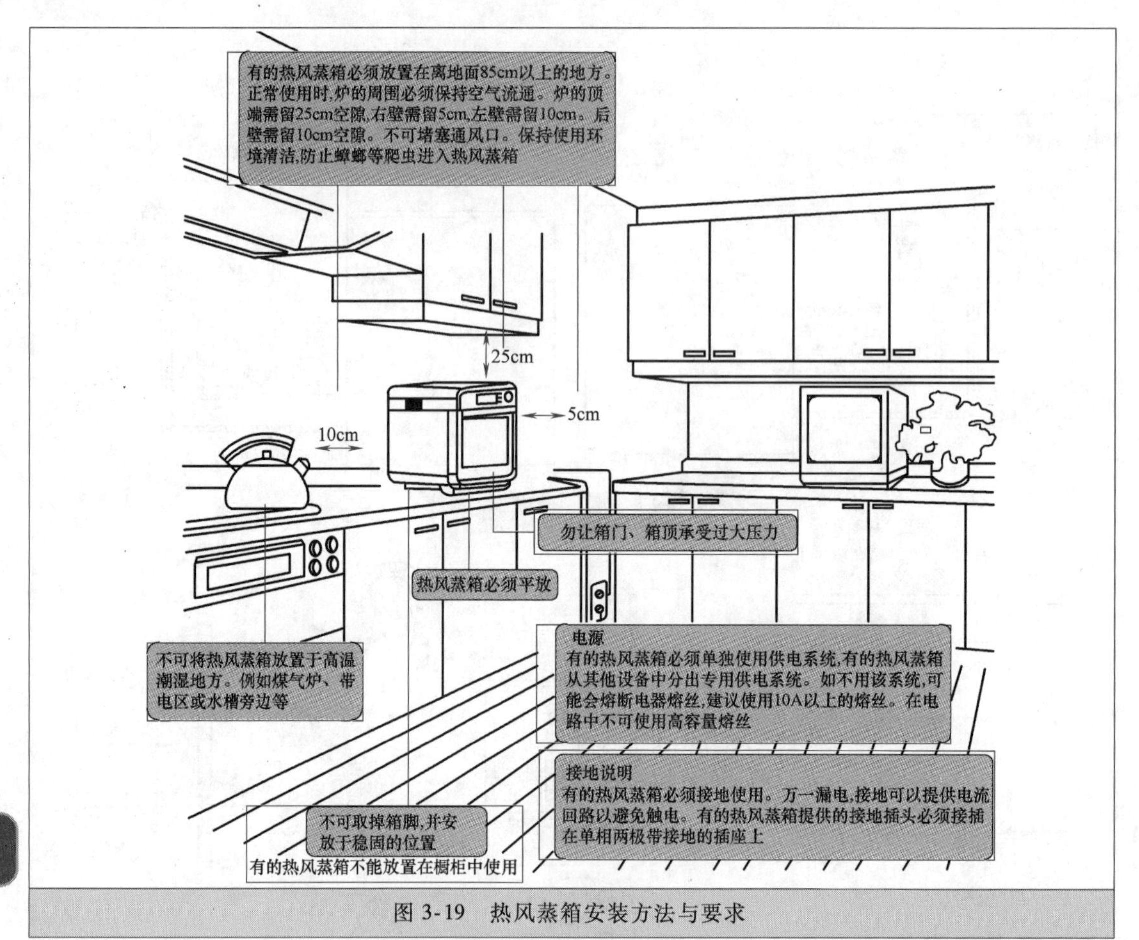

图 3-19　热风蒸箱安装方法与要求

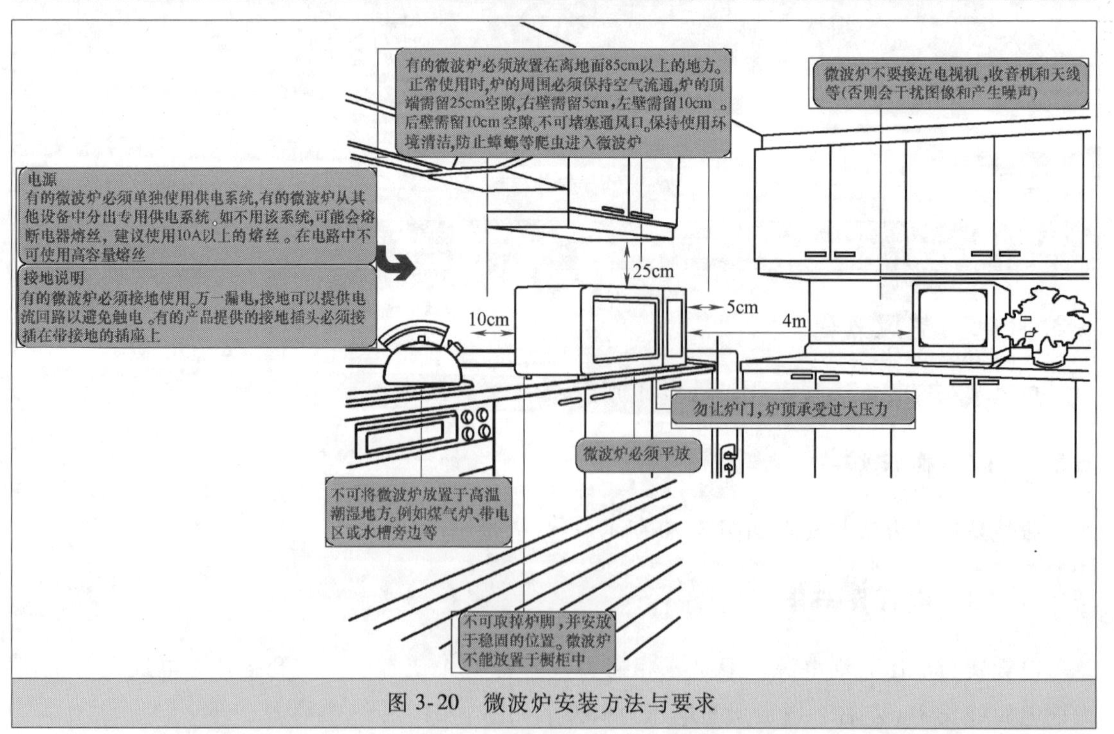

图 3-20　微波炉安装方法与要求

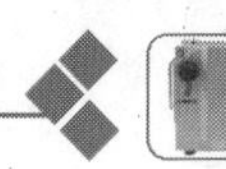

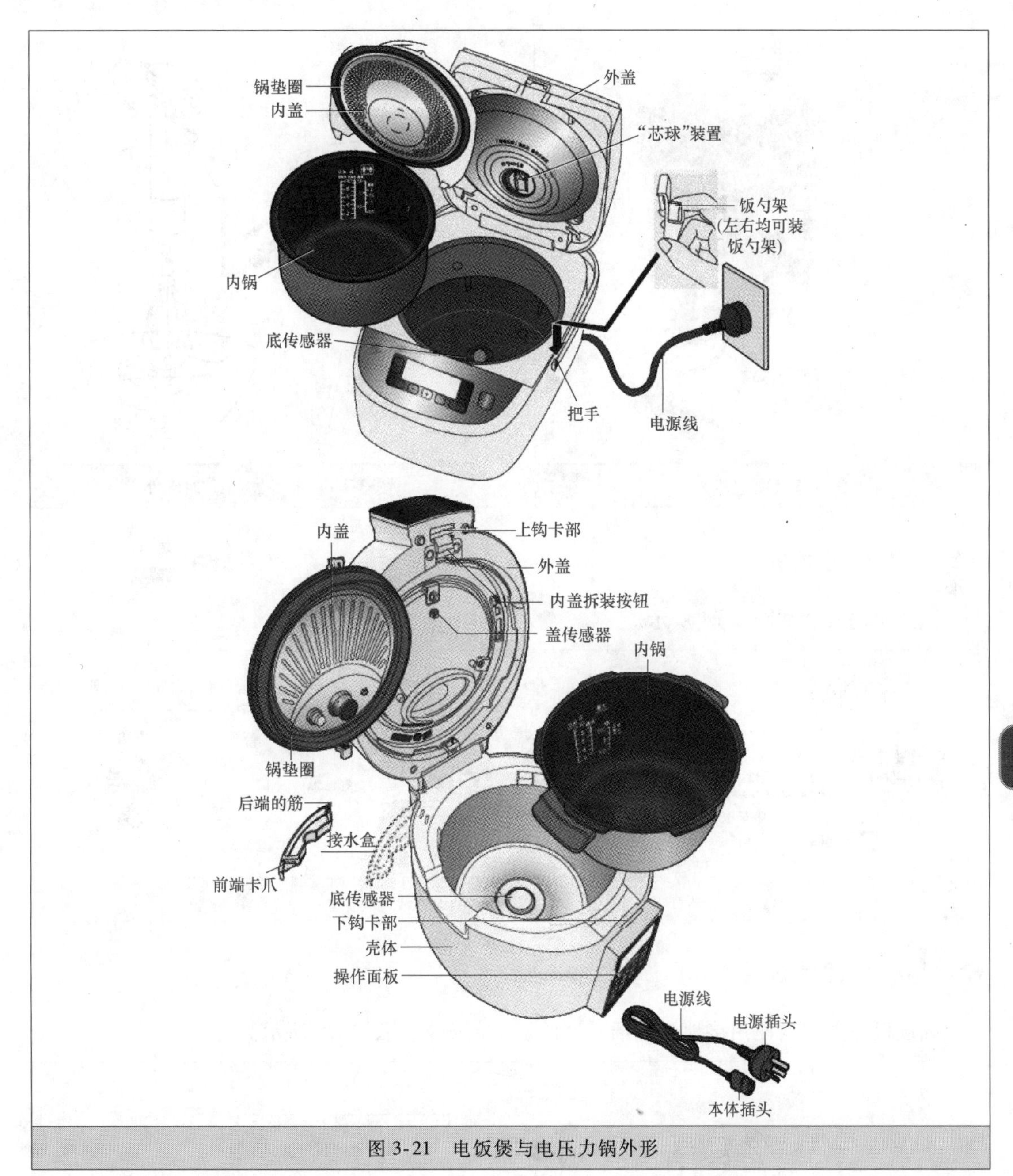

图 3-21　电饭煲与电压力锅外形

★3.1.19　面包机

面包机电源一般是三相插头，需要 10A 或者以上三孔插座。面包机电源线长 1m 左右。面包机外形如图 3-22 所示。

★3.1.20　家用搅拌机

小型家用搅拌机一般是两相插头，需要 10A 或者以上两孔插座。小型家用搅拌机外形如图 3-23 所示。

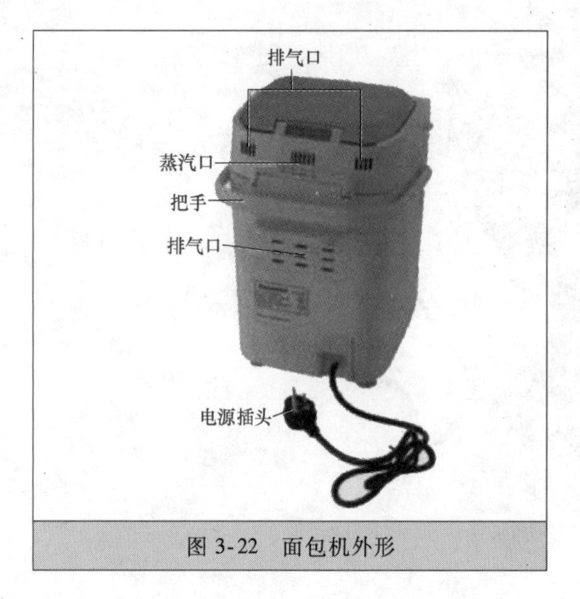

图 3-22　面包机外形

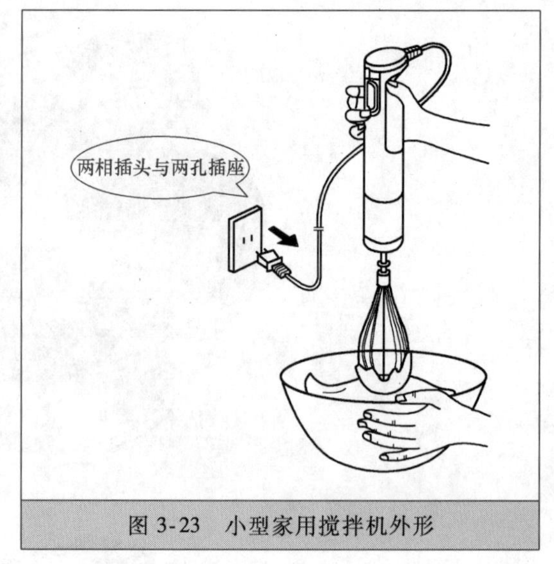

图 3-23　小型家用搅拌机外形

★3.1.21　送风机

送风机的安装如图 3-24 所示。

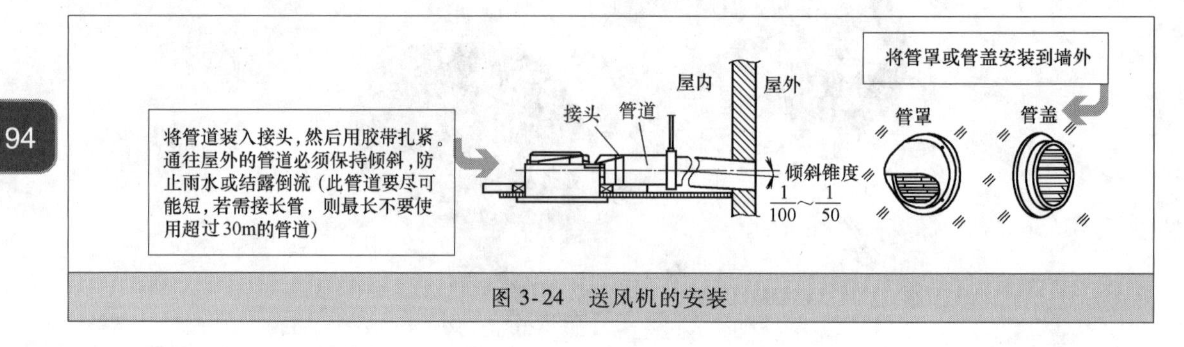

图 3-24　送风机的安装

★3.1.22　除湿机

除湿机一般需要使用接地三孔插座，除湿机的安装如图 3-25 所示。

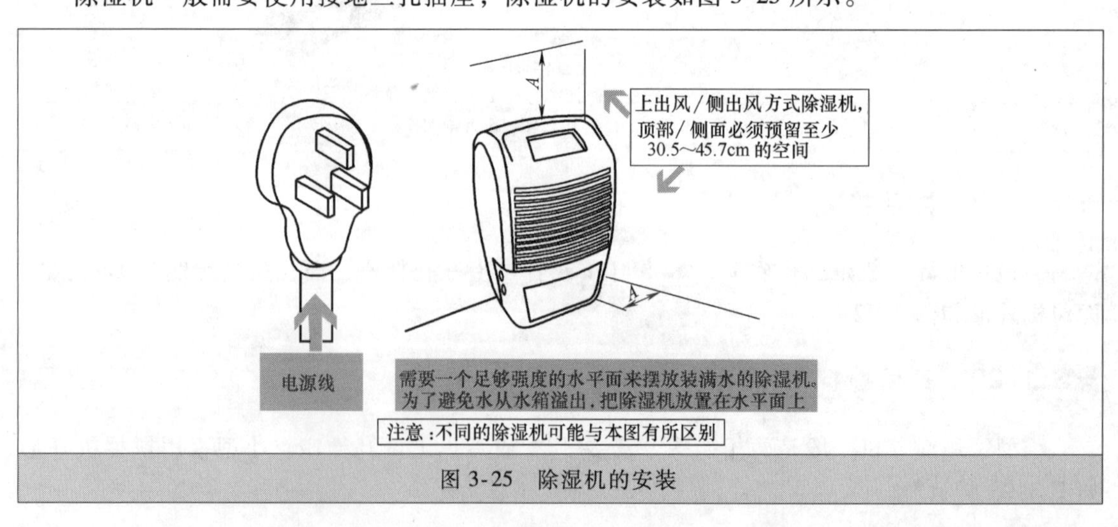

图 3-25　除湿机的安装

☆☆ 3.2 管工设备与设施 ☆☆

★3.2.1 水嘴（水龙头）

常见的水嘴（水龙头）见表3-7。

表3-7 常见的水嘴（水龙头）

名称	图例	名称	图例
单柄单控普通水嘴	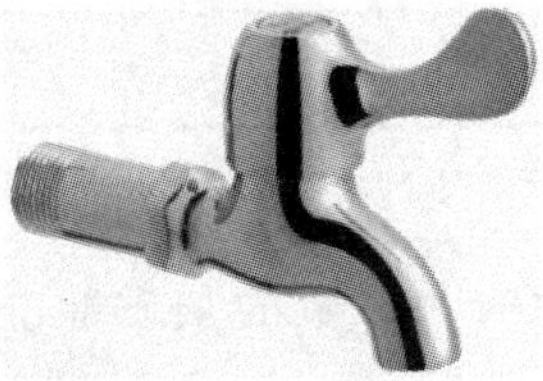	单柄双控洗衣机水嘴	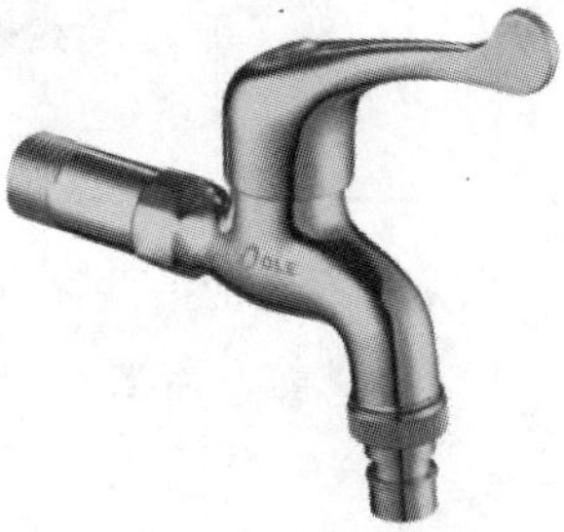
单柄双控面盆水嘴	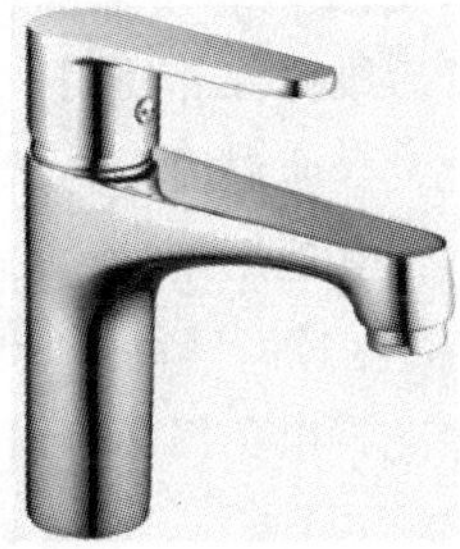	双柄双控入墙式水嘴	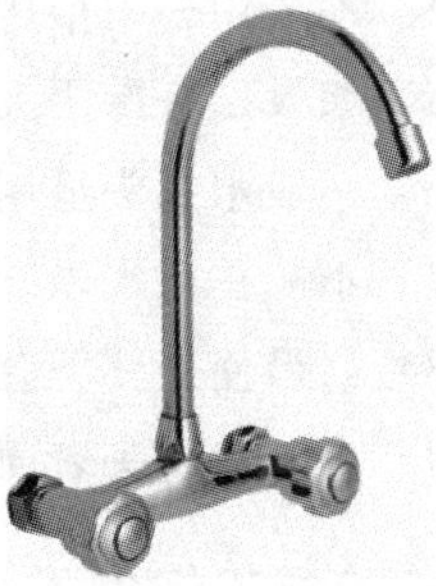
普通水嘴	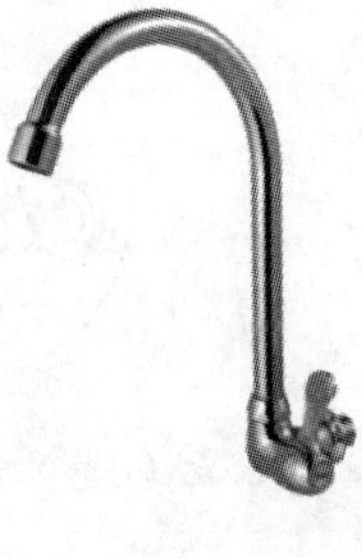	洗涤盆水嘴	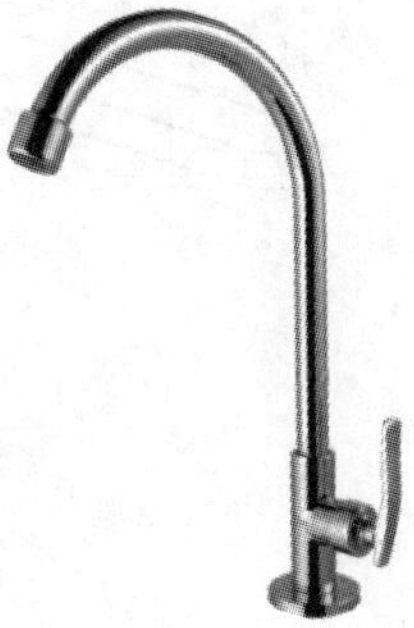

（续）

名　　称	图　　例	名　　称	图　　例
单柄双控淋浴水嘴		智能面盆水嘴	
单柄双控浴盆水嘴		单柄单控面盆水嘴	

水龙头安装的一些注意事项如下：

1）安装前，需要打开冷热供水，先将供水管内积累的杂质冲洗干净，以免损坏水龙头。

2）水龙头必须在安全供水压力下（一般公称压力不大于 1.0MPa）进行使用。确保水龙头的良好使用和保持冷热水的供水压力平衡。

3）需要将花洒软管保持自然舒展状态，切勿强拉强折，以免损伤或者损坏软管。

4）不要用外力推压、摇晃水龙头，以免损坏水龙头。

5）如果配备专用工具，需要妥善保管，以备日后维修保养使用。

6）一般水龙头适用于建筑物内冷热供水管路上，介质温度不大于 90℃。

7）不能在除水以外的其他流体环境中使用或者作其他用途。

8）如果使用环境温度过低，低于 3℃或者环境温度过高（高于 90℃）会造成损坏。

9）有的水龙头表面不能用钢丝球等坚硬材质擦洗，以免损坏表面镀层。

★3.2.2　不锈钢水龙头

不锈钢水龙头的安装如图 3-26 所示。

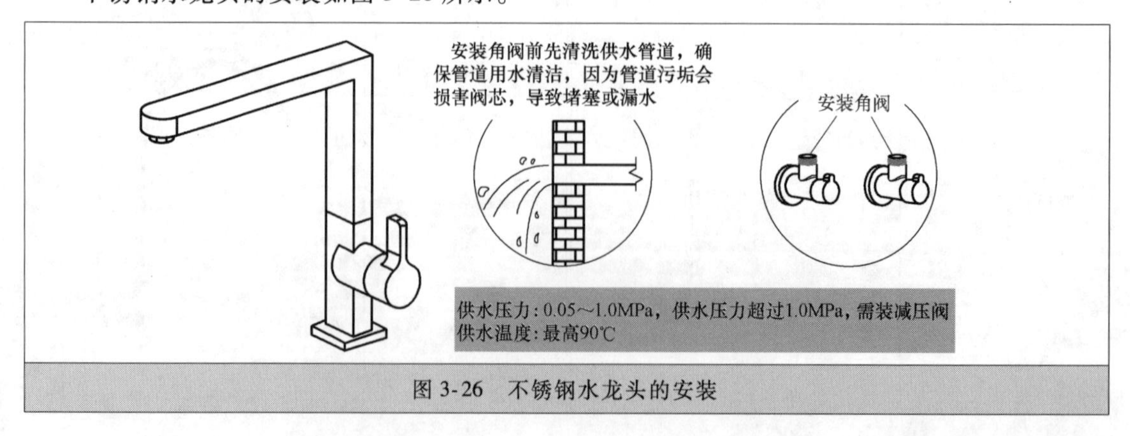

图 3-26　不锈钢水龙头的安装

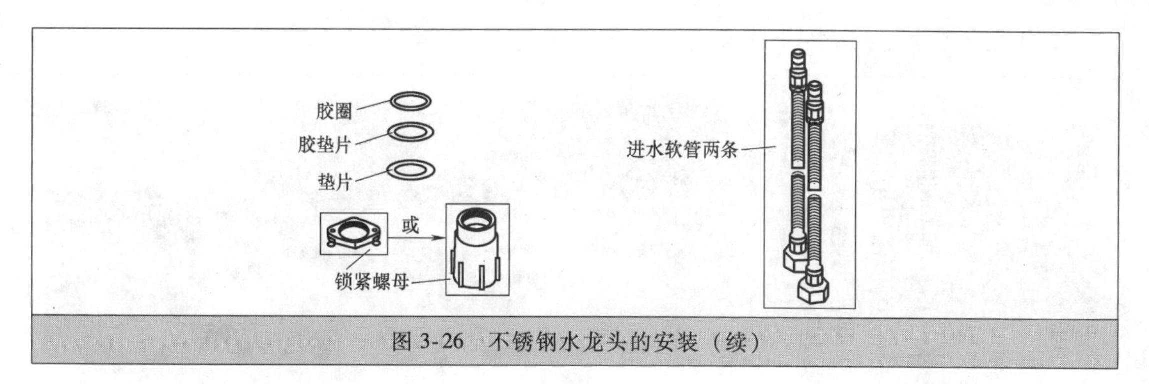

图 3-26　不锈钢水龙头的安装（续）

★3.2.3　感应水龙头

单感应水龙头的安装如图 3-27 所示。

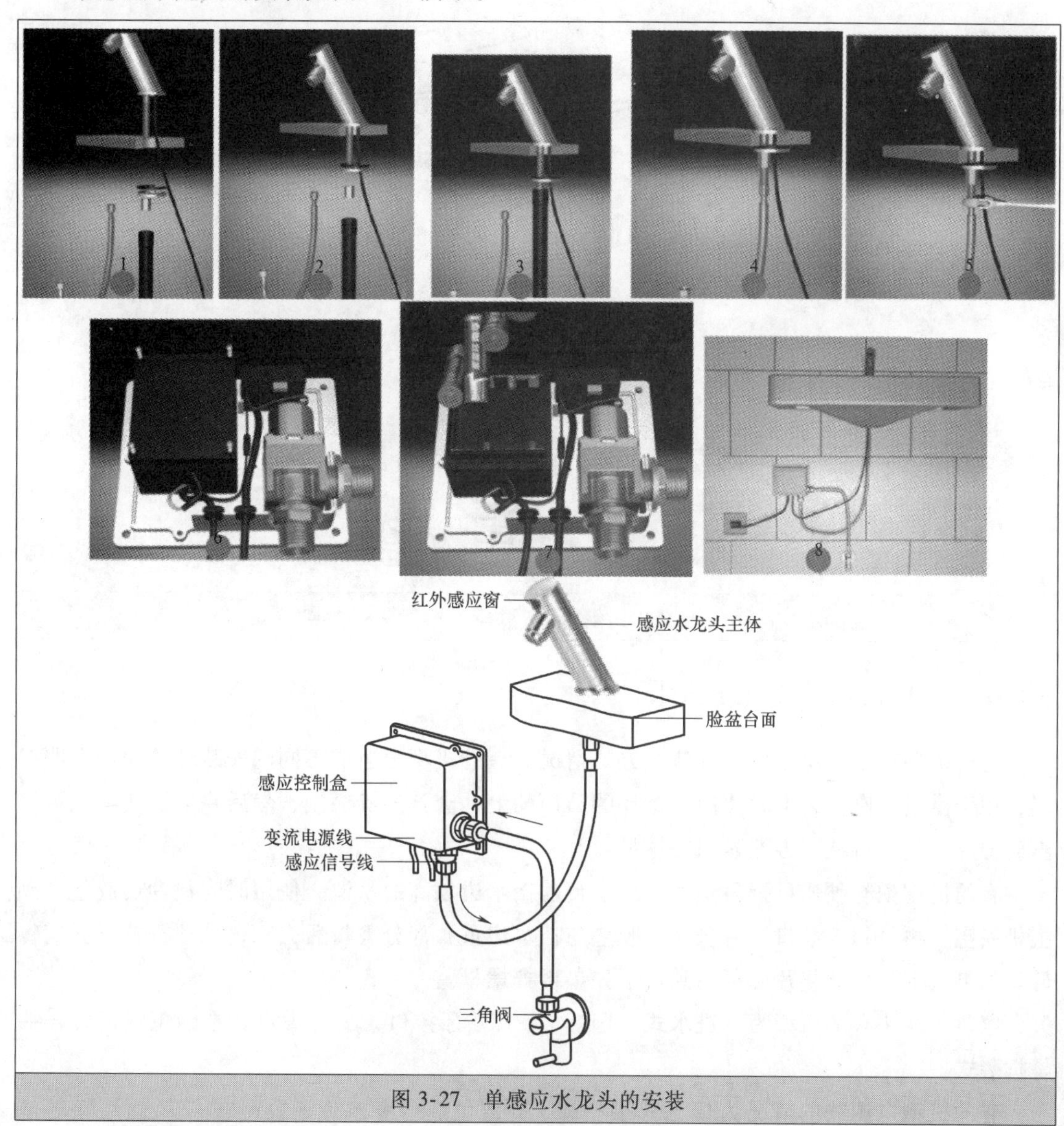

图 3-27　单感应水龙头的安装

混水感应水龙头的安装如图3-28所示。

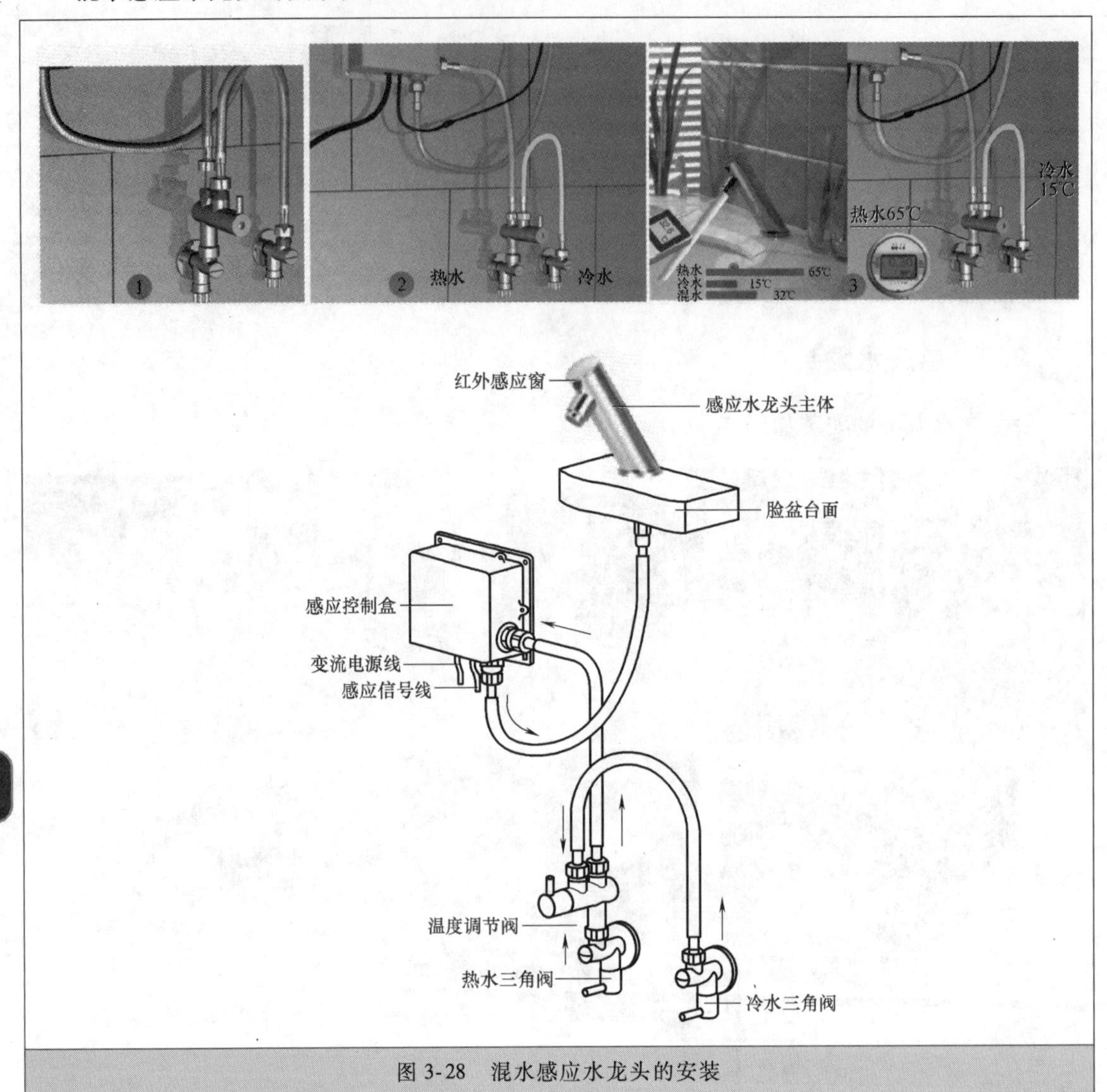

图3-28　混水感应水龙头的安装

★3.2.4　电热水龙头（下进水）

有的机型适用于出水口在水池上方的情况。有的机型为适应不同的安装环境而配有明线环，用于供电插座在台上时使用，将环的凸面朝上，套到主机底座，然后将电源线从缺口顺出后套入胶垫，再从下方拧紧固定螺母。

有的机型配有硬质可折角垫片，用于台盆挡水边偏高的水池，使用时先垫片后胶垫套到主机底座，再放到安装口，将垫片、胶垫与挡水边重叠部分剪折后去除，从下方拧紧固定螺母。如果盆上无需此垫片，可用到台下先垫再拧螺母。

电热水龙头有的机型为下进水式，国标G1/2″外牙接口，适合供水口在台下。电源插头是拆装式。

有的机型电源线的情况为棕色线接相线L、蓝色线接零线N、黄绿线（双色）接地线

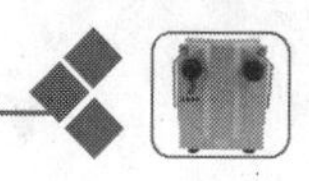

E。如果无接地条件，则可以把接地线线头用绝缘胶带包扎后空置。

电热水龙头（下进水）的安装如图 3-29 所示。

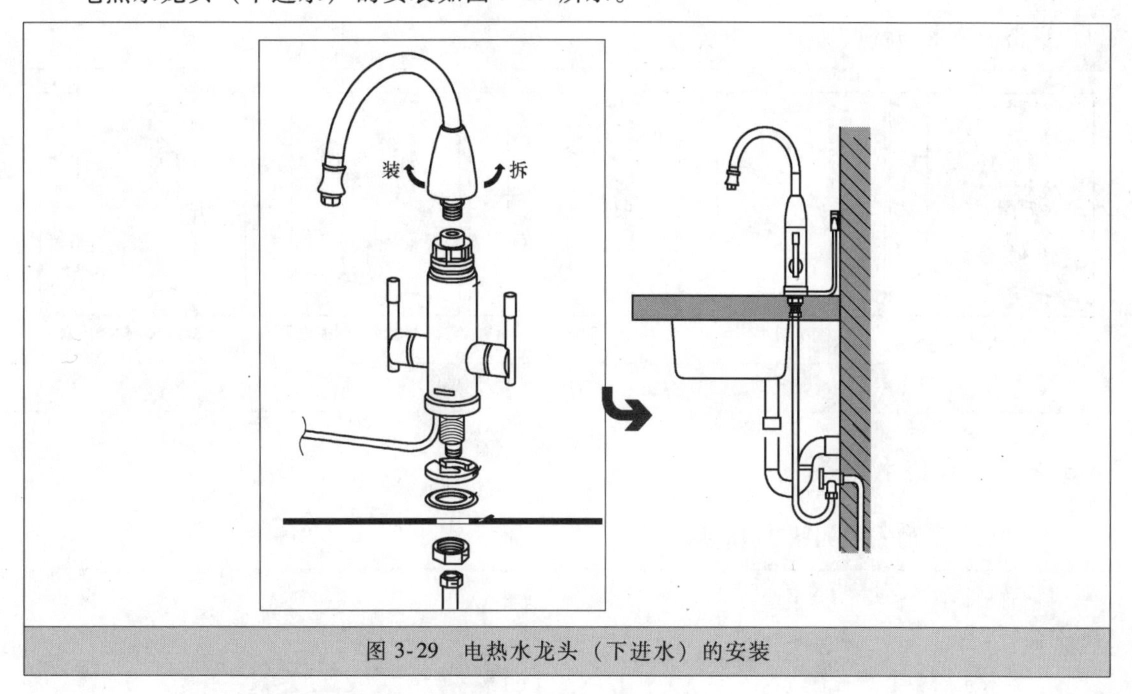

图 3-29 电热水龙头（下进水）的安装

★3.2.5 电热水龙头（侧进水）

有的机型适用于出水口在水池上方的情况。有的机型，安装前需要拆下安装位原有水龙头或其他管件，用铁丝或类似物件伸入接口至管道内部搅动，再把水阀慢慢开启将管内污垢彻底排出，直至出水变清后关闭。然后将连接件丝牙这头从固定螺母内侧穿过，在丝口上缠 15 圈以上生料带。再拧到接口并紧固，保持连接件上凸起的卡点左右水平，上下垂直。然后将主机进水口内的卡槽对准卡点后，逆时针方向旋紧固定螺母。

电热水龙头（侧进水）的安装如图 3-30 所示。

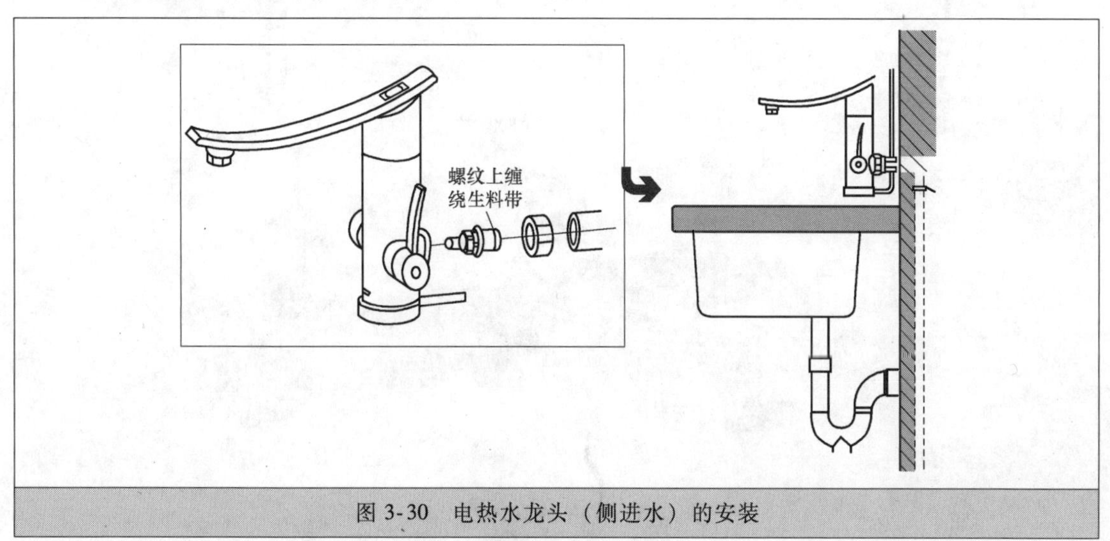

图 3-30 电热水龙头（侧进水）的安装

★3.2.6　淋浴的要求与特点

淋浴的要求与特点如图 3-31 所示。

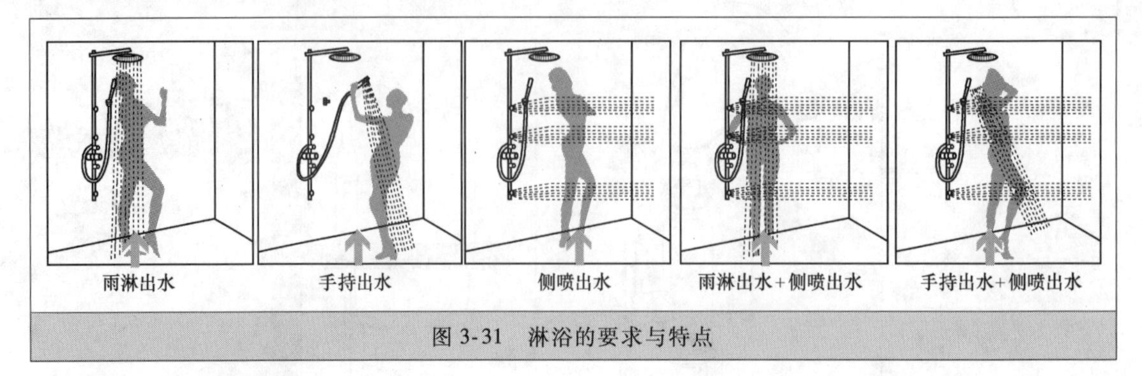

图 3-31　淋浴的要求与特点

★3.2.7　淋浴水龙头

淋浴水龙头的安装如图 3-32 所示。

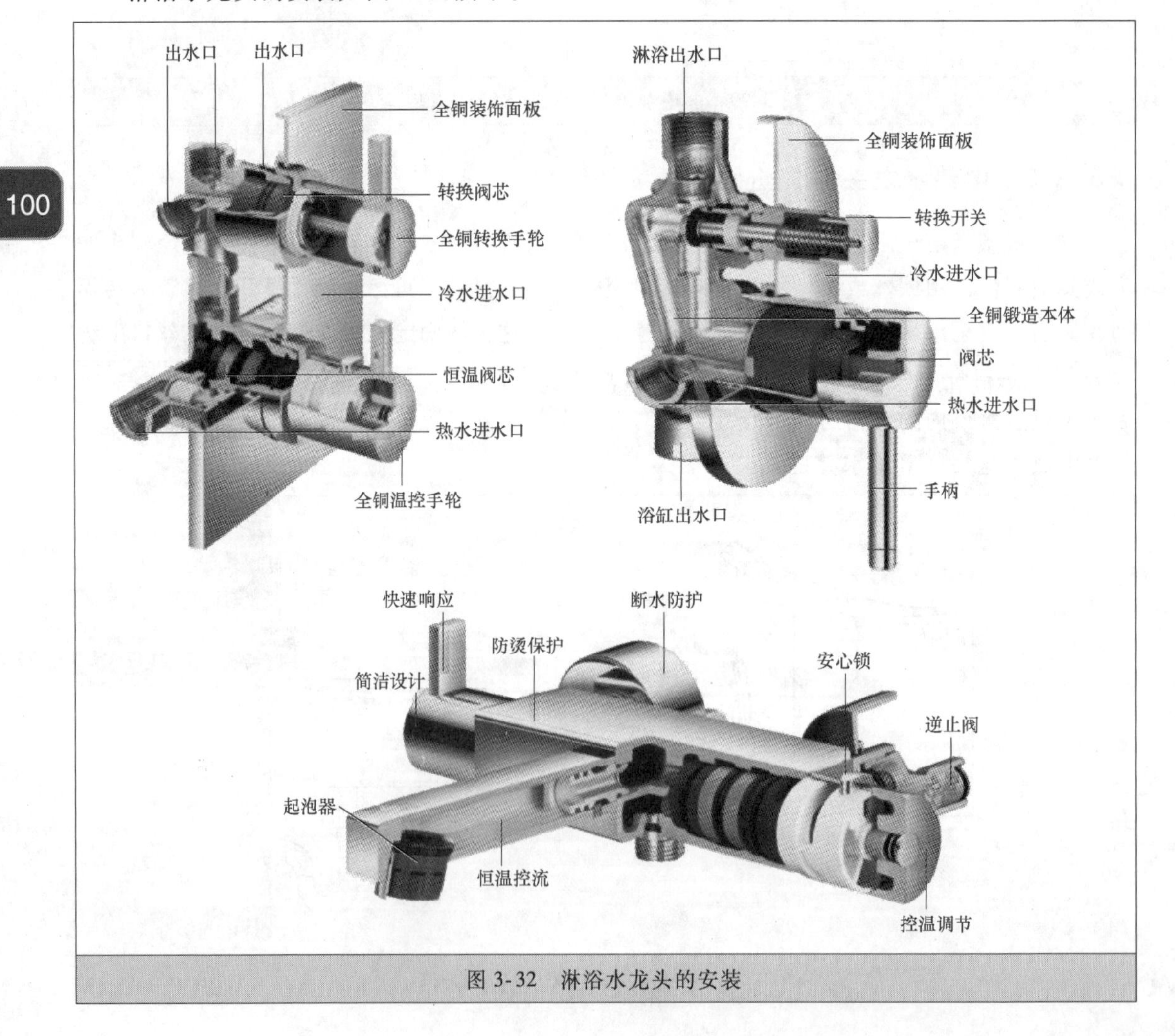

图 3-32　淋浴水龙头的安装

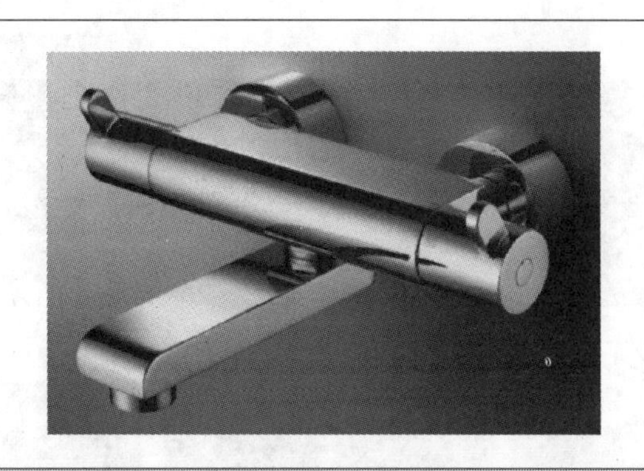

图 3-32 淋浴水龙头的安装（续）

★3.2.8 淋浴水龙头水管

淋浴水龙头水管的结构特点如图 3-33 所示。

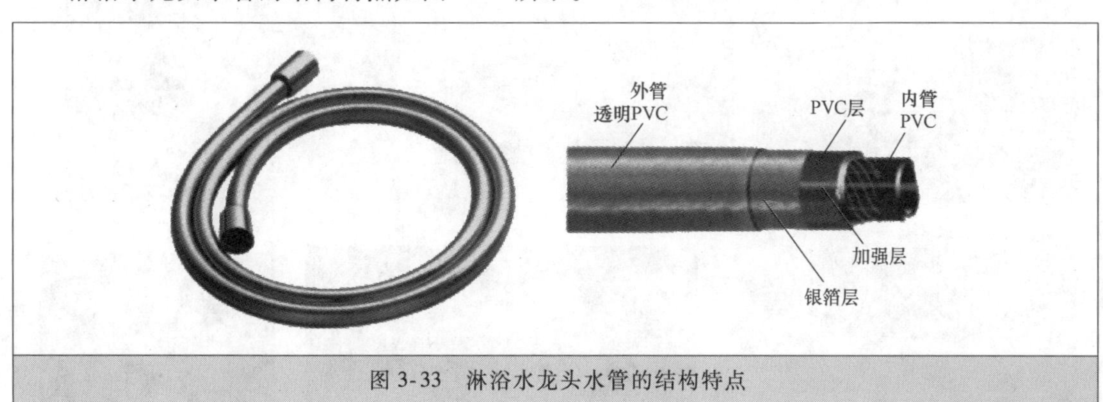

图 3-33 淋浴水龙头水管的结构特点

★3.2.9 淋浴水龙头

淋浴水龙头的安装（案例 1）如图 3-34 所示。

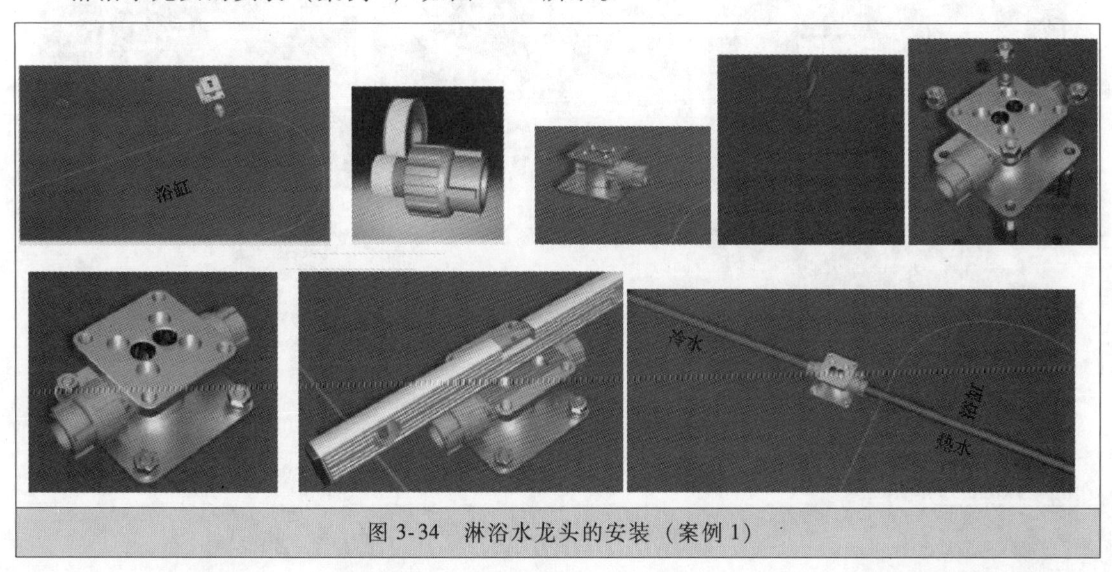

图 3-34 淋浴水龙头的安装（案例 1）

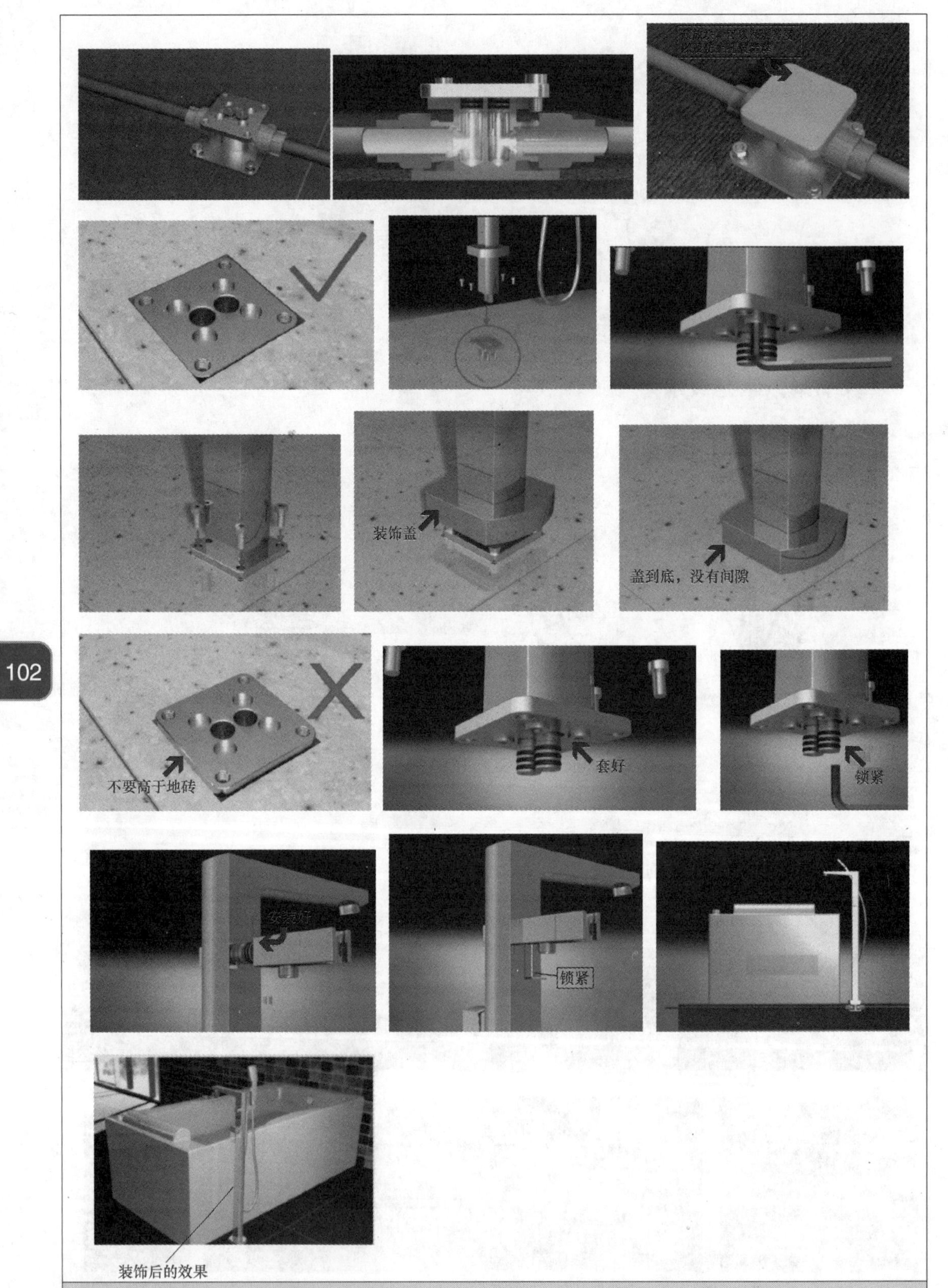

图 3-34　淋浴水龙头的安装（案例 1）（续）

卫生间防水墙凹槽：内水管凹槽也要做防水，施工过程中在管道、地漏等穿越楼板时，其孔洞周边的防水层必须认真施工。墙体内埋水管，做到合理布局，铺设水管一律做大于管径的凹槽，槽内抹灰圆滑，然后凹槽内刷防水涂料。

淋浴水龙头的安装（案例2）如图3-35所示。

图3-35 淋浴水龙头的安装（案例2）

★3.2.10　三角阀

三角阀的外形与安装方法如图 3-36 所示。

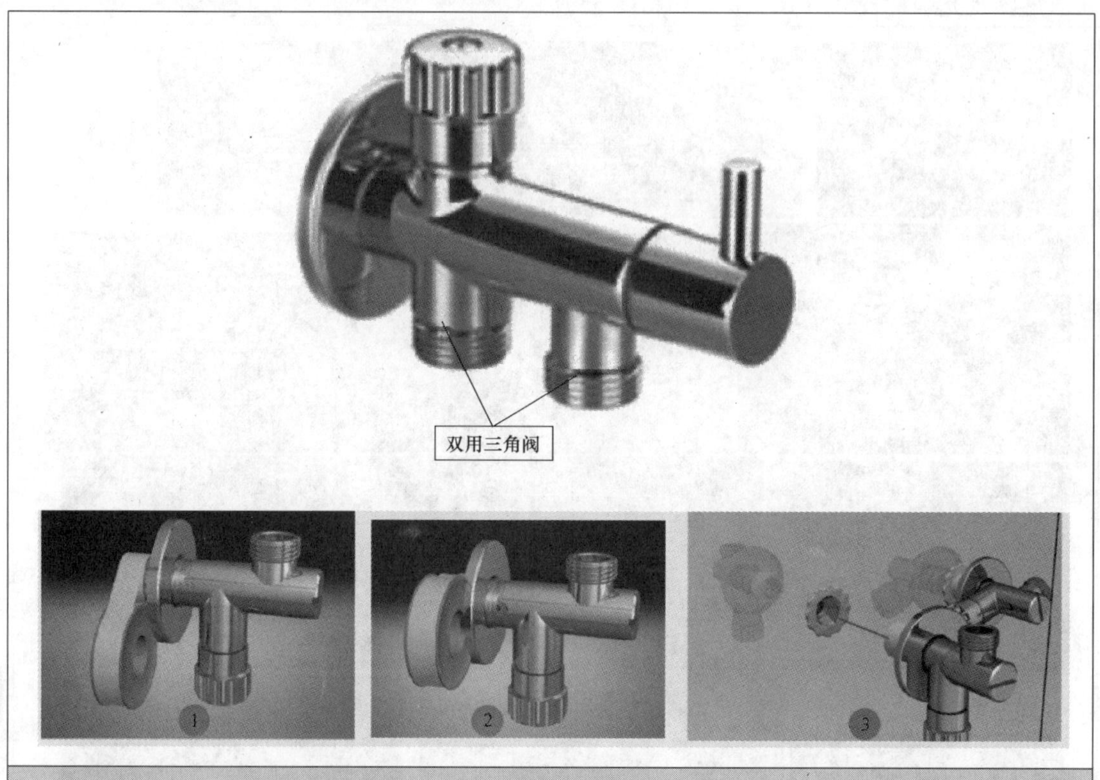

图 3-36　三角阀的外形与安装方法

★3.2.11　暗装直通阀止水阀

暗装直通阀止水阀的外形如图 3-37 所示。

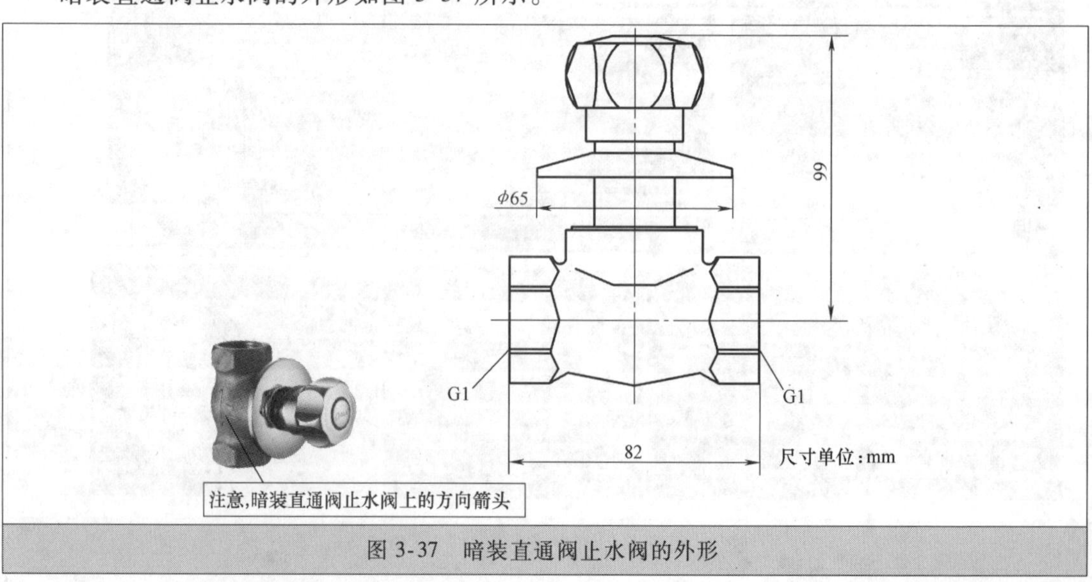

图 3-37　暗装直通阀止水阀的外形

★3.2.12 台上盆

有的台上盆下水孔规格为 ϕ45mm、单孔龙头孔规格为 ϕ35mm。台上盆的安装如图 3-38 所示。

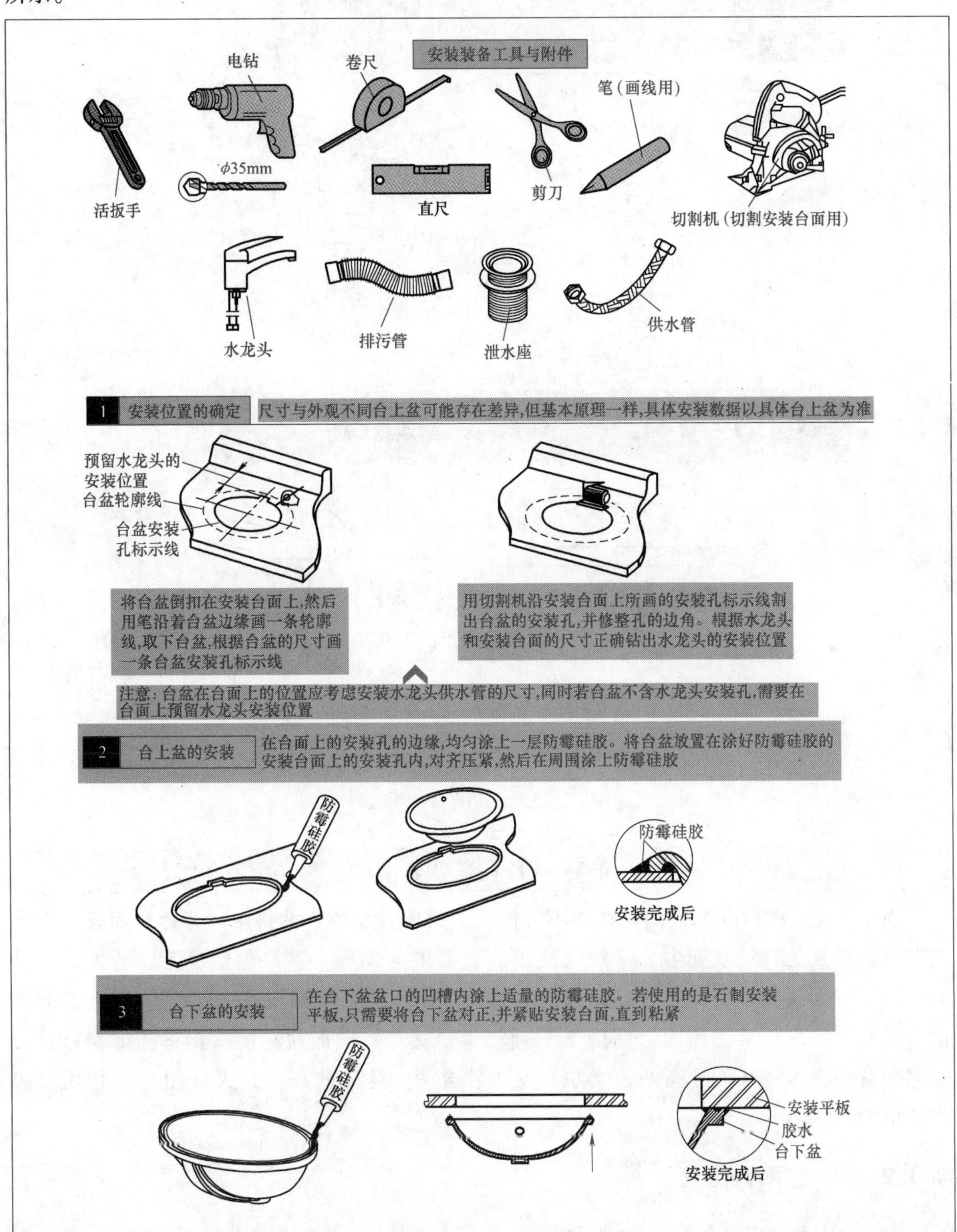

图 3-38 台上盆的安装

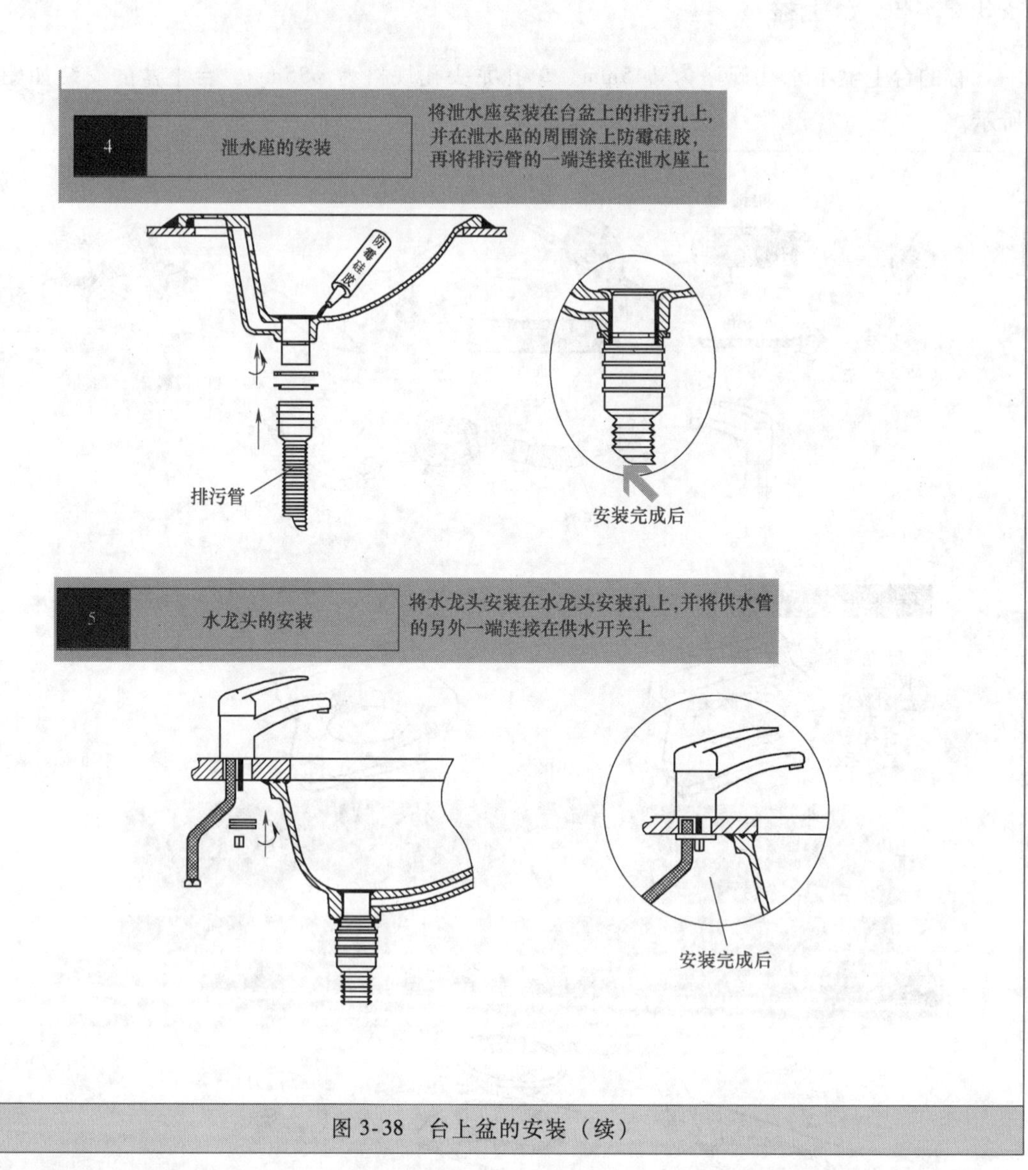

图 3-38　台上盆的安装（续）

面盆高度：面盆安装太高则使用不方便，太低则容易使人站得腰酸背疼，而且还会水花四溅。特别是挂壁式面盆，一定要注意面盆高度的问题，在一般情况下，若人对面盆高度没有特别要求，那么安装时要保持池面或台面离地高度都要在 80~85cm。有部分人因为身高的原因，常规的面盆高度不适合使用，就需要对面盆高度做出适当的调整：卫生间面盆高度保持在人身高的一半左右就比较合适，这样的高度，人（用户）使用起来也很舒适。

★3.2.13　艺术台上盆

艺术台上盆的安装如图 3-39 所示。

卫生间面盆尺寸各不相同，几乎不可能找到两个不同型号的面盆尺寸完全相同的，因

此，在选购面盆时需要注意面盆的尺寸，需要考虑与浴室柜搭配使用，以及达到最佳的装饰效果。

目前，常用的常用面盆尺寸有 585mm × 390mm、600mm × 460mm、700mm × 460mm、750mm × 460mm、800mm × 460mm、900mm × 460mm、1000mm × 460mm、600mm × 405mm × 155mm、410mm×310mm×140mm 等尺寸规格，除此之外，常用的面盆尺寸还有很多，因为面盆是私人卫浴洁具用品，有的是为了尽量满足某个或者某些用户的需求而少量生产的。

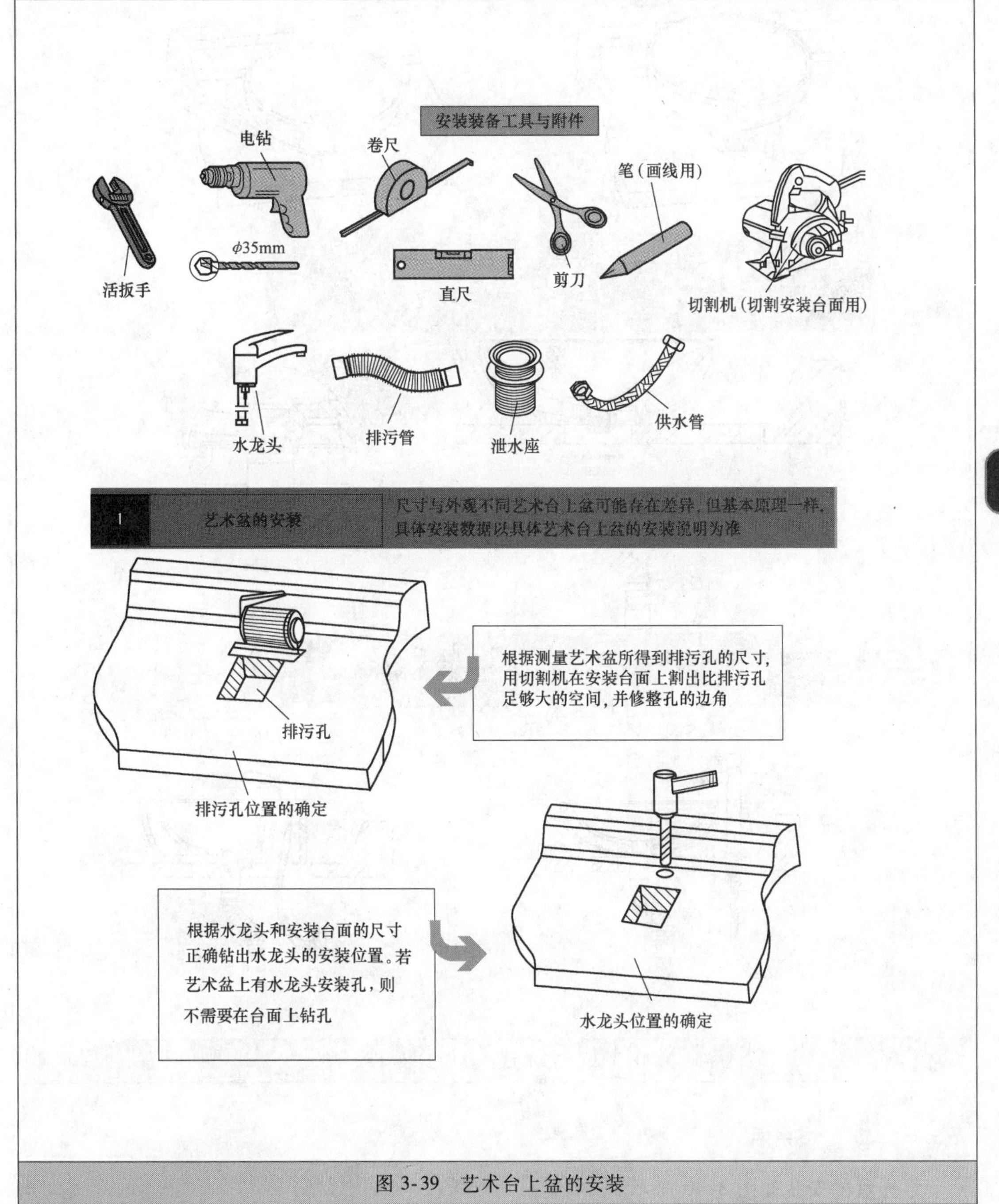

图 3-39 艺术台上盆的安装

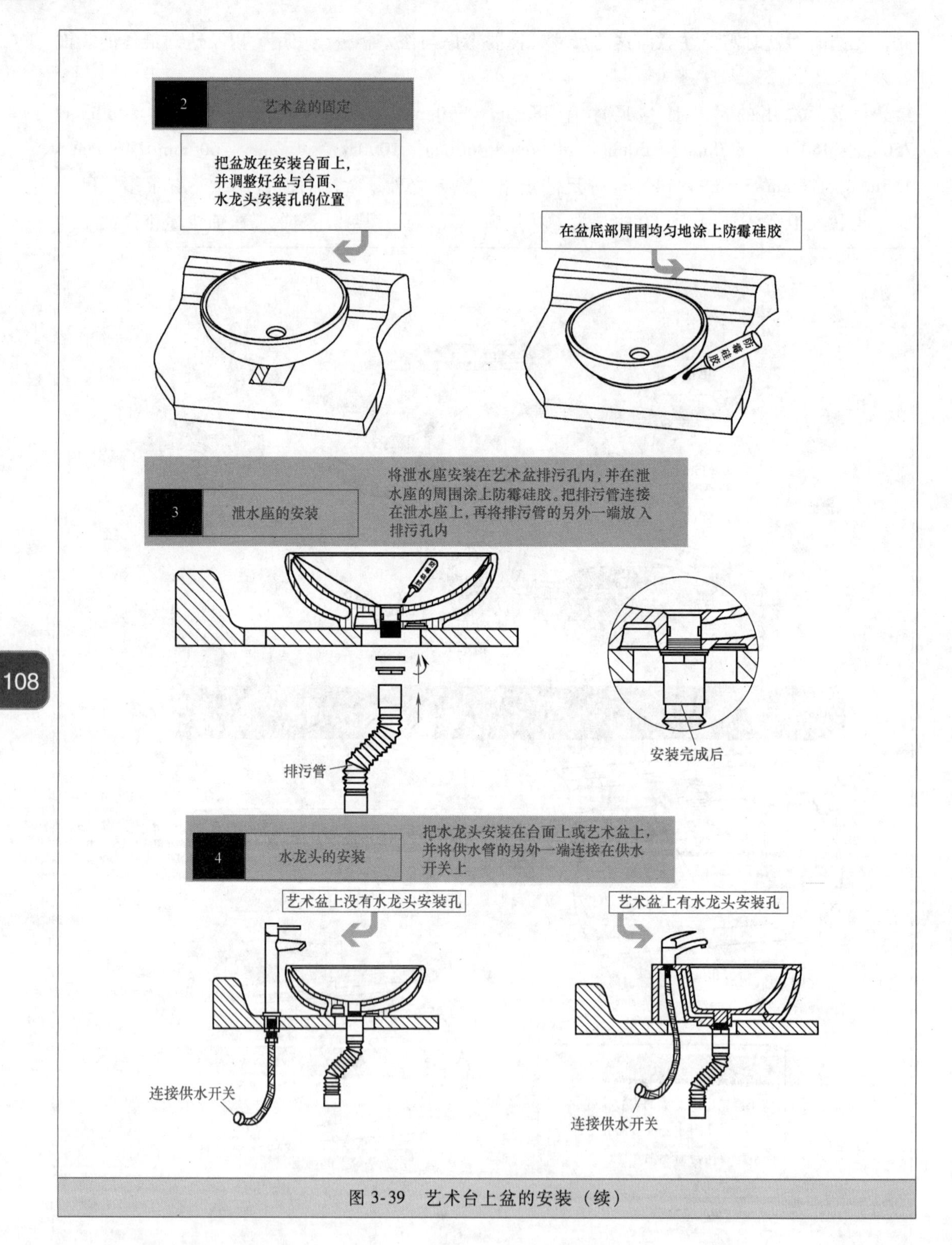

图 3-39　艺术台上盆的安装（续）

★3. 2. 14　半挂盆

半挂盆的安装如图 3-40 所示。

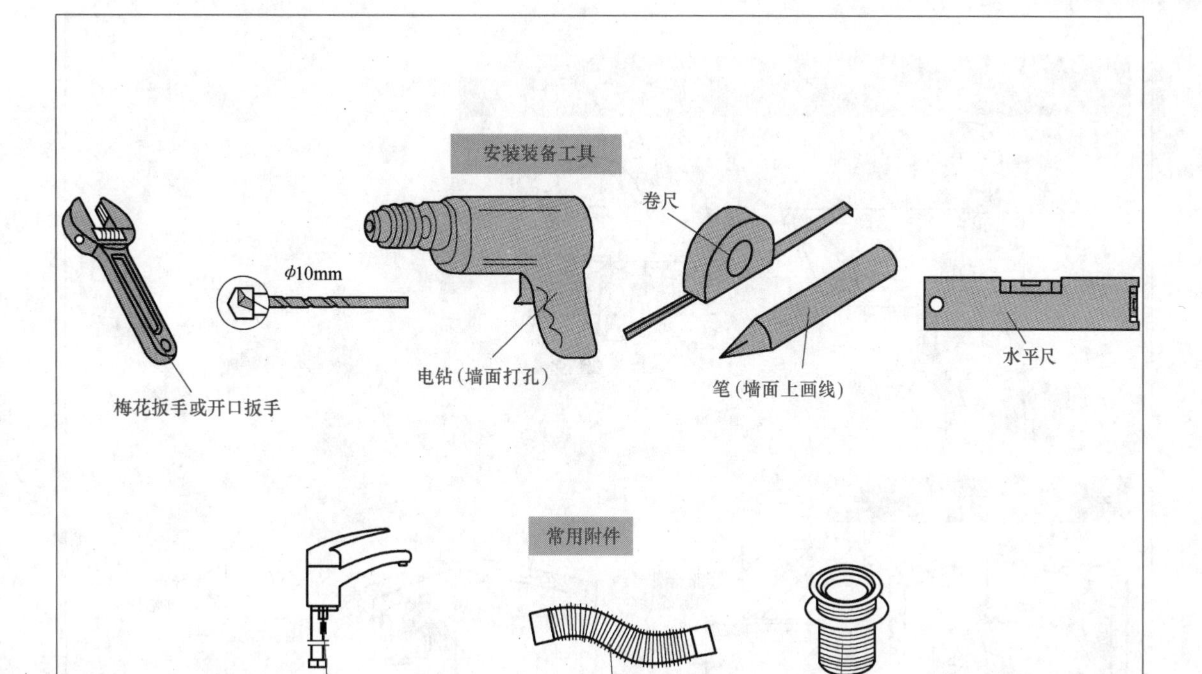

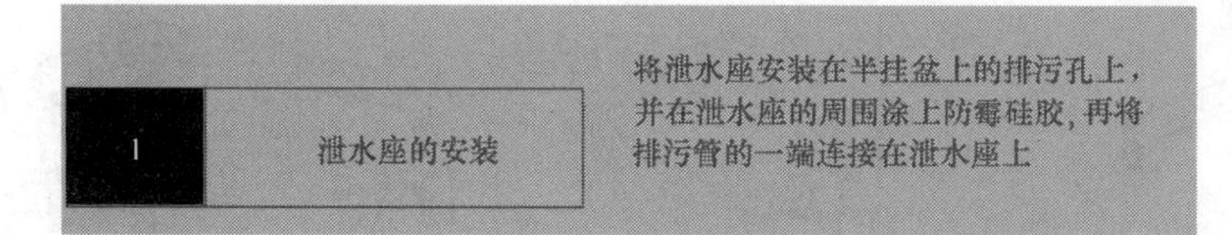

将泄水座安装在半挂盆上的排污孔上，并在泄水座的周围涂上防霉硅胶，再将排污管的一端连接在泄水座上

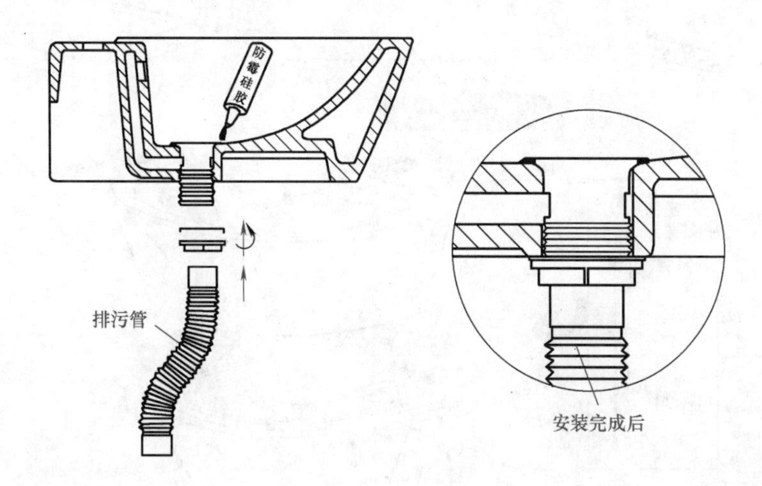

图 3-40 半挂盆的安装

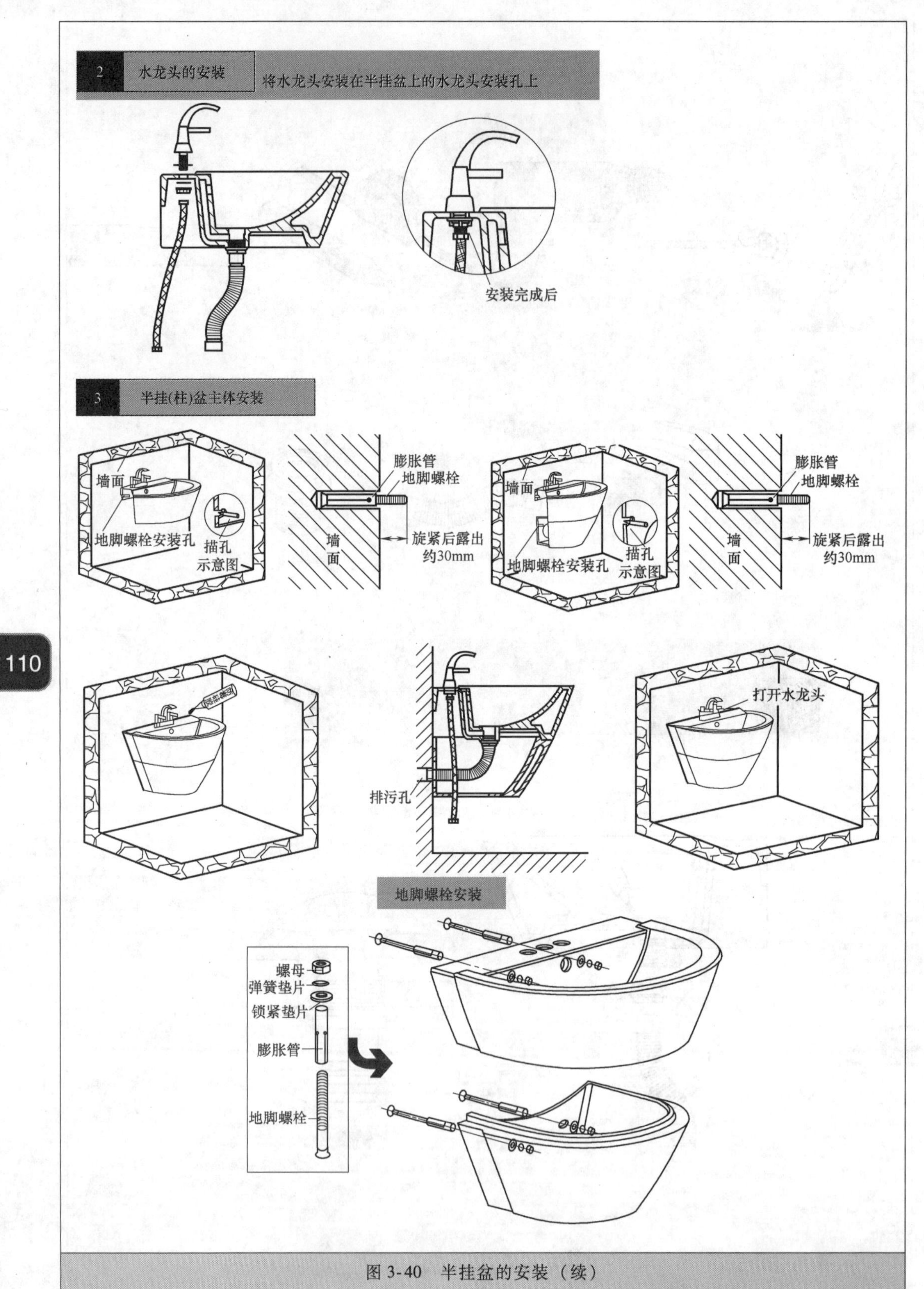

图 3-40　半挂盆的安装（续）

★3.2.15 立柱盆

立柱盆的安装如图 3-41 所示。

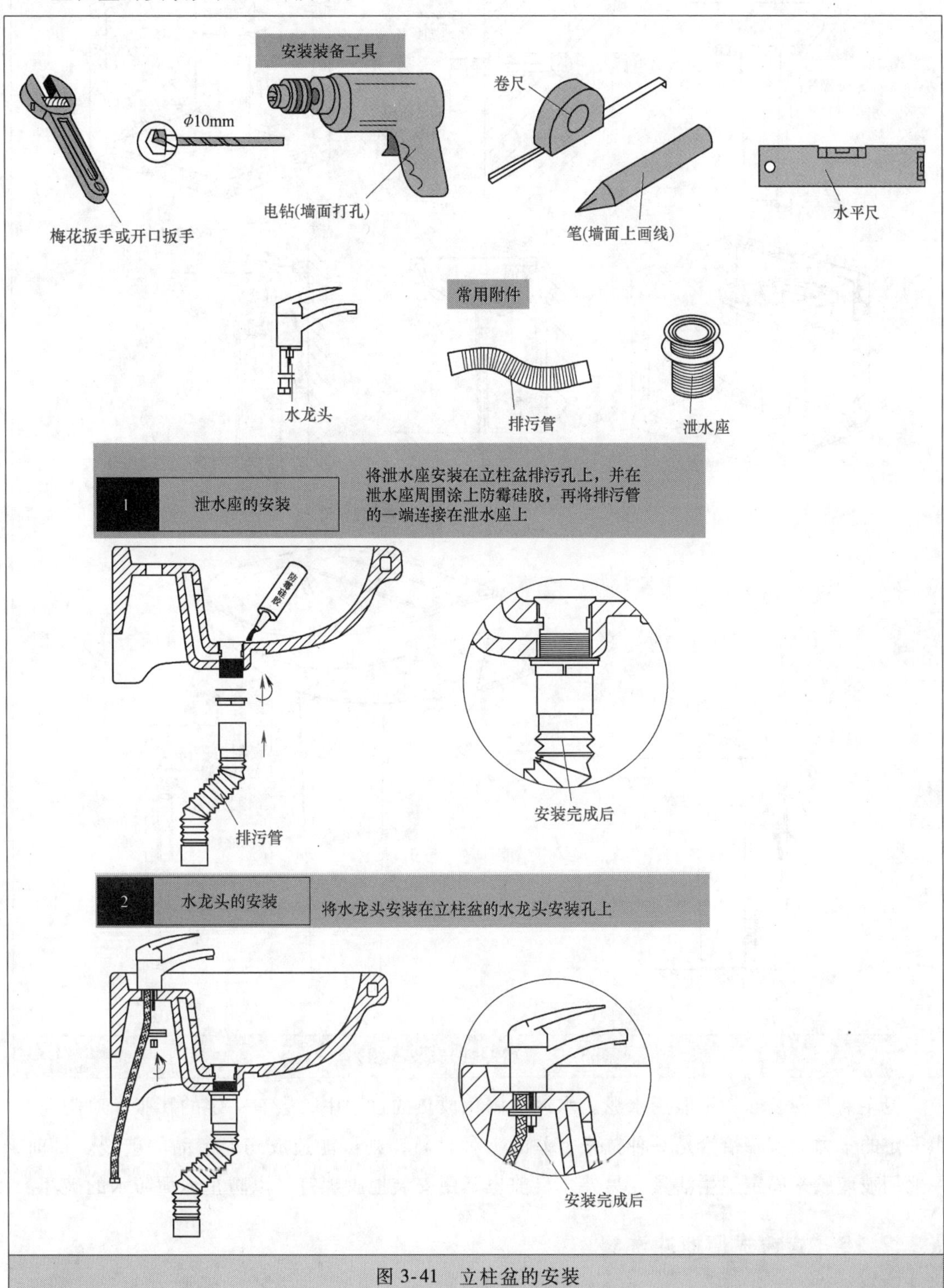

图 3-41 立柱盆的安装

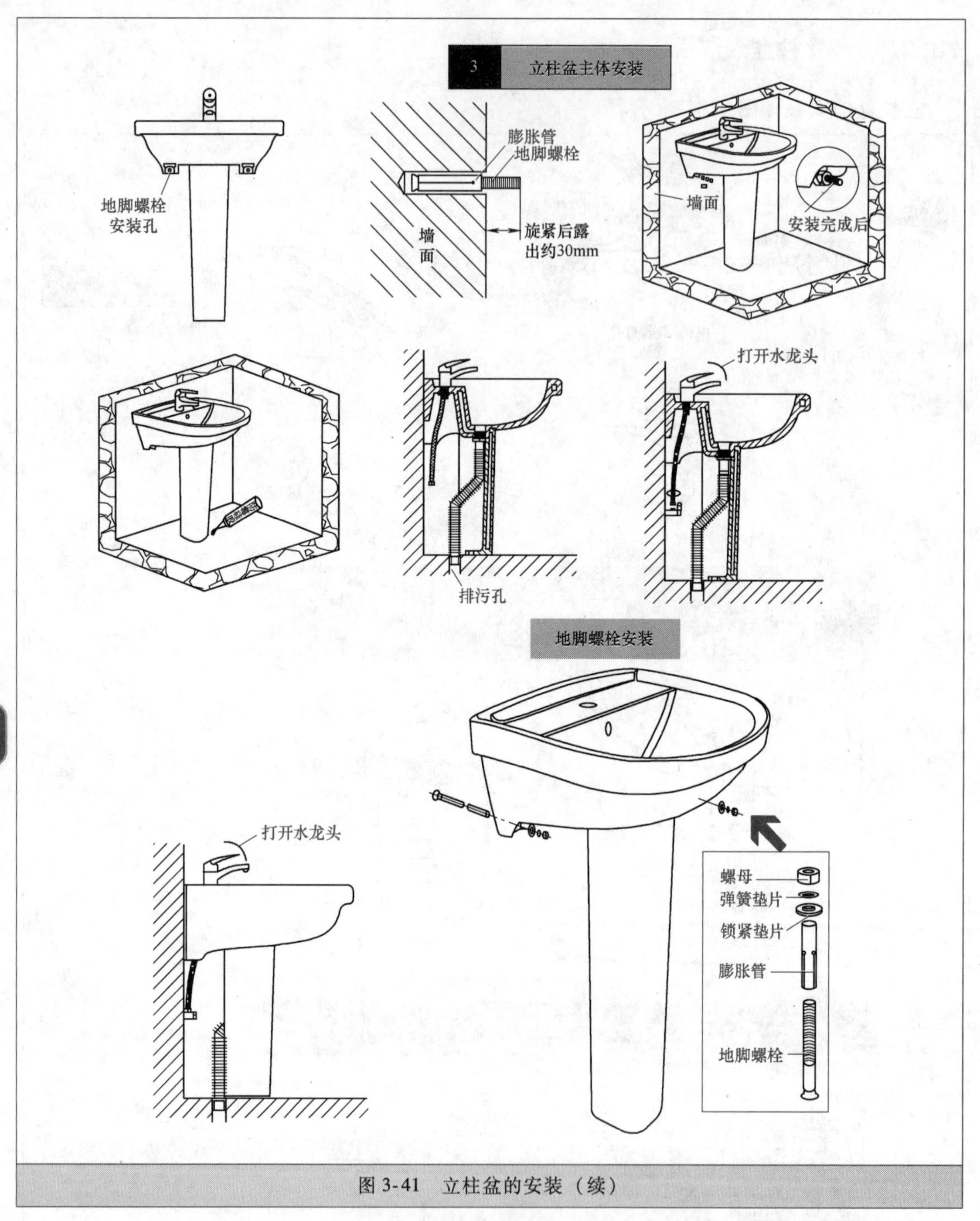

图 3-41　立柱盆的安装（续）

卫生洁具安装时，不能用水泥。水泥在固化放热的过程中，会有一定的膨胀，对陶瓷产生一定的张力。陶瓷恰恰是一种抗张力差的一种材料，则可能造成陶瓷产品的破裂。目前，一般用玻璃胶来固定卫生洁具。另外，目前也不用安装地脚螺钉，以防止地面防水的破坏。

★3. 2. 16　旋钮式便池冲洗阀

旋钮式便池冲洗阀的特点与安装方法如图 3-42 所示。

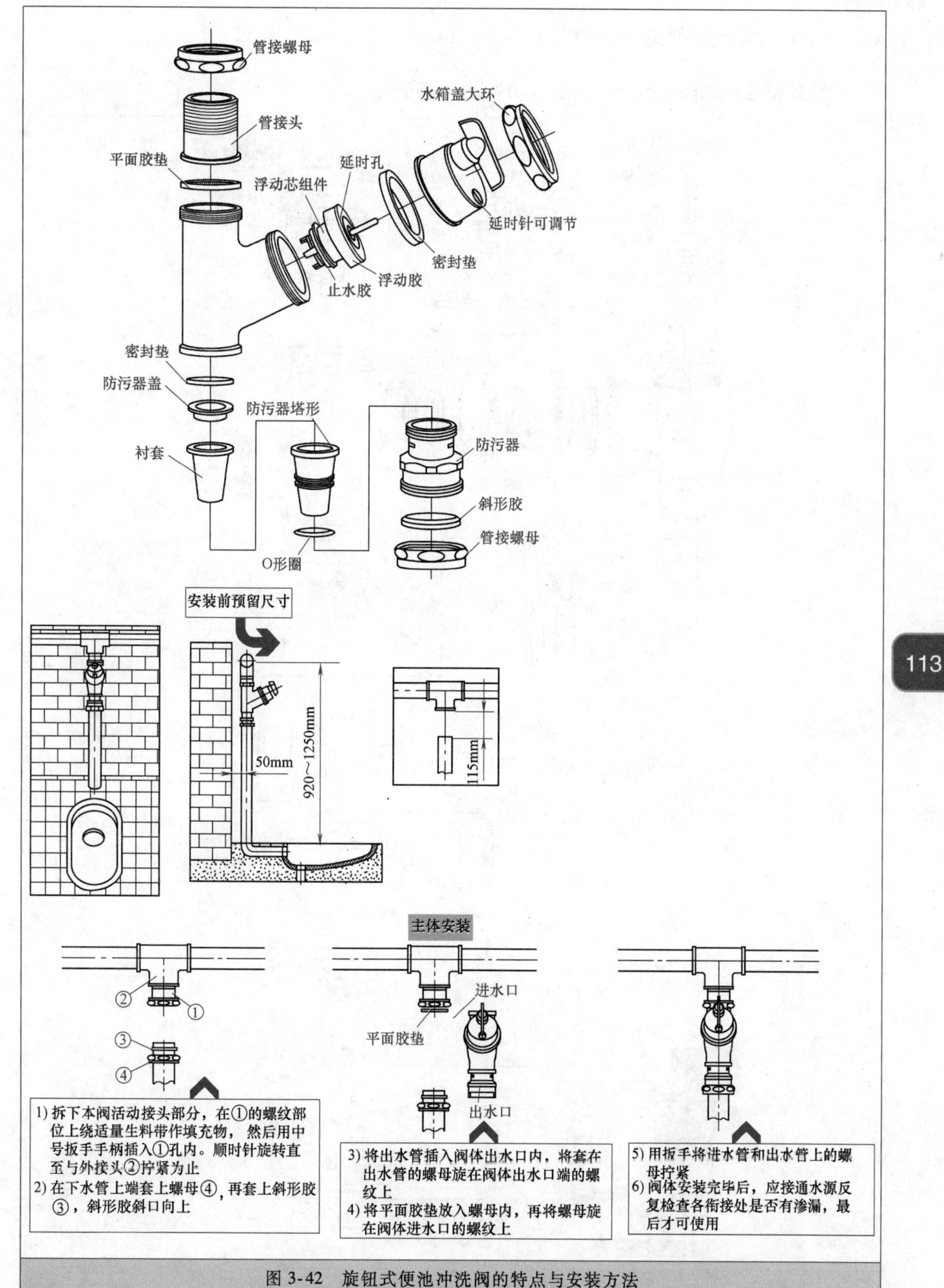

图 3-42 旋钮式便池冲洗阀的特点与安装方法

★3.2.17 脚踏式便池冲洗阀

脚踏式便池冲洗阀的特点与安装方法如图3-43所示。

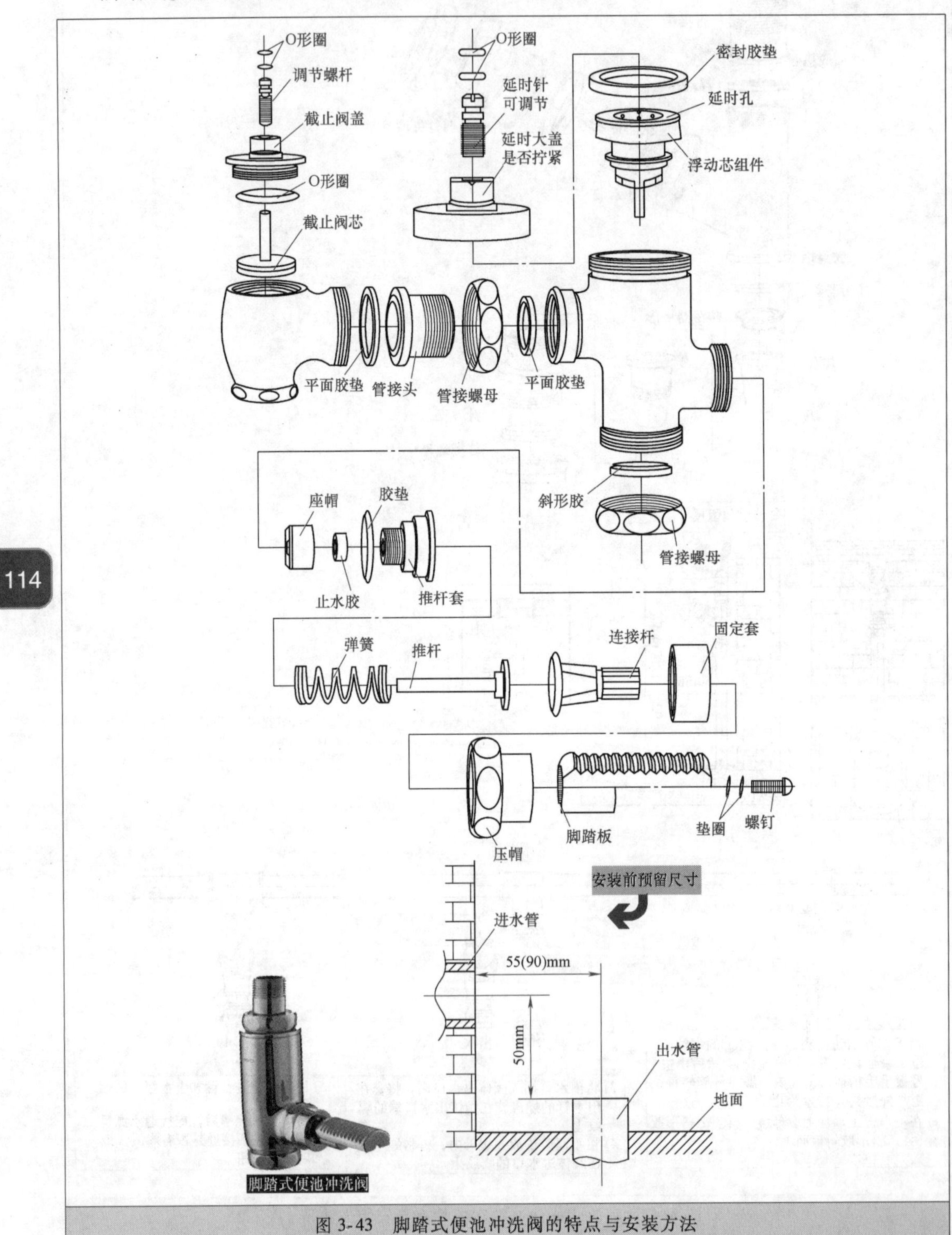

图3-43 脚踏式便池冲洗阀的特点与安装方法

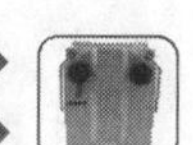

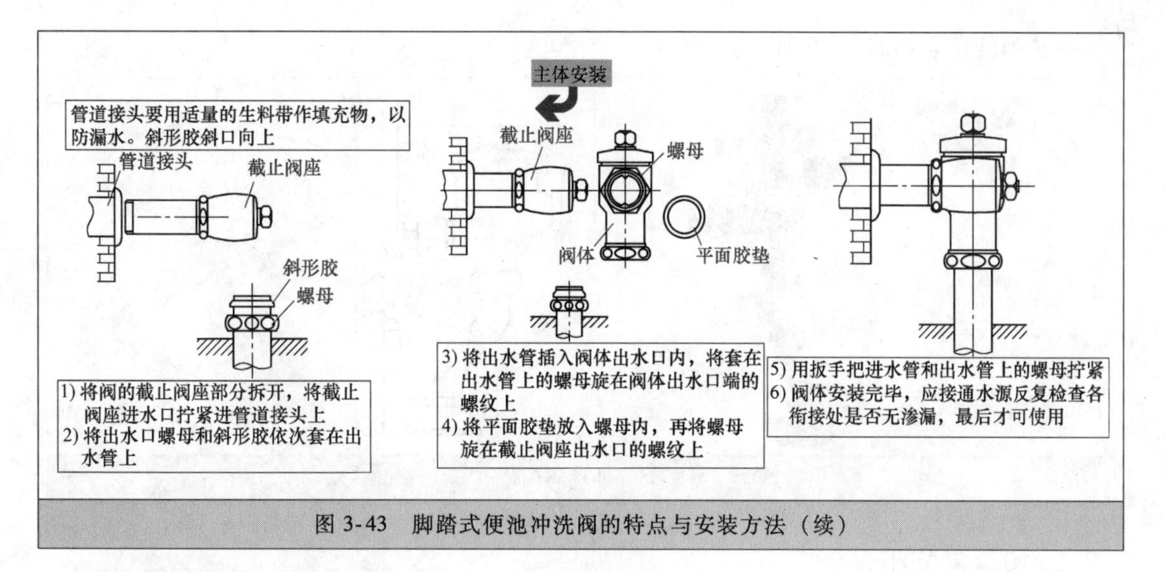

图 3-43 脚踏式便池冲洗阀的特点与安装方法（续）

★3.2.18 按钮式小便池冲洗阀

按钮式小便池冲洗阀的特点与安装方法如图 3-44 所示。

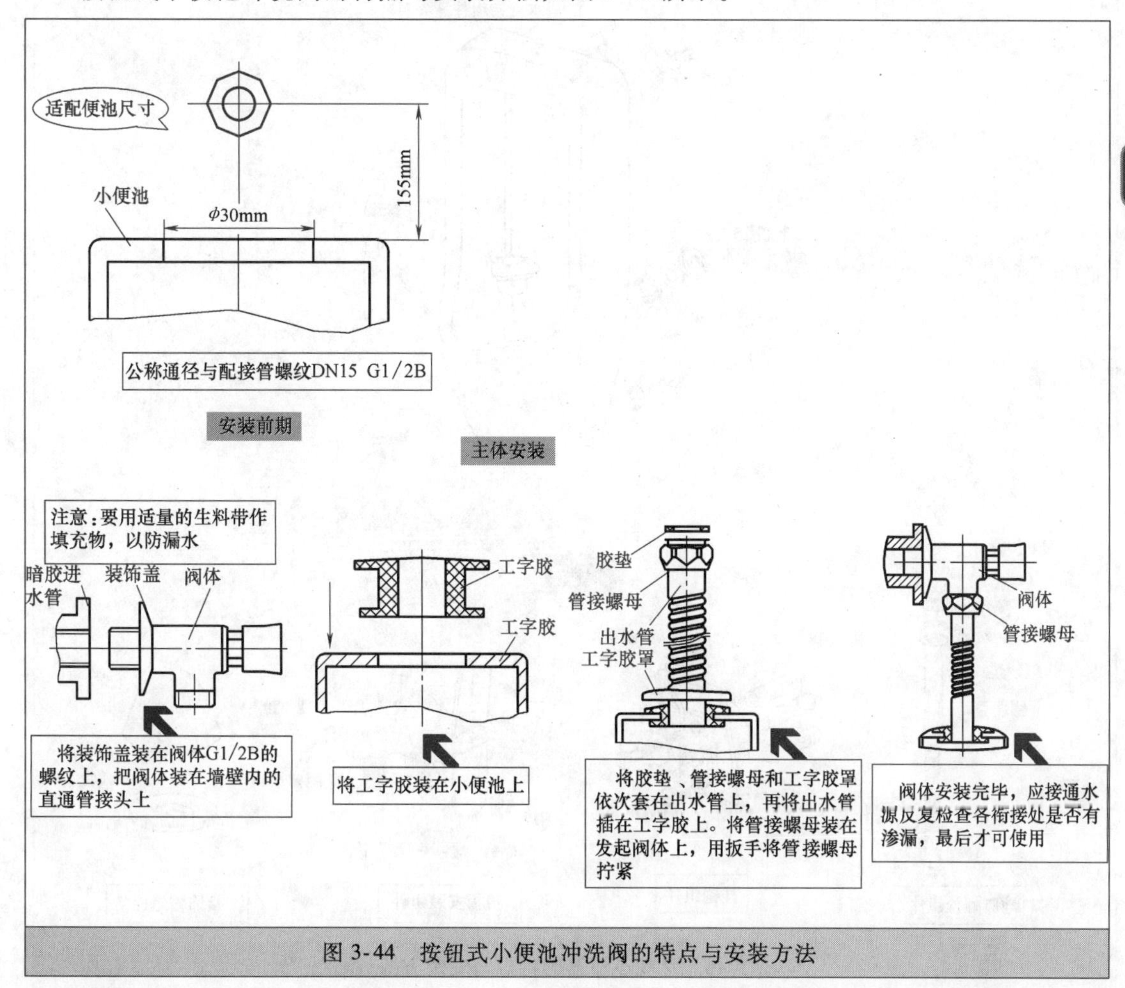

图 3-44 按钮式小便池冲洗阀的特点与安装方法

冲洗阀的特点如图 3-45 所示。

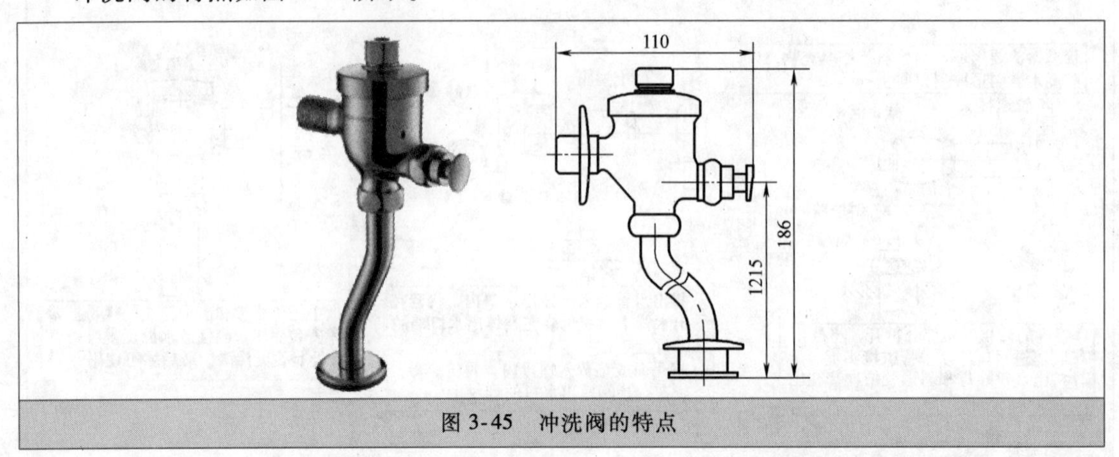

图 3-45　冲洗阀的特点

★3.2.19　常规小便器

常规小便器的特点与安装方法如图 3-46 所示。

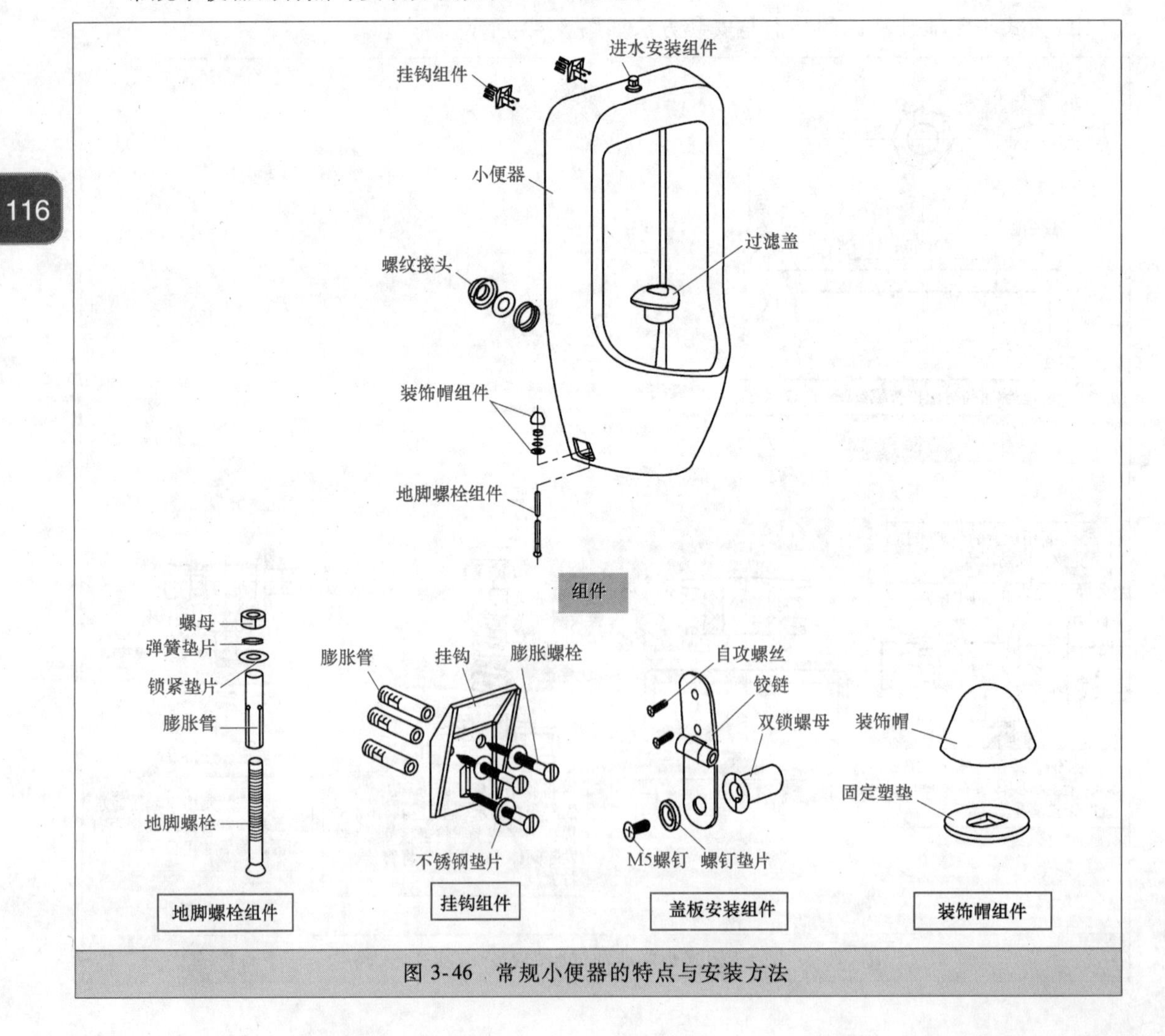

图 3-46　常规小便器的特点与安装方法

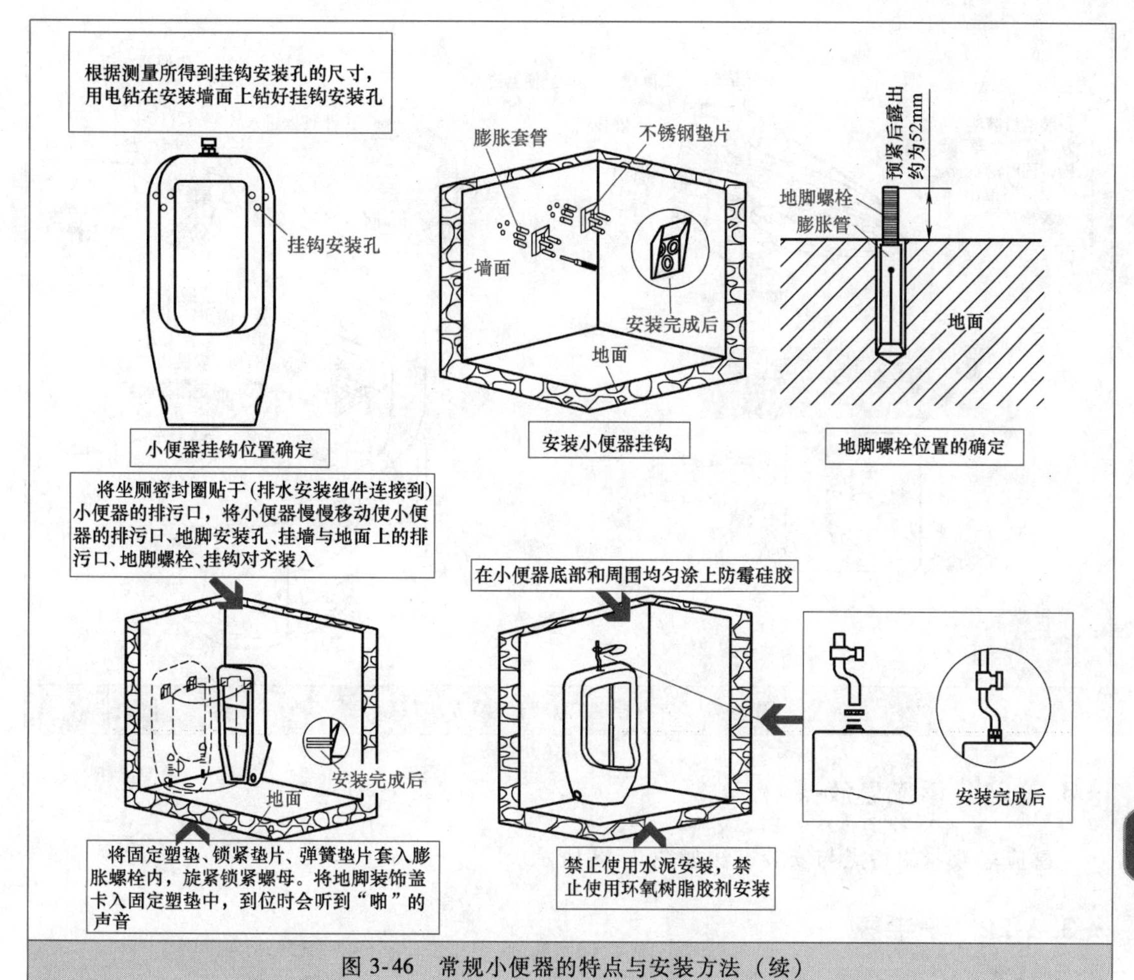

图 3-46 常规小便器的特点与安装方法（续）

★3.2.20 洁身器

洁身器的特点与安装方法如图 3-47 所示。

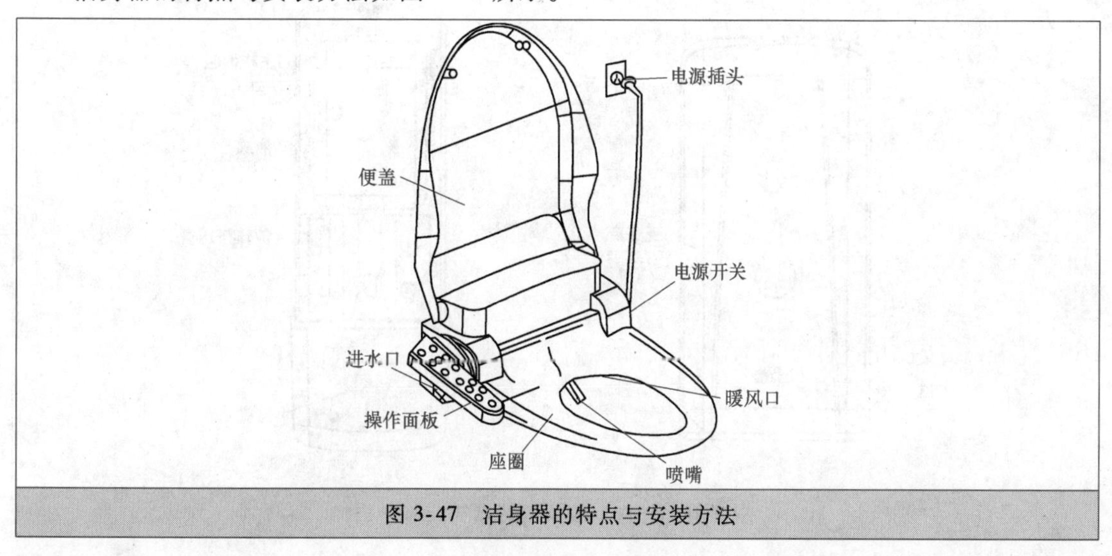

图 3-47 洁身器的特点与安装方法

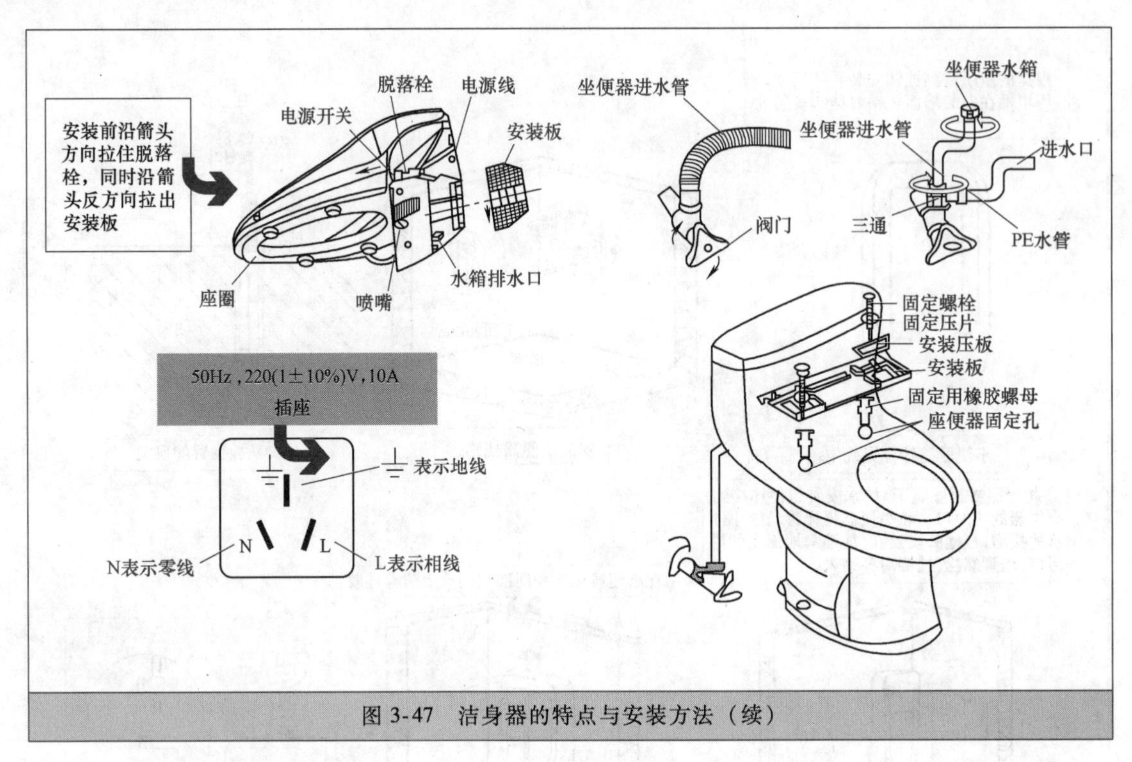

图 3-47　洁身器的特点与安装方法（续）

★3. 2. 21　感应皂液器

感应皂液器的特点与安装方法如图 3-48 所示。

★3. 2. 22　干手器

干手器的特点与安装方法如图 3-49 所示。

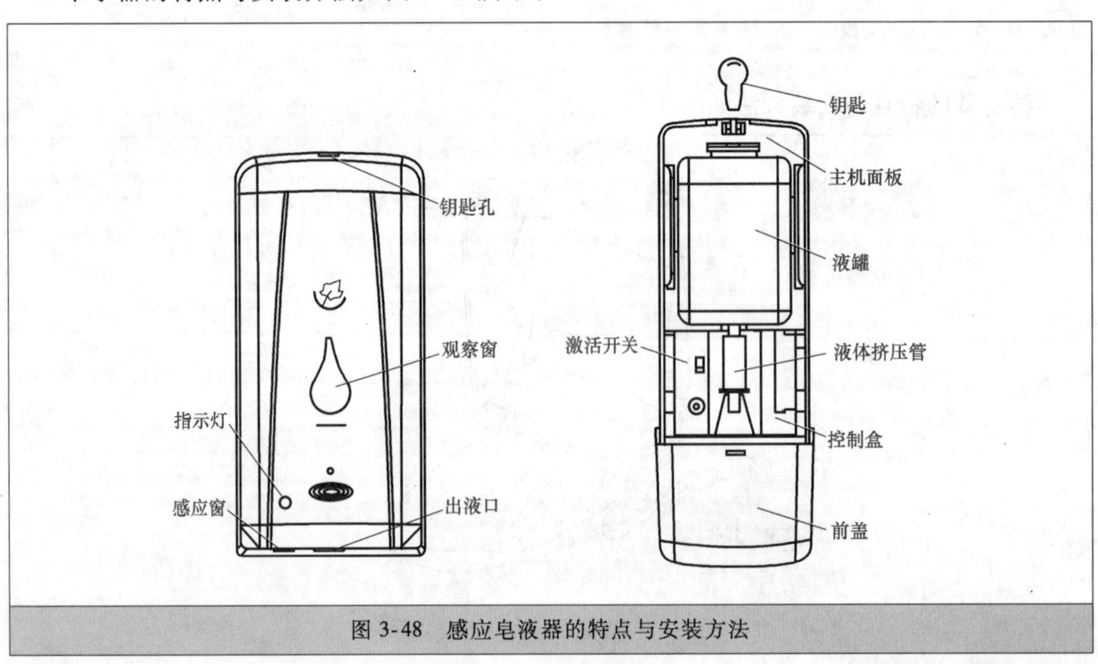

图 3-48　感应皂液器的特点与安装方法

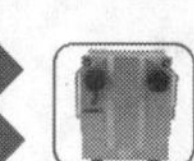

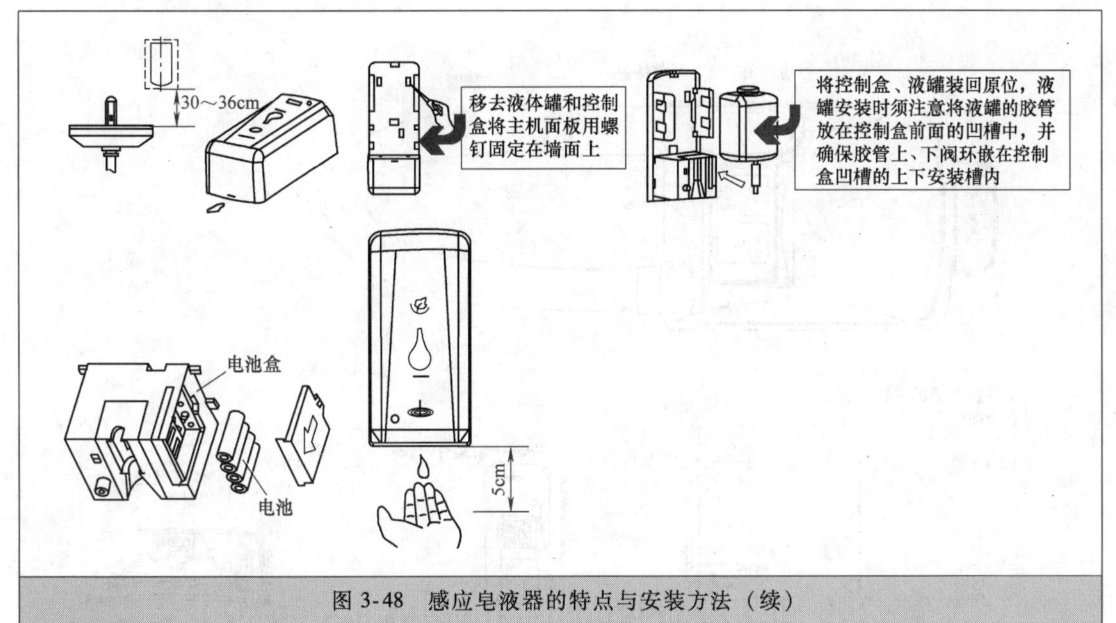

图 3-48　感应皂液器的特点与安装方法（续）

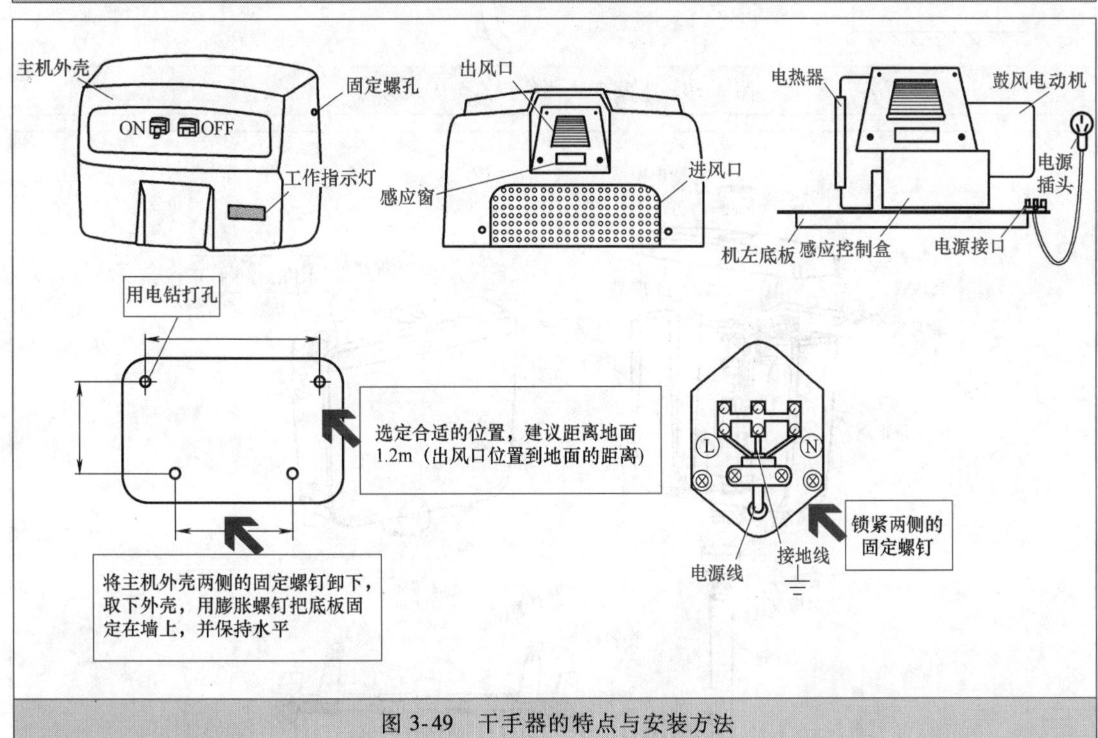

图 3-49　干手器的特点与安装方法

★3.2.23　干发爽肤器

干发爽肤器的特点与安装方法如图 3-50 所示。

★3.2.24　节能水箱

节能水箱的特点与安装方法如图 3-51 所示。

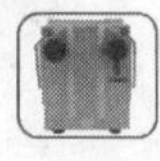

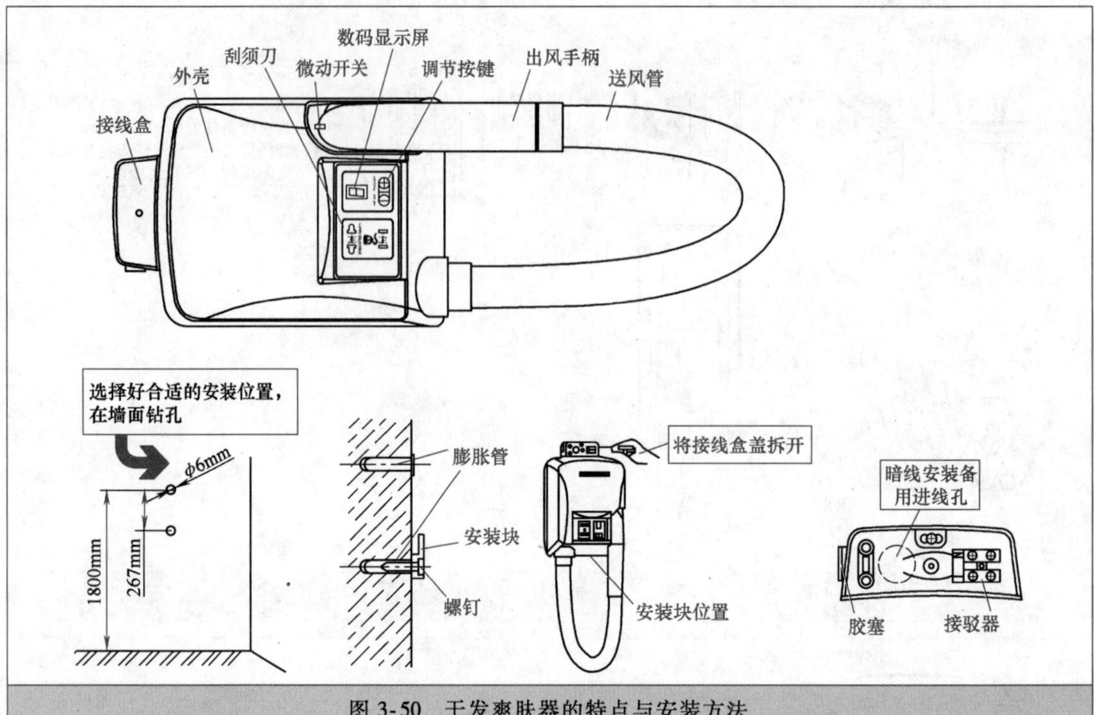

图 3-50　干发爽肤器的特点与安装方法

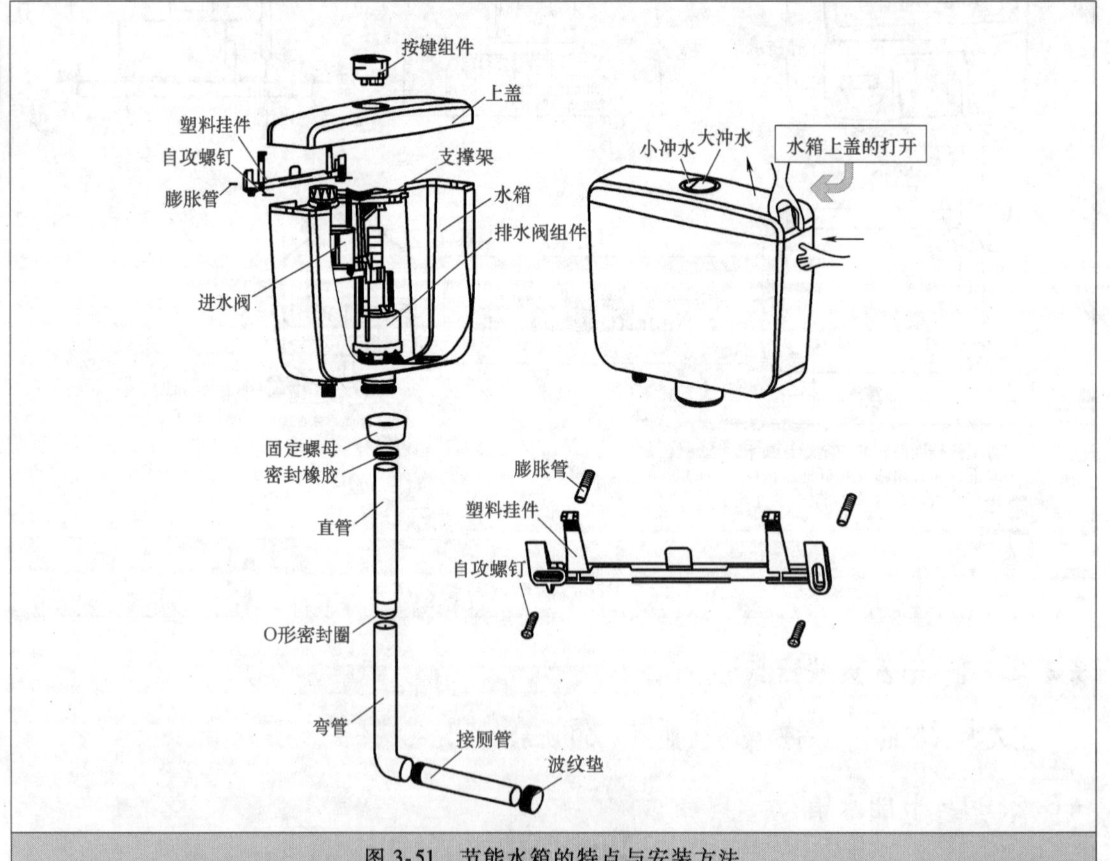

图 3-51　节能水箱的特点与安装方法

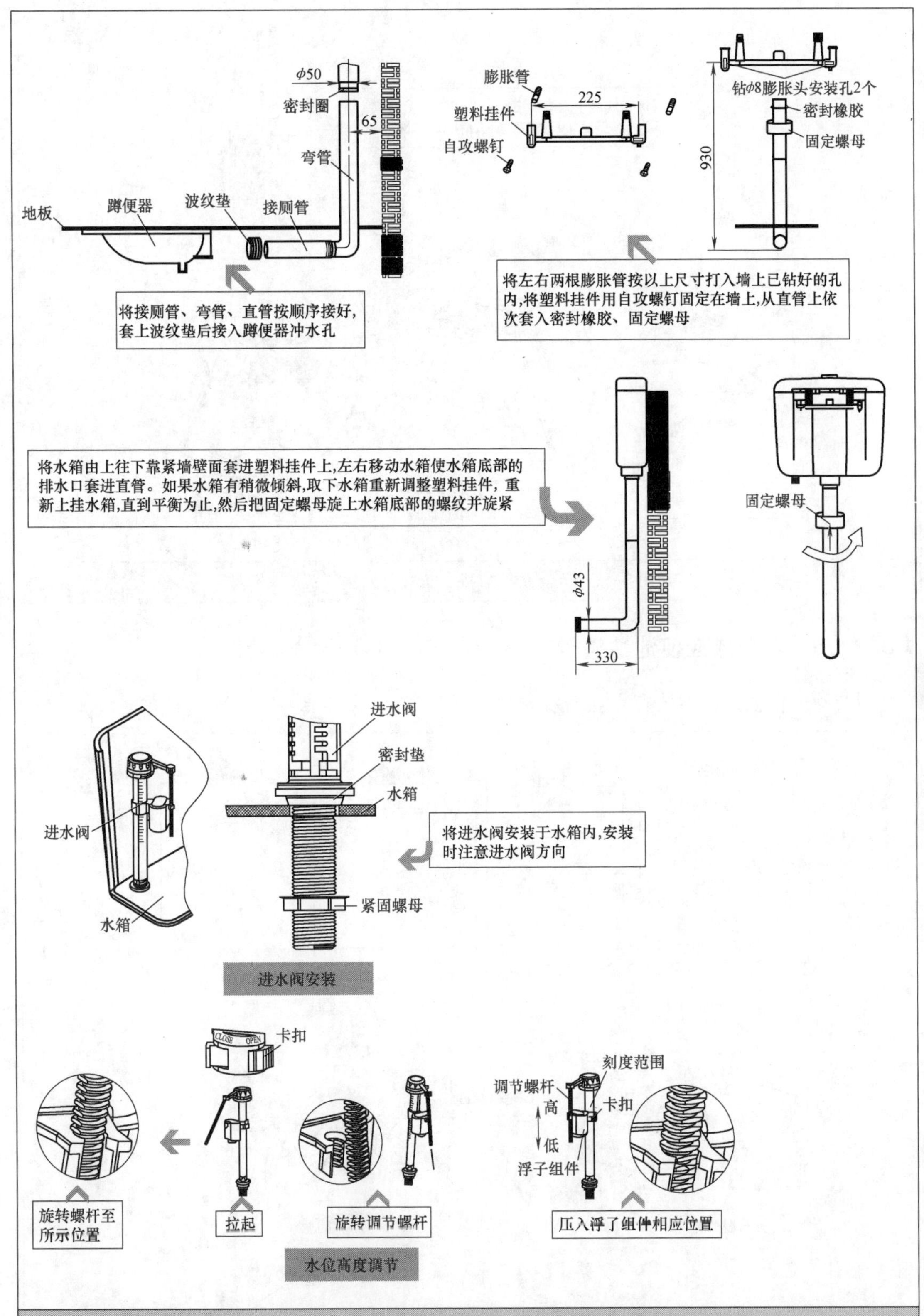

图 3-51 节能水箱的特点与安装方法（续）

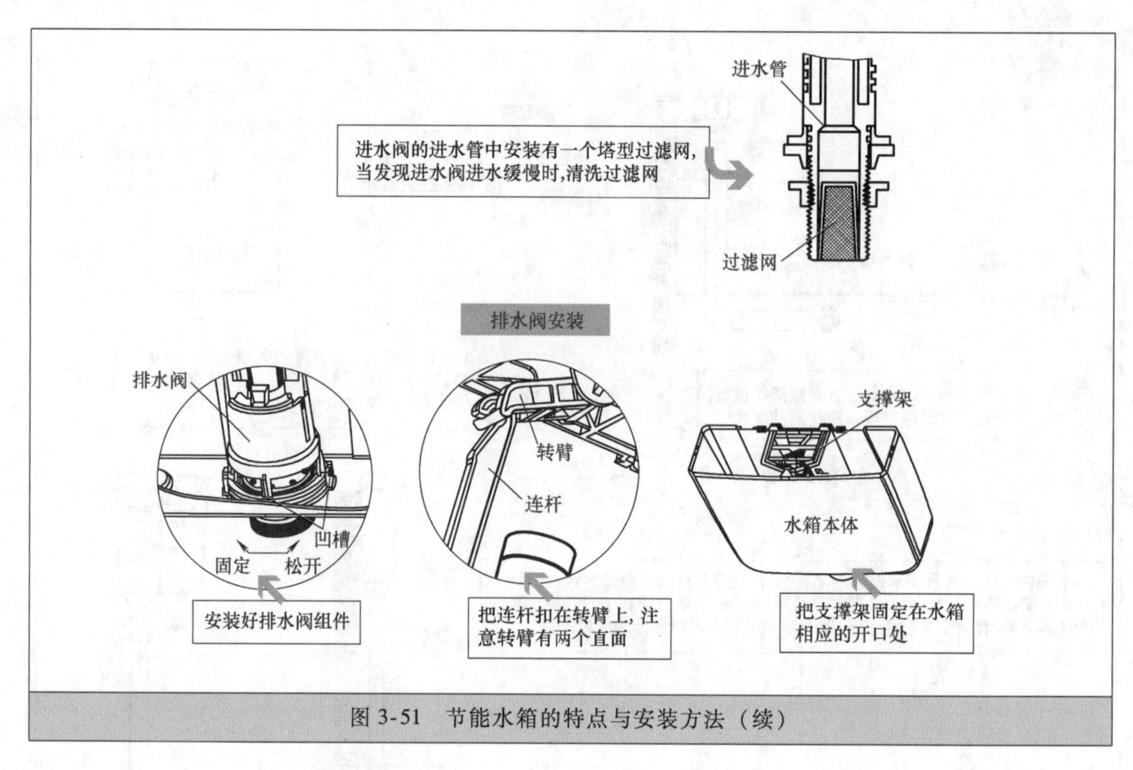

图 3-51　节能水箱的特点与安装方法（续）

★3.2.25　明装感应便池冲洗器

明装感应便池冲洗器的特点与安装方法如图 3-52 所示。

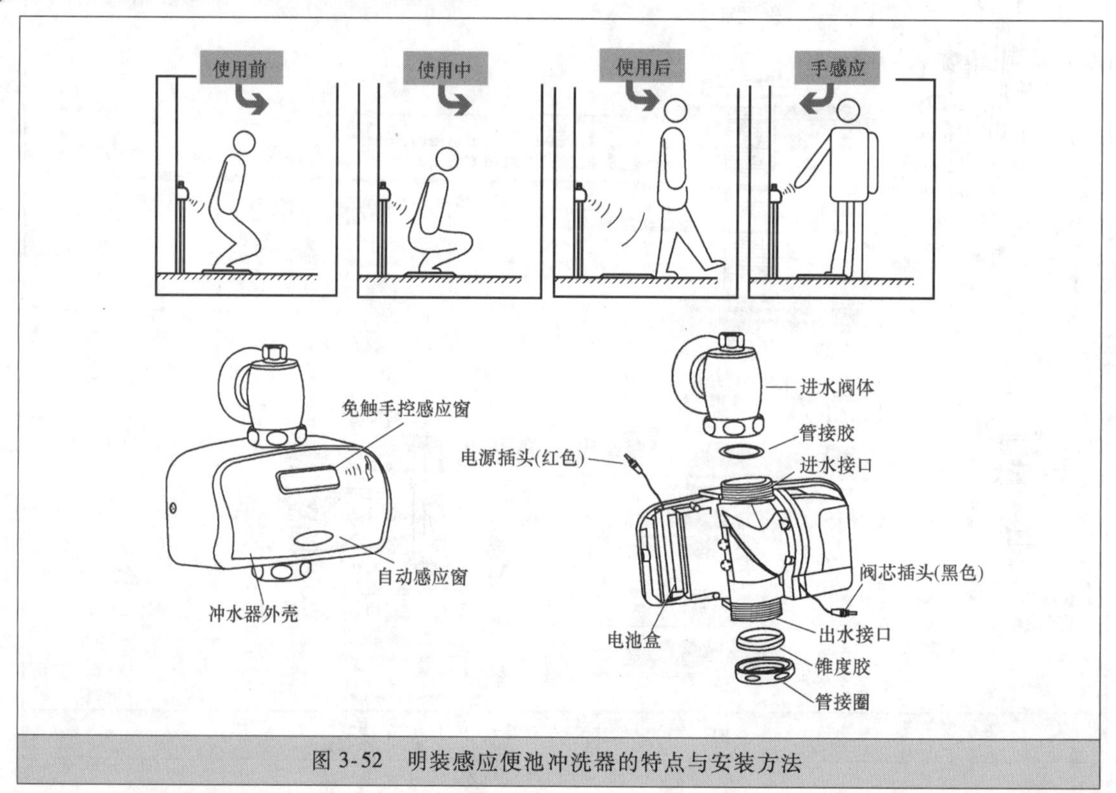

图 3-52　明装感应便池冲洗器的特点与安装方法

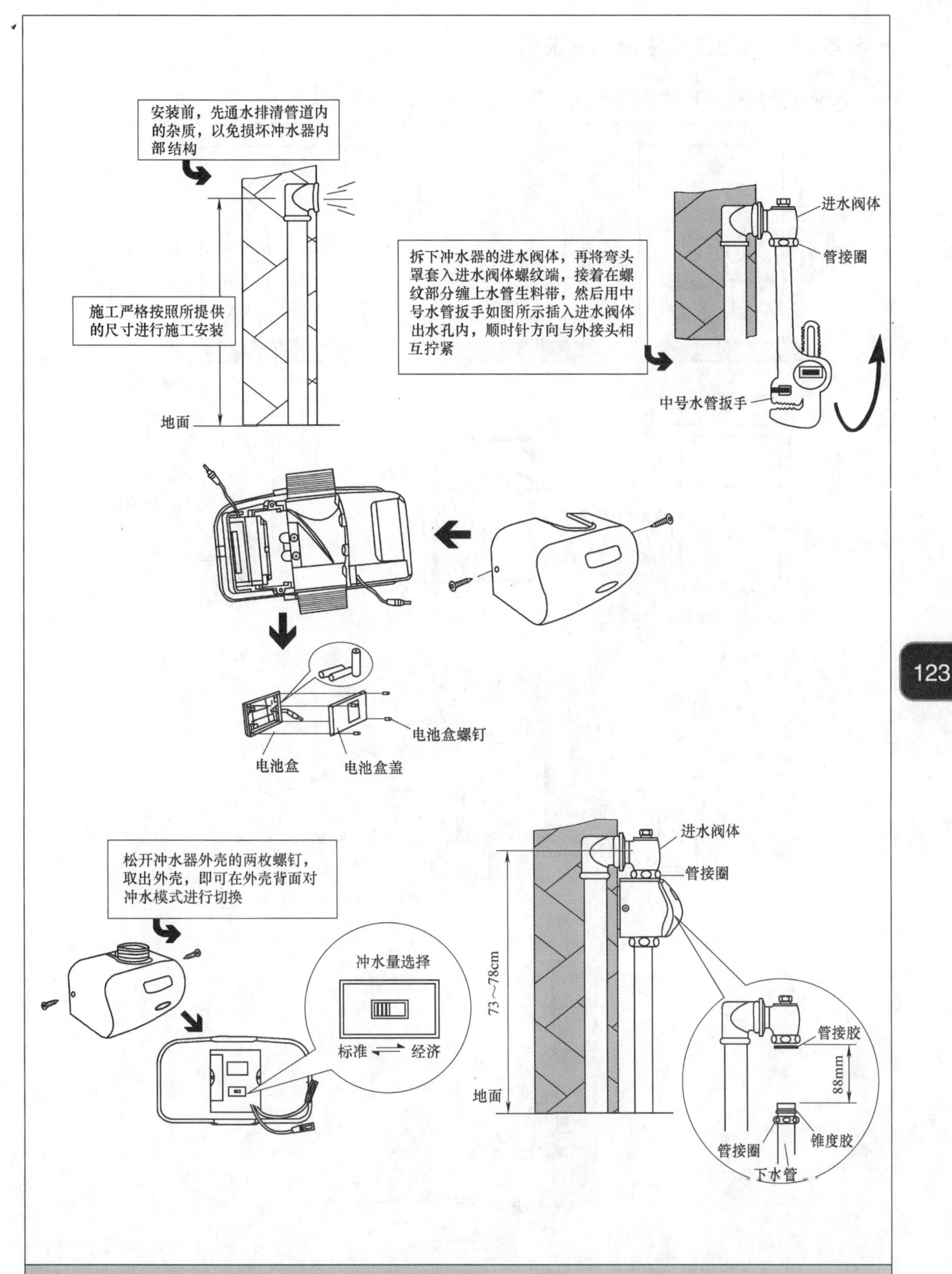

图 3-52　明装感应便池冲洗器的特点与安装方法（续）

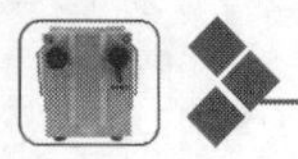

★3.2.26 入壁式感应便池冲洗器

入壁式感应便池冲洗器的特点与安装方法如图3-53所示。

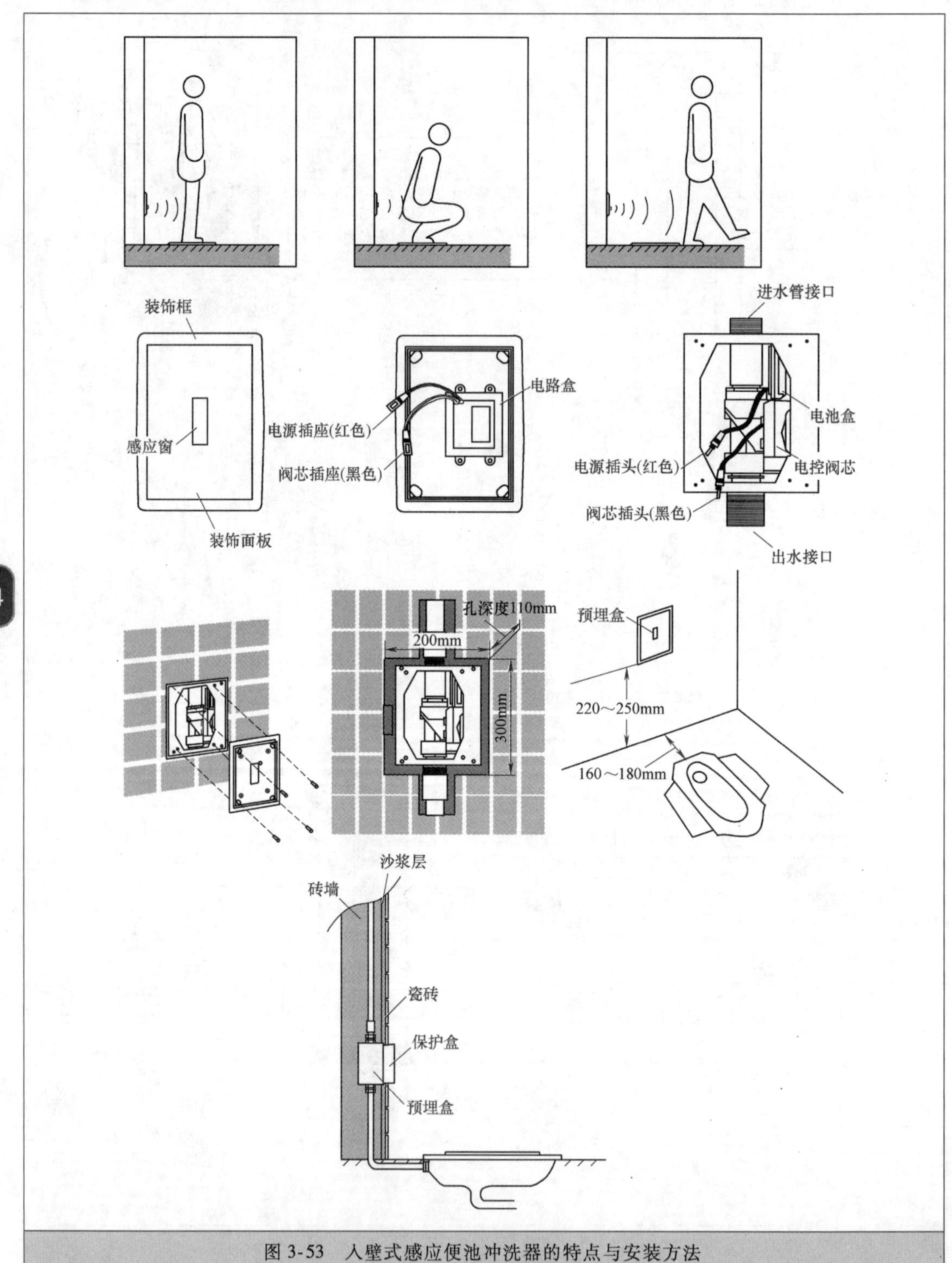

图3-53 入壁式感应便池冲洗器的特点与安装方法

★3. 2. 27 地漏

地漏的外形特点如图 3-54 所示。

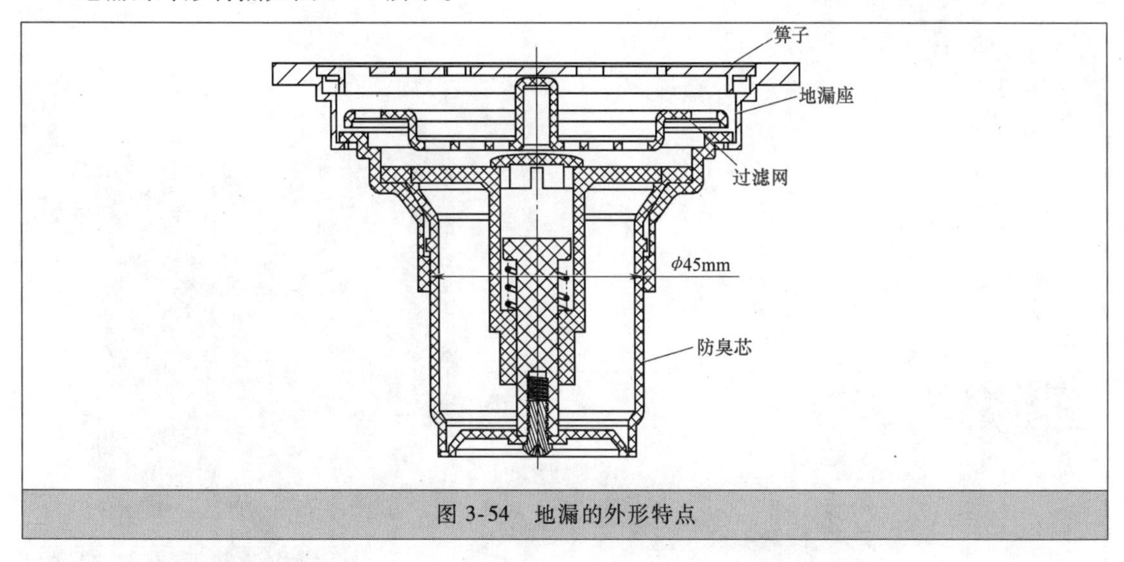

图 3-54 地漏的外形特点

★3. 2. 28 下水器

下水器的特点与安装方法如图 3-55 所示。

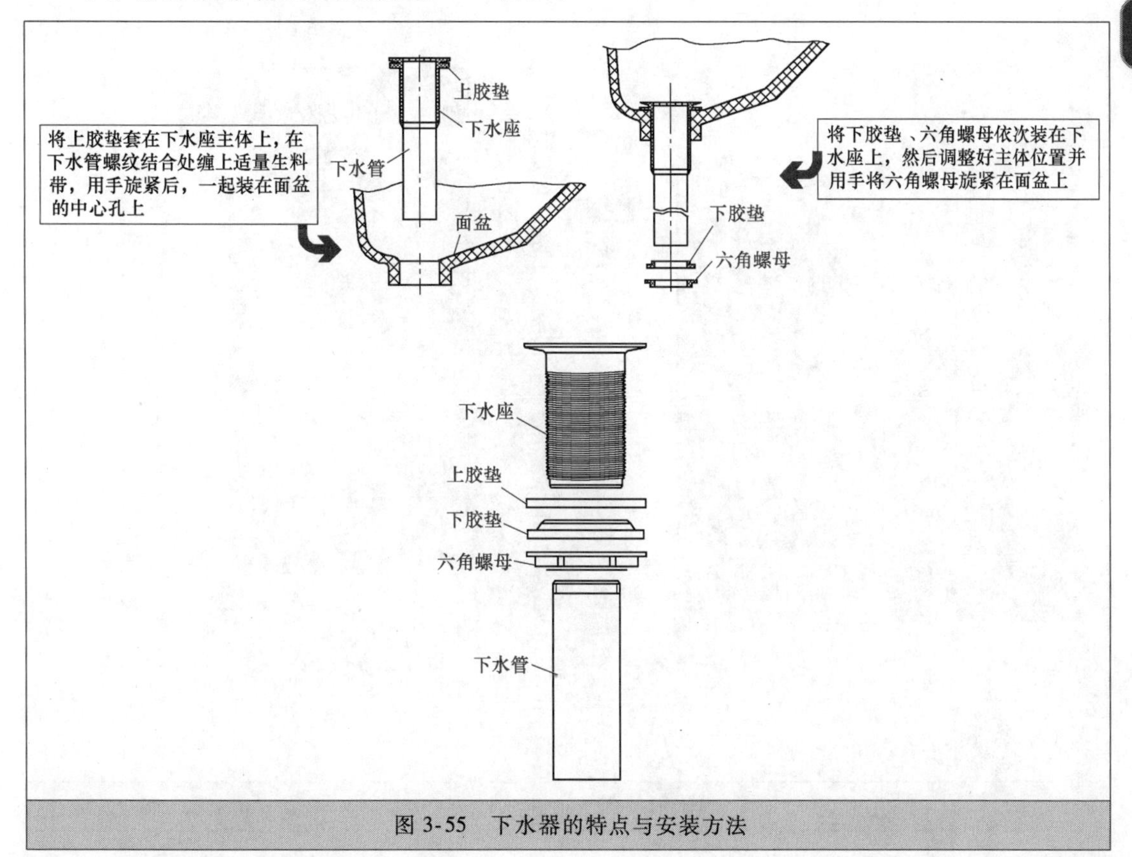

图 3-55 下水器的特点与安装方法

★3.2.29　卫浴古典浴室柜

卫浴古典浴室柜安装方法如图3-56所示。

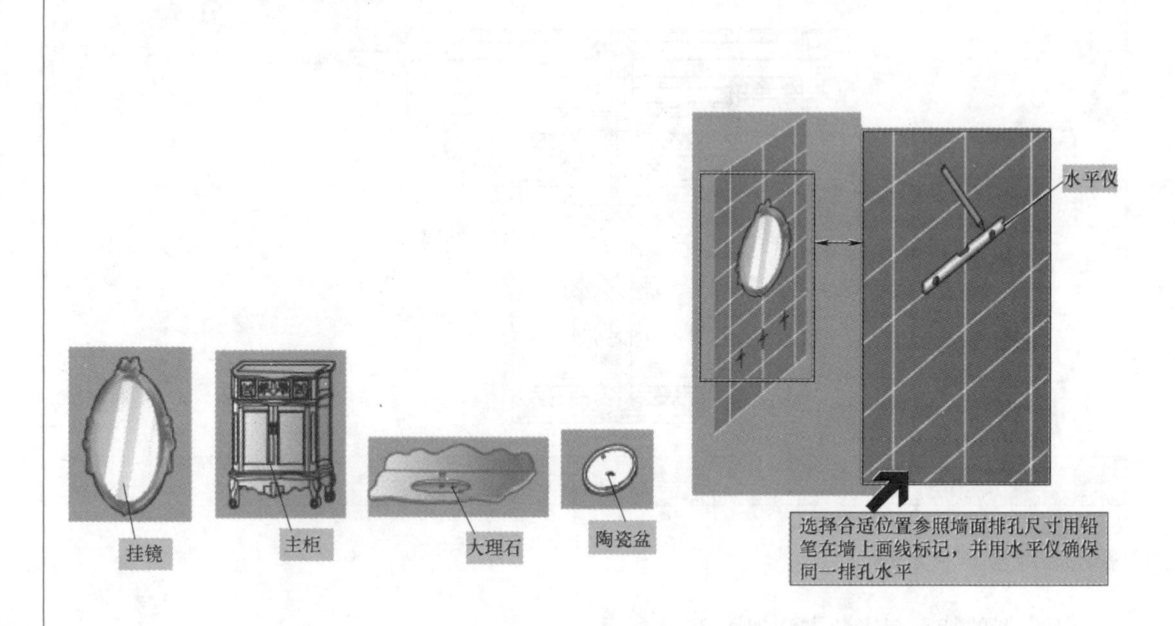

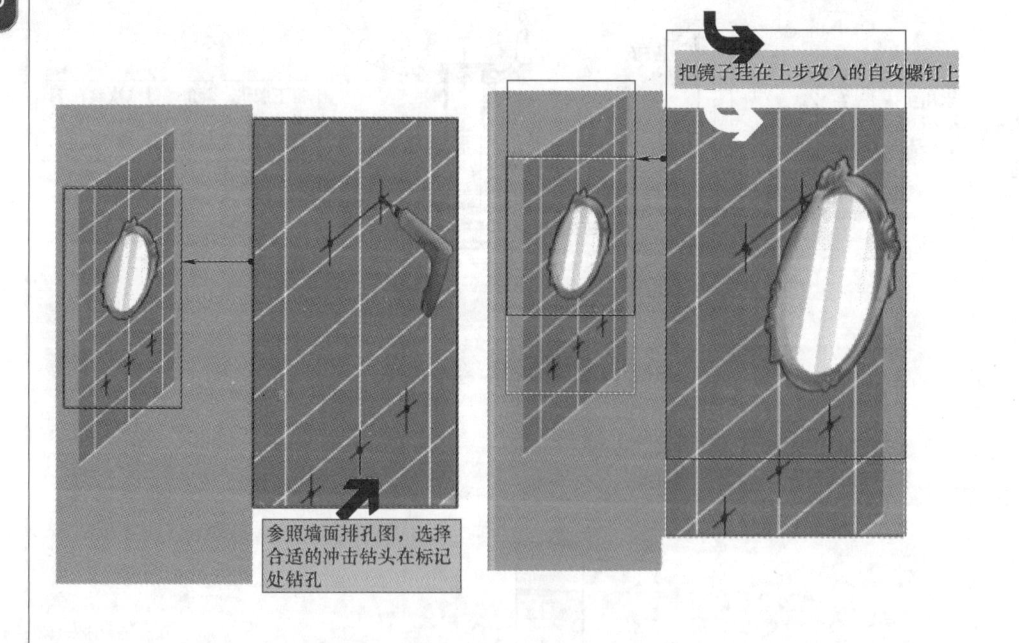

图3-56　卫浴古典

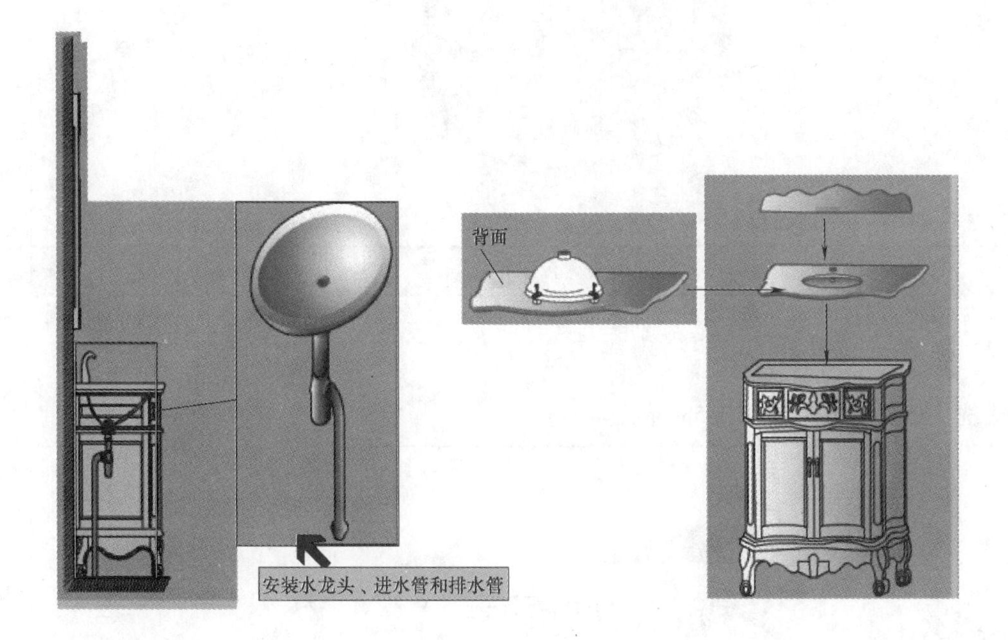

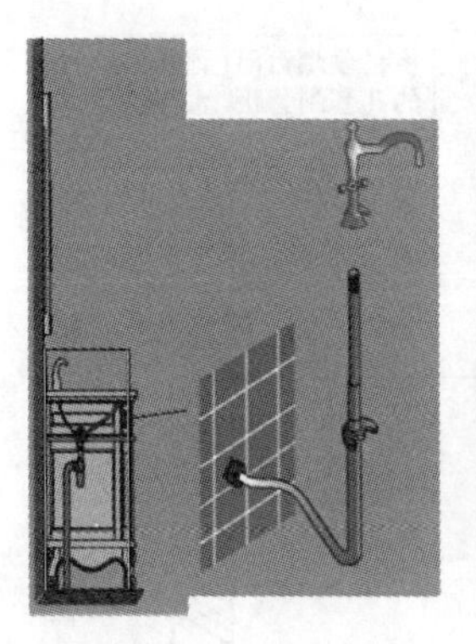

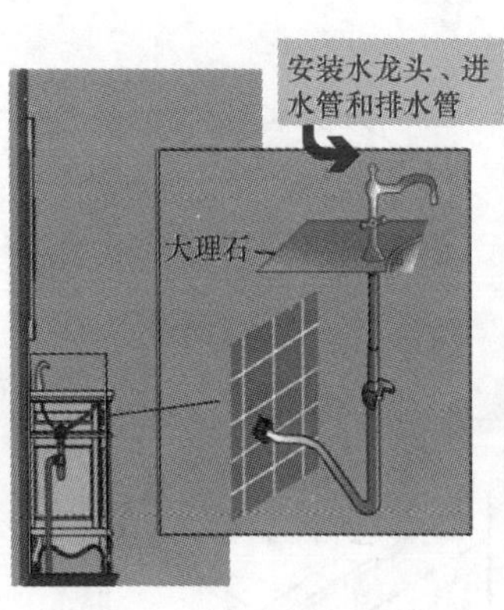

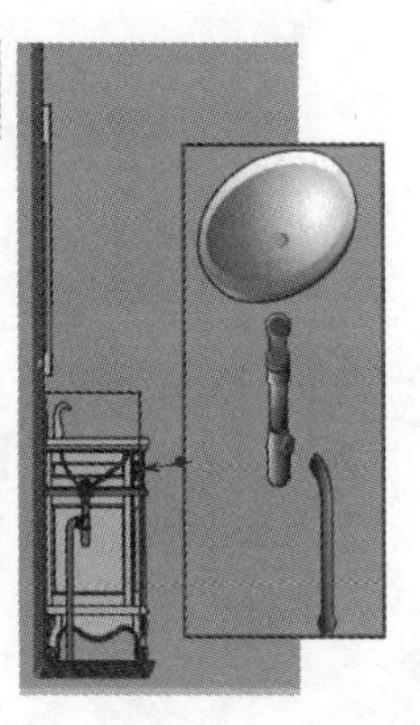

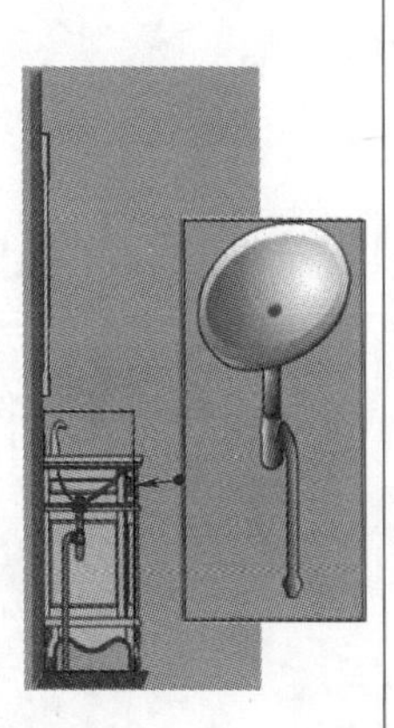

浴室柜安装方法

有的台下盆下水孔规格为 ϕ45mm，带溢水孔或者不带溢水孔。台下盆如图 3-57 所示。

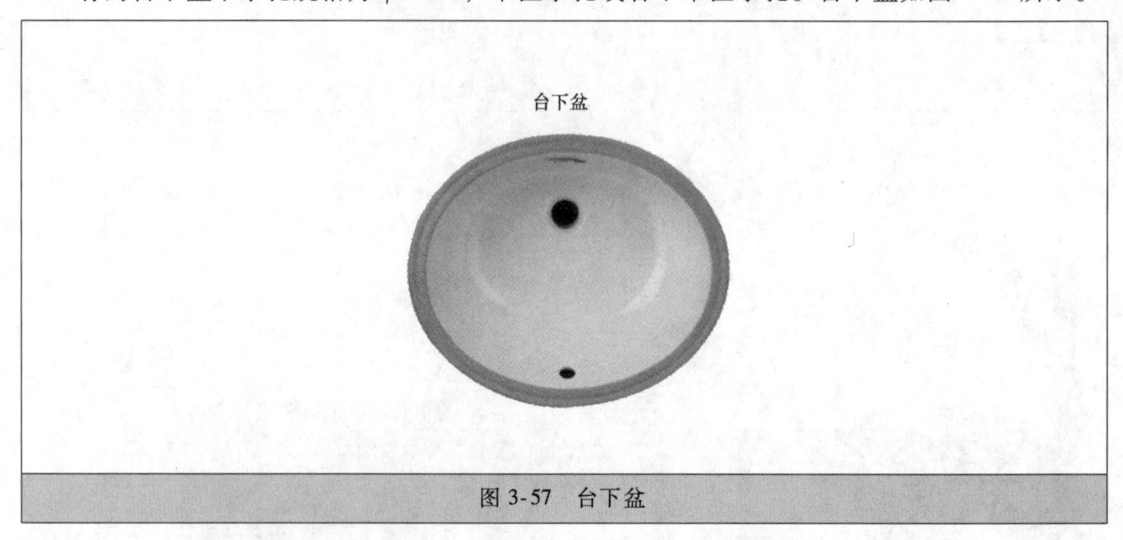

图 3-57　台下盆

★3.2.30　挂壁式洗头柜

挂壁式洗头柜安装方法如图 3-58 所示。

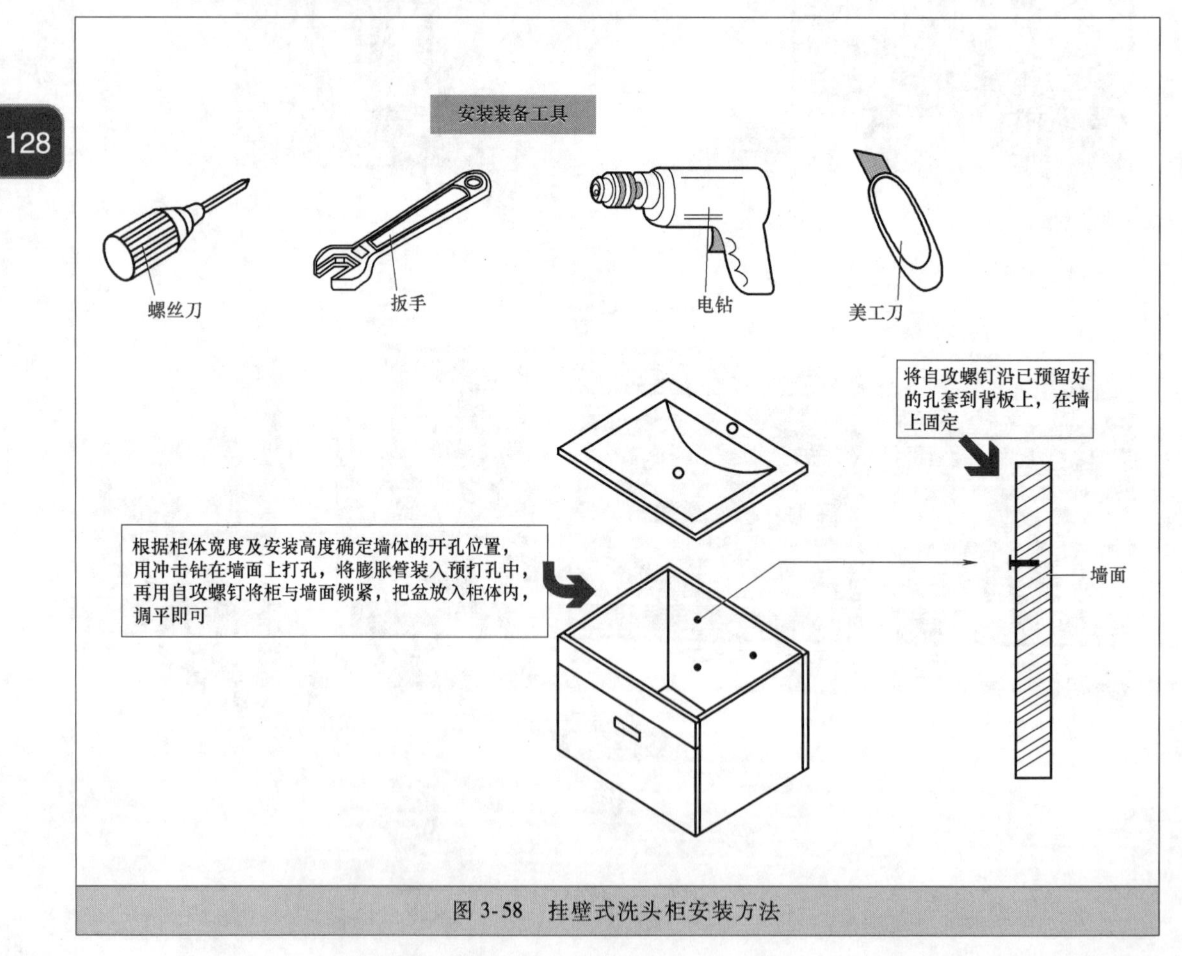

图 3-58　挂壁式洗头柜安装方法

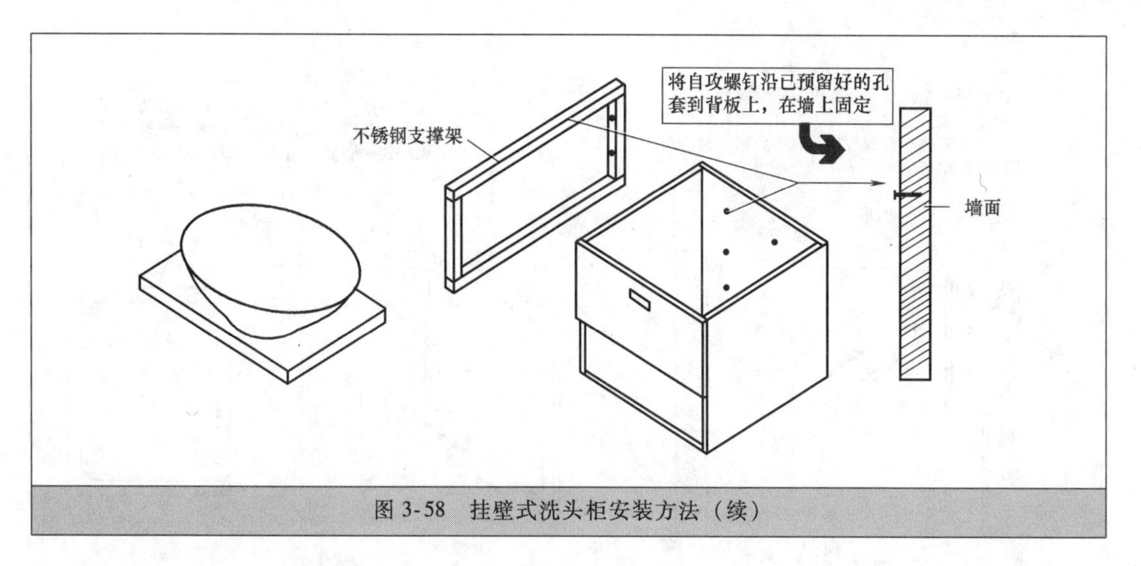

图 3-58 挂壁式洗头柜安装方法（续）

★3.2.31 落地式洗头柜

落地式洗头柜安装方法如图 3-59 所示。

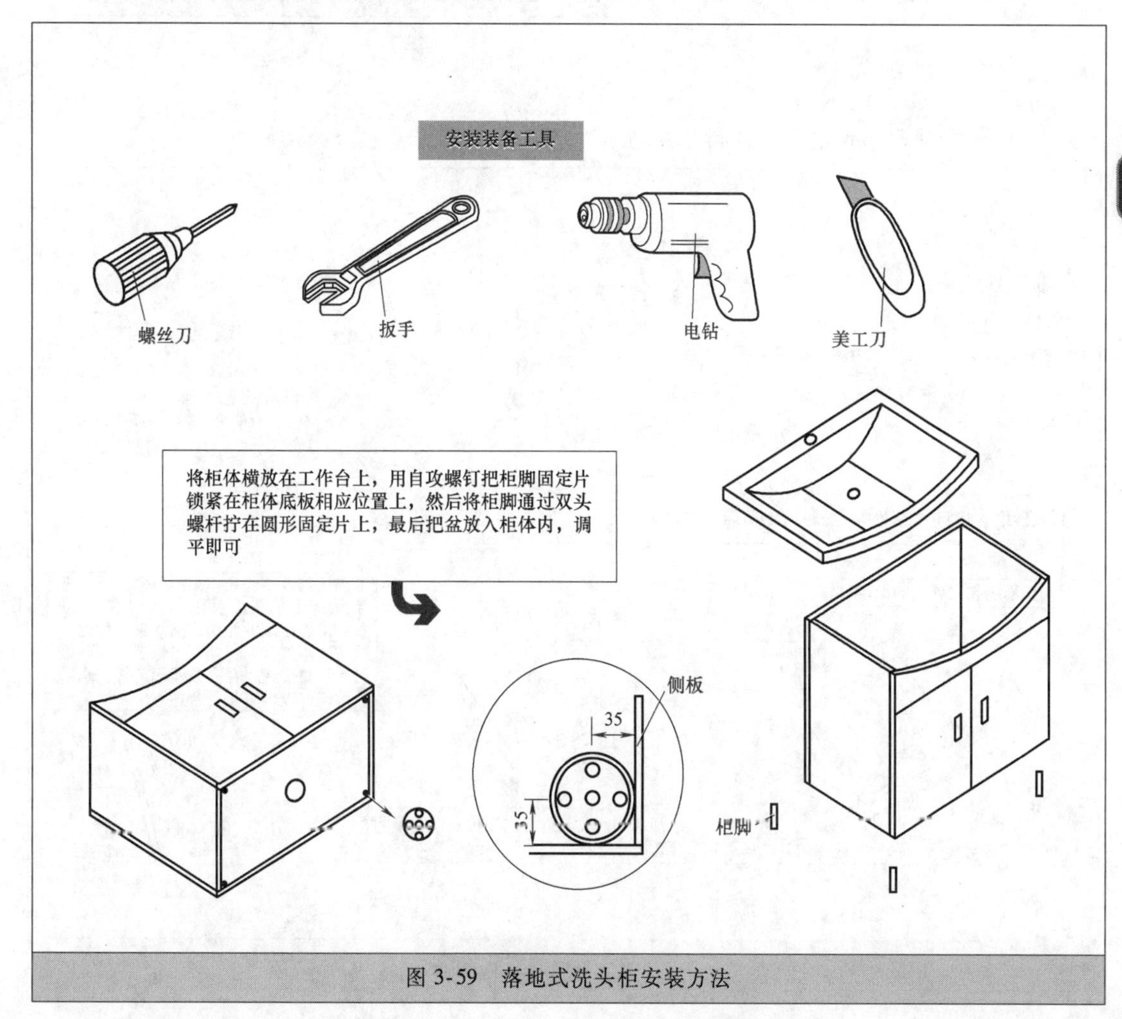

图 3-59 落地式洗头柜安装方法

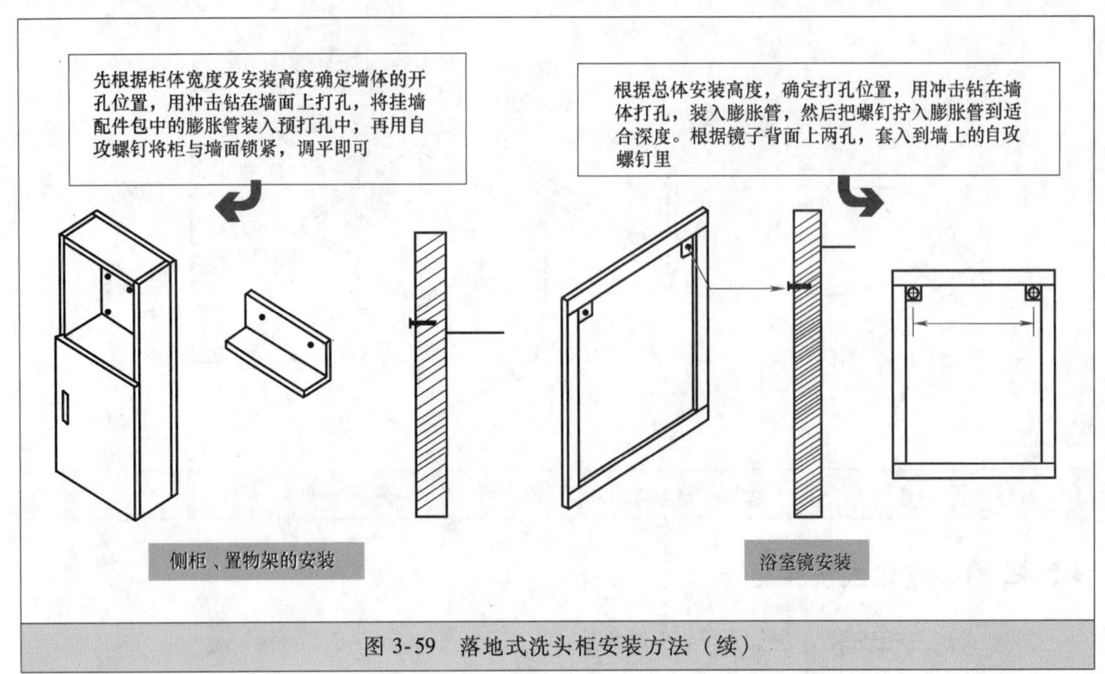

图 3-59　落地式洗头柜安装方法（续）

★3.2.32　水槽

有的水槽有 50mm 超大口径排水系统。水槽的安装方法如图 3-60 所示。

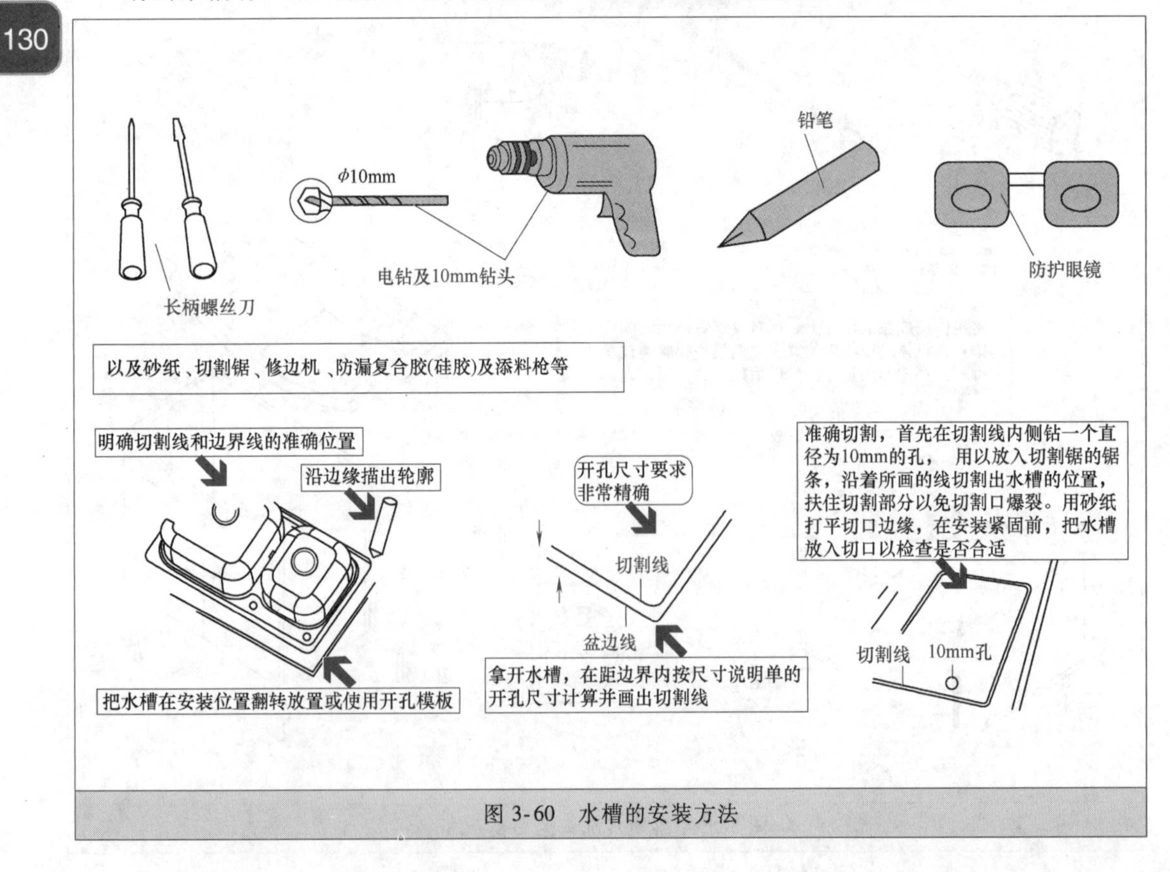

图 3-60　水槽的安装方法

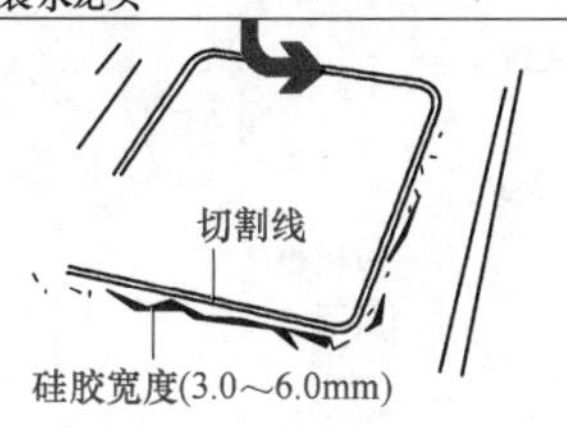

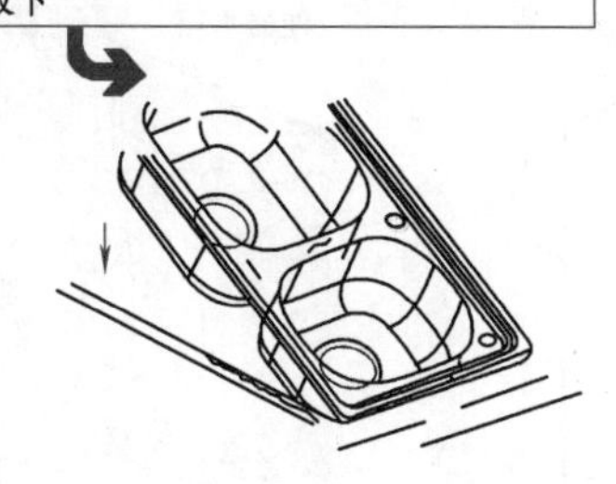

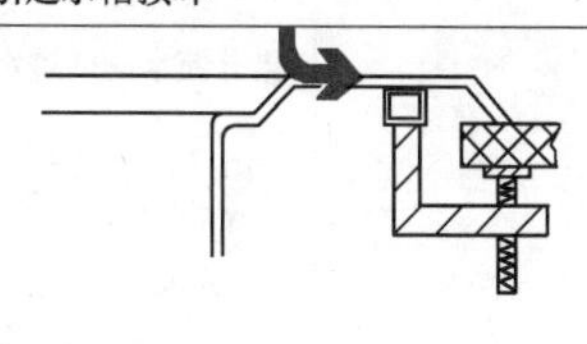

图 3-60　水槽的安装方法（续）

★3.2.33　台下水槽（盆）

台下水槽（盆）的安装方法如图 3-61 所示。

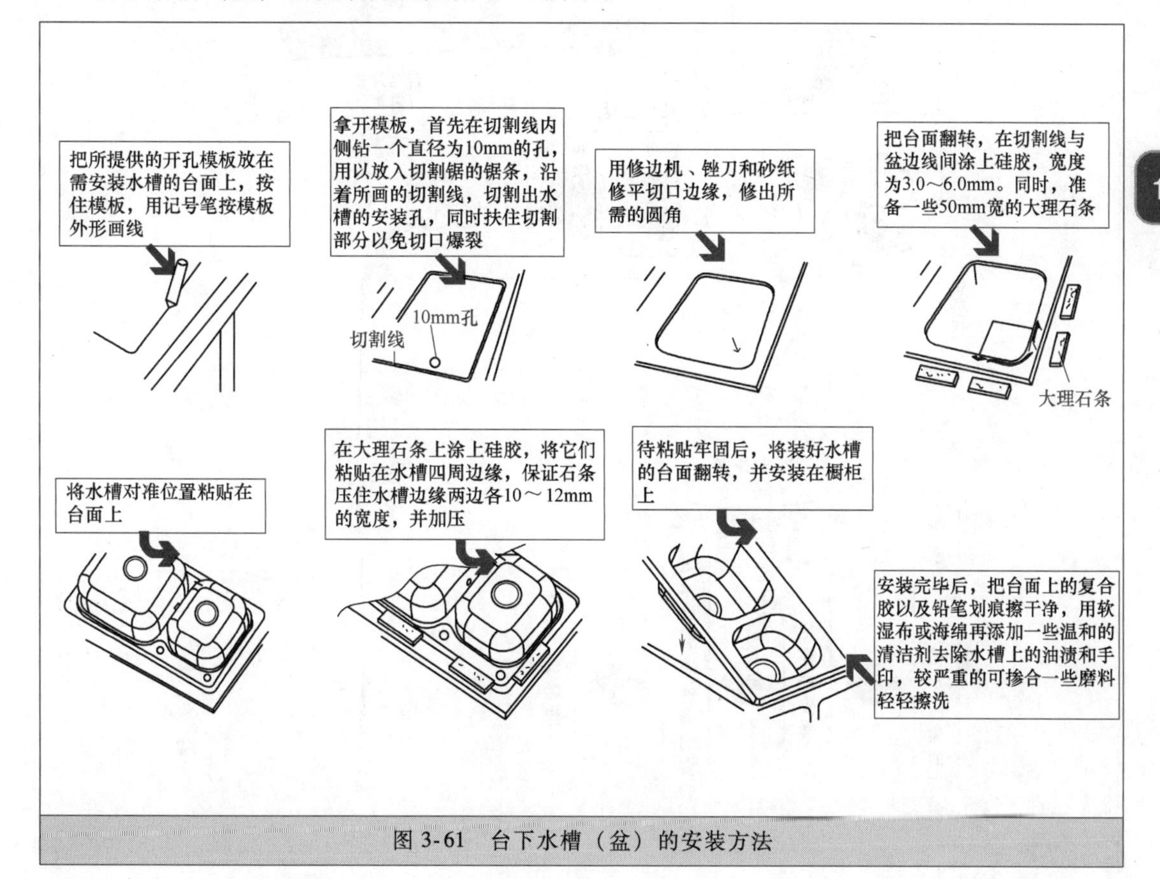

图 3-61　台下水槽（盆）的安装方法

★3.2.34　电子坐便盖

电子坐便盖的安装方法如图 3-62 所示。

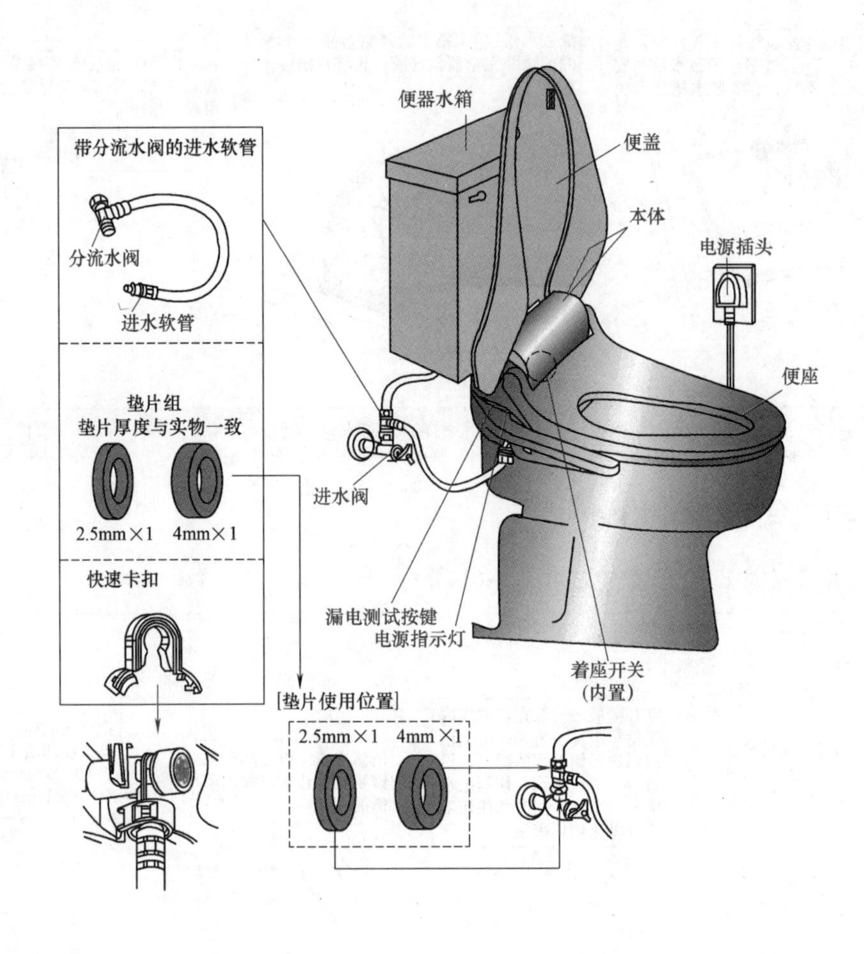
带分流水阀的进水软管
分流水阀
进水软管
垫片组
垫片厚度与实物一致
2.5mm×1
4mm×1
快速卡扣
[垫片使用位置]
2.5mm×1
4mm×1
便器水箱
便盖
本体
电源插头
便座
进水阀
漏电测试按键
电源指示灯
着座开关
(内置)

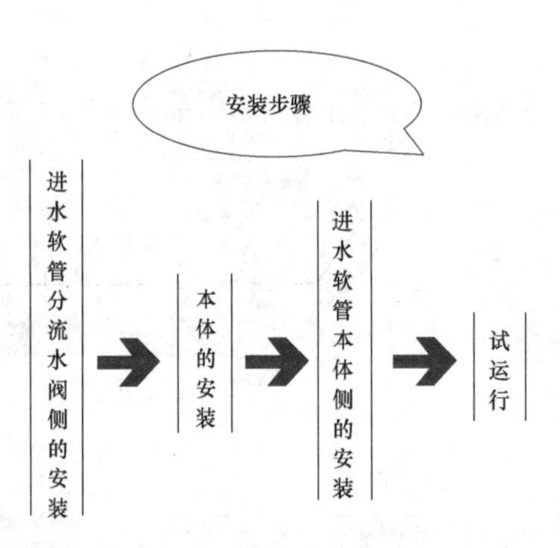
安装步骤
进水软管分流水阀侧的安装
本体的安装
进水软管本体侧的安装
试运行

图 3-62　电子坐便

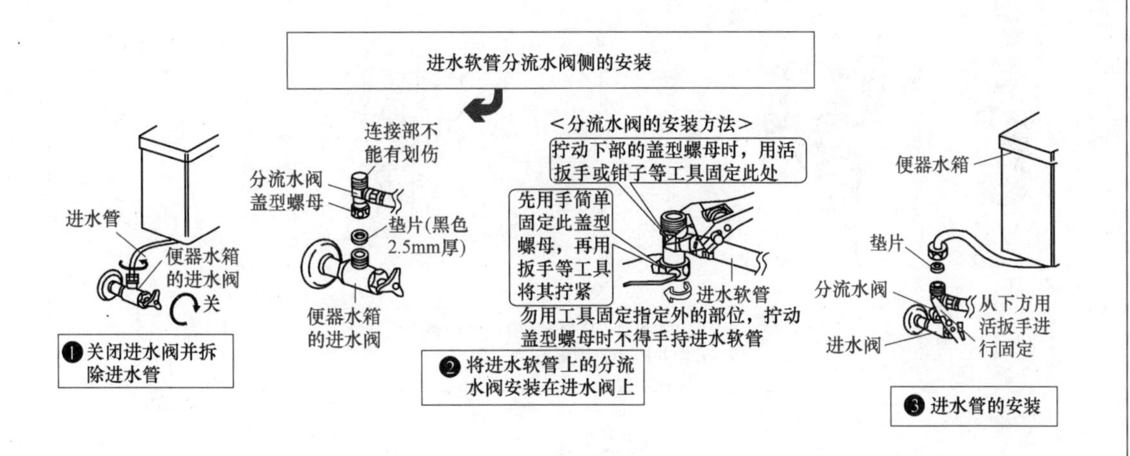
进水软管分流水阀侧的安装
连接部不能有划伤
分流水阀盖型螺母
垫片(黑色2.5mm厚)
便器水箱的进水阀
进水管
便器水箱的进水阀
关
❶关闭进水阀并拆除进水管
<分流水阀的安装方法>
拧动下部的盖型螺母时，用活扳手或钳子等工具固定此处
先用手简单固定此盖型螺母，再用扳手等工具将其拧紧
进水软管
勿用工具固定指定外的部位，拧动盖型螺母时不得手持进水软管
❷将进水软管上的分流水阀安装在进水阀上
便器水箱
垫片
分流水阀
进水阀
从下方用活扳手进行固定
❸进水管的安装

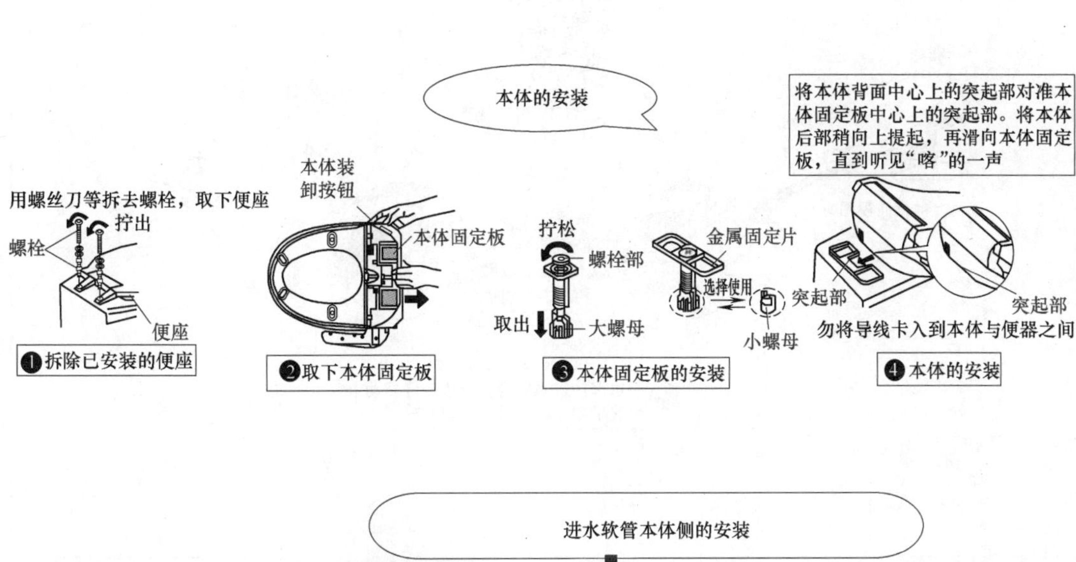
本体的安装
用螺丝刀等拆去螺栓，取下便座
拧出
螺栓
便座
❶拆除已安装的便座
本体装卸按钮
本体固定板
❷取下本体固定板
拧松
螺栓部
取出
大螺母
金属固定片
选择使用
突起部
小螺母
❸本体固定板的安装
将本体背面中心上的突起部对准本体固定板中心上的突起部。将本体后部稍向上提起，再滑向本体固定板，直到听见“喀”的一声
突起部
勿将导线卡入到本体与便器之间
❹本体的安装

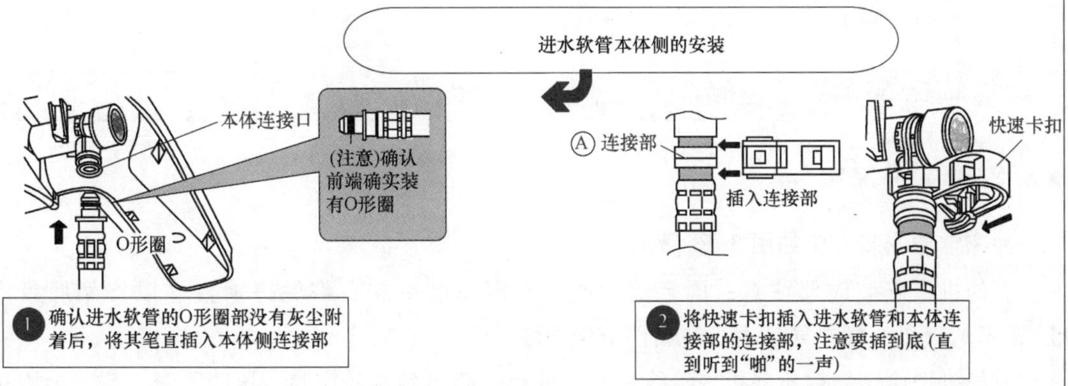
进水软管本体侧的安装
本体连接口
(注意)确认前端确实装有O形圈
O形圈
❶确认进水软管的O形圈部没有灰尘附着后，将其笔直插入本体侧连接部
Ⓐ连接部
插入连接部
快速卡扣
❷将快速卡扣插入进水软管和本体连接部的连接部，注意要插到底(直到听到“啪”的一声)

盖的安装方法

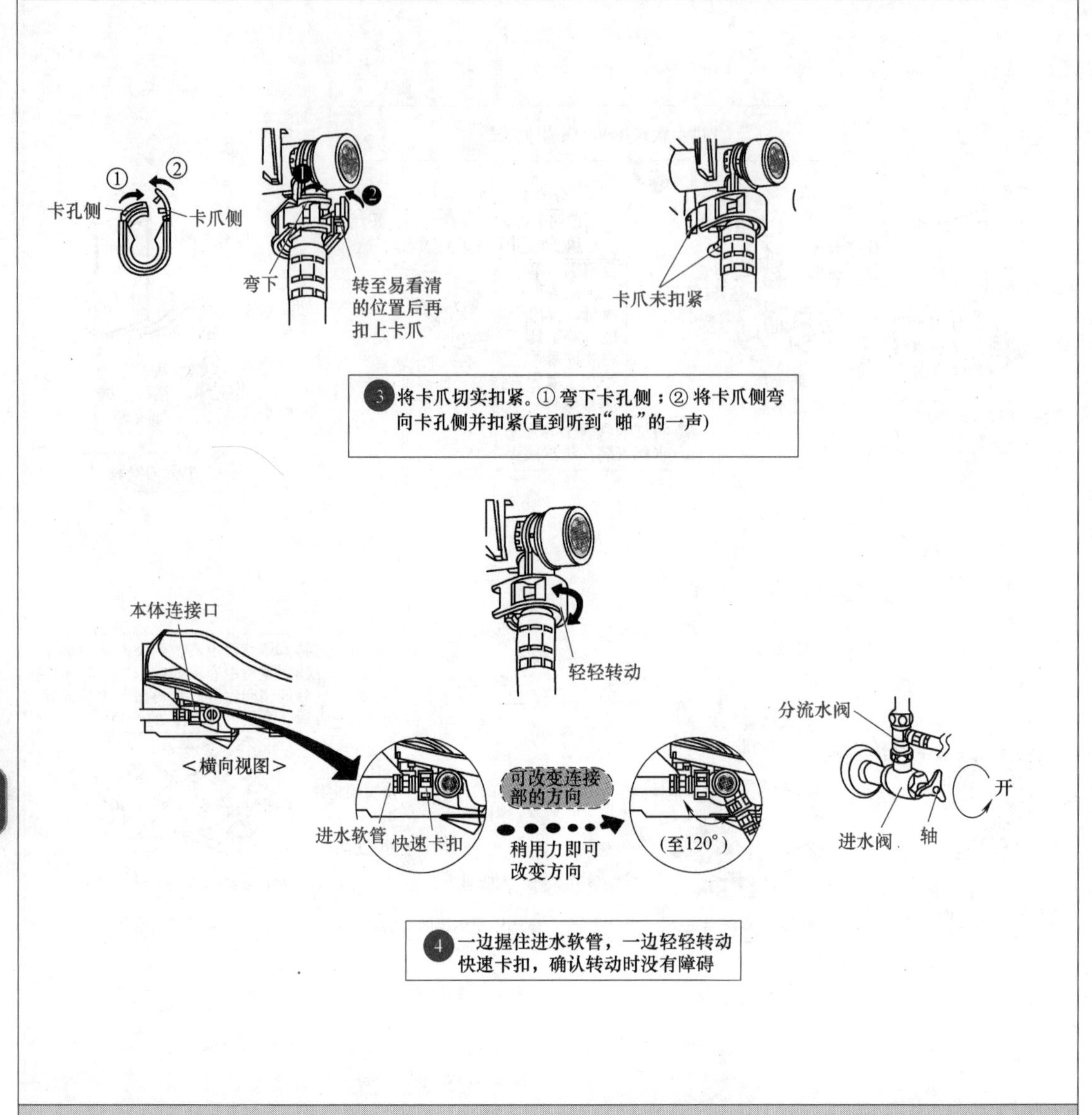

图 3-62　电子坐便盖的安装方法（续）

★3. 2. 35　冲凉宝

冲凉宝的安装方法如图 3-63 所示。

有的机型安装时要注意：固定支架时，一定要前后左右都保持垂直（以支架底板为准），不然因机头倾斜导致主机发热件干烧损坏。

有的机型由于结构所限机内接线柱尺寸偏小，要做到插线完整、压线紧密，反之会因接触电阻变大而烧毁。

★3. 2. 36　挂墙式妇洗器

挂墙式妇洗器的安装方法如图 3-64 所示。

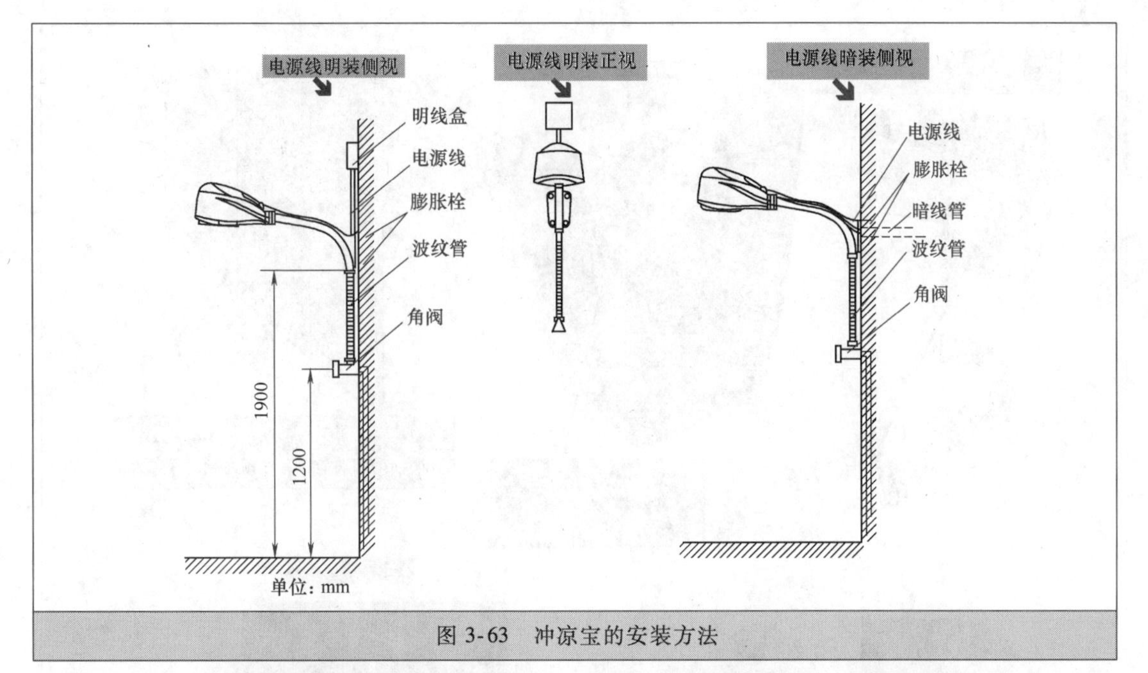

图 3-63　冲凉宝的安装方法

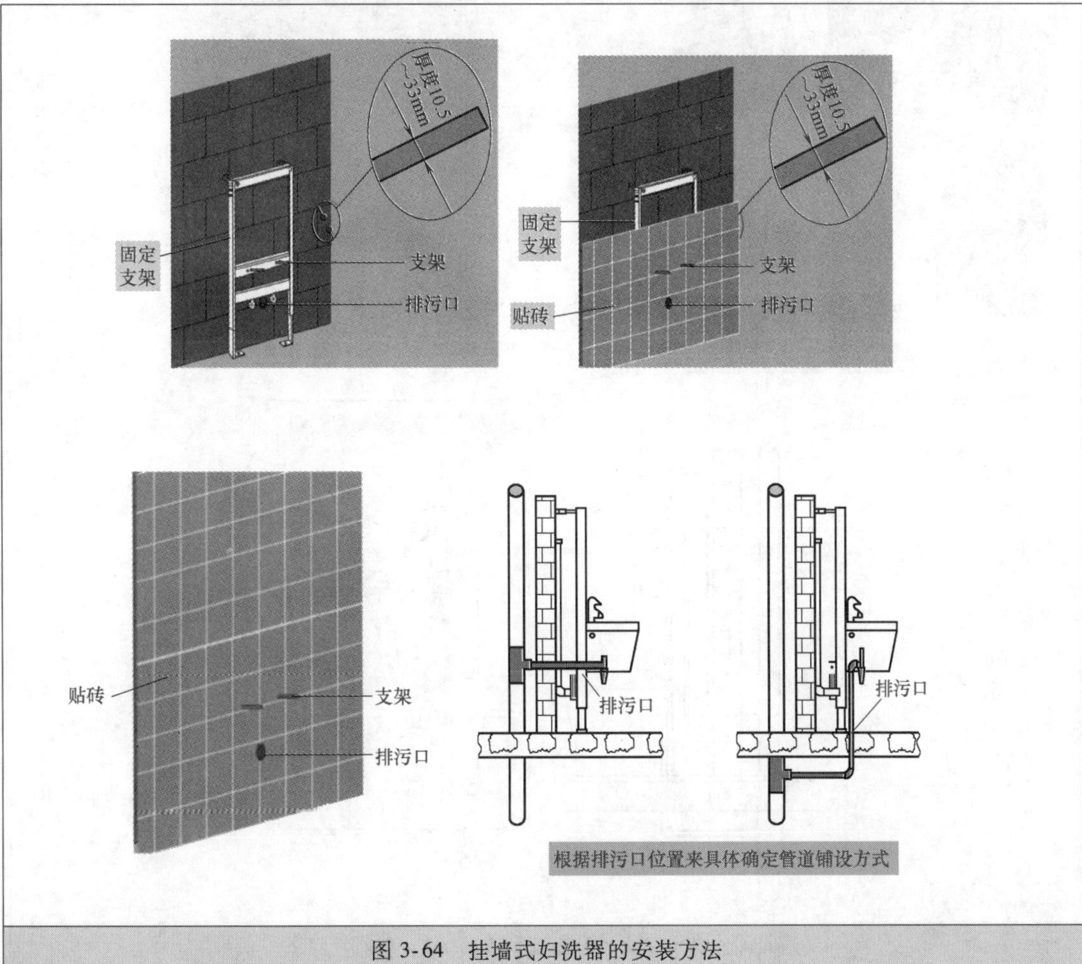

图 3-64　挂墙式妇洗器的安装方法

图 3-64　挂墙式妇洗器的安装方法（续）

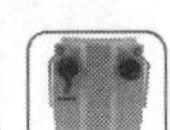

★3.2.37 连体坐便器

连体坐便器的安装方法如图 3-65 所示。

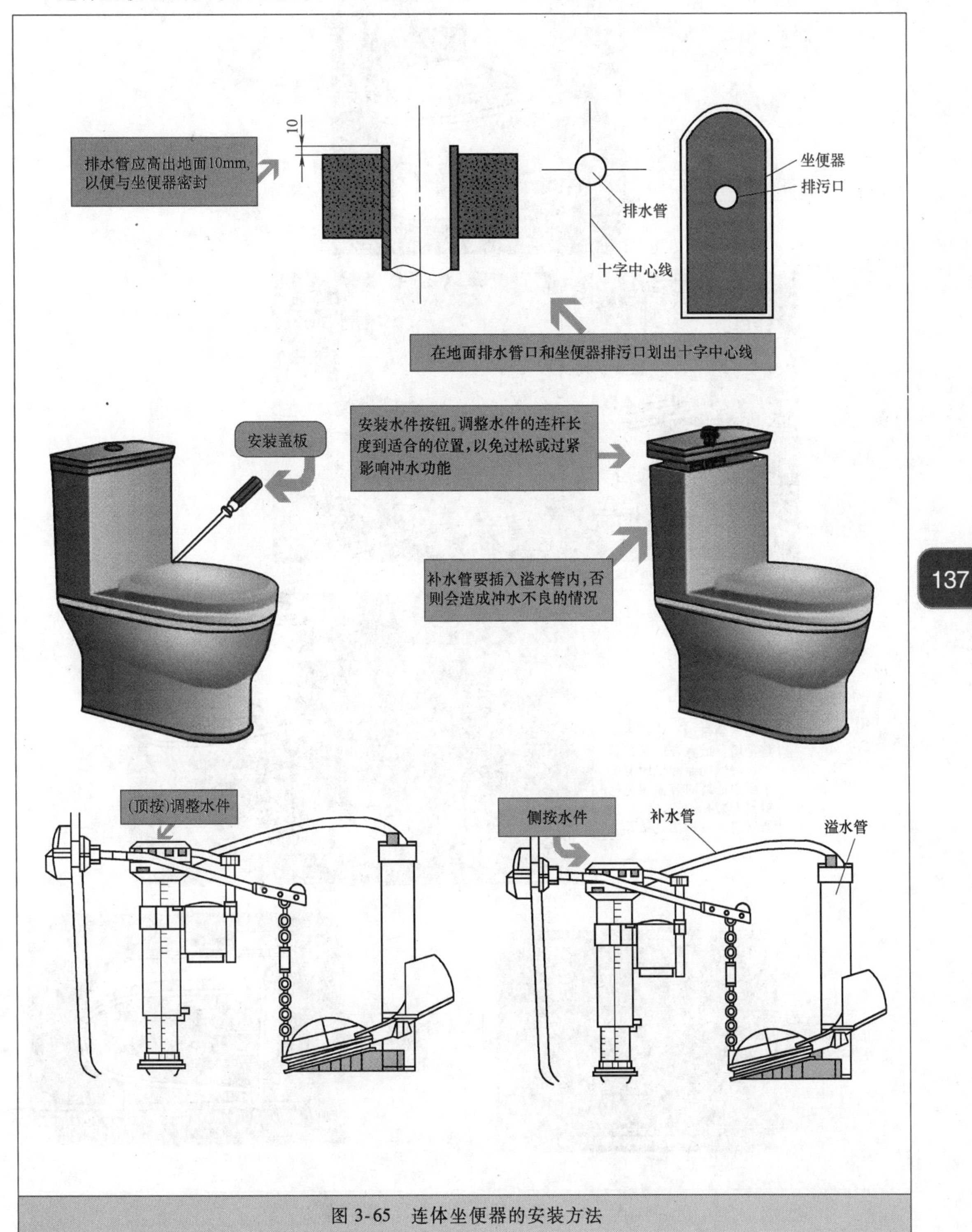

图 3-65 连体坐便器的安装方法

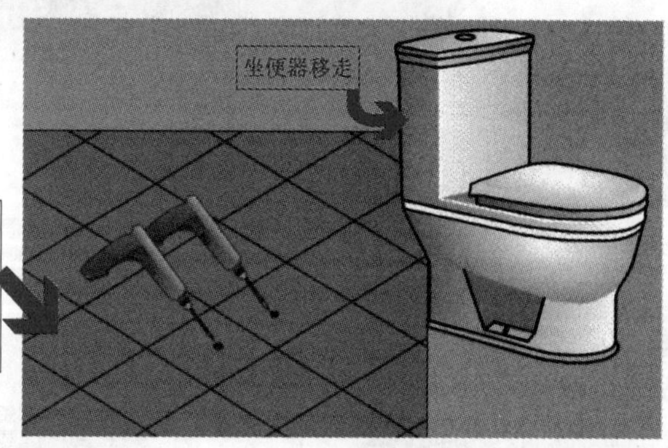

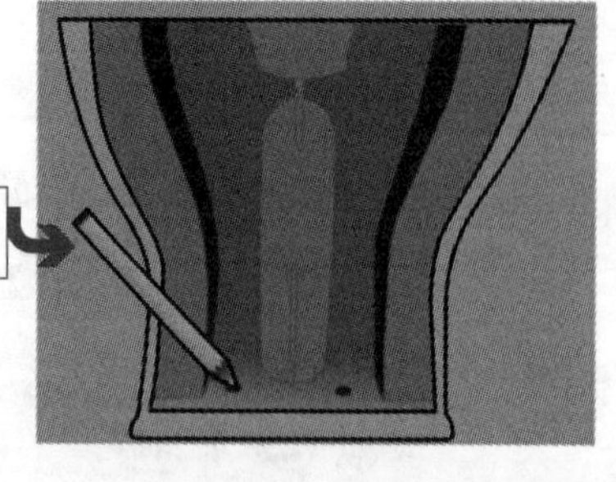

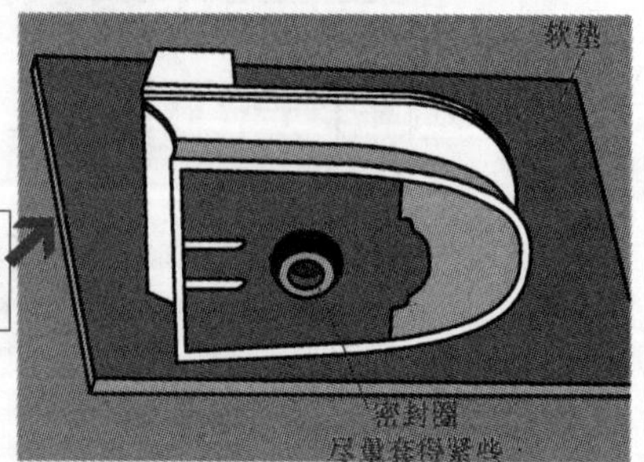

图 3-65　连体坐便器的安装方法（续）

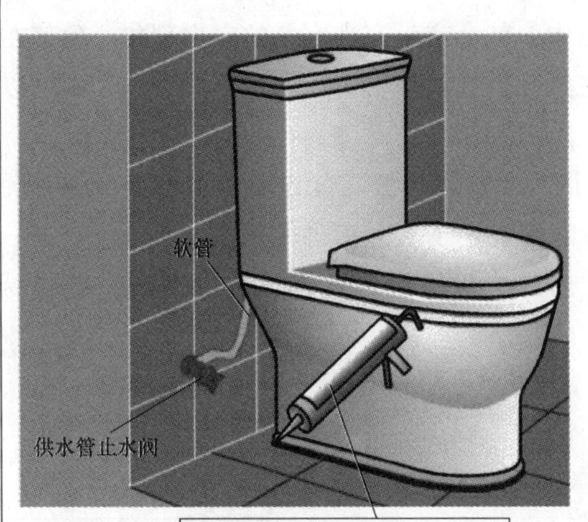

在坐便器与地面接触面打上密封胶

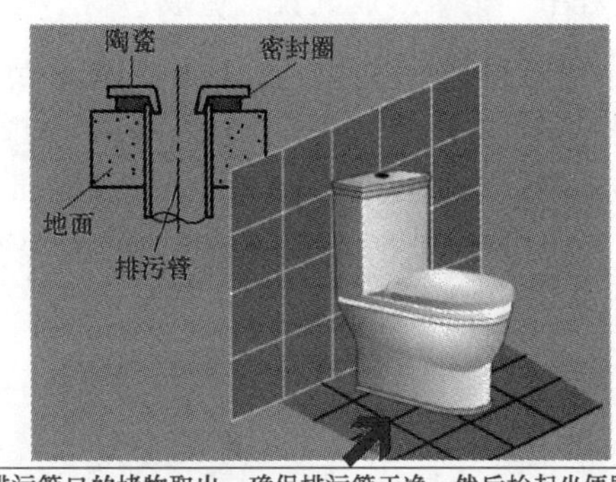

将排污管口的堵物取出，确保排污管干净。然后抬起坐便器，使坐便器的十字线与地上的对齐，确保排污口中心与排水口中心对正，然后向下压紧不可再提起或摇晃，若密封圈的密封功能受破坏，必须更换新的密封圈

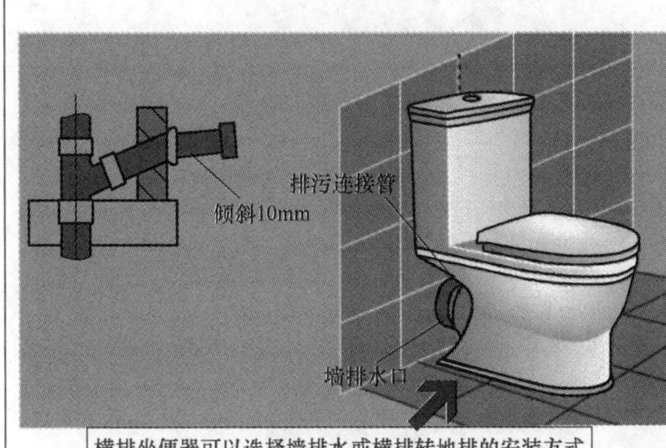

横排坐便器可以选择墙排水或横排转地排的安装方式

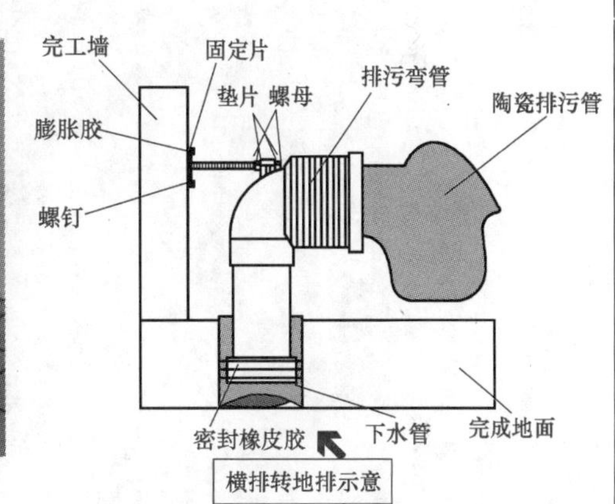

横排转地排示意

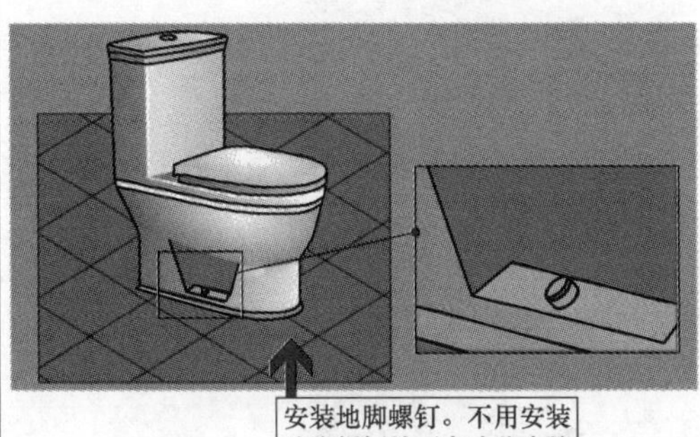

安装地脚螺钉。不用安装地脚螺钉的可省略此步骤

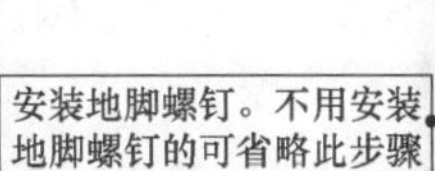

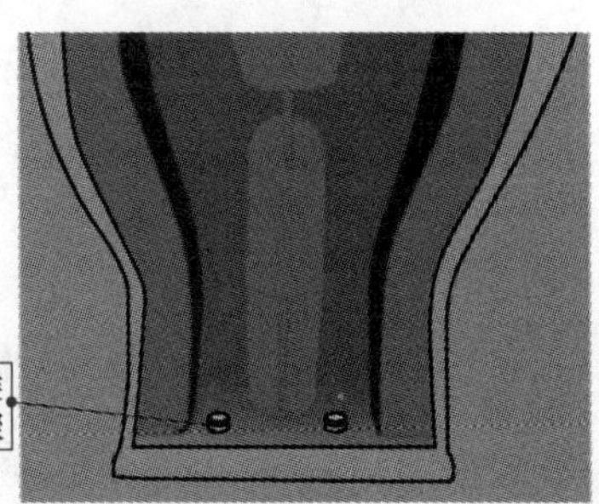

图 3-65　连体坐便器的安装方法（续）

坐便器中补水管的作用：国标要求水封的高度在 50mm 以上，如果该坐便器冲刷完毕，水封不能达到要求就是不合标准，补水管的作用就是补足水封。对于虹吸式坐便器来讲，如果水封太低或不足，会造成排污失败。

虹吸式坐便器在安装时地面里不能再安装返水弯：虹吸式坐便器本身就有一个带返水弯的完整管道，如果再安装一个返水弯，整个水道中，就会产生充满空气的空出部位，致使在使用过程中，很难形成虹吸，造成污物不能彻底排除。如果多余的返水弯不能去掉，则可以使用冲落式坐便器。

国标规定坐便器的水封不小于50mm：不要认为水封高会溅屁股，而几乎世界各国有关卫生洁具的标准均规定水封不得小于50mm，新国标规定了水封面的面积为100mm×85mm。其实，大水封有很多好处，除了良好的隔臭作用外，还能使洁具更易保持清洁，更容易冲刷。

★3.2.38 按摩缸

按摩缸（案例1）的安装方法如图3-66所示。

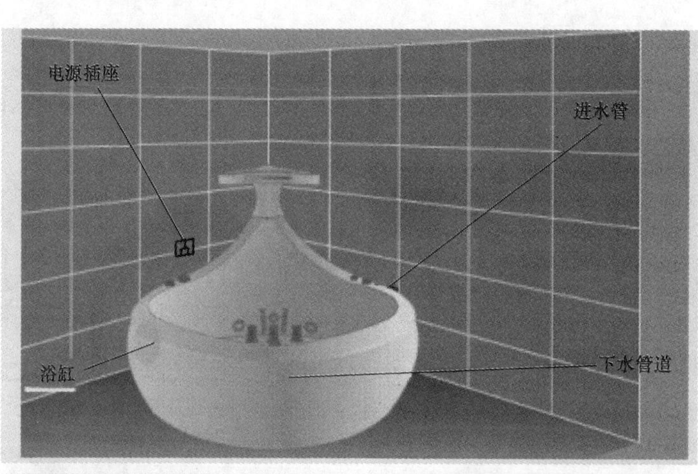

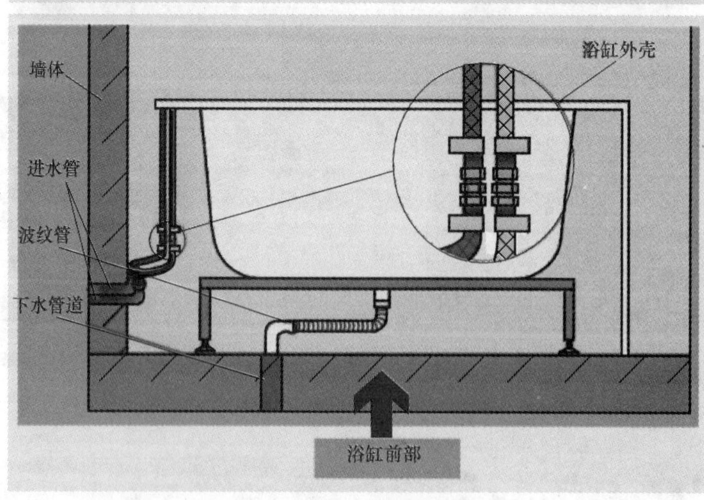

图3-66 按摩缸（案例1）的安装方法

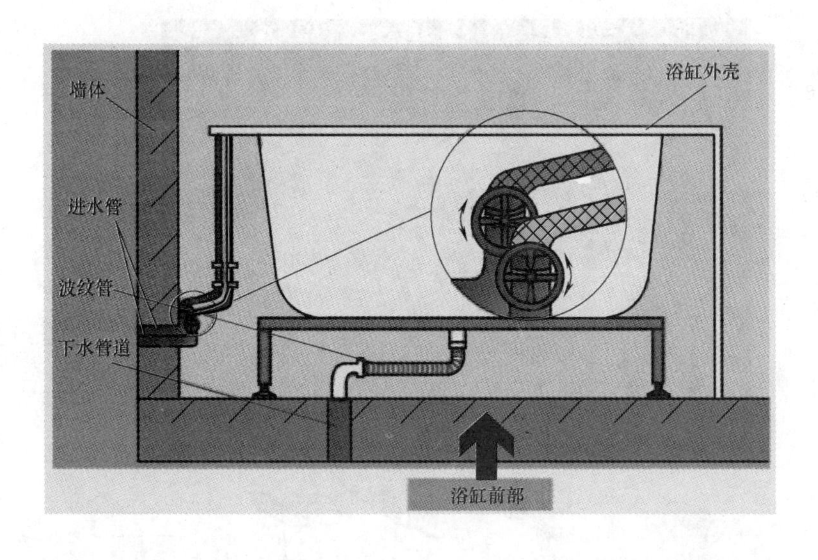

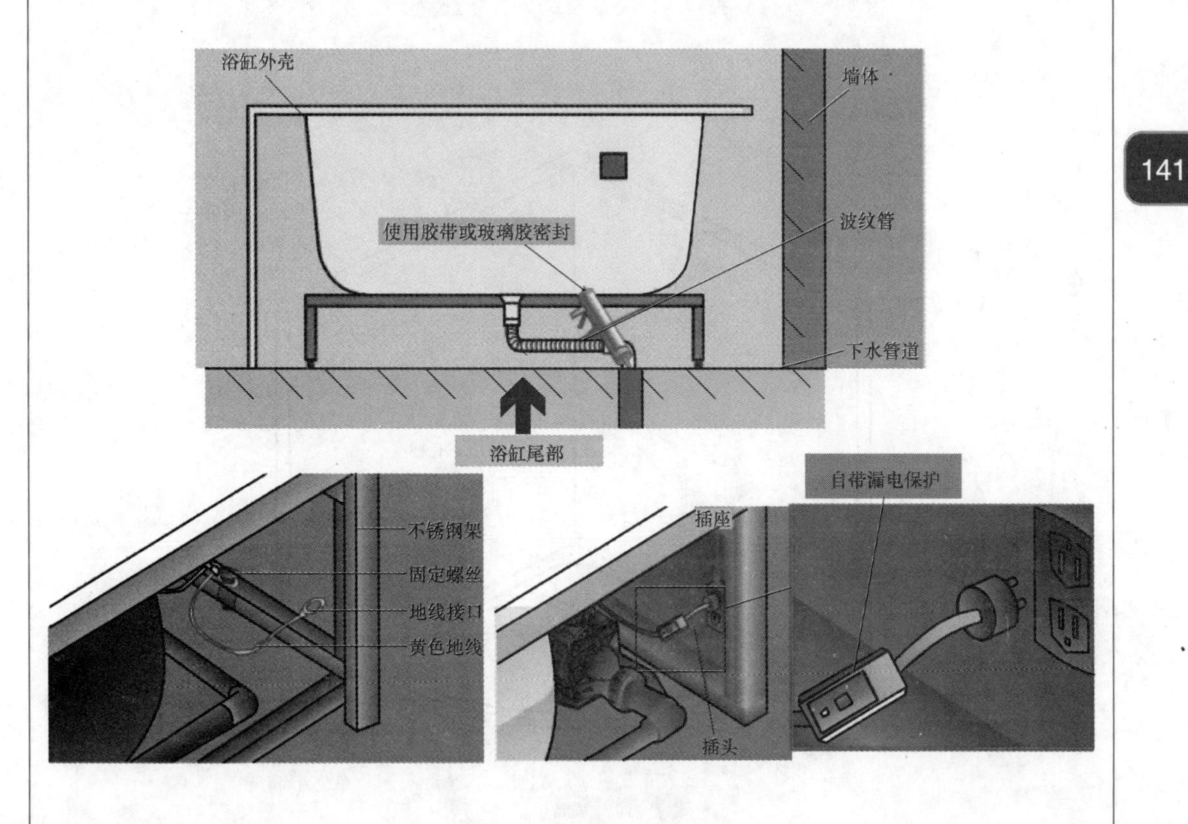

图 3-66 按摩缸（案例 1）的安装方法（续）

按摩缸（案例2）的安装方法如图3-67所示。

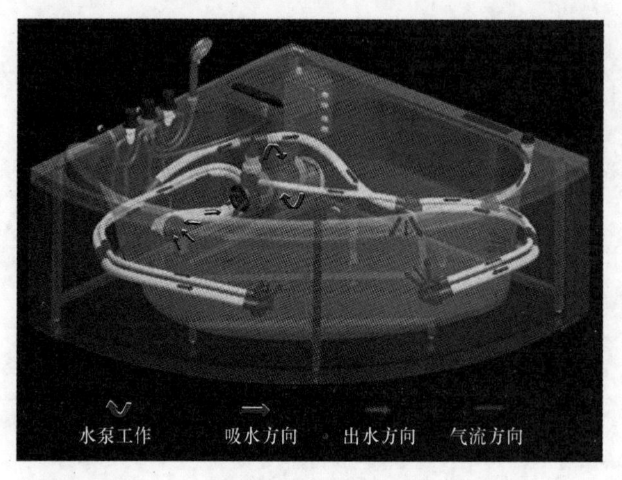

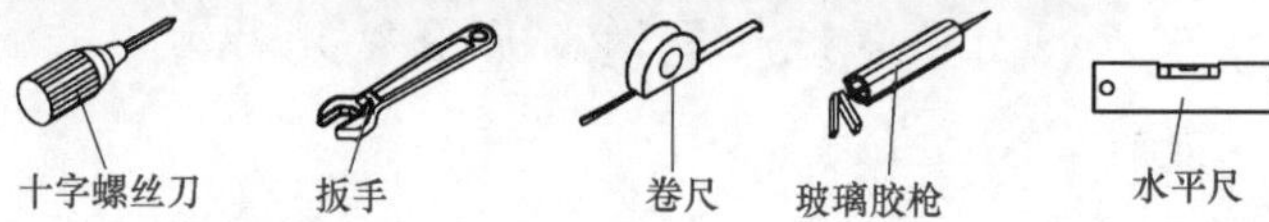

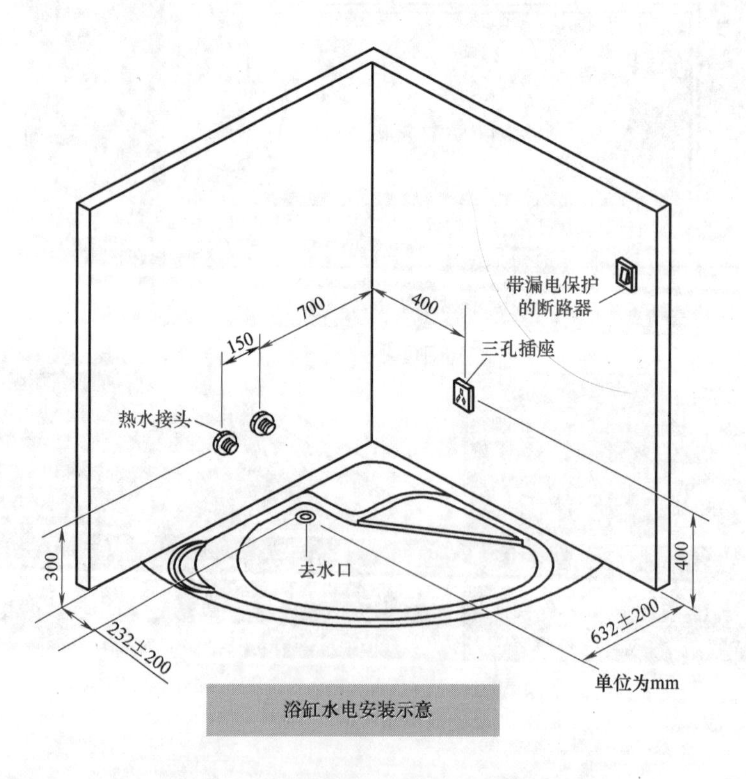

图3-67 按摩缸（案例2）的安装方法

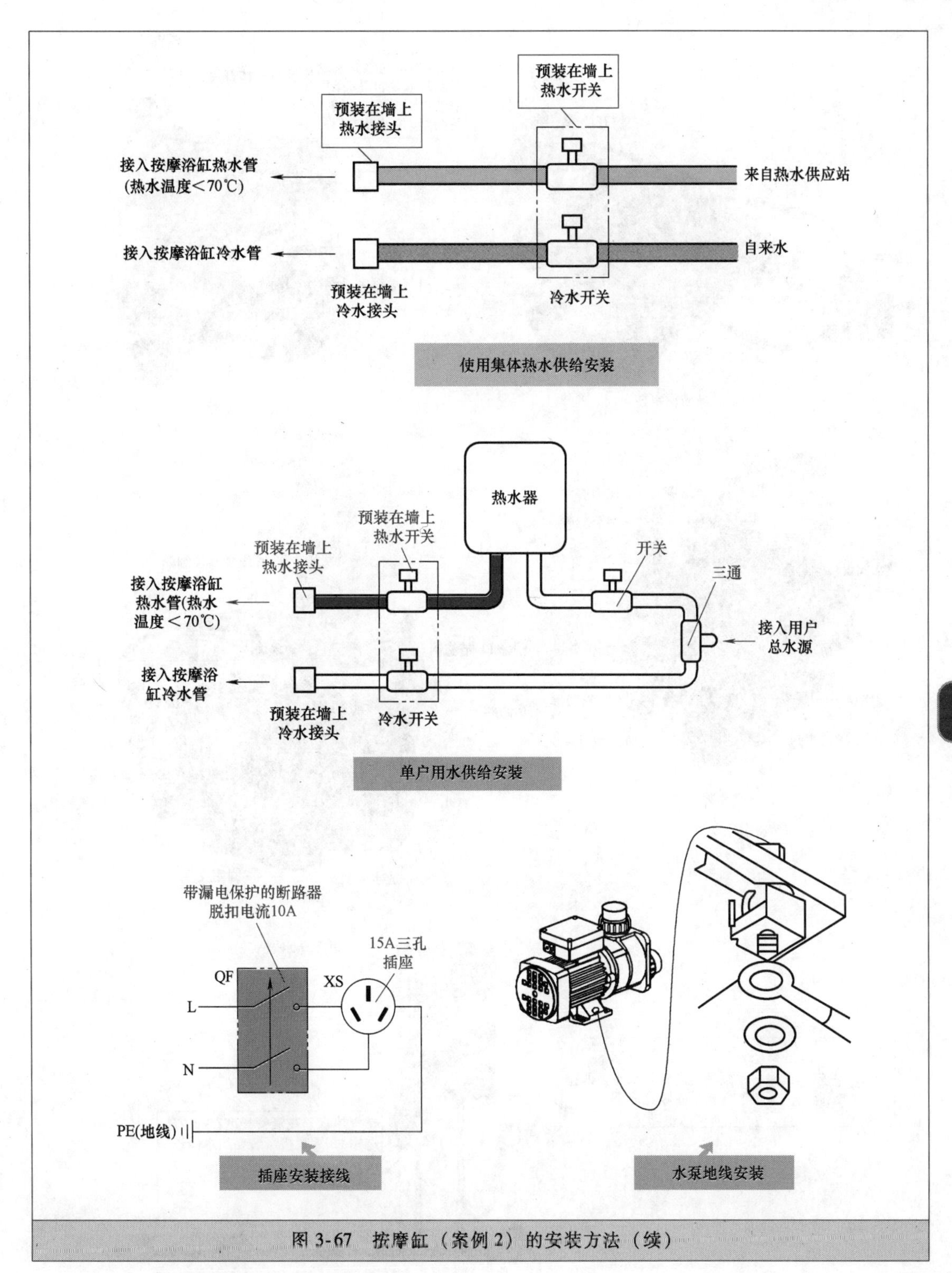

图 3-67　按摩缸（案例 2）的安装方法（续）

★3.2.39　增压水泵

增压水泵的特点与安装方法如图 3-68 所示。

水流开关
三档开关
出水口
进水口
陶瓷泵头
电源开关
不锈钢螺钉
高精度泵体
铭牌
排气口
自动：用水时水泵起动，
不用时水泵自动关闭
手动：水泵强制运转
关：水泵停止状态
手自一体开关
出水口
接线盒
排气螺钉
泵体
进水口
压力罐
压力开关
引水口帽
空气箱
逆水阀盖
电动机
电容壳
出水口
铁底盘
叶轮封罩
进水口
放水螺钉
压力罐
智能变频控制器
出水口
进水口(带滤网)
压力传感器
止回阀
风罩
泵头
放水螺钉
固定支架
燃气热水器
正确安装
泵固定后转轴水平，即排气孔正面竖直向下
燃气热水器花洒管长度在2m内，选用200W直接吊装在热水器进水口上
(320W)
(水表)
给全屋增压安装位置

图 3-68　增压水泵的

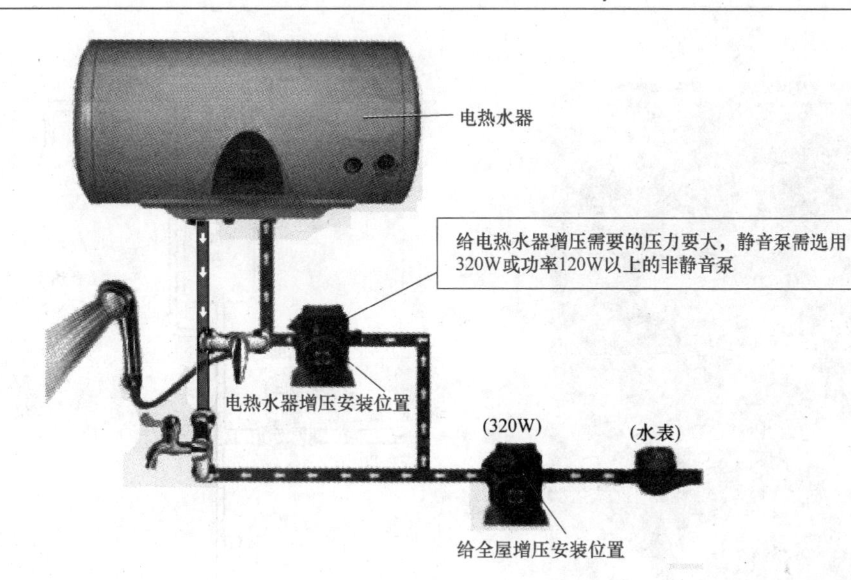
电热水器
给电热水器增压需要的压力要大，静音泵需选用320W或功率120W以上的非静音泵
电热水器增压安装位置
(320W)
(水表)
给全屋增压安装位置

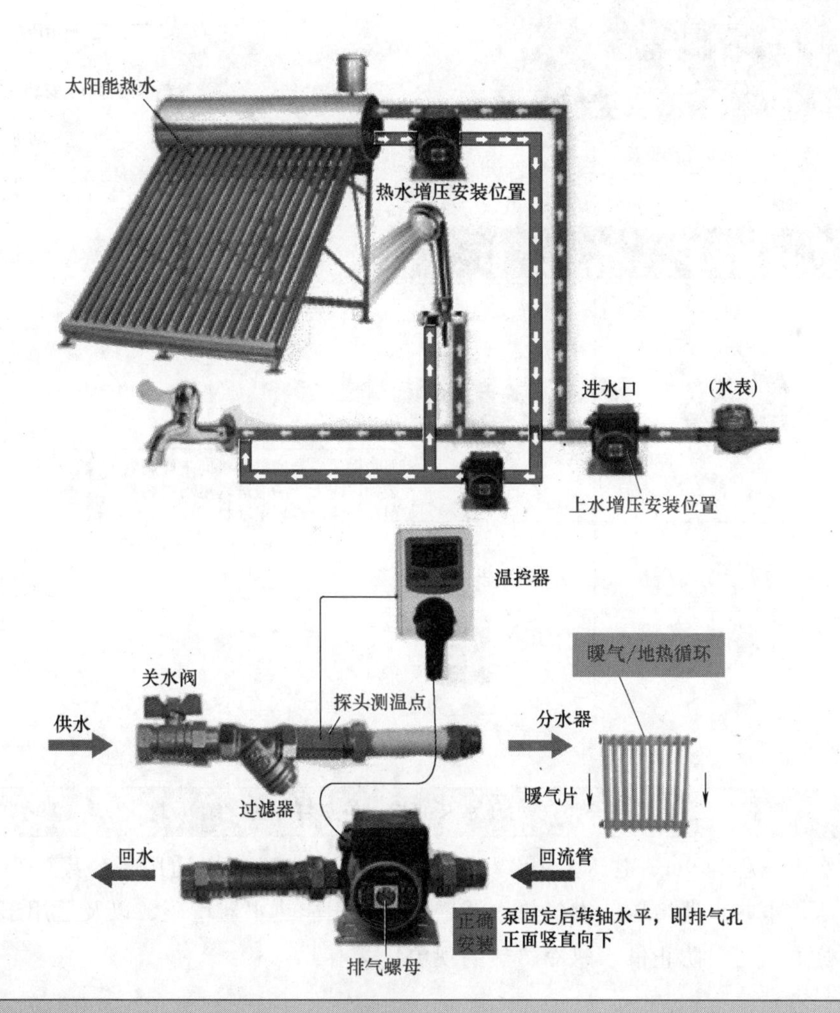
太阳能热水
热水增压安装位置
进水口
(水表)
上水增压安装位置
温控器
暖气/地热循环
关水阀
探头测温点
供水
分水器
暖气片
过滤器
回水
回流管
正确安装
泵固定后转轴水平，即排气孔正面竖直向下
排气螺母

特点与安装方法

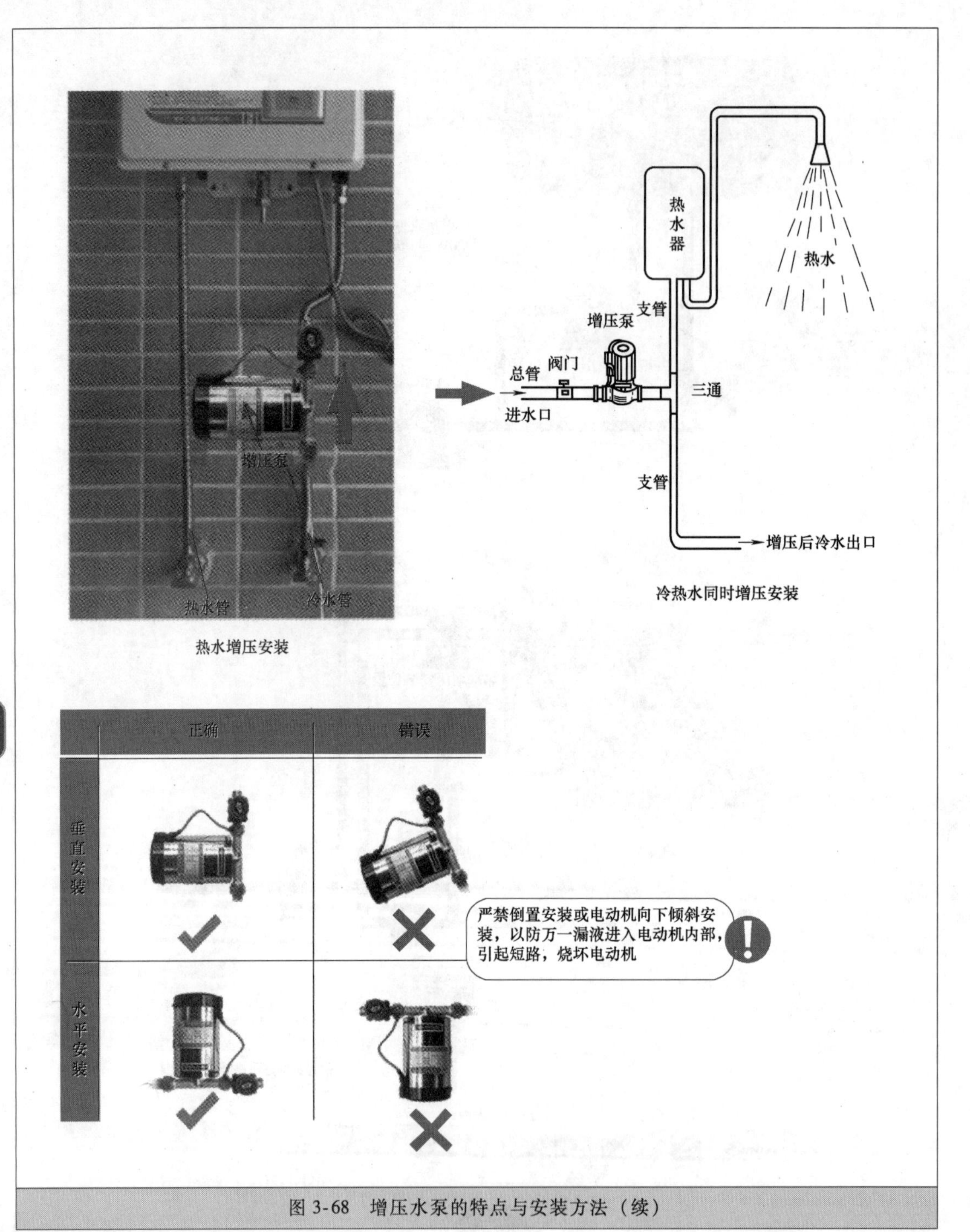

图 3-68　增压水泵的特点与安装方法（续）

增压水泵扬程为 9m、电压为 220V、流量为 23L/min，可以适用于公寓房小户型家庭全家用水增压、电热水器增压、燃气热水器增压、太阳能热水器增压，以及适用于水压不足的顶层用户管道增压，防止供水忽冷忽热的现象。

第4章 弱电施工

☆☆ 4.1 基础与概述 ☆☆

★4.1.1 各个频段的谱特性对音质的影响

各个频段的谱特性对音质的影响见表4-1。

表4-1 各个频段的谱特性对音质的影响

频　段	解　说
低频	1)声音的低频成分多、录放系统低频响应(200Hz以下)有提升——声音有气魄、厚实、有力、丰满 2)声音的低频成分过多、录放系统的频率响应的低频过分提升——声音浑浊、沉重、有隆隆声 3)声音的低频成分适中、录放系统的低频响应平直扩展——声音丰满、有气魄、浑厚、低沉、坚实、有力、可能有隆隆声 4)声音的低频成分少、录放系统的低频响应有衰减——声音可能比较干净、单薄无力
中频	1)声音的中频成分多、录放系统的中频响应有提升——声音清晰、透亮、有力、活跃 2)声音的中频成分少、录放系统的中频响应有衰减——声音圆润、柔和、动态出不来、松散(500Hz~1kHz)、沉重(5kHz)、浑浊(5kHz) 3)声音的中频成分过多、录放系统的中频响应过分提升——声音动态出不来、浑浊、有号角声、鸣声(500~800Hz)、电话声(1kHz)、声音硬(2~4kHz)、刺耳(2~5kHz)、有金属声(3~5kHz)、咝咝音(4~7kHz) 4)声音的中频成分适中、录放系统的中频响应平直——声音圆滑、悦耳、自然、中性、和谐、有音乐感，但声音可能无活力
高频	1)声音的高频成分多、录放系统高频响度有提升——声音清晰、明亮、锐利 2)声音的高频成分少、录放系统高频响应有衰减——声音动态出不来、沉重、浑浊、圆润、柔和、丰满、声音枯燥、受限制、放不开、有遥远感 3)声音的高频成分过多、录放系统高频响应过分提升——声音刺耳、有咝咝音、轮廓过分清楚、呆板、缺乏弹性、有弦乐噪声 4)声音的高频成分适中、录放系统的高频响应平直扩展——声音开阔、活跃、透明、清晰、自然、圆滑、可能细节过分清楚
整个音频段	1)录放系统的频率响应有深谷——声音不协调 2)整个频率响应的频带窄——声音单薄、无力、平淡 3)在整个音频范围内各频率成分均匀、录放系统的总体频率响应平直——声音自然、清晰、圆滑、透明、和谐、无染色、柔和、有音乐感、清脆 4)声音的某些频率成分多，另一些频率又少，或录放系统频率响应多峰多谷——声音粗糙、刺耳、有染色

★4.1.2 背景音乐点位

背景音乐点位见表4-2。

表4-2 背景音乐点位

房间	说明
餐厅	一般在餐桌四周各安装一个扬声器,达到环绕立体声音乐效果。控制面板一般安装在餐桌旁边的墙壁上,便于控制
茶室	一般在茶桌四周安装扬声器,控制面板一般安装在便于控制的位置
车库	一般两侧各安装一个扬声器
过道	一般安装两个扬声器
户外花园	一般安装两个防水扬声器,控制面板一般安装在门口
健身房	一般在健身器材周围安装四个扬声器
客厅	一般情况下不打开家庭影院系统,在沙发四周安装吸顶扬声器,客厅开关位置安装控制面板
书房	一般在书桌两侧各安装一个扬声器,达到最佳立体声效果
卧室	一般在床头两侧各安装一个扬声器,达到最佳立体声效果,在床头便于控制的墙壁上安装控制面板
主卫	一般在卫生间并联两个扬声器,墙壁并联一个控制面板(安装在防水盒内)
主卧	一般在床头与床尾两侧各安装一个扬声器,达到最佳立体声效果,在床头便于控制的墙壁上安装控制面板

★4.1.3 卡侬

卡侬（XLR）端口中集成了一个正极插头、一个负极插头、一个接地插头。常用于将平衡麦克风信号传输到调音台，话筒与调音台，调音台与功放，调音台主输出与周边设备，周边设备（均衡器）、分配器或音箱控制器与功放等的连接。也就是说，卡侬用于卡侬输出、输入设备间的连接。

卡侬头有3芯、4芯、5芯、6芯、7芯等种类。卡侬的外形与特点如图4-1所示。

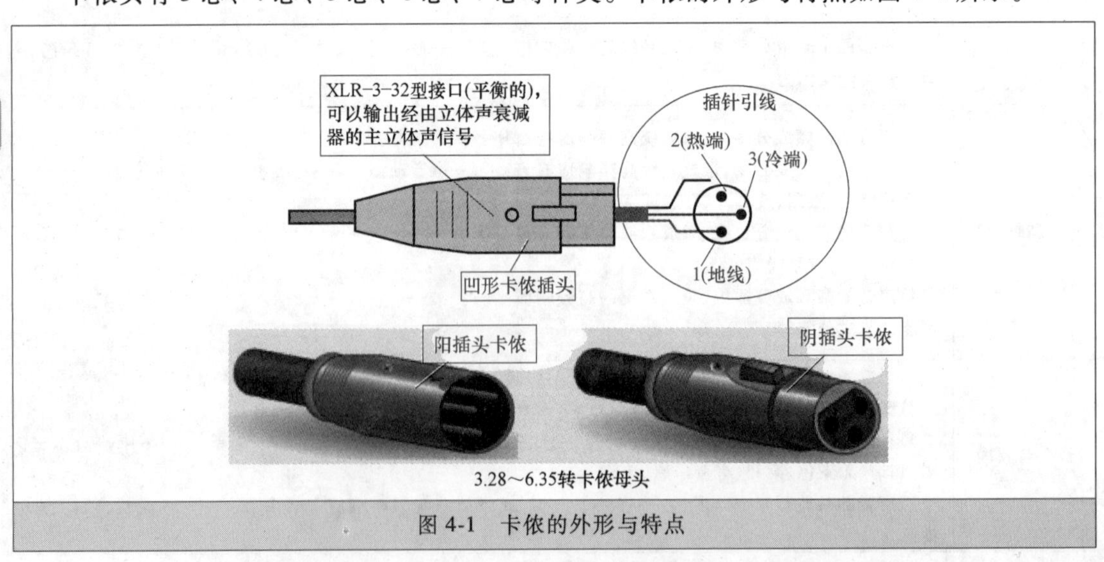

图4-1 卡侬的外形与特点

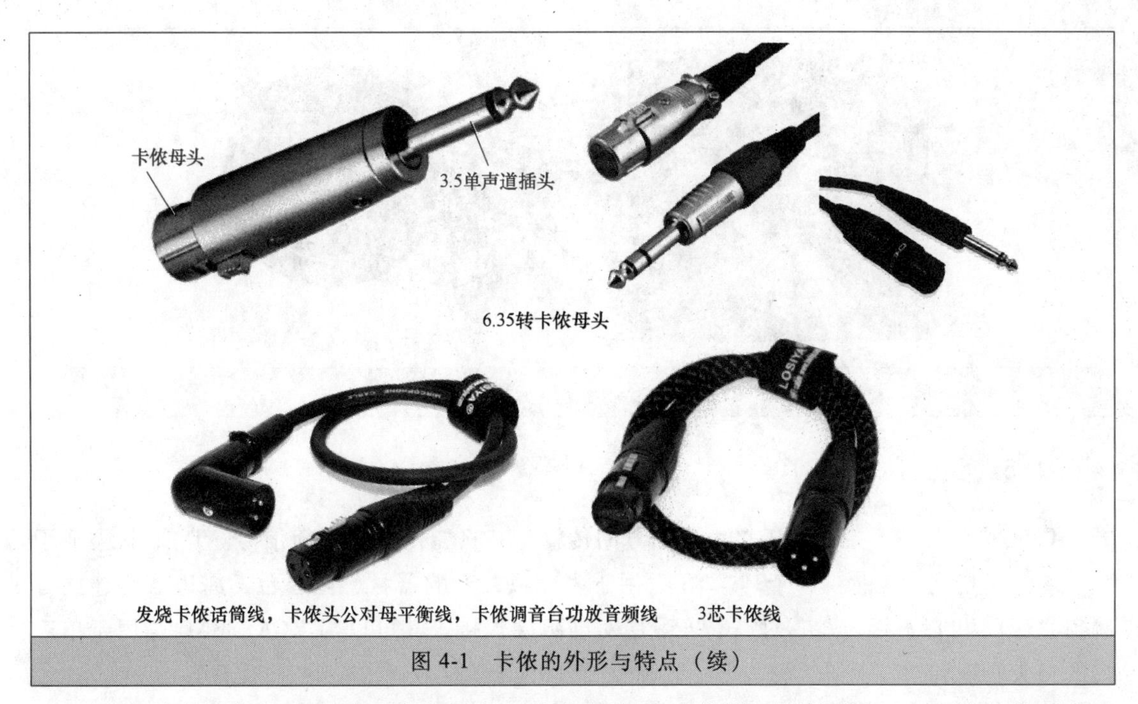

图 4-1 卡侬的外形与特点（续）

6.35 单声转卡侬母头需要接触紧密，令信号高保真传输到设备中。6.35 转卡侬母头适用于麦克风、音响器材、调音台、周边器材连接音频信号。

★4.1.4 莲花头（RCA）

RCA 俗称莲花头，多用于连接家用音响设备，例如 CD 机、DVD 机、音视频线、机顶盒接电视常用该种方式输出信号。RCA 针式插口的信号一般为非平衡信号。RCA 线长度有 1.8m、3m、5m、10m 等种类。

RCA 的外形与特点如图 4-2 所示。

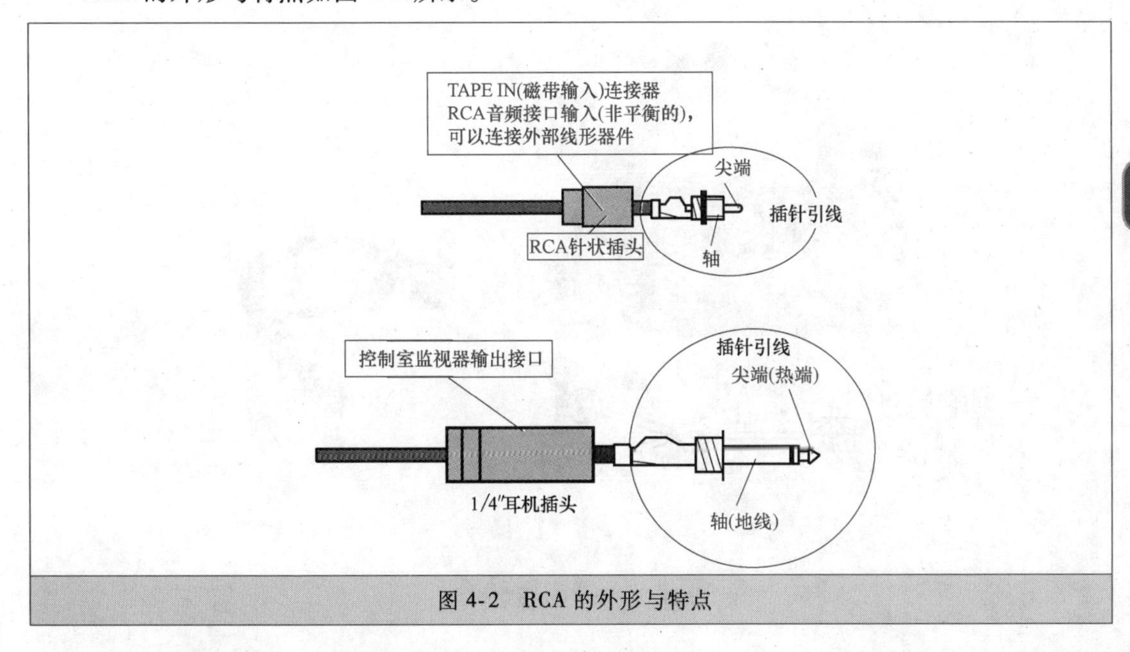

图 4-2 RCA 的外形与特点

图 4-2　RCA 的外形与特点（续）

★4.1.5　大二芯（TS）

TS 俗称大二芯，主要用于单声道信号的传输，其只能传输非平衡信号。TS 形状类似于大三芯，但是比大三芯少一个环。TS 适用于麦克风、音响器材、调音台、周边器材连接音频信号。TS 可以直接通过芯对芯、屏蔽层对屏蔽层焊接。其可以与 RCA、BNC 等用于单声道的接头实现转换。

TS 的外形与特点如图 4-3 所示。

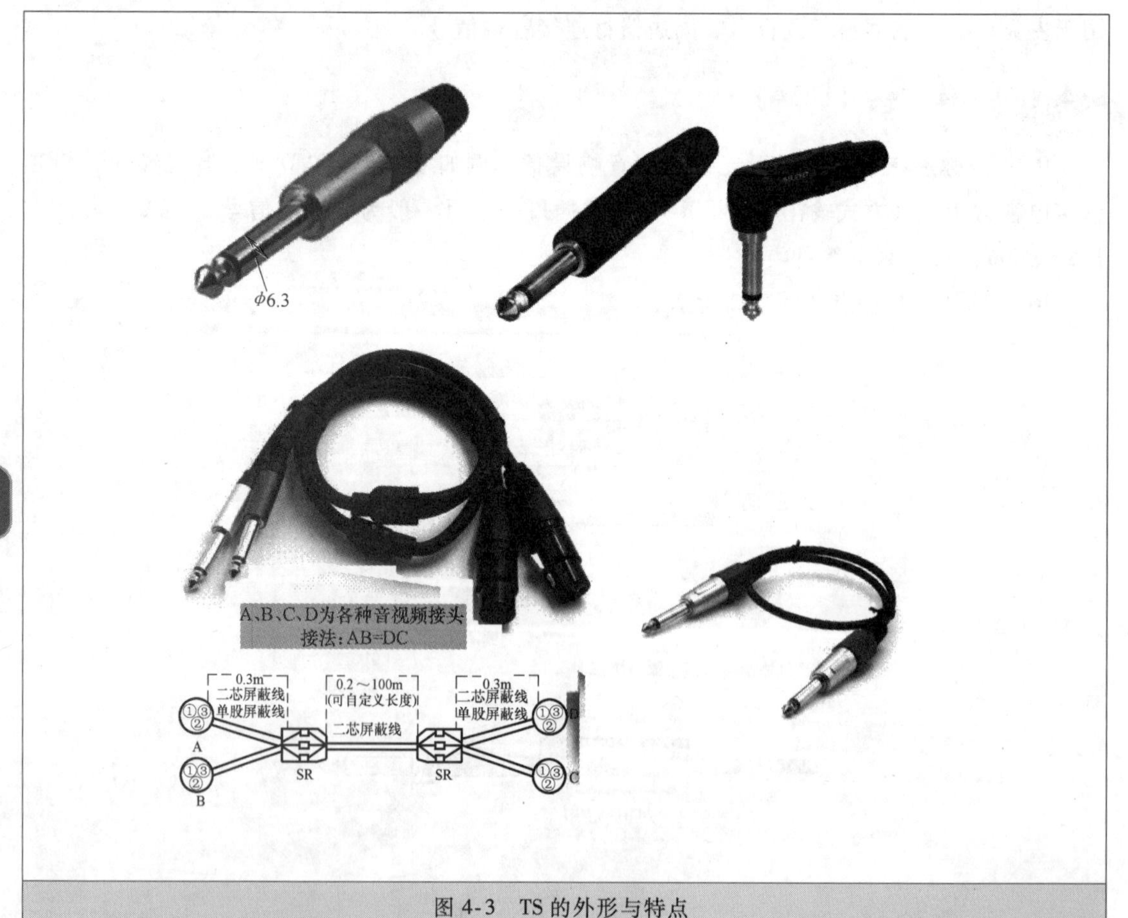

图 4-3　TS 的外形与特点

TS 公对公线适用于调音台、功放、吉他、效果器、均衡器、压限器、分频器、数字解码器、专业话筒连接摄像机等设备、广播级的专业话筒及设备间连接、舞台音响、家庭影院等环境。

★4.1.6　大三芯（TRS）

音频接插件包括卡侬、RCA、TS、TRS、3.5mm 立体声插头、香蕉头、接线柱等。也就是说，TRS 插头是音频接插件的一种。TRS 俗称大三芯，是 Tip-Ring-Sleeve 的缩写。TRS 可以作为音频设备连接插头，用于平衡信号的传输（此时功能与卡侬插头一样）。TRS 也可以用于不平衡的立体声信号的传输（比如耳机的应用）。6.35TRS 适用于麦克风、音响器材、调音台、周边器材连接音频信号。

TRS 的外形与特点如图 4-4 所示。

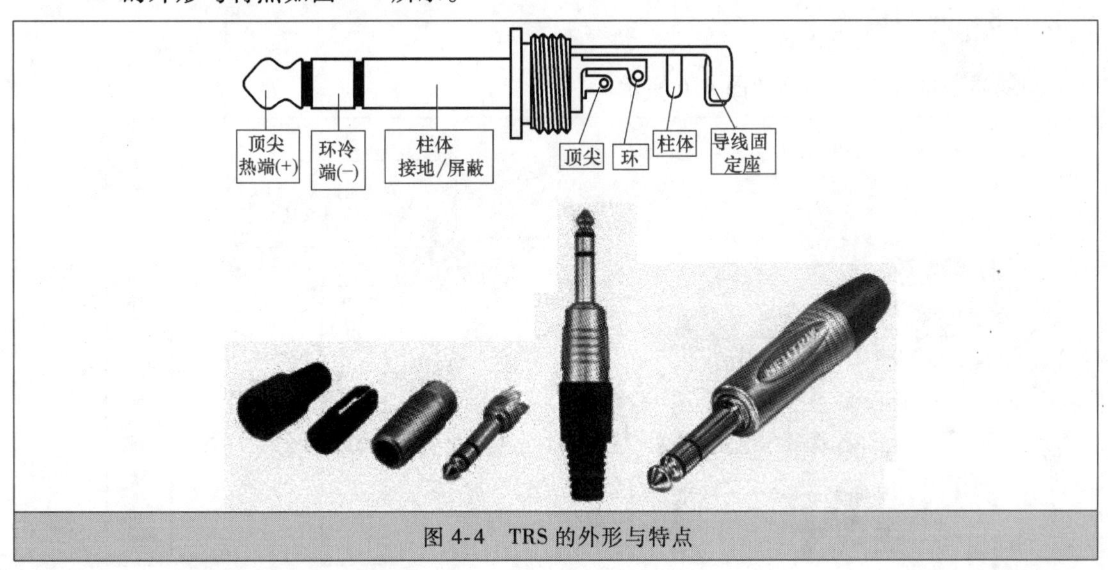

图 4-4　TRS 的外形与特点

★4.1.7　2.5mm 立体声插头

某些手机以及便携式音频播放设备采用 2.5mm 的接口，则连接线需要采用 2.5mm 立体声插头。2.5mm 立体声插头与 3.5mm 立体声插头内部连接基本一样，只是 2.5mm 立体声插头比 3.5mm 立体声插头体积要小。

小三芯插头的外形与特点如图 4-5 所示。

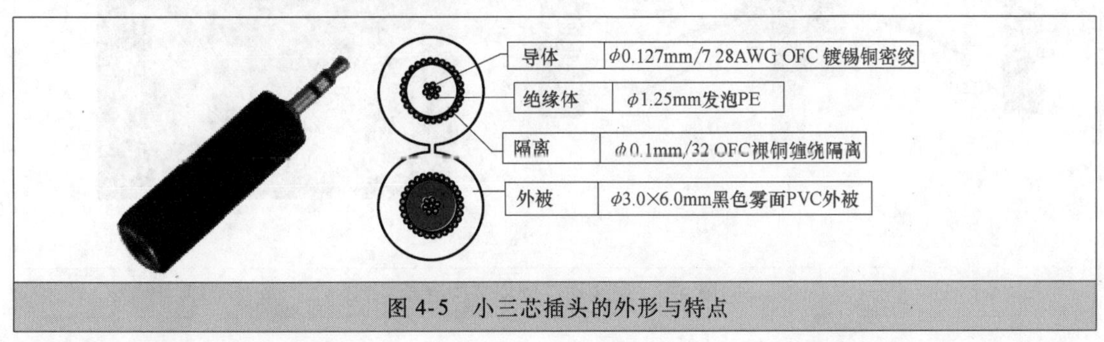

图 4-5　小三芯插头的外形与特点

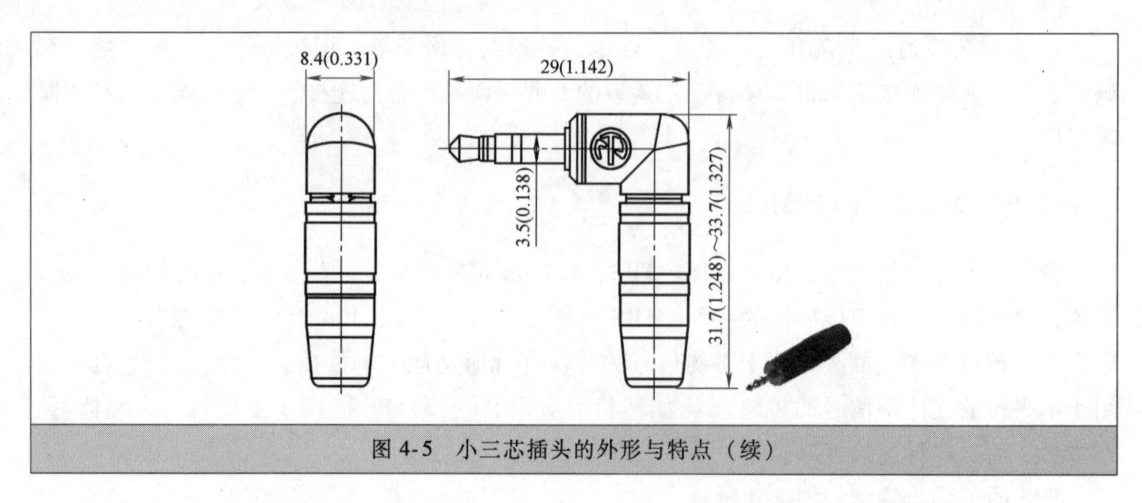

图 4-5　小三芯插头的外形与特点（续）

★4.1.8　网线插座

网线插座的安装与连接如图 4-6 所示。

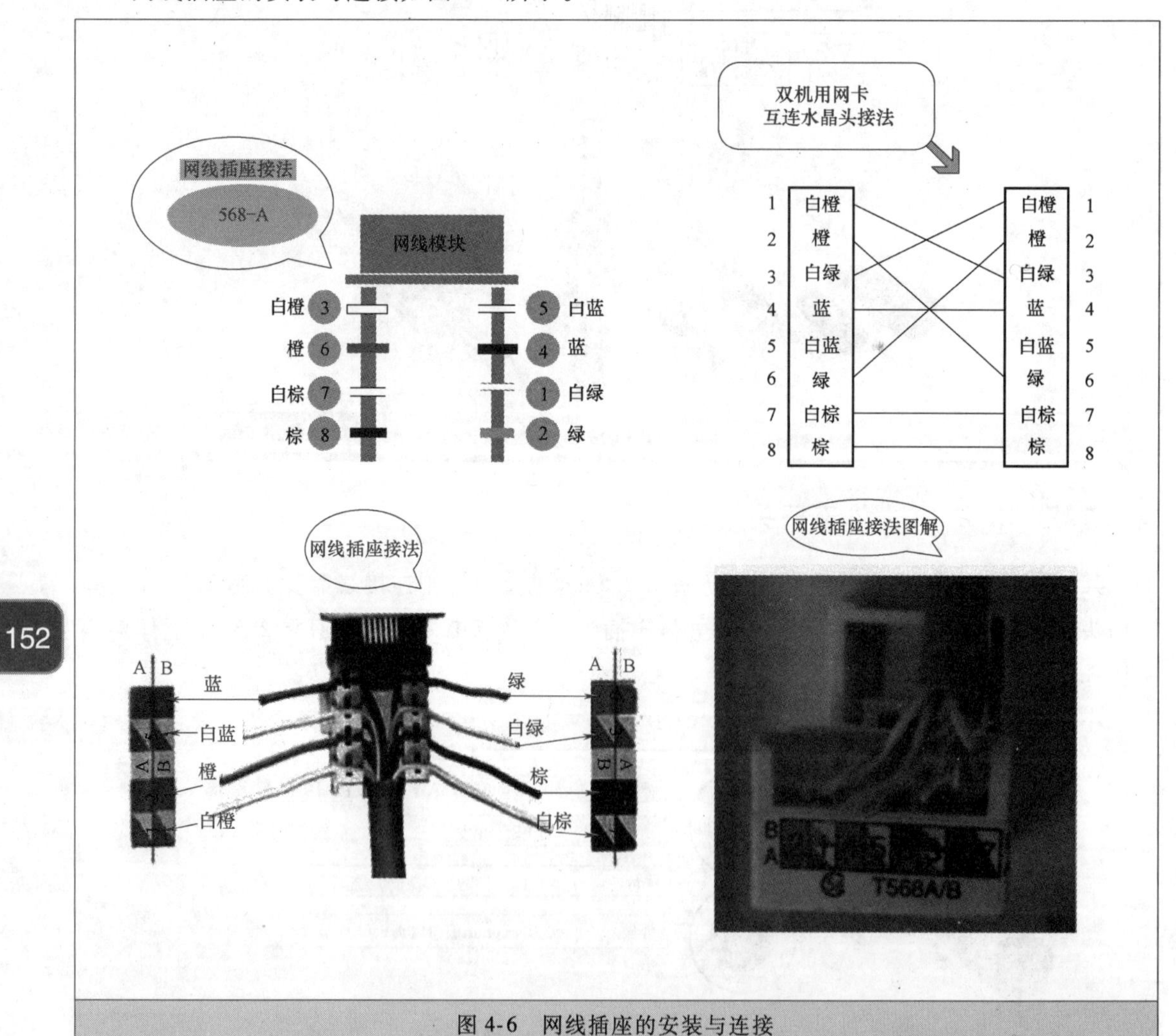

图 4-6　网线插座的安装与连接

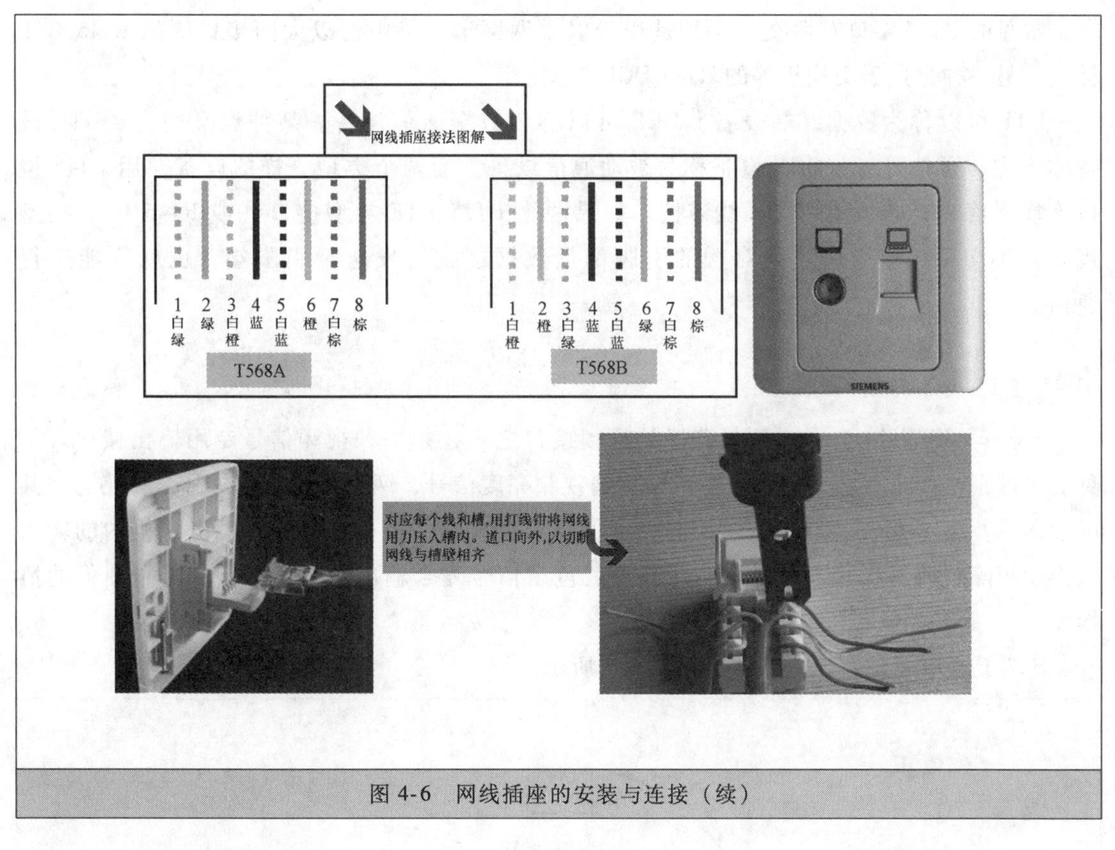

图 4-6　网线插座的安装与连接（续）

★4.1.9　RJ45 接口

RJ45 接头线的排序不同，一种是白橙、橙、白绿、蓝、白蓝、绿、白棕、棕，另一种是白绿、绿、白橙、蓝、白蓝、橙、白棕、棕。

RJ45 接口引脚的定义与外形如图 4-7 所示。

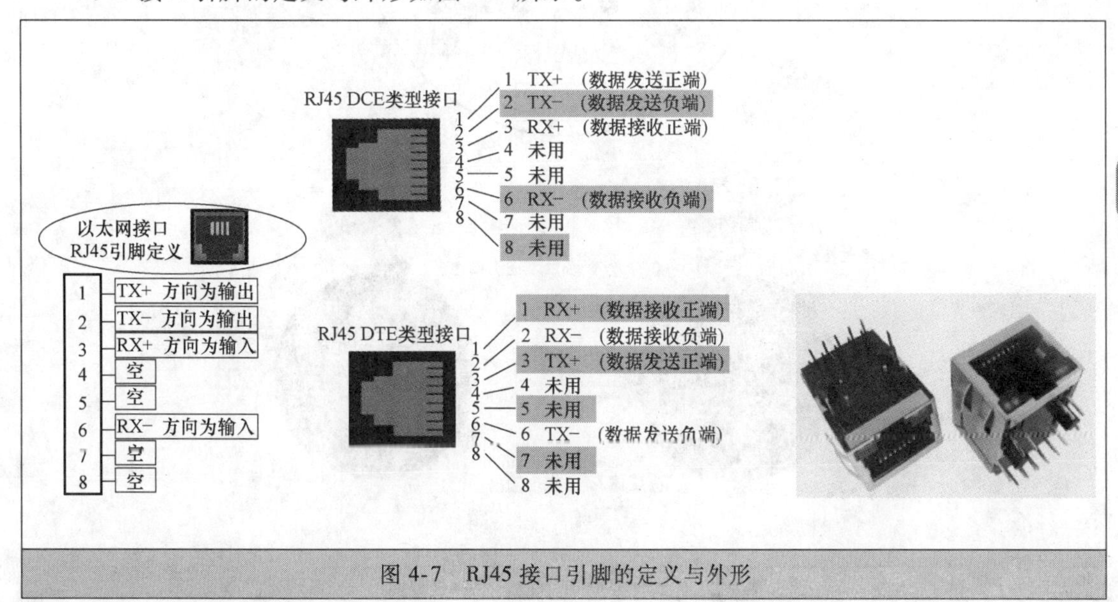

图 4-7　RJ45 接口引脚的定义与外形

常见的 RJ45 接口有两类：一种是用于以太网网卡、路由器以太网接口等的 RJ45 DTE 类型。另一种是用于交换机等的 RJ45 DCE 类型。

DTE 可以称为数据终端设备，DCE 可以称为数据通信设备。某种意义而言，DTE 设备称为主动通信设备，DCE 设备称为被动通信设备。当两个类型一样的设备使用 RJ45 接口连接通信时，必须使用交叉线连接。如果两个 RJ45 DTE 类型接口（或 RJ45 DCE 类型接口）不交叉相连引脚，则对触的引脚都是数据接收（发送）引脚端，也就不能进行通信。

★4.1.10 S 端子

S 端子（S-Video）是应用最普遍的视频接口之一，是一种视频信号专用输出接口。常见的 S 端子是一个 5 芯接口，其中两路传输视频亮度信号，两路传输色度信号，一路为公共屏蔽地线，由于省去了图像信号 Y 与色度信号 C 的综合、编码、合成以及电视机内的输入切换、矩阵解码等步骤，可有效防止亮度、色度信号复合输出的相互串扰，提高图像的清晰度。

S 端子接口引脚的定义与外形如图 4-8 所示。

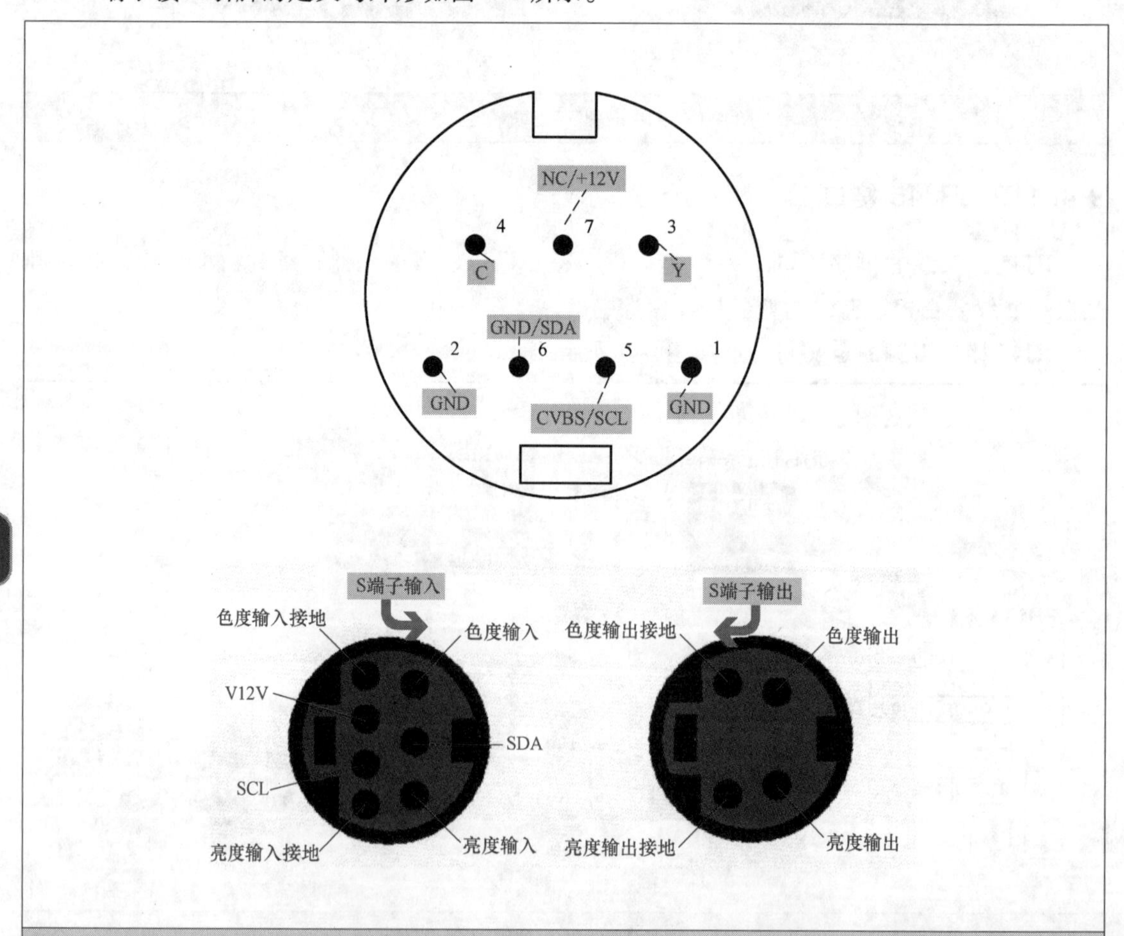

图 4-8　S 端子接口引脚的定义与外形

★4.1.11 底盒

家装弱电底盒、暗盒可以采用强电的底盒、暗盒，为了与强电区别，最好选择蓝色的。如果没有几种颜色的底盒，则弱电底盒、暗盒与强电底盒、暗盒采用同一颜色也可以，只是不能混淆，或者做个能够识别的标志。

家装蓝色弱电底盒与蓝色弱电管如图4-9所示。

蓝色底盒应用——蓝色底盒与蓝色PVC电工管连接，实现弱电的连接。

红色底盒应用——红色底盒与蓝色PVC电工管连接，实现强电的连接。

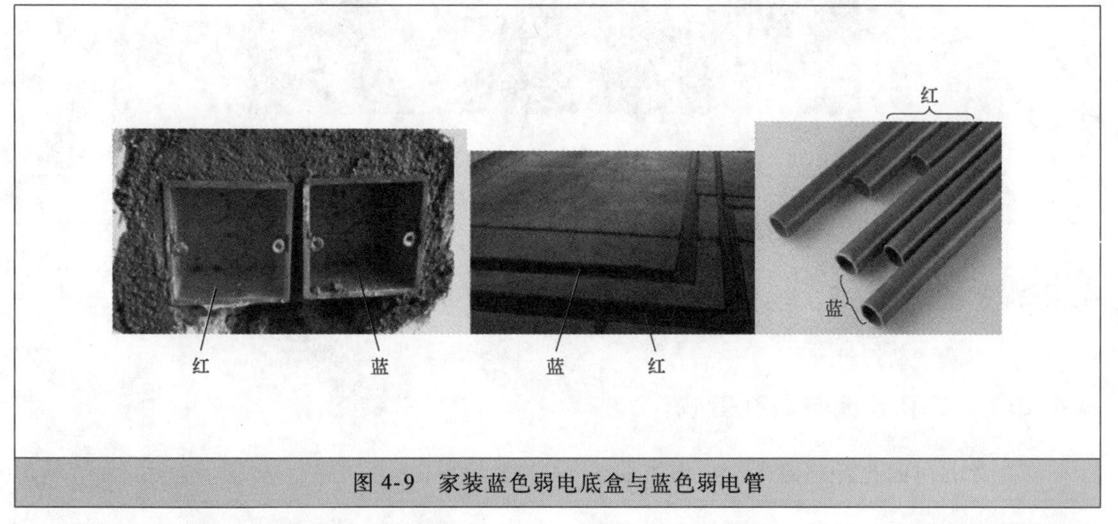

图4-9 家装蓝色弱电底盒与蓝色弱电管

家装弱电底盒与弱电管也可以采用与强电一样的底盒与线管，但是，它们不得共管共盒敷设，如图4-10所示。

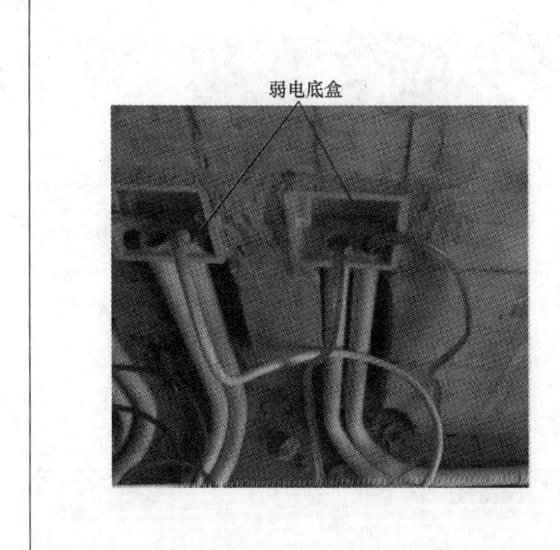

图4-10 家装弱电底盒与弱电管敷设要求

图 4-10　家装弱电底盒与弱电管敷设要求（续）

4.2　设备与设施

★4.2.1　二孔音响与四孔音响

二孔音响与四孔音响的外形与作用如图 4-11 所示。

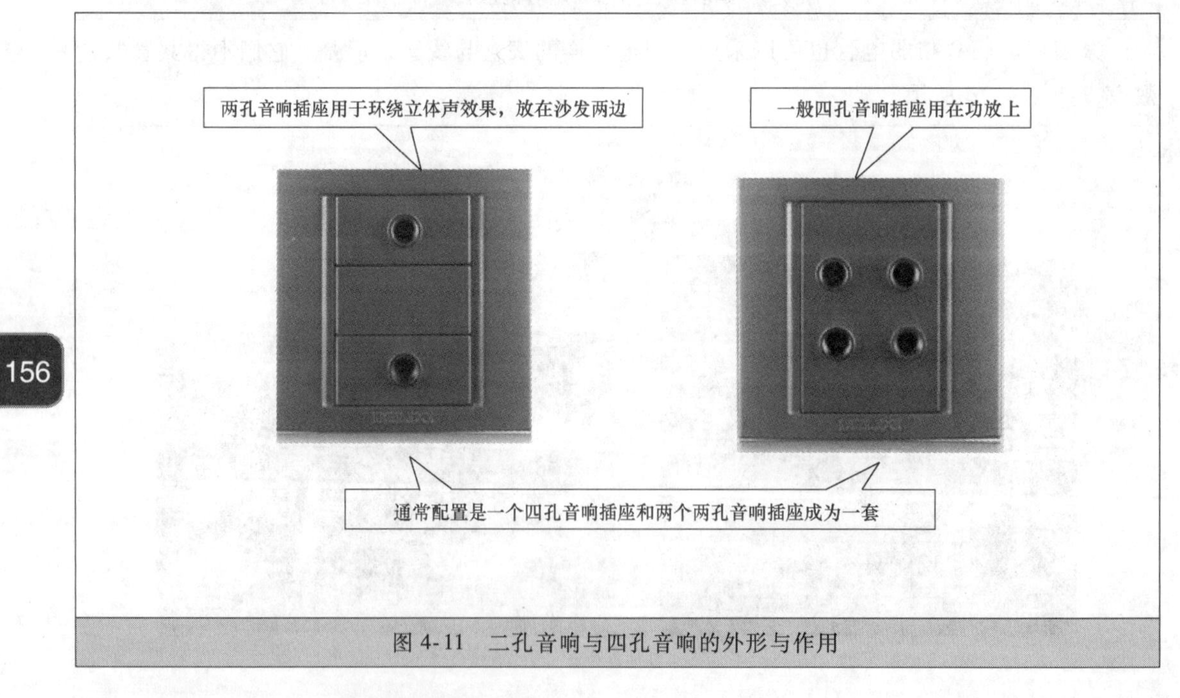

图 4-11　二孔音响与四孔音响的外形与作用

★4.2.2　单只扬声器扩声面积

单只扬声器扩声面积见表 4-3。

表 4-3 单只扬声器扩声面积

型号	规格	名称	扩声面积	备注
ZTY-1	3W	天花板扬声器	40~70m³	吊顶安装
ZTY-2	5W	天花板扬声器	60~110m²	较高吊顶安装
ZQY	3W	球形扬声器	30~60m²	吊顶、无吊顶安装
	5W	球形扬声器	50~100m²	特殊装饰效果的场合
ZYX-1A	3W	音箱	40~70m²	壁装
ZYX-1	5W	音箱	60~110m²	壁装
ZSZ-1	30W	草地扬声器	80~120m²	室外座装
ZMZ-1	20W	草地扬声器	60~100m²	室外座装

注：扬声器安装高度在3m以内。

★4.2.3 吸顶式扬声器

吸顶式扬声器，也就是天花板扬声器、吸顶喇叭。其可以适用于别墅、客厅、楼中楼、洗手间、厨房、咖啡厅、高级酒店、电教会议室、背景音乐广播系统、业务广播、消防广播等场所。

选择吸顶式扬声器需要考虑额定功率、灵敏度、频率响应、扬声器的辐射角、分布位置。目前大多数厂家生产的吸顶式扬声器辐射角大约是90°。

一般天花板高度为3~4m，扬声器间距为6~8m，覆盖面积达30~50m²。

吸顶式扬声器的安装方法与要点如下：首先根据选择的吸顶式扬声器的开孔尺寸在天花板上开好孔，然后安装好支架（木板天花板不需要安装支架），并将吸顶式扬声器装入即完成安装。

吸顶式扬声器的安装如图 4-12 所示。

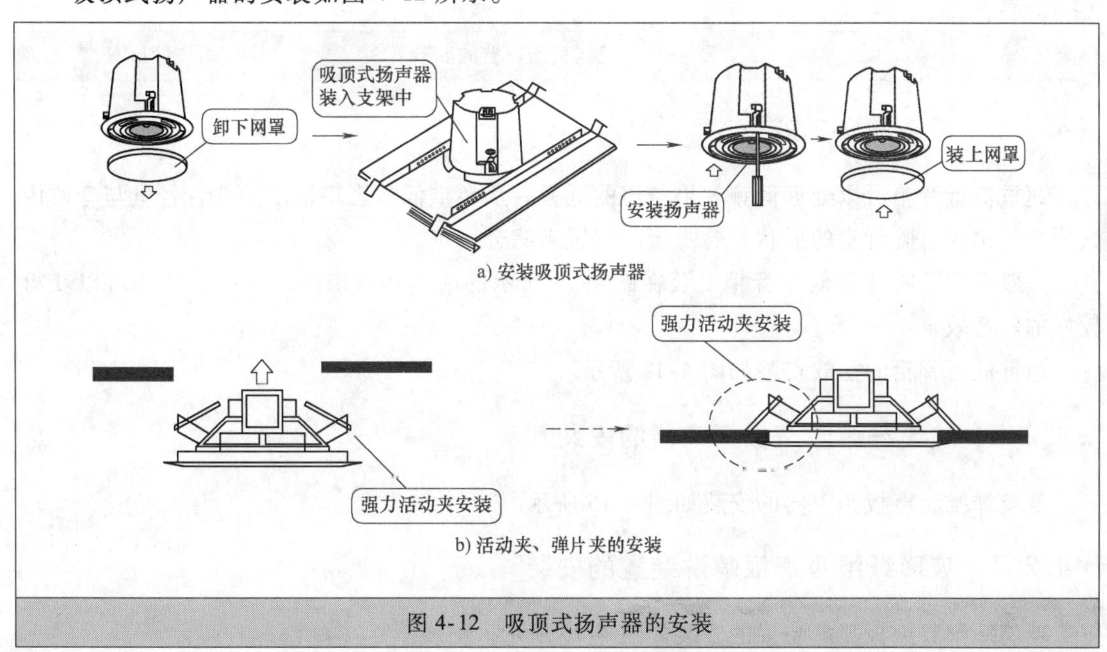

图 4-12 吸顶式扬声器的安装

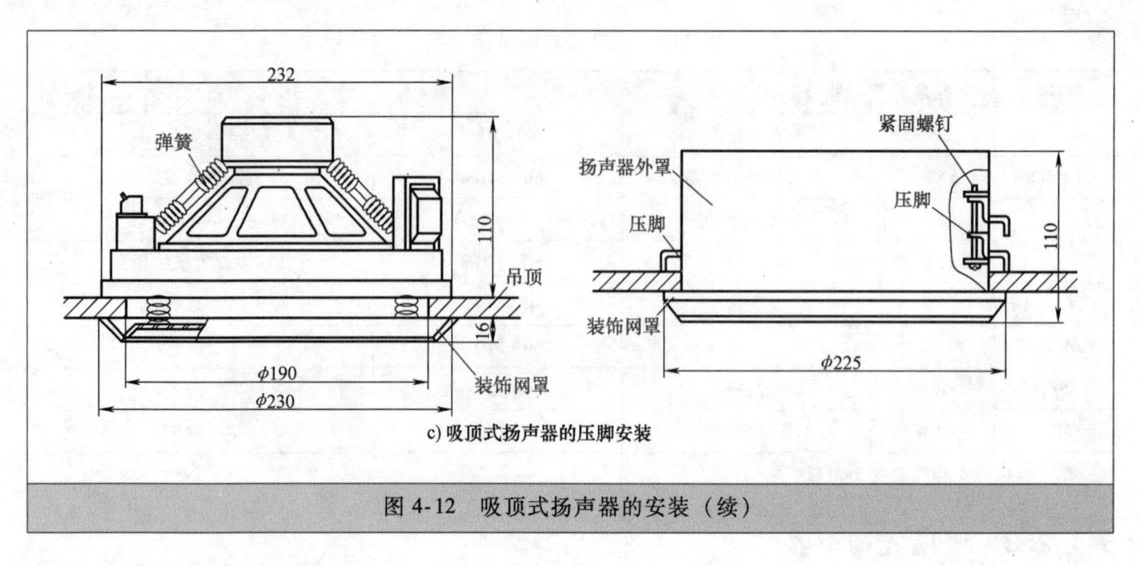

图 4-12　吸顶式扬声器的安装（续）

★4. 2. 4　壁挂式扬声器

壁挂式扬声器的安装如图 4-13 所示。

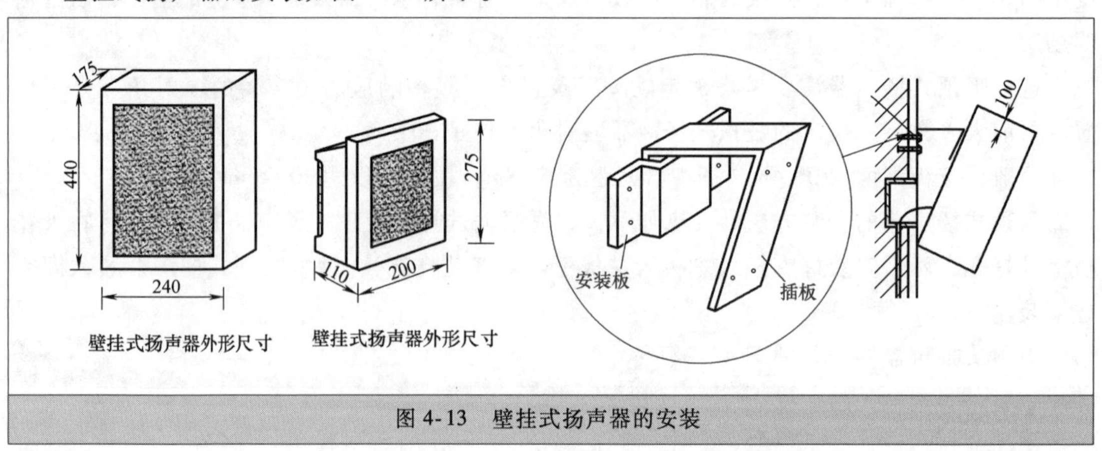

图 4-13　壁挂式扬声器的安装

★4. 2. 5　超重低音音箱

超重低音音箱可以处理低频效果信道的低音。从超重低音音箱输出的低音音量与音质由其所在的位置、聆听室的形状、聆听者的位置来综合决定。

一般而言，将超重低音音箱安装在图 4-14 所示的前墙角或墙的 1/3 处，这样可以获得较好的低音效果。

超重低音音箱的摆放安装如图 4-14 所示。

★4. 2. 6　玻璃纤维吸声板扬声器的安装

玻璃纤维吸声板扬声器的安装如图 4-15 所示。

★4. 2. 7　玻璃纤维吸声板喷淋装置的安装

玻璃纤维吸声板喷淋装置的安装如图 4-16 所示。

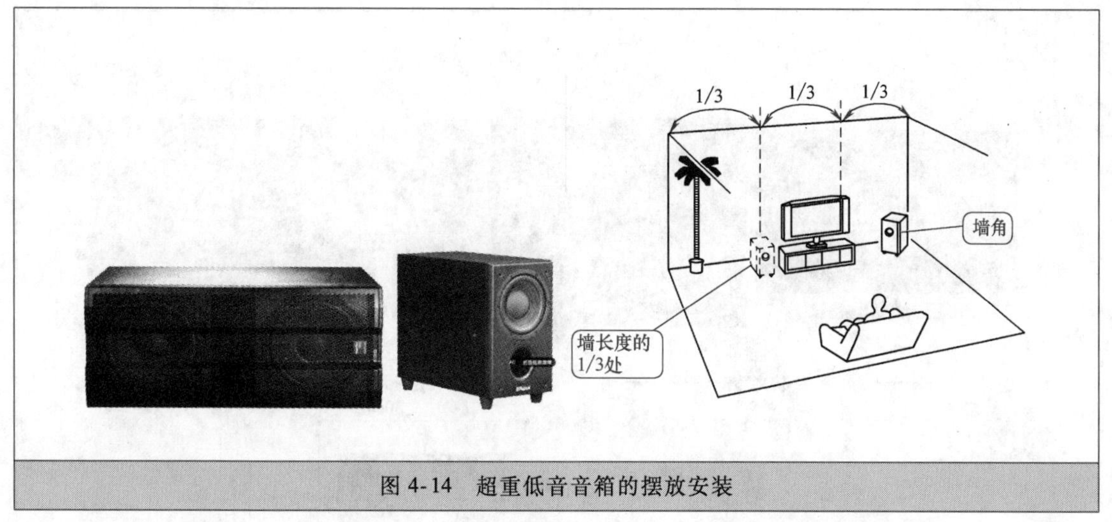

图 4-14 超重低音音箱的摆放安装

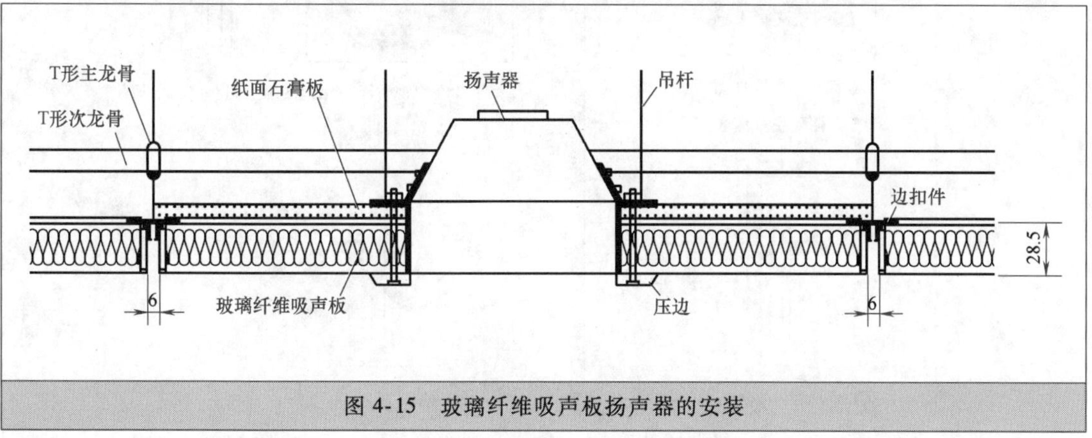

图 4-15 玻璃纤维吸声板扬声器的安装

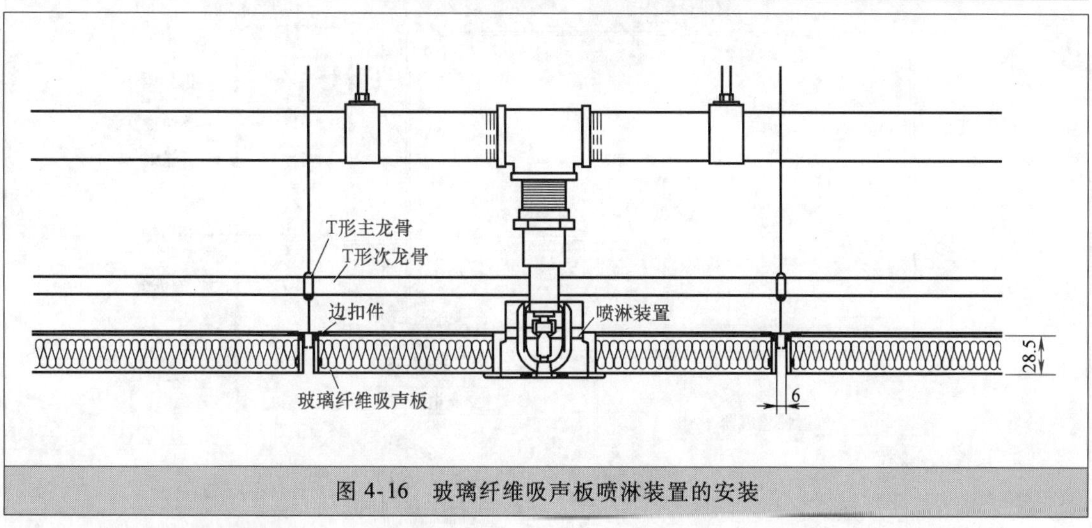

图 4-16 玻璃纤维吸声板喷淋装置的安装

★4.2.8 平板电视机

平板电视机的有关安装要求如图 4-17 所示。

平板电视机的有关安装要求见表 4-4。

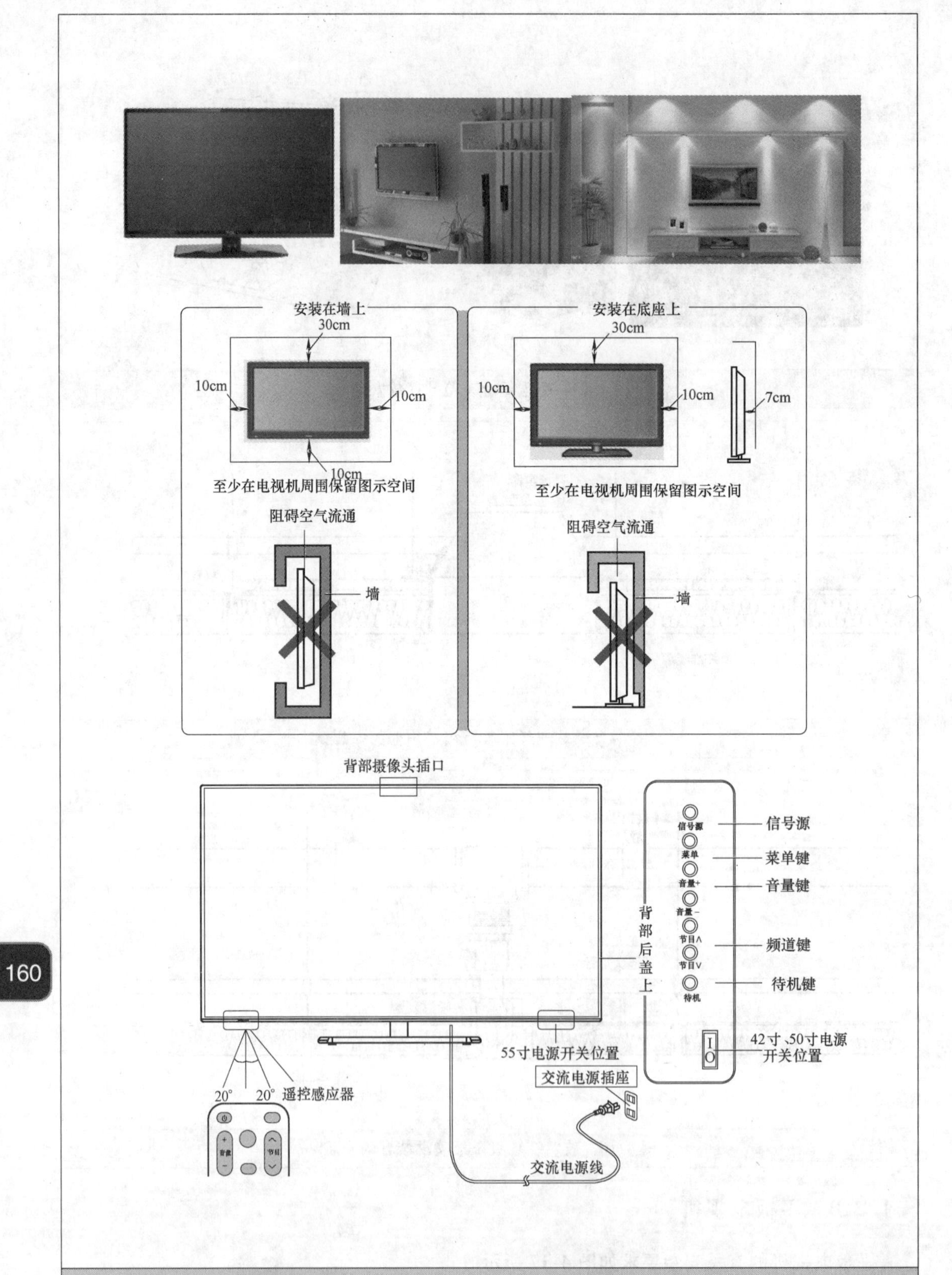

图 4-17　平板电视机的有关安装要求案例

表 4-4 平板电视机的有关安装要求

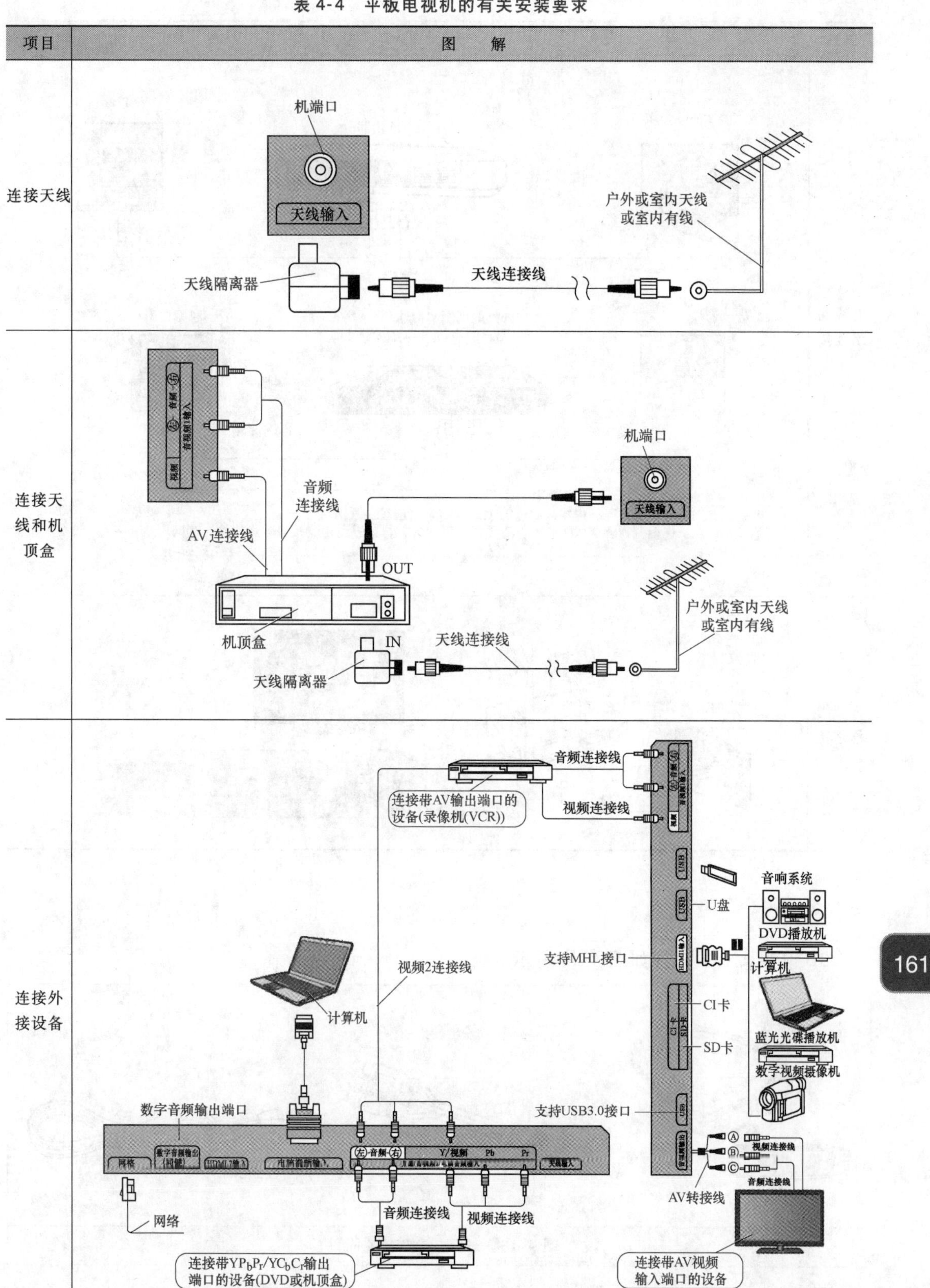

项目	图解
连接天线	
连接天线和机顶盒	
连接外接设备	

（续）

项目	图　　解
有线网络连接	墙上的LAN端口 路由器 机端口 网络 LAN缆线 墙上的调制解调器端口 外部的调制解调器 (ADSL/有线通/网通等) 机端口 网络 调制解调器缆线 LAN缆线 连接至有线路由器，通过墙上的LAN端口连接互联网 连接调制解调器(ADSL、有线通、网通等)，通过路由器拨号方式连接互联网
无线网络连接	无线路由器 墙上的LAN端口 LAN缆线 机已内置无线网络适配器，可以通过无线路由器直接接收网络信号，无需外接

★4.2.9　3D电视机

3D电视机有关附件如图4-18所示。

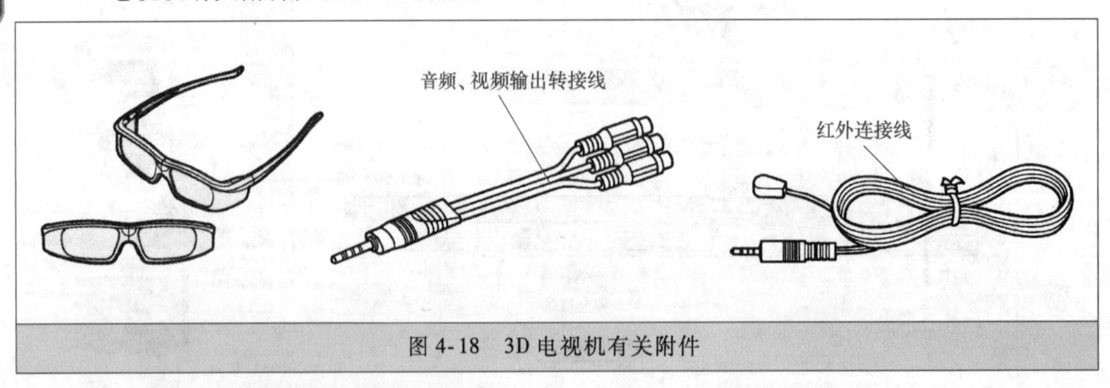

图4-18　3D电视机有关附件

3D电视机有关安装要求如图4-19所示。

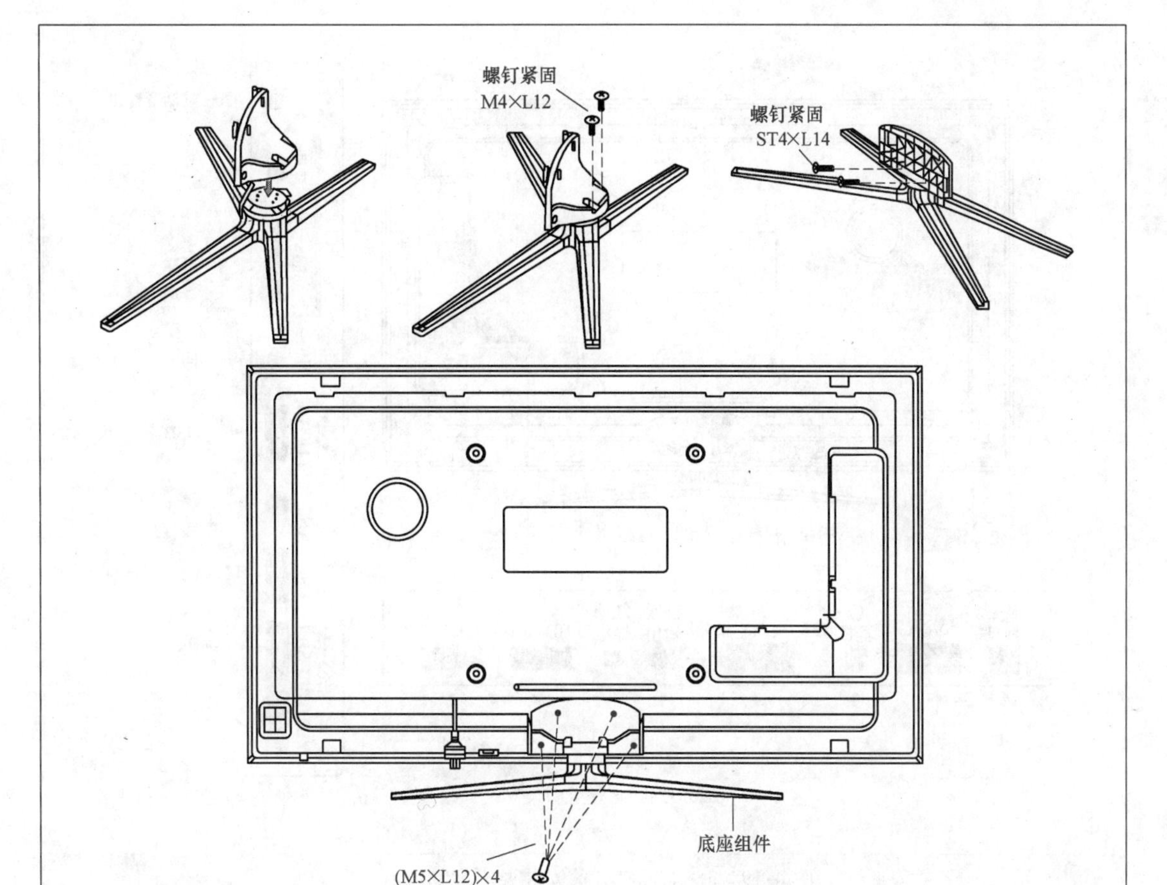

3D电视机底座安装

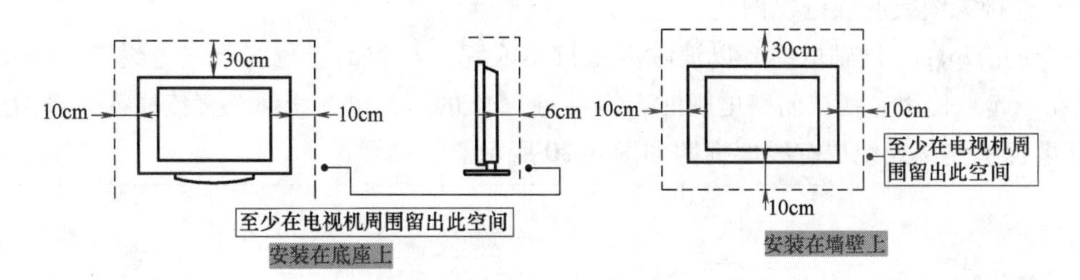

3D电视机周围留出通风空间，不得覆盖通风孔

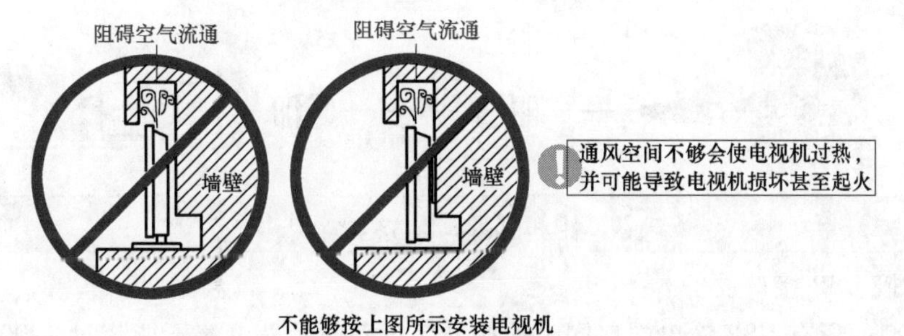

不能够按上图所示安装电视机

图 4-19 3D 电视机有关安装要求案例

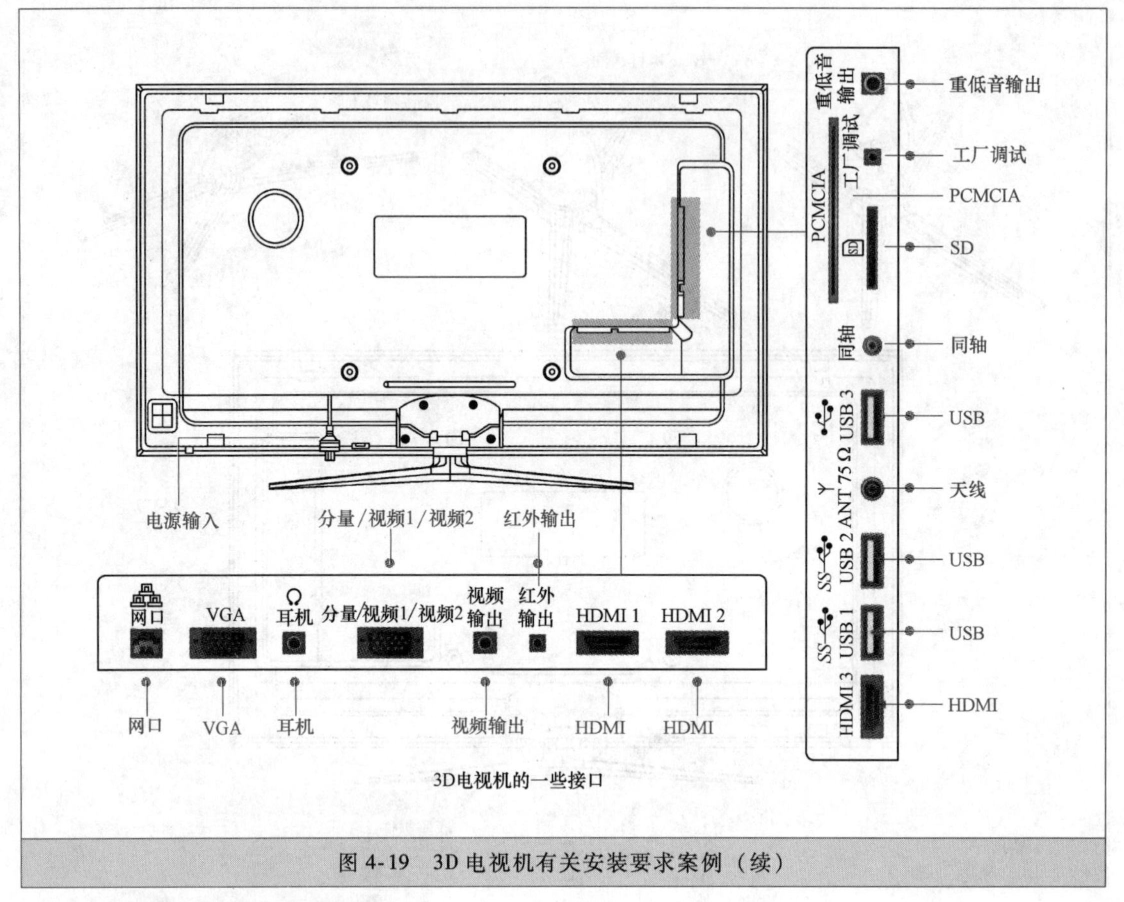

图 4-19　3D 电视机有关安装要求案例（续）

3D 电视机有关项目的安装如下：

（1）连接天线或有线电视网

最好使用 75Ω 的同轴电缆，以消除因阻抗不匹配而导致的干扰。天线电缆不应与电源线等捆在一起。使用有线或闭路电视时，需要将 75Ω 的同轴电缆线插头直接插入天线插座。

3D 电视机连接天线或有线电视网如图 4-20 所示。

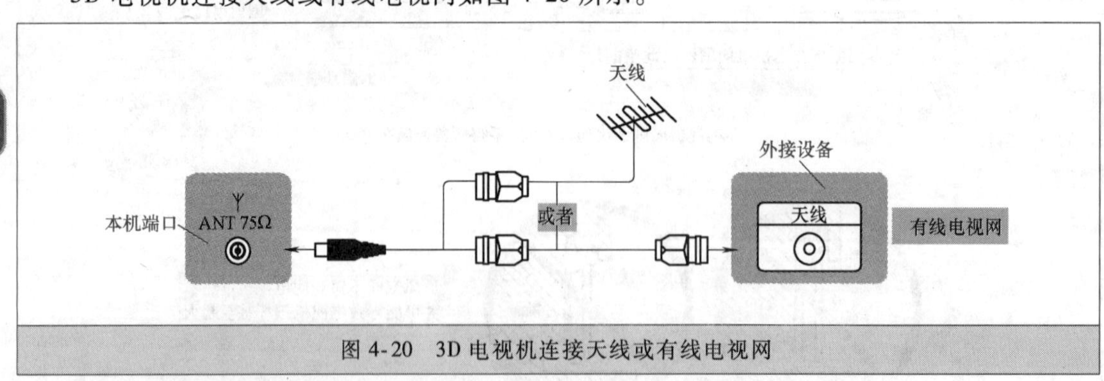

图 4-20　3D 电视机连接天线或有线电视网

（2）连接 USB 接口设备

有的机型的所有 USB 输出端口同时连接外接设备时的总电流不能超过 1200mA。如果超过输出电流限制，将造成电器故障。

3D 电视机连接 USB 接口设备如图 4-21 所示。

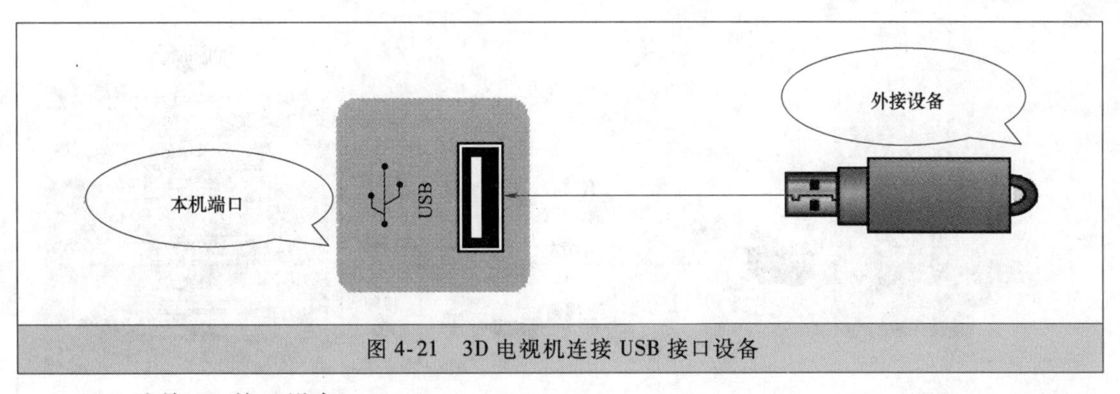

图 4-21 3D 电视机连接 USB 接口设备

（3）连接 SD 接口设备

3D 电视机连接 SD 接口设备如图 4-22 所示。

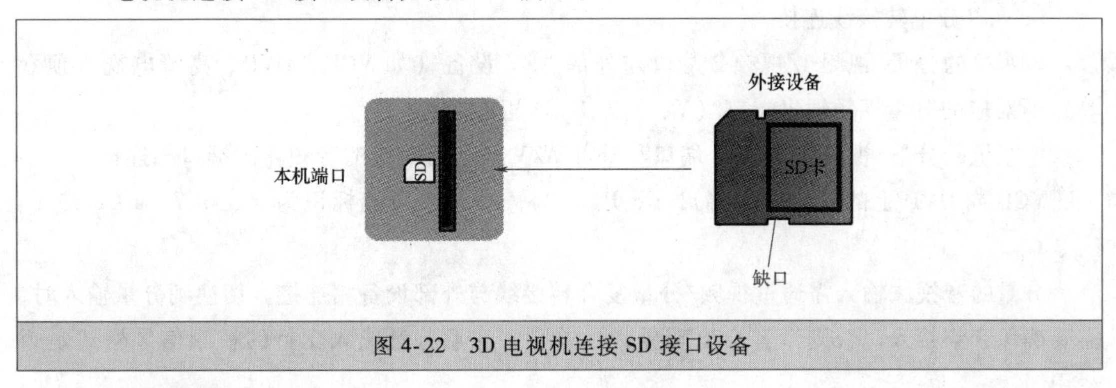

图 4-22 3D 电视机连接 SD 接口设备

（4）连接耳机

有的机型当连接耳机后，电视机的内置主音箱无声音输出。连接耳机为直接将耳机的端口接至电视机的耳机端口上。

3D 电视机连接耳机如图 4-23 所示。

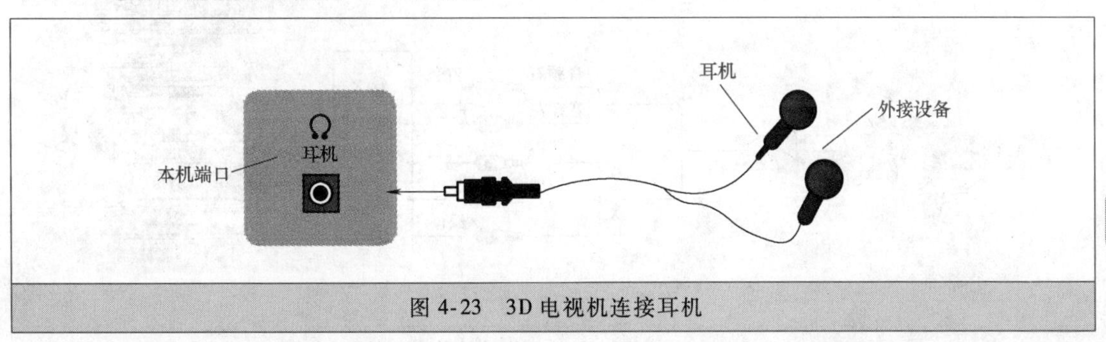

图 4-23 3D 电视机连接耳机

（5）连接 A/V 设备

以音视频线连接：电视机的分量/视频 1/视频 2 端口与外部 A/V 设备（如 VCD、DVD、录像机、摄像机等）的视频输出端口相连接。

电视机的分量/视频 1/视频 2 端口与外部 A/V 设备的音频输出端口（音频左和音频右）相连接。视频 1 和视频 2 的视频信号和音频左/右信号需要通过视频/分量复合转接线与外部设备相连。

3D 电视机连接 A/V 设备如图 4-24 所示。

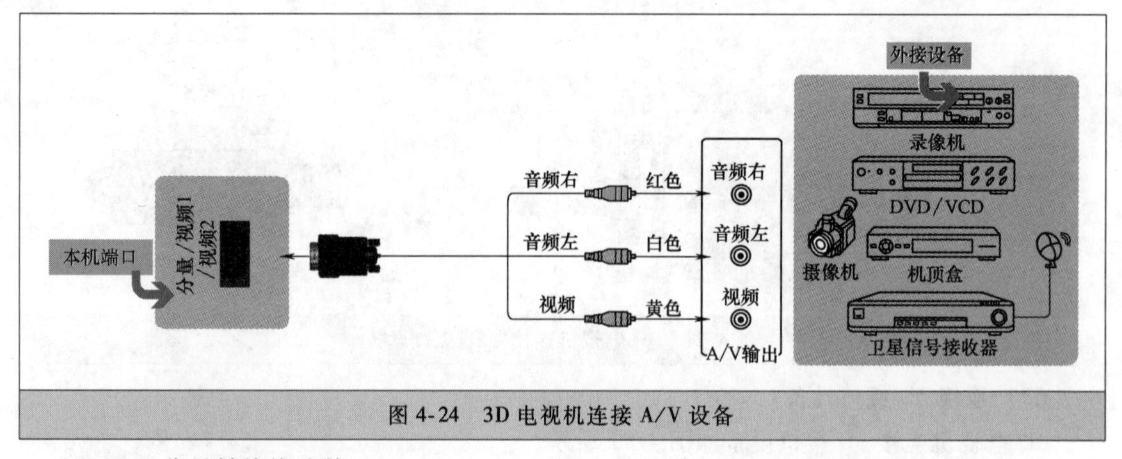

图 4-24　3D 电视机连接 A/V 设备

（6）以分量转接线连接

电视机的分量/视频 1/视频 2 端口与外部 A/V 设备（如 VCD、DVD、高清电视机顶盒等）所对应的分量视频输出端口（Y、P_B、P_R）相连接。

电视机的分量/视频 1/视频 2 端口与外部 A/V 设备所对应的音频输出端口相连接。

VCD 或 DVD 上的分量输出端口 Y、P_B、P_R，有时也可能标识为 Y、B-Y、R-Y 或 Y、C_B、C_R。

分量的音视频输入需通过视频/分量复合转接线与外部设备相连接。切换到分量输入时，需要确保音频接入，否则声音会出现异常。并且，注意分量输入支持的视频信号格式是否适用。

3D 电视机以分量转接线连接如图 4-25 所示。

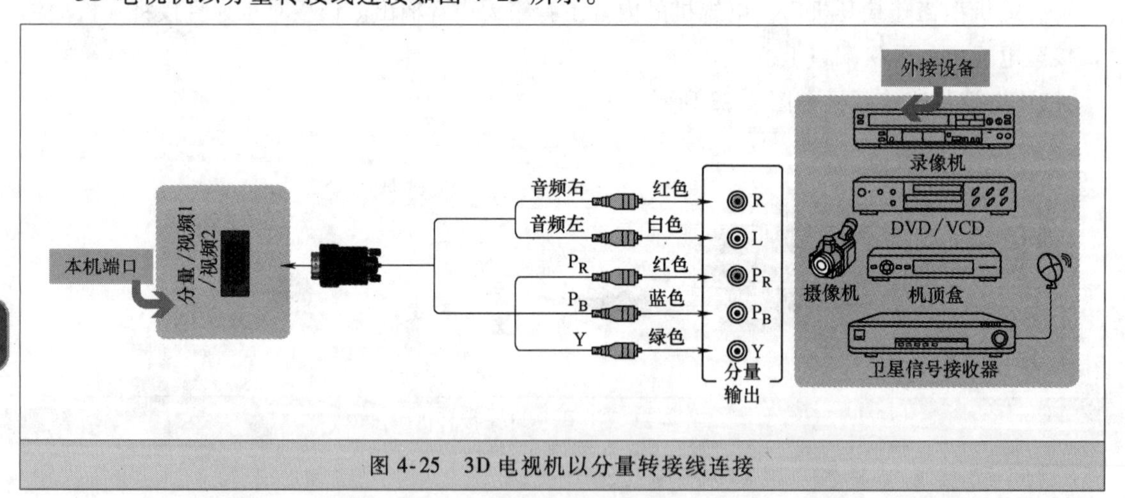

图 4-25　3D 电视机以分量转接线连接

以 HDMI 线连接：有 HDMI 端口，支持与其他设备（DVD、机顶盒、AV 接收器和数字电视等）间的 HDMI 连接。HDMI 发送设备到 HDMI 接收设备间的连接无需单独的伴音线缆。通过 HDMI 连接其他设备时，需要确认传输的信号是 HDMI 支持的信号格式。否则，可能导致图像失真或无图像。

HDMI 向下兼容 DVI（数字视频接口）时，根据 HDCP 版权保护的内容要求，HDMI 和 DVI 两种设备都支持 HDCP 才能正常观看视频内容，需要确认 DVI 是否支持 HDCP。

3D 电视机 HDMI 连接如图 4-26 所示。

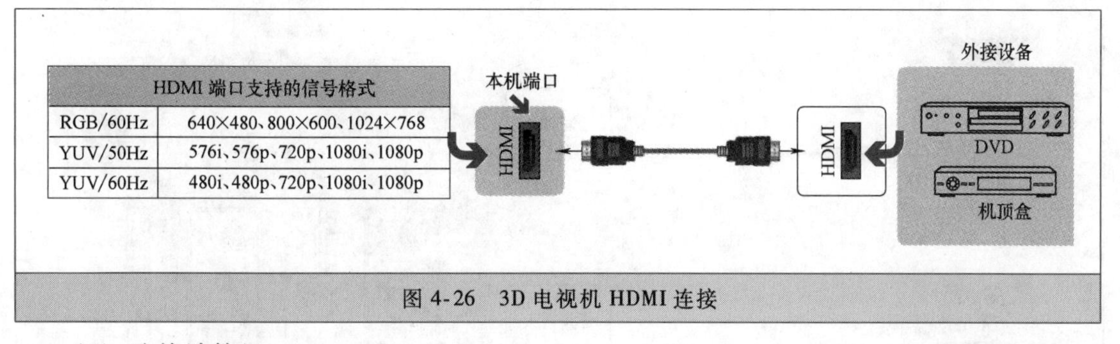

HDMI 端口支持的信号格式	
RGB/60Hz	640×480、800×600、1024×768
YUV/50Hz	576i、576p、720p、1080i、1080p
YUV/60Hz	480i、480p、720p、1080i、1080p

图 4-26 3D 电视机 HDMI 连接

（7）连接计算机

D-sub15 针 RGB 计算机标准端口，可以将 VGA 端口与计算机主机的 VGA 端口相连接。然后将分量/视频 1/视频 2 端口与计算机声卡的音频输出端口相连接。VGA 的音频输入端口与分量的音频输入端口复用。切换到 VGA 时，需要确保音频接入，否则声音会出现异常。

3D 电视机连接如图 4-27 所示。

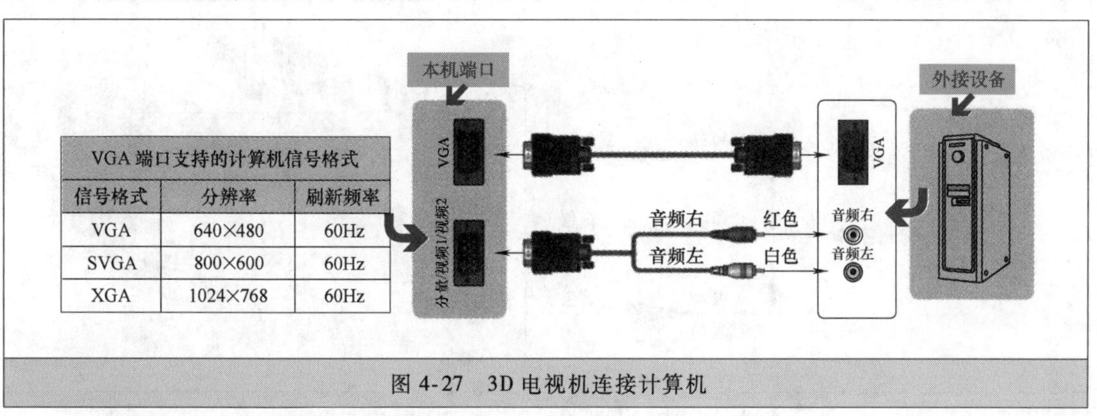

VGA 端口支持的计算机信号格式		
信号格式	分辨率	刷新频率
VGA	640×480	60Hz
SVGA	800×600	60Hz
XGA	1024×768	60Hz

图 4-27 3D 电视机连接计算机

（8）连接外置扬声器

使用同轴线将电视机的同轴端口接到音响功放的同轴端口，也可以使用音视频输出转接线将电视机的音视频输出端口接到音响功放的同轴端口，再通过功放连接外置扬声器。

使用音频线将电视机的重低音输出端口接到重低音箱的音频输入端口。当连接外置扬声器时，电视机伴音是通过音频连接线输出到其他的扬声器，电视机本身的内置扬声器无声音输出。此时，需要确保将外置扬声器的开关打开。

连接外置扬声器前，需要将电视机及外置扬声器的声音降低。

重低音输出端口一般是专用无源音箱，输出功率是一定的，例如为 18W/8Ω。如果连接其他音响设备，可能造成损坏。

3D 电视机连接外置扬声器如图 4-28 所示。

（9）连接电视监视器或录像机

视频输出端口与外部电视监视器或录像机的视频输入端口相连接。视频输出端口与外部电视监视器或录像机的音频输入端口（音频左和音频右）相连接。视频信号和音频左/右信号需要通过音视频输出转接线与外部设备相连。

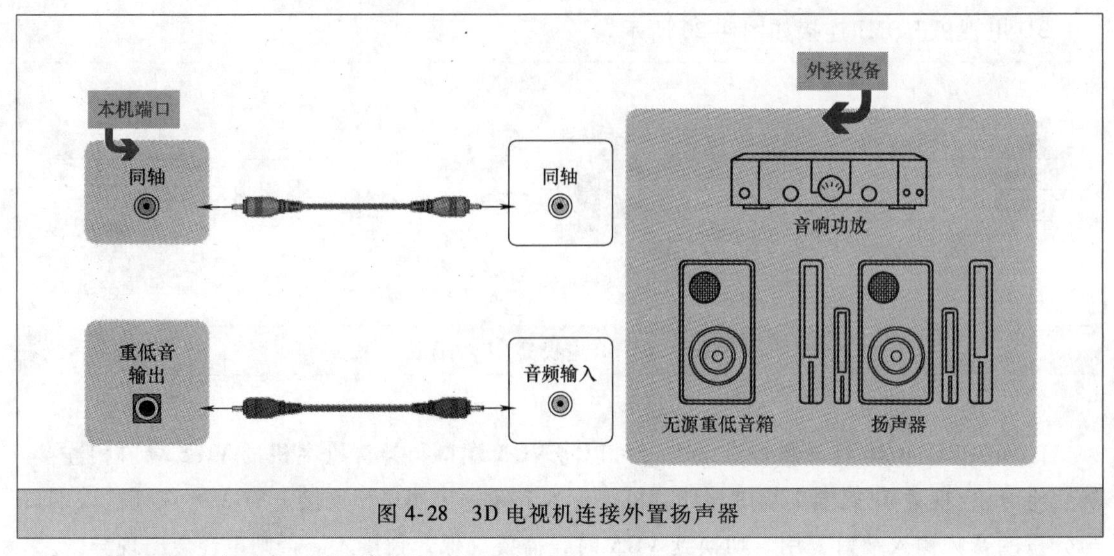

图 4-28　3D 电视机连接外置扬声器

3D 电视机连接电视监视器或录像机如图 4-29 所示。

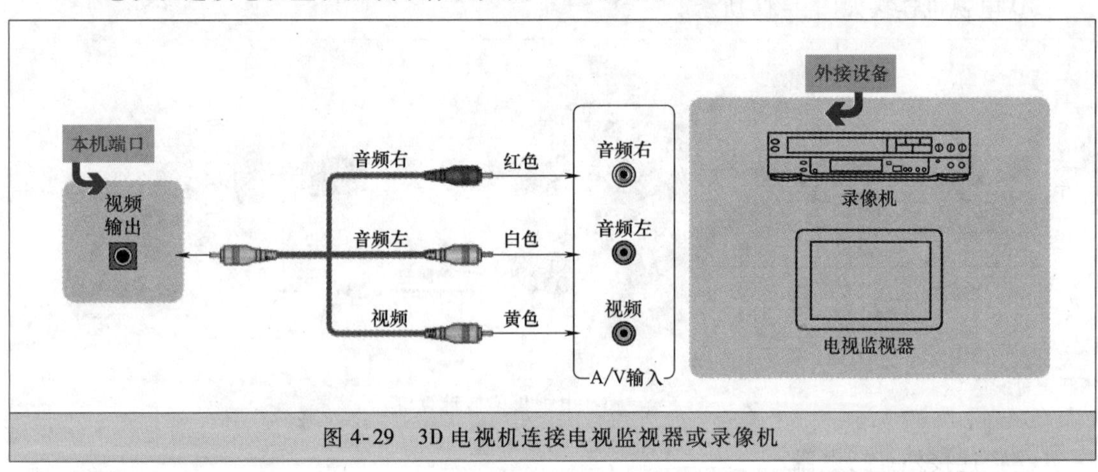

图 4-29　3D 电视机连接电视监视器或录像机

（10）连接红外设备

使用红外转接线将电视机的红外输出端口接到机顶盒的遥控接收窗，需将红外发射头连到机顶盒上的遥控接收窗。

3D 电视机连接红外设备如图 4-30 所示。

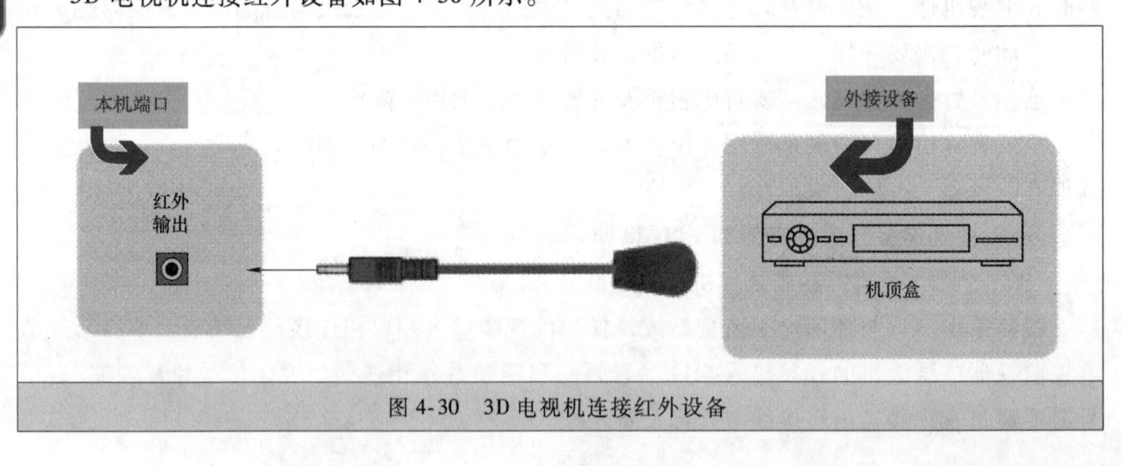

图 4-30　3D 电视机连接红外设备

某些外接设备可能因个体差异导致无法与电视机连接。如果遇到这种情况，则需要更换合适的信号线或增加与端口相匹配的转接线。

3D 电视机常见端口的特点见表 4-5。

表 4-5 3D 电视机常见端口的特点

端口名称	功能说明
天线	可以连接天线或者有线电视网
PCMCIA	可以与相应的智能卡通信，解密已购买的加密电视节目，以及提供一个交互界面，从而能够通过不同的智能卡得到相应的反馈信息，例如生产厂家、解智能卡卡号等
USB	USB 标准接口，可以接 USB1.1、USB2.0、USB3.0 的标准设备，包括硬盘、U 盘等
VGA	可以连接个人计算机或者其他有 VGA 端口的外接设备
HDMI	HDMI 又称为高清晰多媒体接口，是更新一代接口，使用一根电缆便可传输数字音频信号和视频信号，无需压缩。HDMI 支持多声道数字音频，可连接有 HDMI 端口的外接设备，例如机顶盒、蓝光播放器、A/V 设备等
分量/视频 1/视频 2	可以连接有高清信号或视频输出的设备，例如机顶盒、高清播放器等
网口	可以连接网线登录因特网
视频输出	可以连接有视频输入功能的外接设备，将电视机正在播放的 TV 或视频信号传输到外接设备
同轴	主要提供数字音频信号的传输，可以连接音响系统
耳机	可以连接耳机
SD	可以插入 SD 卡，不同的具体机型支持的 SD 卡最大容量不同
红外输出	进行多屏互动时，可以用于控制数字电视机顶盒
重低音输出	可以连接无源重低音箱
工厂调试	工厂调试工装使用，不要插入任何信号线

★4.2.10 蓝光视盘机

蓝光视盘机一般为两相插头，如图 4-31 所示。

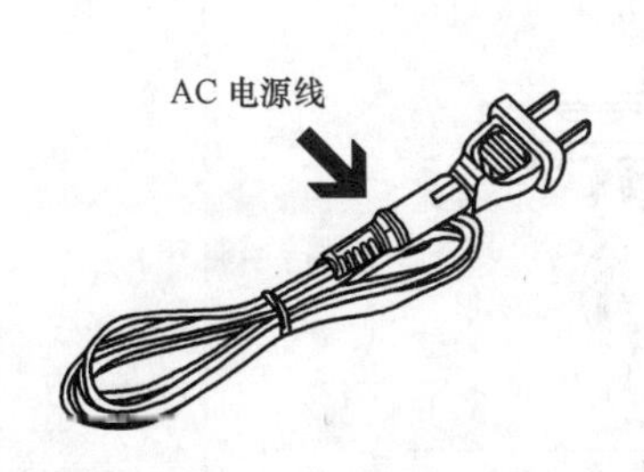

图 4-31 蓝光视盘机插头

蓝光视盘机的有关连接见表 4-6。

表 4-6 蓝光视盘机的有关连接

<table>
<tr><th>项目</th><th colspan="2">图　　解</th></tr>
<tr><td>连接到电视机</td><td colspan="2">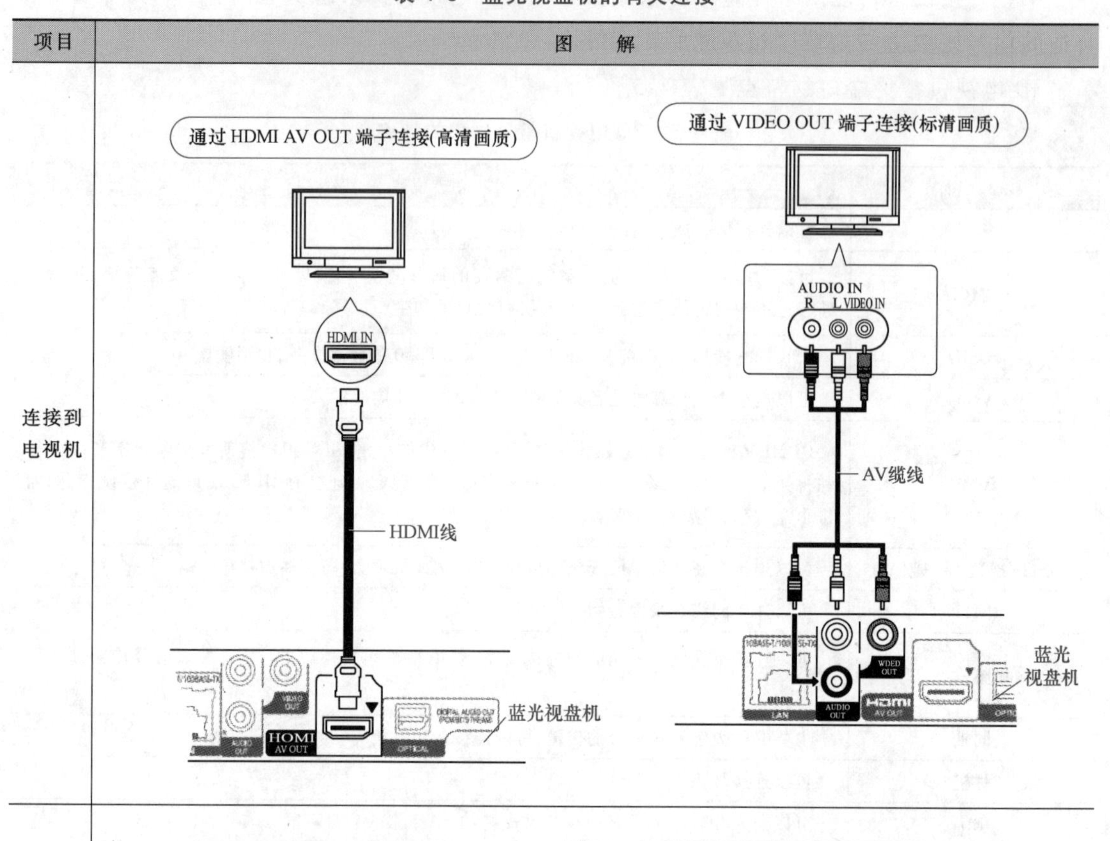
</td></tr>
<tr><td>连接到AV 功放</td><td>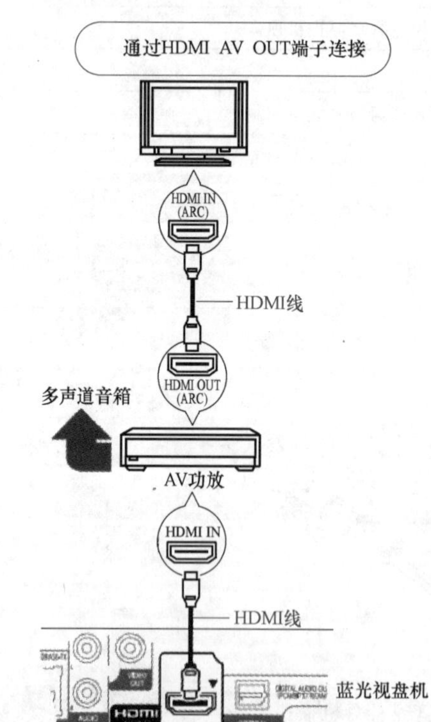
</td><td>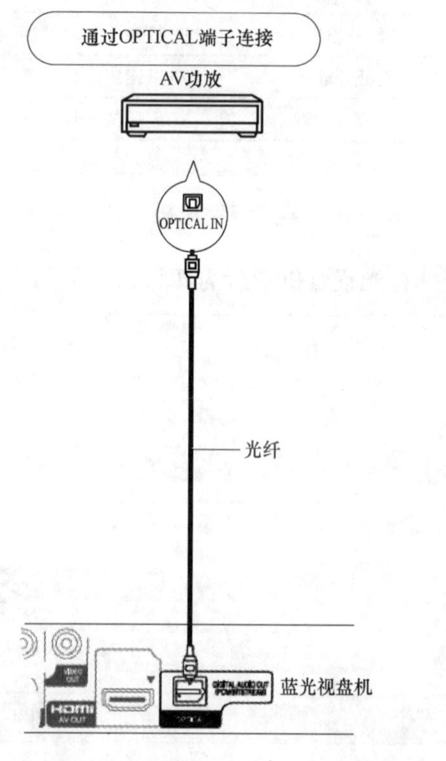
</td></tr>
</table>

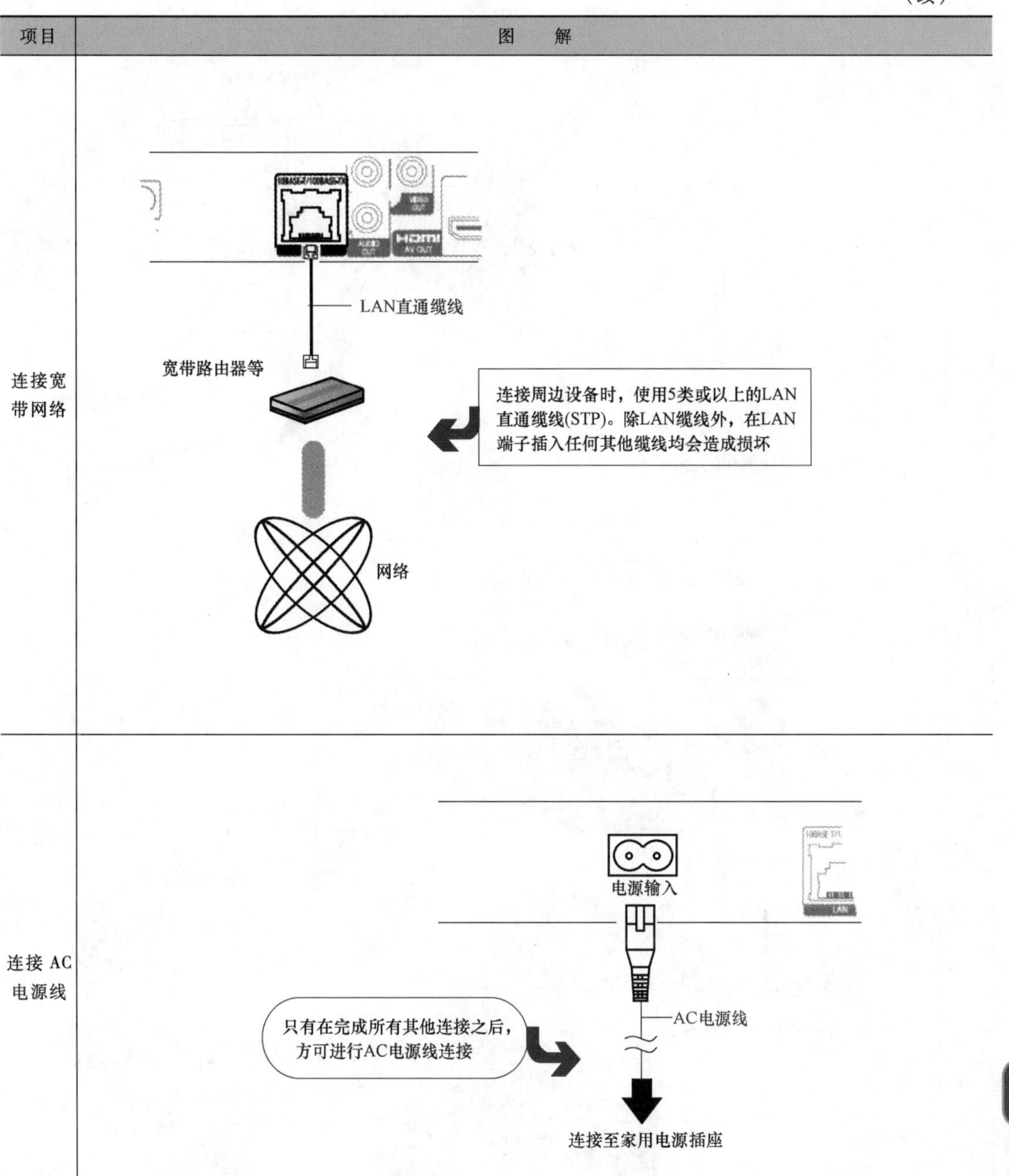

★4.2.11 音响

迷你音响安装与连接如图4-32所示。

★4.2.12 家庭影院

家庭影院（案例1）安装与连接如图4-33所示。

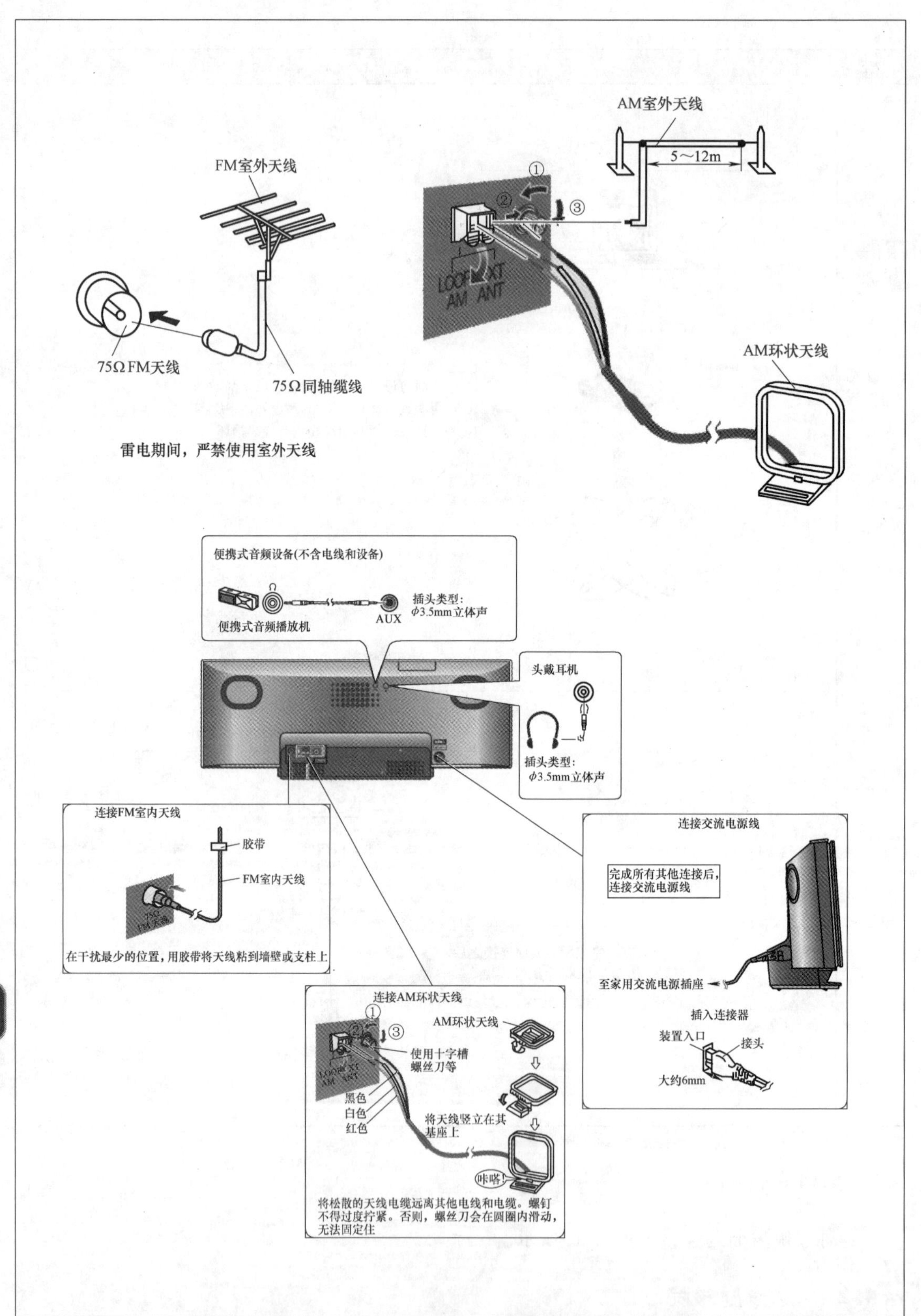

图 4-32　迷你音响安装与连接

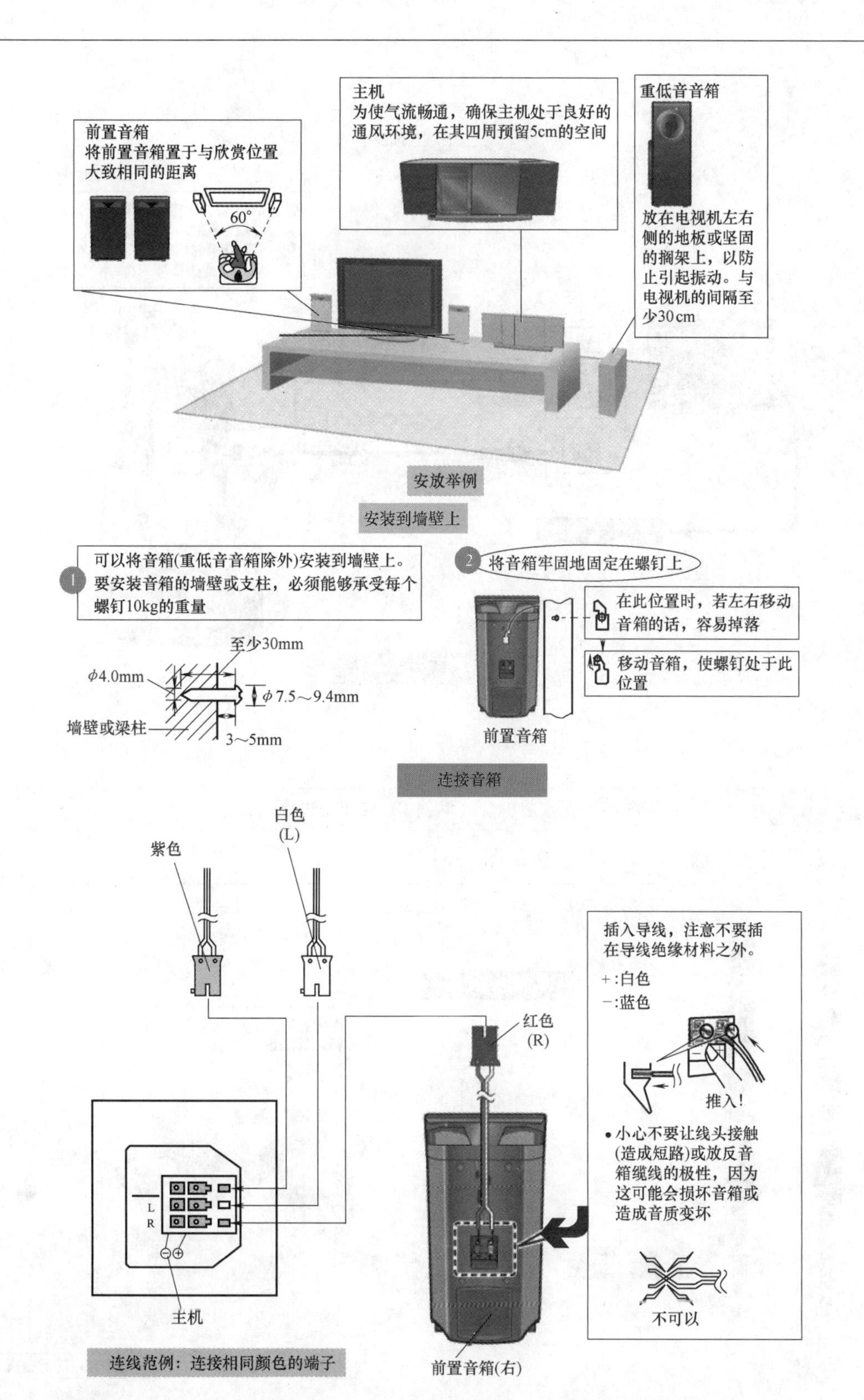

图 4-33 家庭影院（案例 1）安装与连接

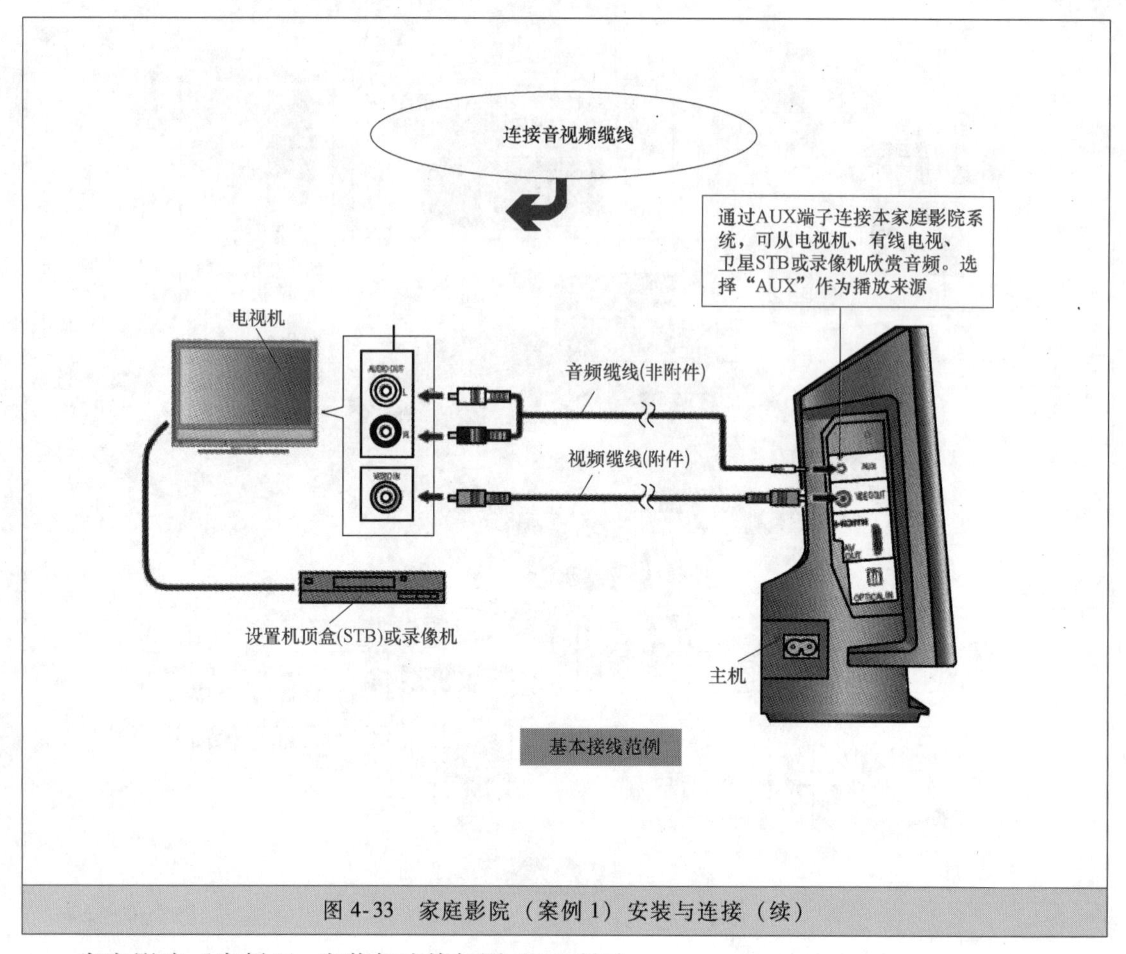

图 4-33　家庭影院（案例 1）安装与连接（续）

家庭影院（案例 2）安装与连接如图 4-34 所示。

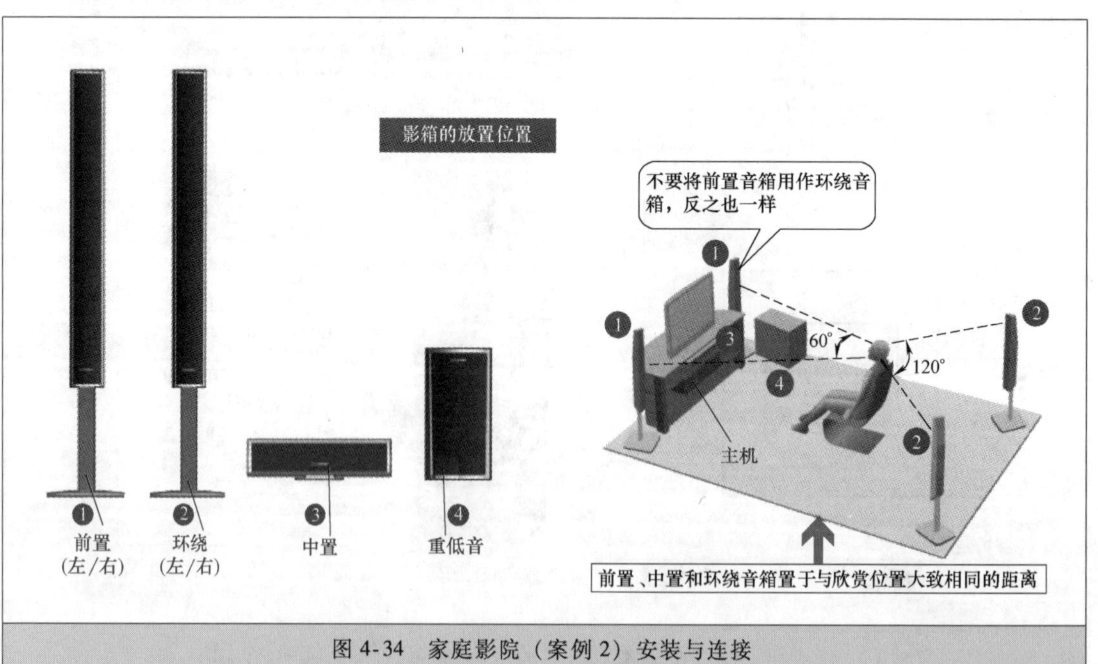

图 4-34　家庭影院（案例 2）安装与连接

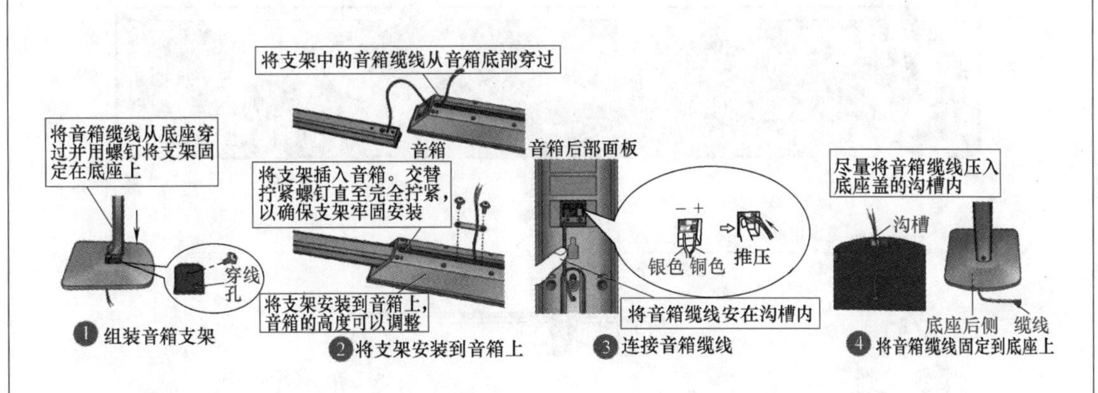

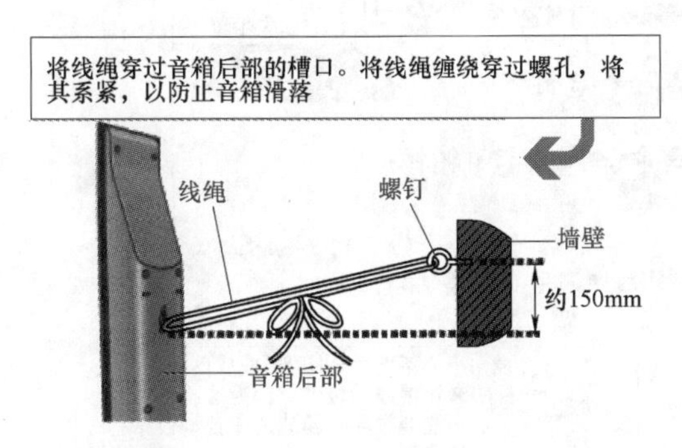

防止音箱倾倒

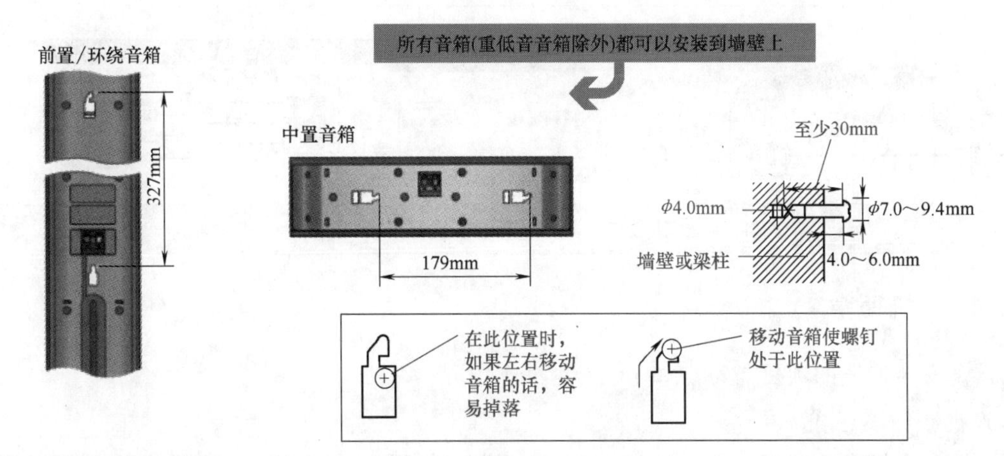

图 4-34　家庭影院（案例 2）安装与连接（续）

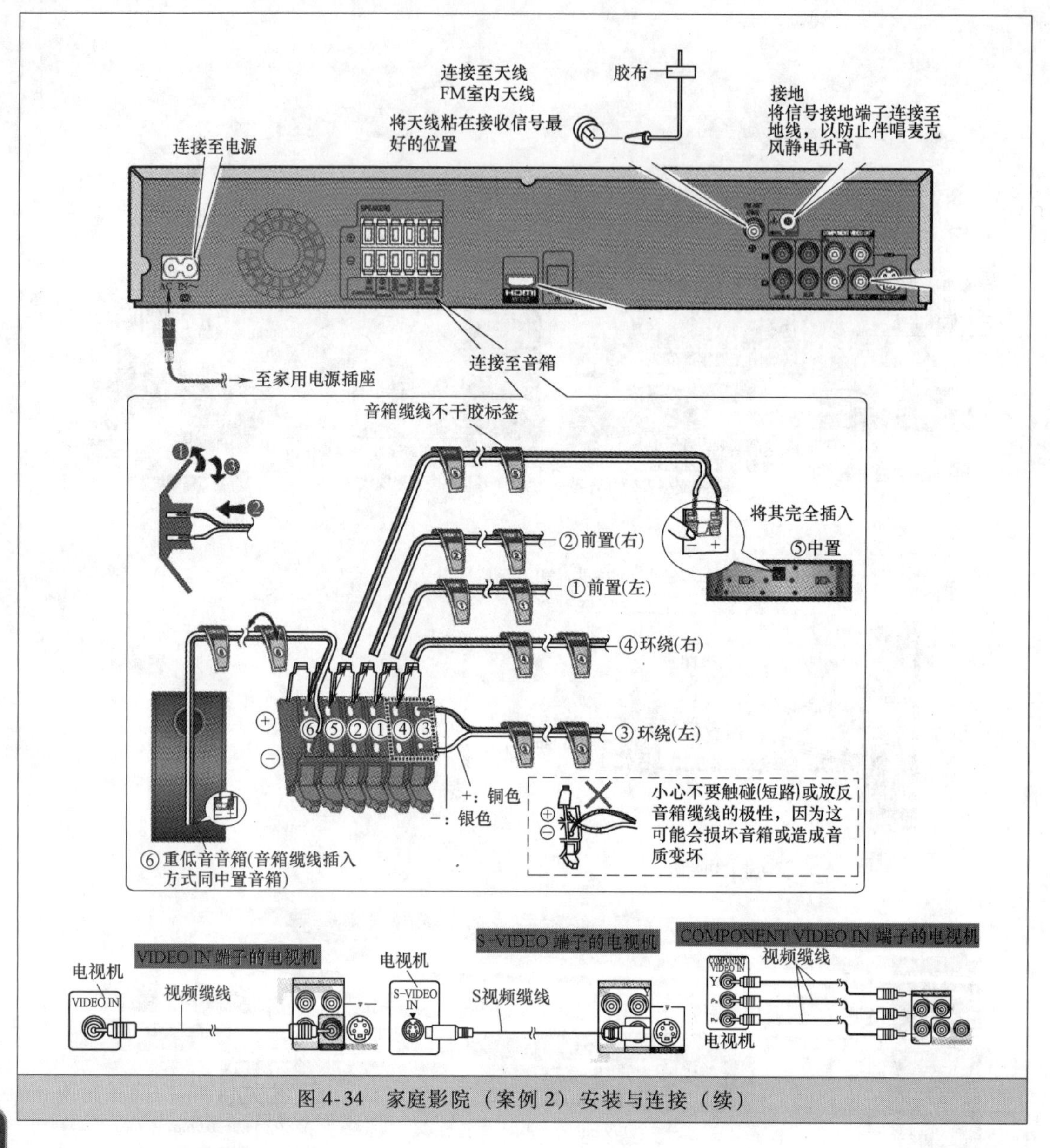

图 4-34　家庭影院（案例 2）安装与连接（续）

★4. 2. 13　机顶盒

机顶盒安装连线的项目与特点如下：

（1）视频输出连线

有的机顶盒提供两种视频输出的连接方法。第一种 AV（复合视频），提供给老式电视机使用。第二种 HDMI（高清输出端子），提供给高清电视机使用。

以上两种视频连线方式，可以根据电视机、显示器、投影仪等显示设备支持的输入端口任选用一种即可。

（2）视频输出连线

有的机顶盒提供两种音频输出连接方法。第一种左右声道输出（有的机顶盒为红白端

子)，该端口可以连接电视、功放等有立体声输入的设备，配合 AV 端子使用。第二种 HDMI 音频，直接接入高清电视机，声音直接输出。

以上两种连线方式，任意接一种声音输入设备均有声音输出。

(3) 其他端口连接

其他端口连接包括 USB、SD 卡座及 LAN 网络。

USB 接口：能够接入 USB 的存储设备，例如 U 盘、移动硬盘等。能够接入 USB 鼠标、键盘、2.4G 无线鼠标套装、空中飞鼠等 HID 设备。

LAN 接口：能够接入路由器、Modem 等设备，如果接入了 WiFi 无线，该端口可以不接。

SD 卡：可以直接接 SD 卡，设备能直接读取 SD 卡内容。

机顶盒安装连线如图 4-35 所示。

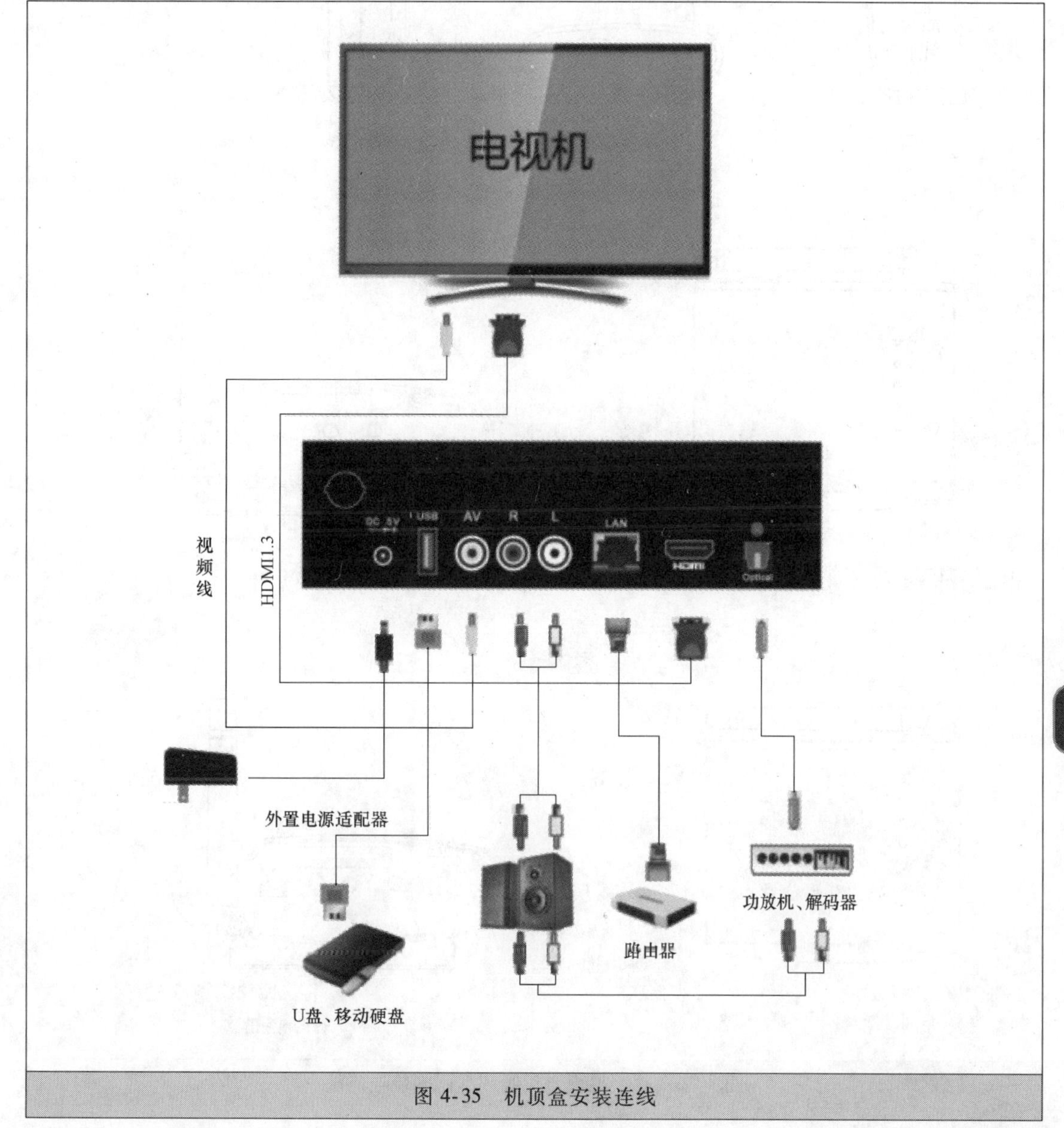

图 4-35 机顶盒安装连线

★4.2.14 数字机顶盒无线共享器

数字机顶盒无线共享器安装与连接如图4-36所示。

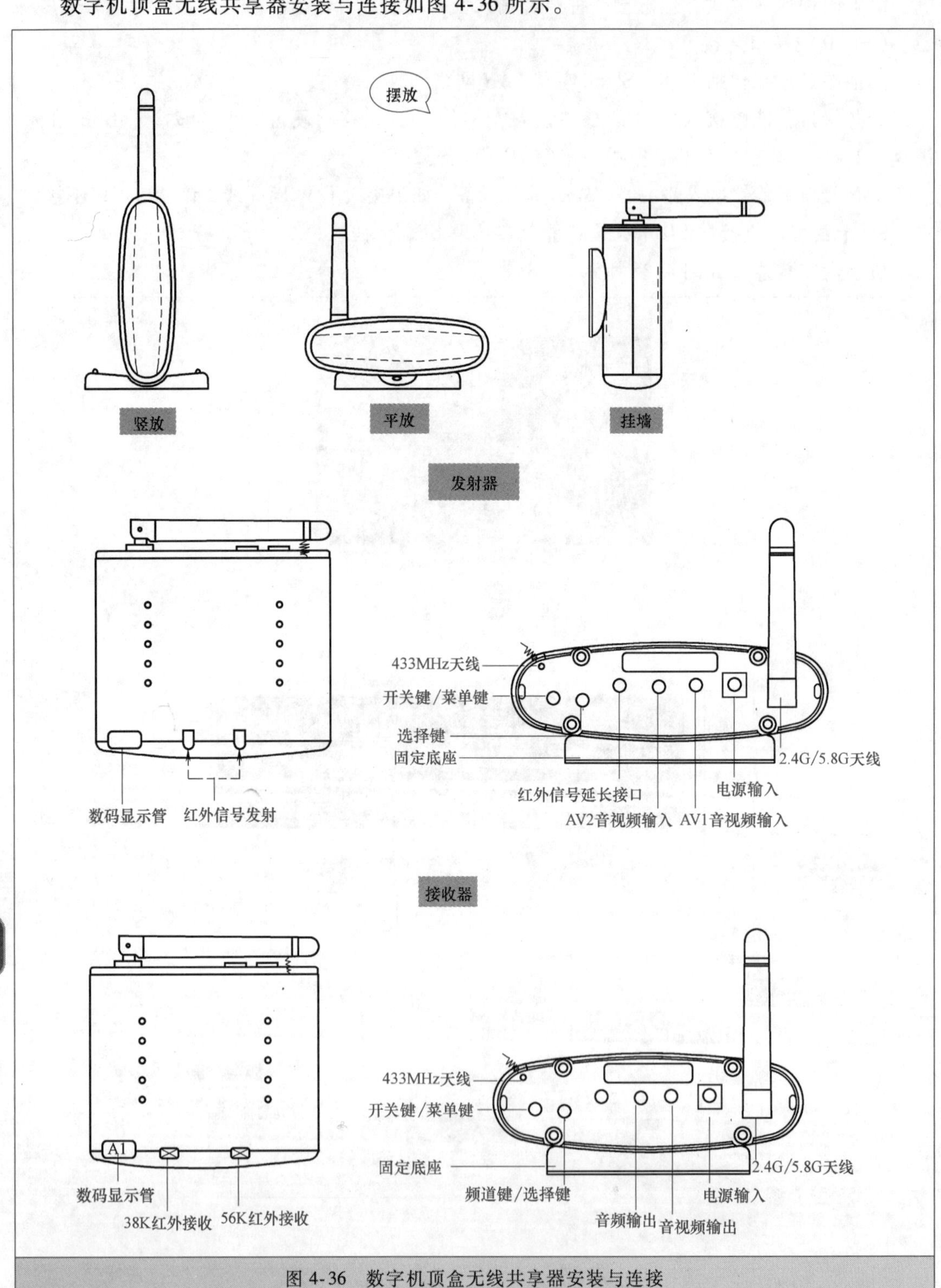

图4-36 数字机顶盒无线共享器安装与连接

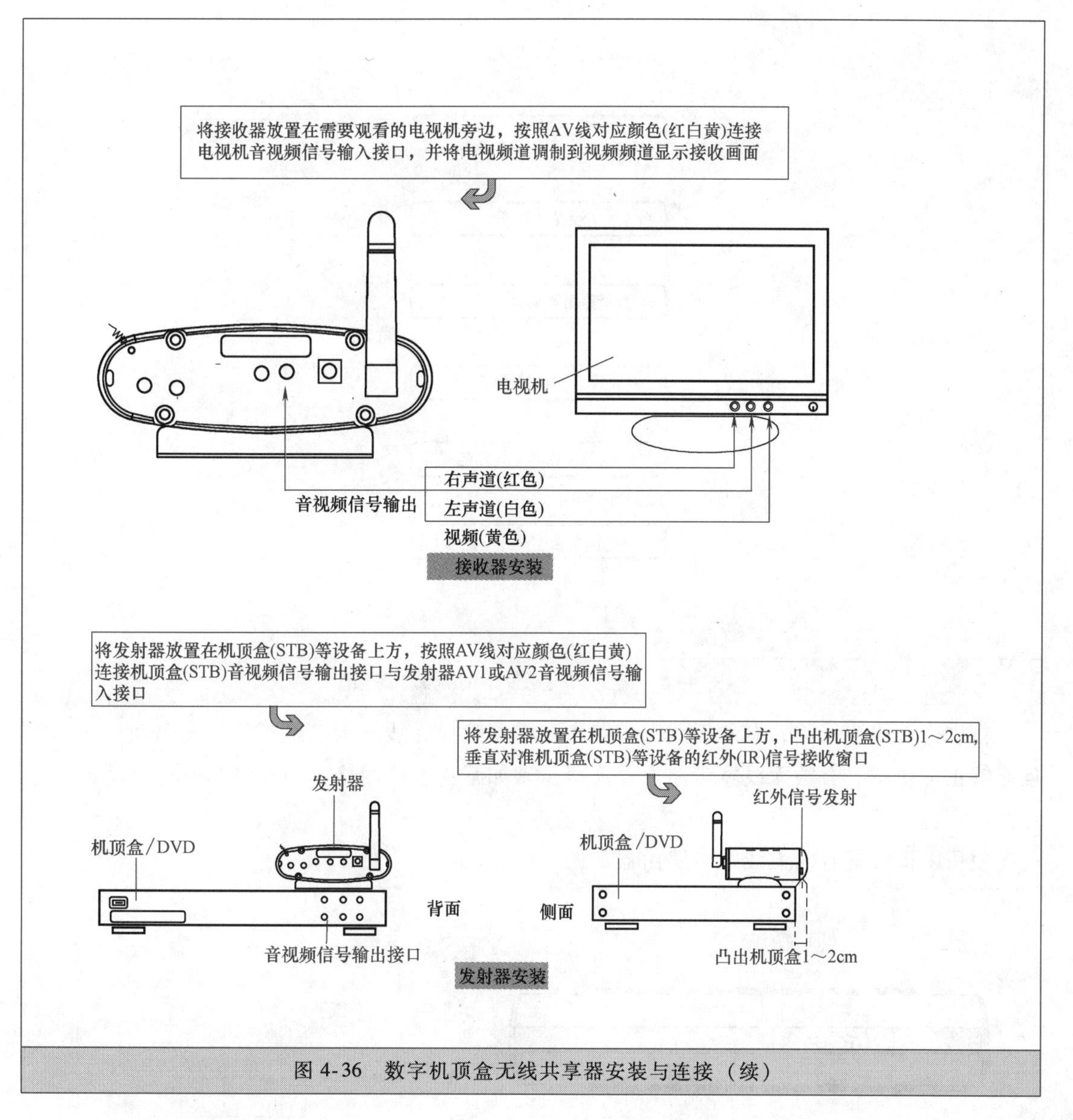

图 4-36 数字机顶盒无线共享器安装与连接（续）

★4.2.15 无线宽带路由器

宽带路由器需要放置于水平平坦表面，周围环境干燥、灰尘少、通风。选择开阔空间，使计算机和设备间没有阻挡物，例如水泥墙、木板墙等阻挡物会影响无线网络的无线信号传输效果。确保设备及计算机远离具有强磁场或强电场的电器，例如微波炉等。

有的无线宽带路由器恢复默认按钮的特点：在路由器通电的情况下，按压该按钮直到电源指示灯连续闪烁三四次（总共大概 10s 或稍微长一点时间），则会自动恢复出厂设置。

有的无线宽带路由器安装流程如图 4-37 所示。

有的无线宽带路由器硬件连接部分分为使用网线连接路由器（有线连接）、通过无线连接路由器（无线连接）。

有的无线宽带路由器的特点与硬件连接如图 4-38 所示。

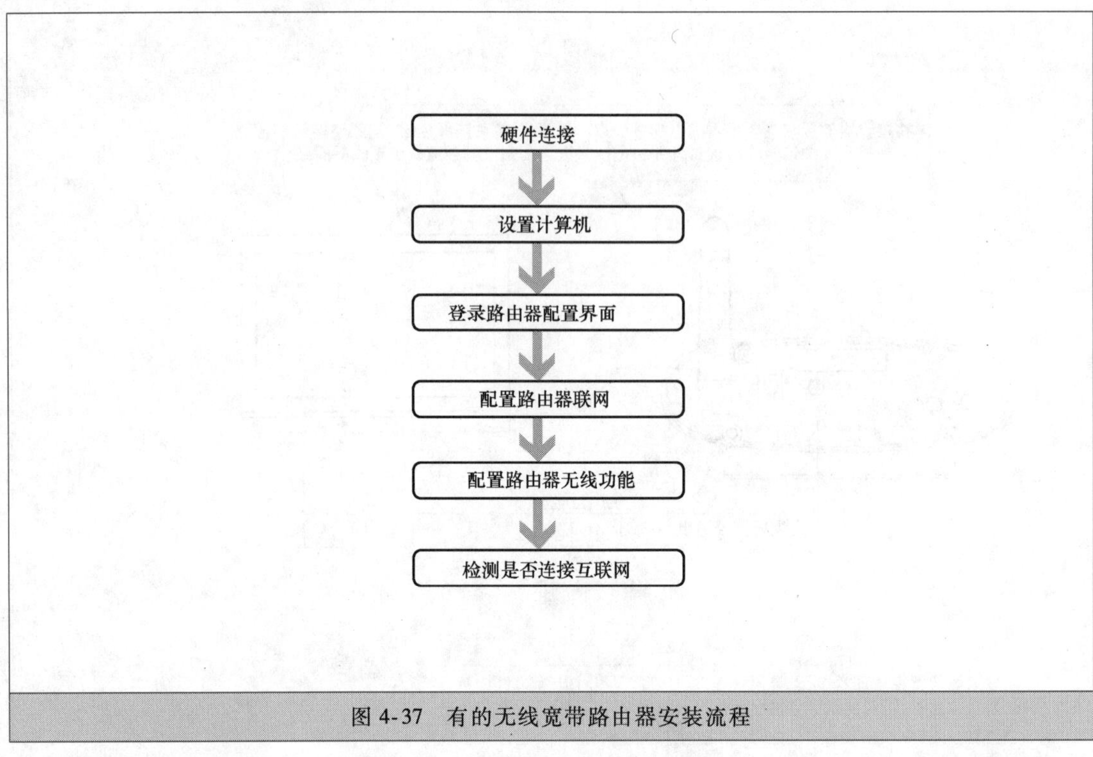

图 4-37　有的无线宽带路由器安装流程

在进行无线连接前，有的无线宽带路由器需要确保无线网卡已经正确安装驱动程序，并且能够正常使用。有的无线宽带路由器连接步骤如下：连接网络→连接电源→连接设备→检查指示灯。

使用手机设置有的无线宽带路由器如图 4-39 所示。

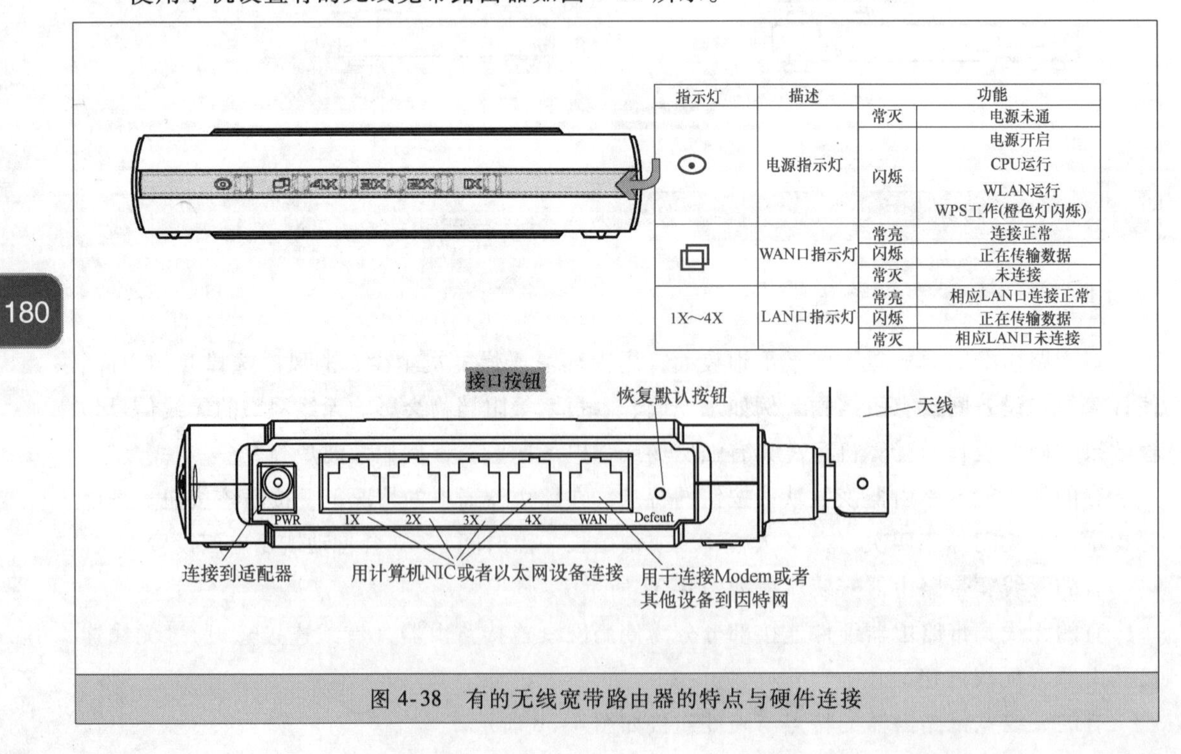

指示灯	描述	功能	
⊙	电源指示灯	常灭	电源未通
		闪烁	电源开启 CPU运行 WLAN运行 WPS工作(橙色灯闪烁)
⧉	WAN口指示灯	常亮	连接正常
		闪烁	正在传输数据
		常灭	未连接
1X～4X	LAN口指示灯	常亮	相应LAN口连接正常
		闪烁	正在传输数据
		常灭	相应LAN口未连接

图 4-38　有的无线宽带路由器的特点与硬件连接

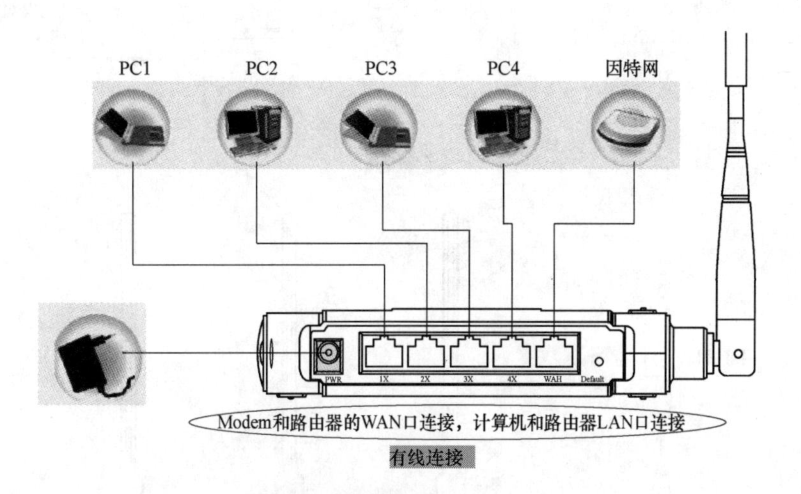

在小区宽带网络中连接

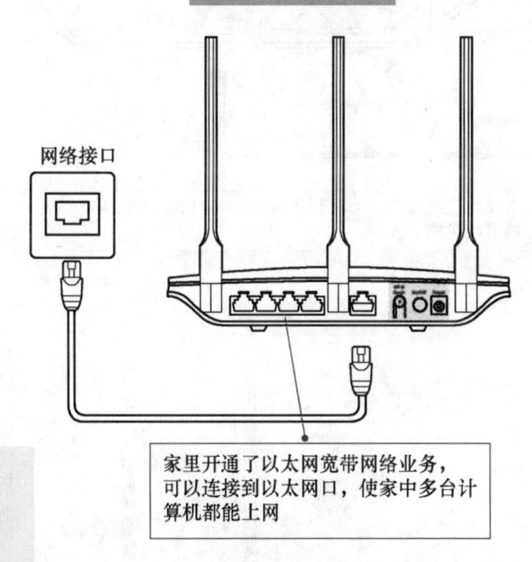

图 4-38 有的无线宽带路由器的特点与硬件连接（续）

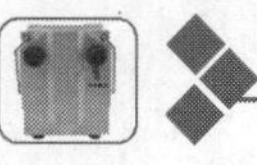

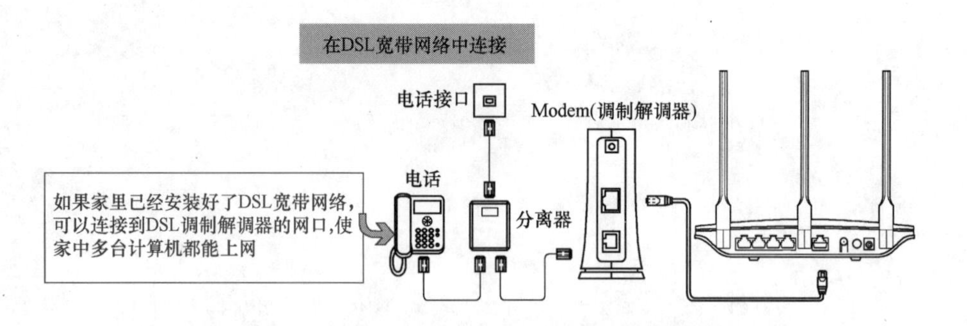

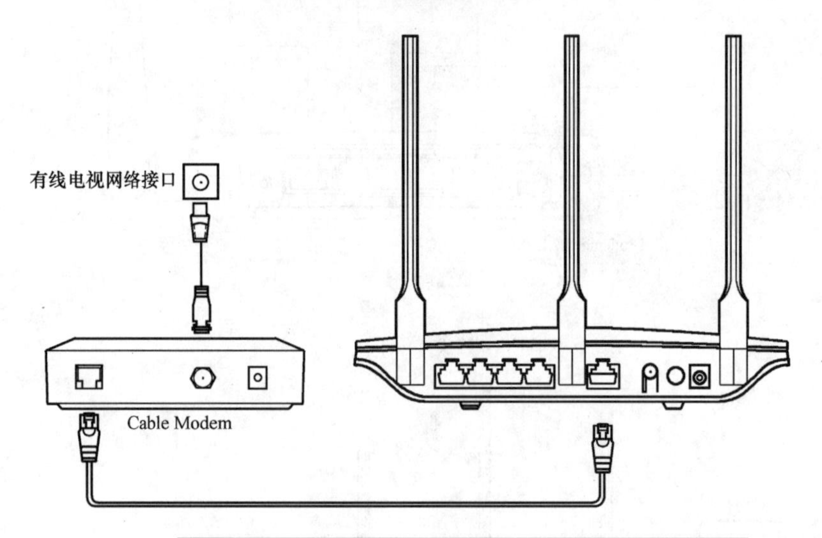

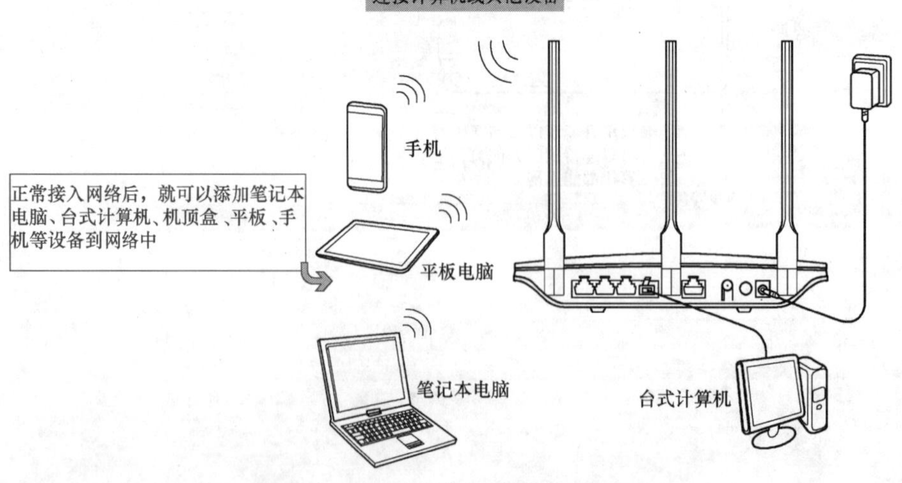

图 4-38　有的无线宽带路由器的特点与硬件连接（续）

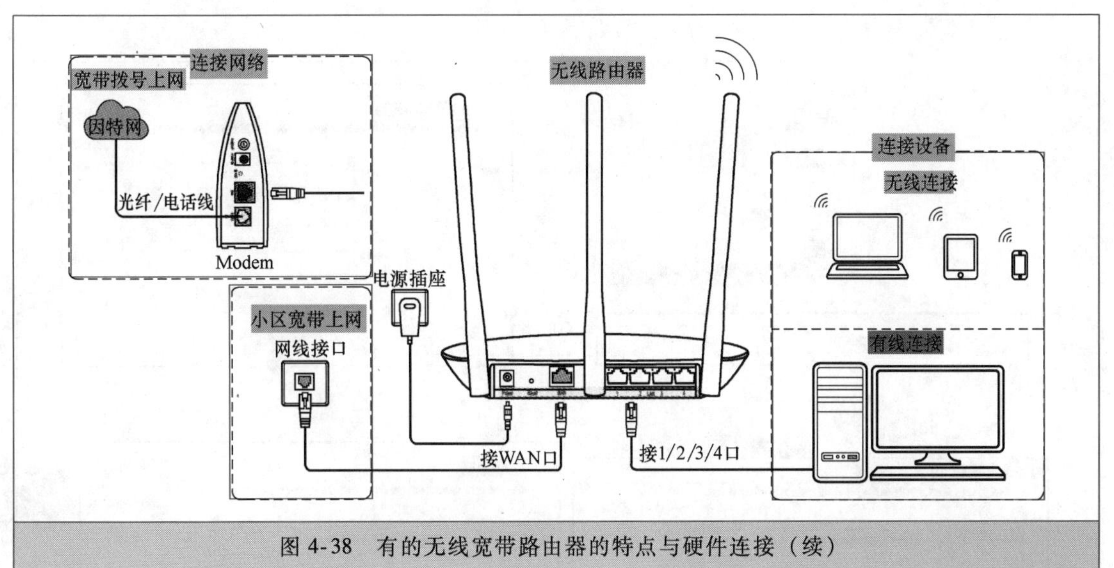

图 4-38 有的无线宽带路由器的特点与硬件连接（续）

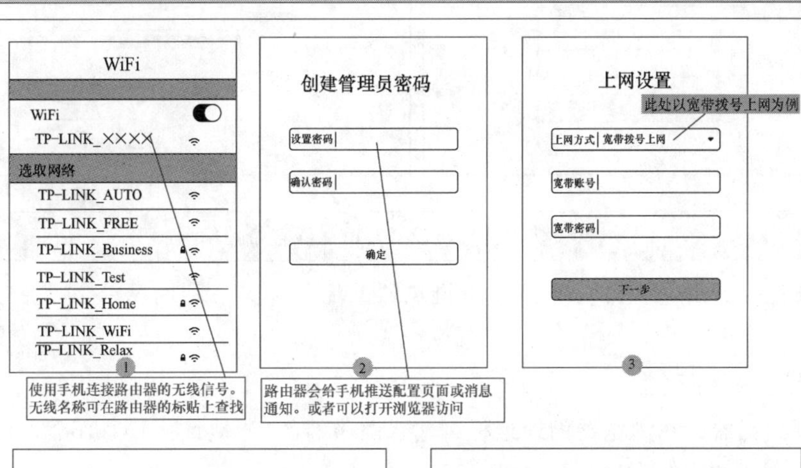

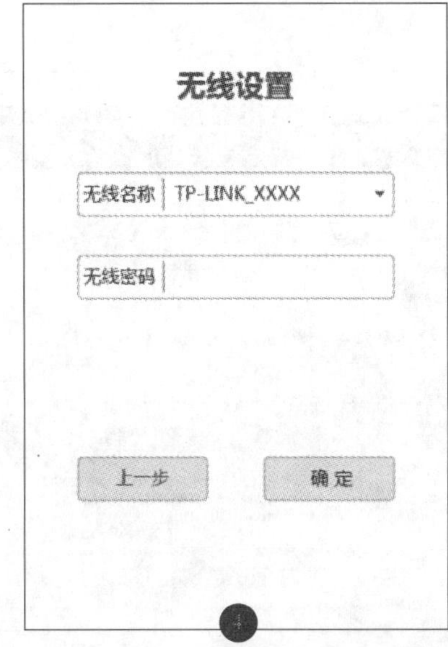

图 4-39 使用手机设置有的无线宽带路由器

使用计算机设置有的无线宽带路由器如图 4-40 所示。

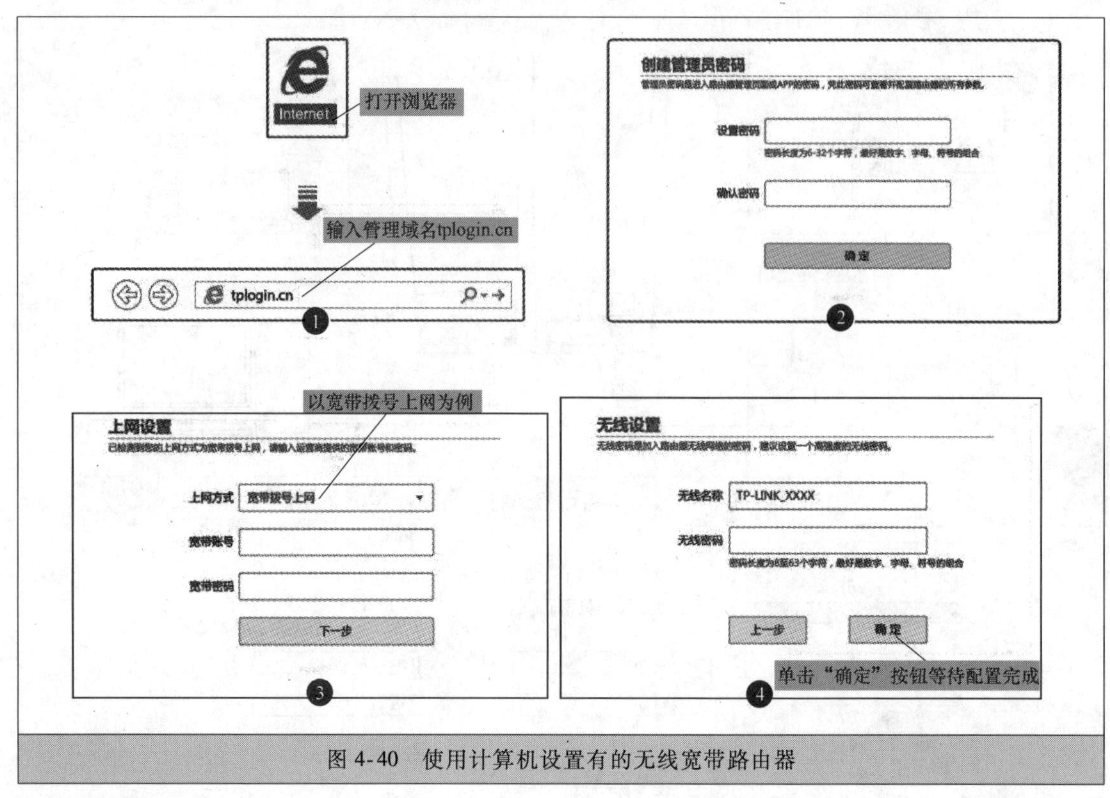

图 4-40　使用计算机设置有的无线宽带路由器

有的无线连接路由器，提供基于 Web 浏览器的配置工具。利用 Web 浏览器连接互联网的举例如下：

（1）进入登录界面

打开网页浏览器，在浏览器的地址栏中输入路由器的 IP 地址：192.168.1.1，进入登录界面，如图 4-41 所示。

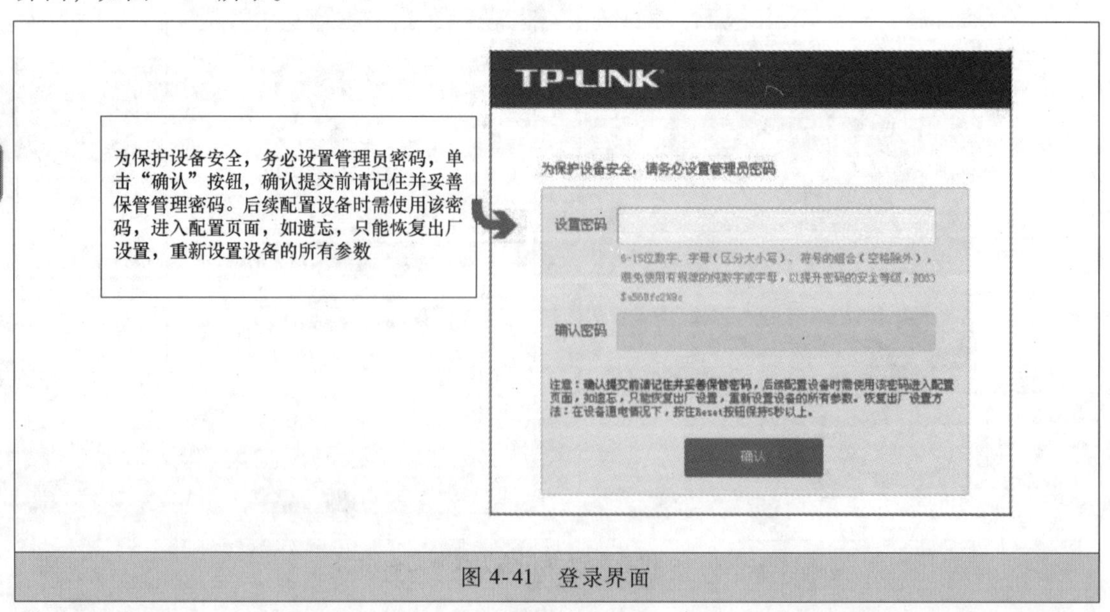

图 4-41　登录界面

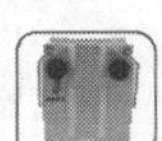

（2）设置向导页面

登录界面后按“确认”按钮后进入设置向导页面，如图 4-42 所示。

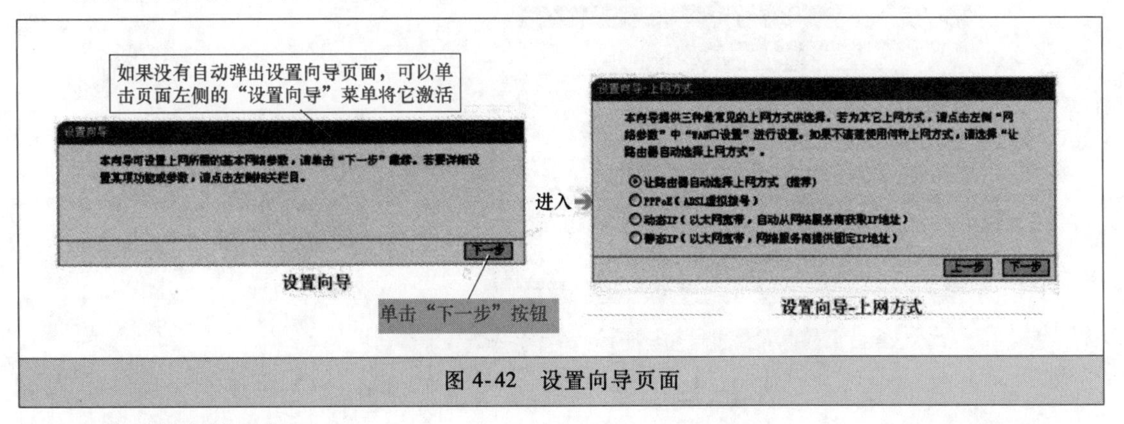

图 4-42　设置向导页面

有关项目的特点如下：

1）让路由器自动选择上网方式（推荐）——选择该选项后，路由器会自动判断上网类型，然后跳到相应上网方式的设置页面。为了保证路由器能够准确判断上网类型，需要保证路由器已正确连接。

2）PPPoE（ADSL 虚拟拨号）——如果上网方式为 PPPoE，即 ADSL 虚拟拨号方式，ISP 会提供上网账号和口令。

3）动态 IP（以太网宽带，自动从网络服务商获取 IP 地址）——如果上网方式为动态 IP，则可以自动从网络服务商获取 IP 地址，单击“下一步”按钮转到进行无线参数的设置。

4）静态 IP（以太网宽带，网络服务商提供固定 IP 地址）——如果上网方式为静态 IP，网络服务商会提供 IP 地址参数。

静态 IP 界面，如图 4-43 所示。

（3）启动和登录、设置菜单界面

启动路由器并成功登录路由器管理页面后，将会显示路由器的管理界面。可进行相应的功能设置，具体可以根据菜单项与含义进行即可。启动和登录、设置菜单界面如图 4-44 所示。

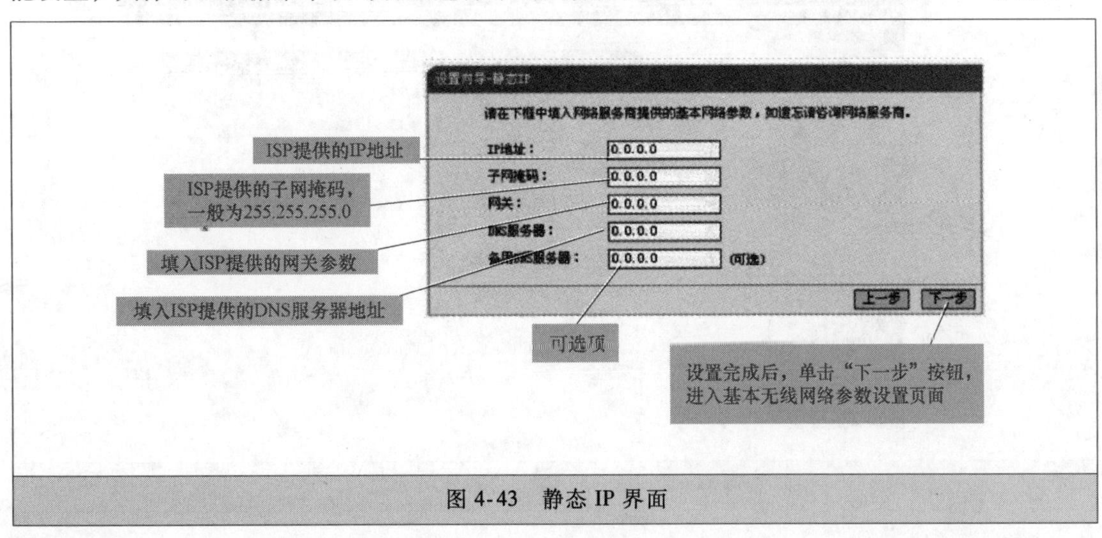

图 4-43　静态 IP 界面

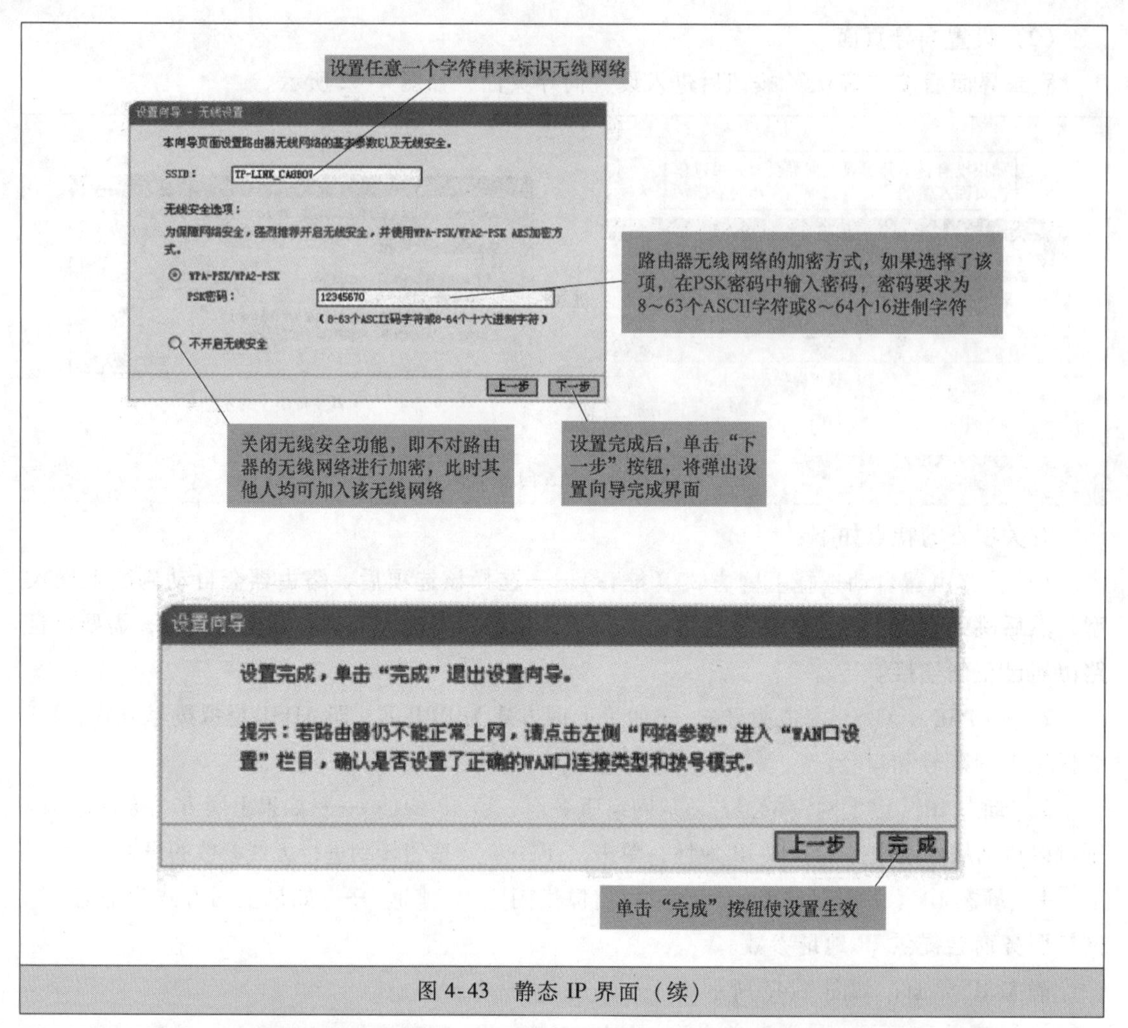

图 4-43　静态 IP 界面（续）

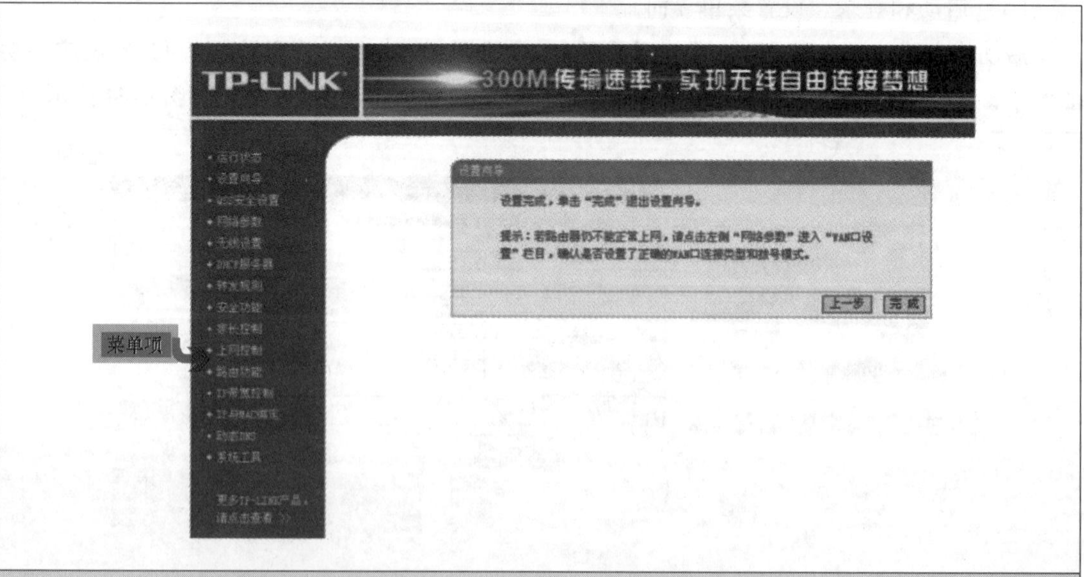

图 4-44　启动和登录、设置菜单界面

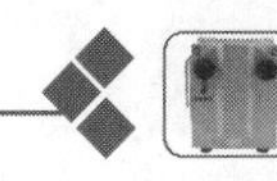

★4.2.16 家庭控制器在钢筋混凝土墙上的安装

家庭控制器在钢筋混凝土墙上的安装如图4-45所示。

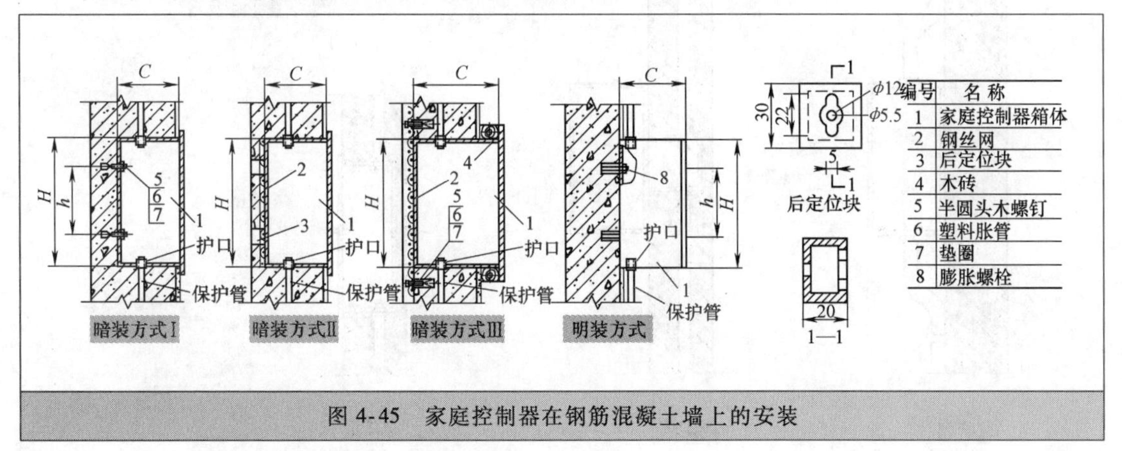

图4-45 家庭控制器在钢筋混凝土墙上的安装

★4.2.17 家庭控制器在空心砌块墙上的安装

家庭控制器在空心砌块墙上的安装如图4-46所示。

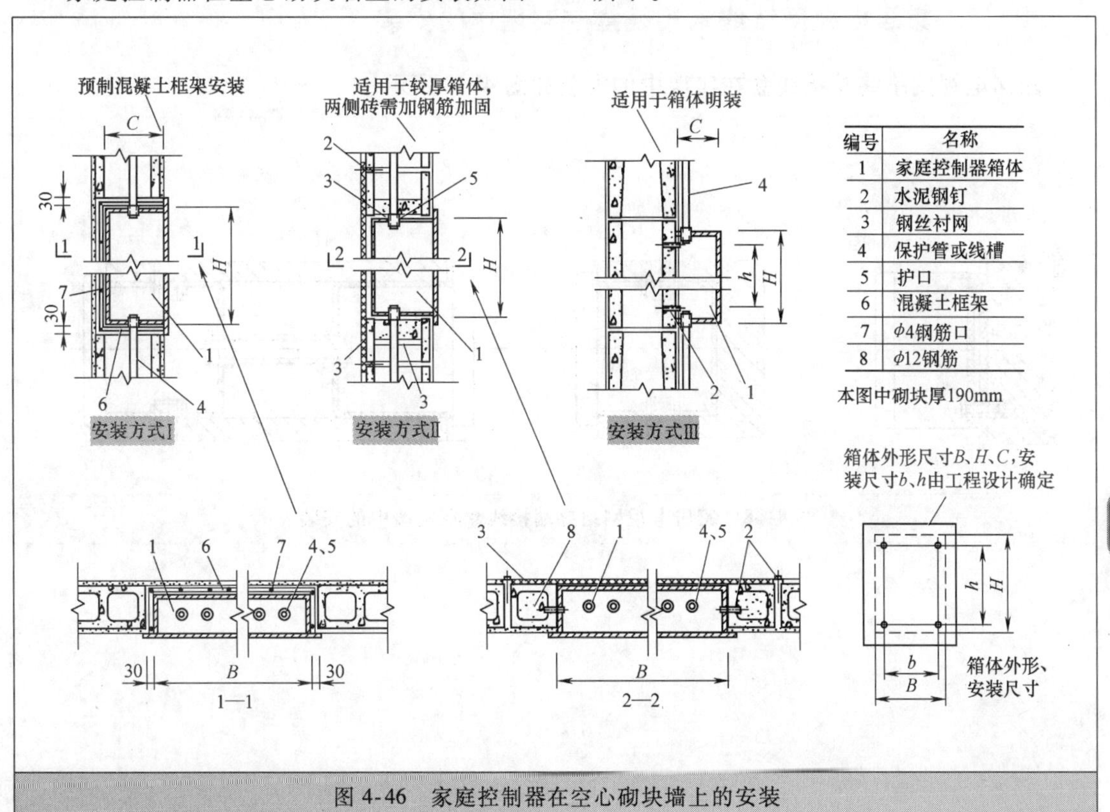

图4-46 家庭控制器在空心砌块墙上的安装

★4.2.18 保护管进家庭控制器的安装

保护管进家庭控制器的安装如图4-47所示。

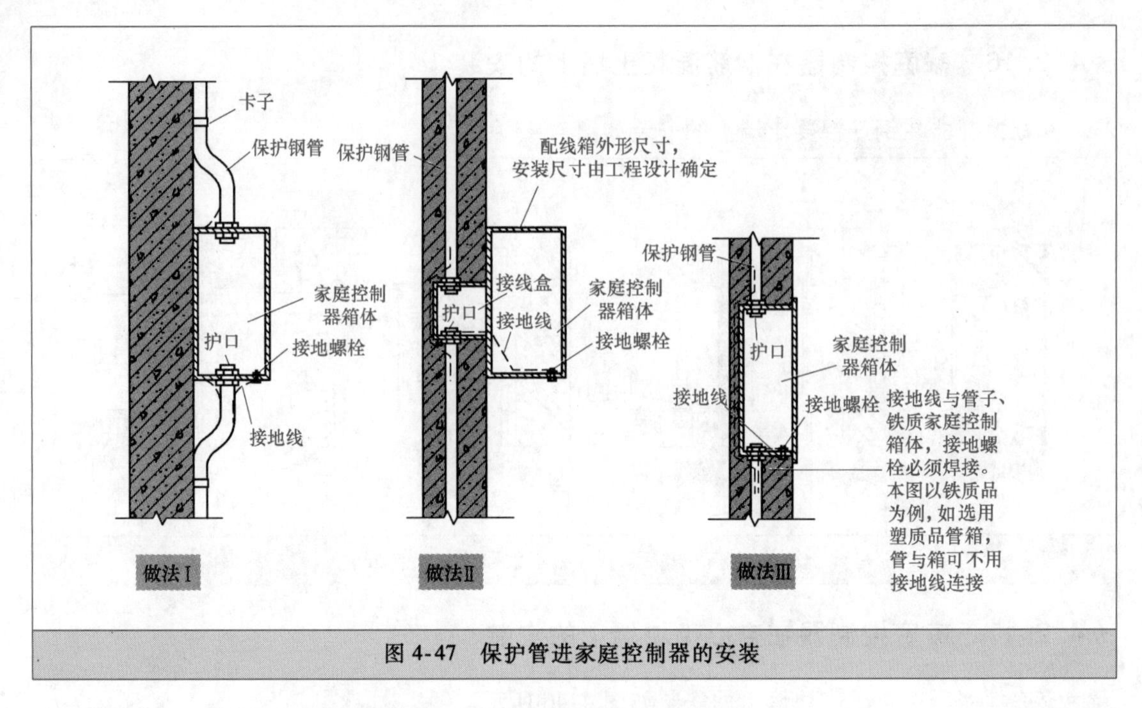

图 4-47　保护管进家庭控制器的安装

★4.2.19　家居电视网络终端接线盒在实墙中的安装

家居电视网络终端接线盒在实墙中的安装如图 4-48 所示。

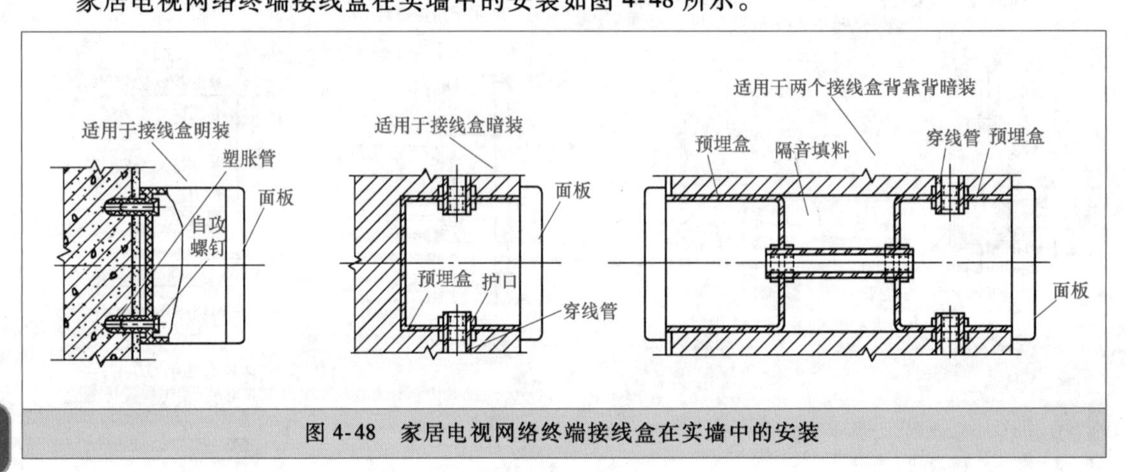

图 4-48　家居电视网络终端接线盒在实墙中的安装

第5章 工场与实战

5.1 电工工场与实战

★5.1.1 分电配箱的安装

分电配箱的安装方法与要点如图5-1所示。

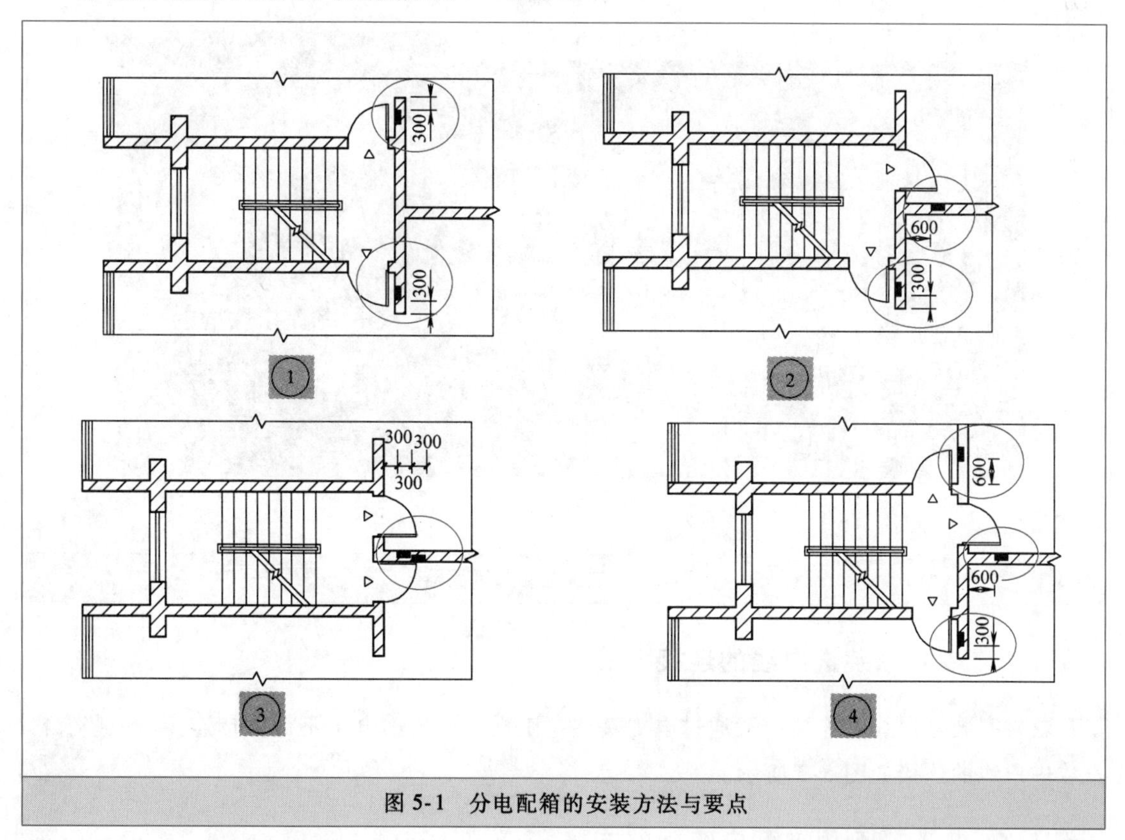

图5-1 分电配箱的安装方法与要点

★5.1.2 明装配电箱

明装配电箱就是把配电箱装到墙壁的表面上，其内部也安装了断路器。一般有一个总断路器与几组分路断路器。电线连接方法与暗装配电箱的基本一样。

明装配电箱与断路器如图 5-2 所示。

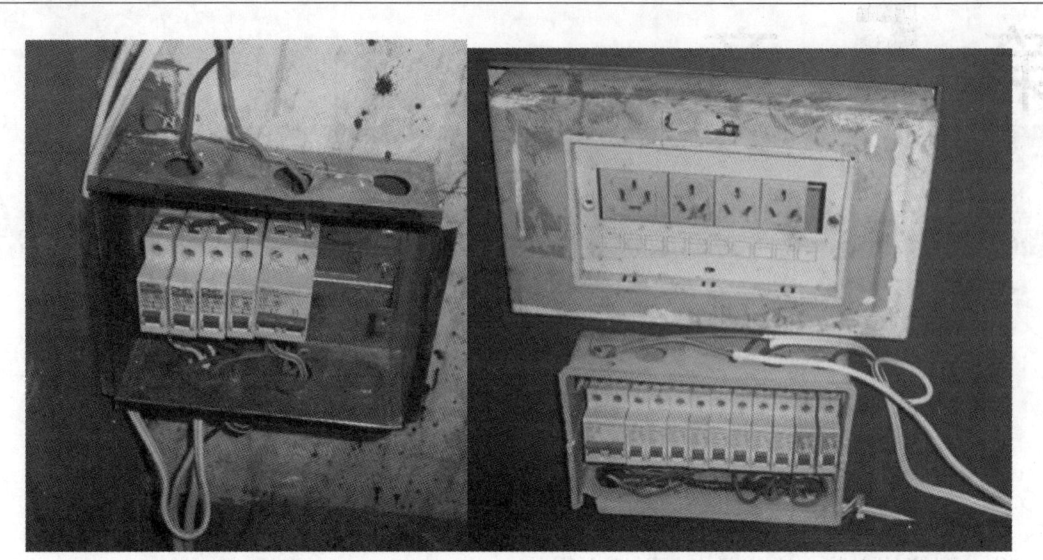

明装配电箱

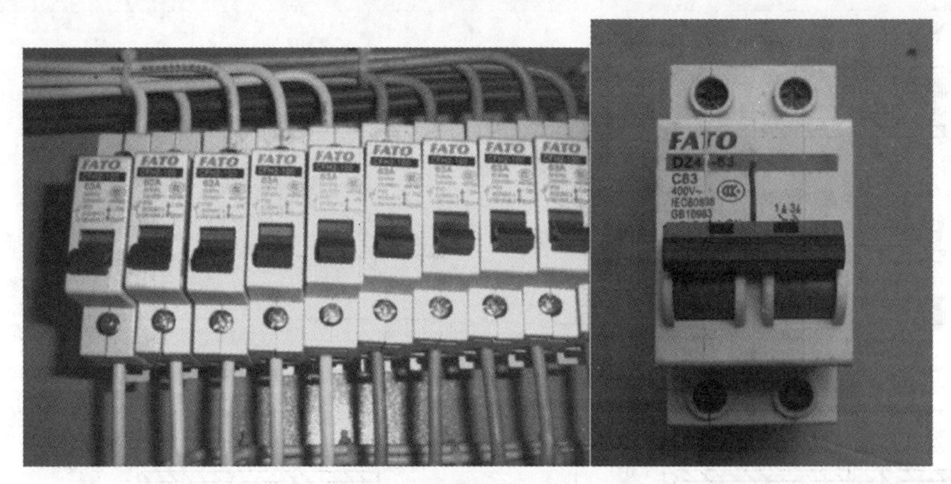

明装断路器

图 5-2　明装配电箱与断路器

★5.1.3　农村家装进户线的连接

农村家装进户线的连接一般通过电力基层电工操作，装饰电工不得擅自连接。一些农村家装进户线的连接如图 5-3 所示。

★5.1.4　电表箱到强电配电箱间的连接

家庭用电电表箱到强电配电箱间的连接一般采用电线连接。如果输电导线越粗，则允许通过的最大电流就越大。

现在家庭电路中使用的用电器越来越多，意味着总功率 P 也越来越大，而家庭电路中

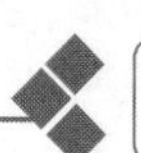

图 5-3 一些农村家装进户线的连接

电压 U 是一定的（即固定为 220V）。因此，根据 $I=P/U$ 可得，总功率 P 越大，总电流 I 也就越大。如果电表箱到强电配电箱间的连接电线太细，则可能会引起火灾等事故。铜芯线电流密度一般环境下可取 $4\sim5\text{A/mm}^2$。

因此，家庭现在所用电器、新添电器以及以后添加电器的功率变大，则线路电流也会变大。进户线需要根据用户用电量、考虑今后发展的可能性选择。为此，家装时需要早布设大规格的电能表与粗一些的进户线。

有的房屋在建设时，已经把家庭用电电表箱到强电配电箱间用电线连接好了，如果位置适合、电线适合，则不需要另外布线了，采用原线路即可。如果不适合，则需要重新布线。

电表箱、强电配电箱如图 5-4 所示。

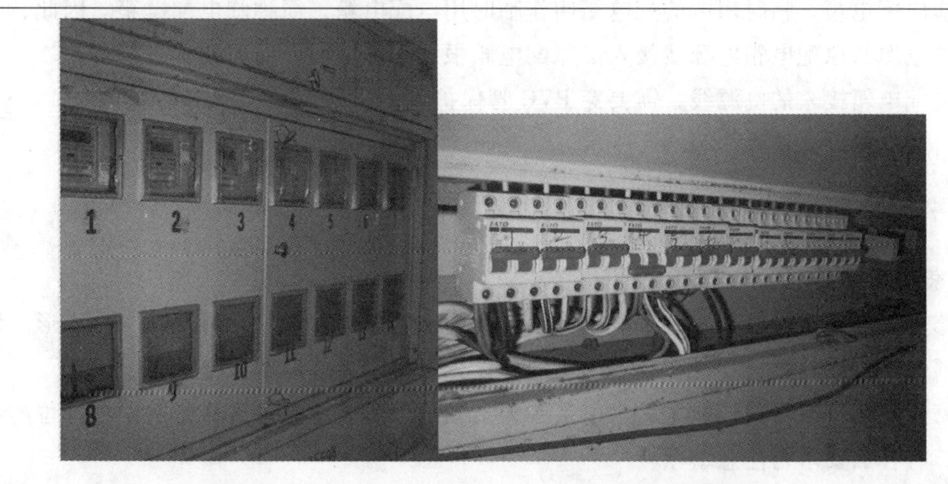

电表箱　　　　电表箱中的断路器

图 5-4 电表箱、强电配电箱

★5.1.5　用电负荷标准与电能表规格

用电负荷标准与电能表规格见表5-1。

表5-1　用电负荷标准与电能表规格

套型	用电负荷标准/kW	电能表规格/A
一类	2.5	5(20)
二类	2.5	5(20)
三类	4.0	10(40)
四类	4.0	10(40)

家庭用电量与设置规格参考选择见表5-2。

表5-2　家庭用电量与设置规格参考选择

套型	使用面积/m^2	用电负荷/kW	计算电流/A	进线总开关脱扣器额定电流/A	电能表容量/A	进户线规格/mm^2
一类	50以下	5	20.20	25	10(40)	BV-3×4
二类	50~70	6	25.30	30	10(40)	BV-3×6
三类	75~80	7	35.25	40	10(40)	BV-3×10
四类	85~90	9	45.45	50	15(60)	BV-3×16
五类	100	11	55.56	60	15(60)	BV-3×16

★5.1.6　临时用电的电源接入

许多房屋建筑在建设时就安置了配电箱，为区别装修时重新设计、安装的配电箱，该配电箱叫作原配电箱。临时用电的配电箱叫作临时用电配电箱，简称临电配电箱。因此，临电配电箱的电源从原配电箱电源线接入。原配电箱根据实际情况，保留或者去掉。

临电配电箱接入的电源线，需要穿PVC管保护。

临时用电的电源接入如图5-5所示。

★5.1.7　家装常见的图

1. 家装效果图

装修效果图是对设计师、装修业主的设计意图、构思进行形象化再现的一种图形。该图形可以通过手绘或计算机软件在装修施工前就设计出房子装修后的风格效果。

装修效果图可以提前让业主、水电工等人员知道以后装修是什么样子的，各部位的特点是什么，有什么要求与注意事项。

装修效果图可以分为室内装修效果图、室外装修效果图。对于一般装修层面来说，室内装修效果图更常见。另外，装修效果图根据功能间区分，可以分为卫生间效果图、客厅效果

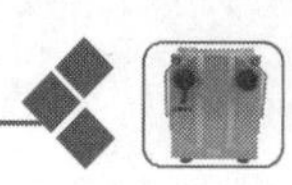

图等。

装修效果图如图 5-6 所示。

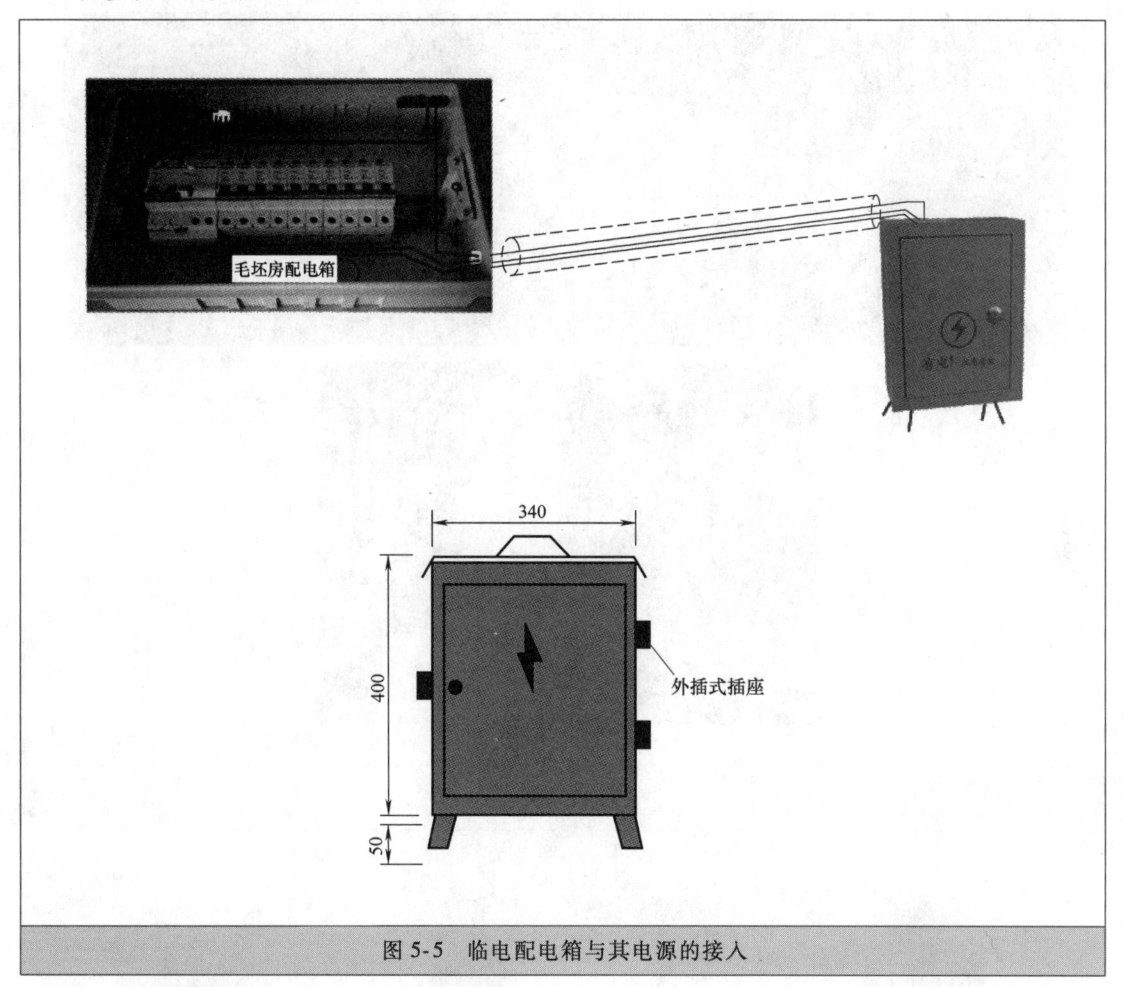

图 5-5 临电配电箱与其电源的接入

2. 家装 CAD 图

CAD 也就是计算机辅助设计（Computer Aided Design，CAD）。家装 CAD 图也就是用 CAD 软件制作的家装施工图、设计图等。

家装 CAD 图有平面图、顶面图、地面图、剖面图、水电图等。

家装常见的 CAD 软件如图 5-7 所示。家装常见的相关图软件如图 5-8 所示。

3. 户型图

户型图就是家居房屋的平面空间布局图，也就是对各个独立空间的使用功能、相应位置、大小进行描述的图形。通过看户型图，可以直观地看清房屋的走向布局以及其他一些注意事项。

（1）结构

有的户型在开发时存在不足或者需要改动，因此，了解户型的可变结构对于家装施工也很重要。例如，哪些墙能动、哪些墙不能动，下水管、上水管的位置，电线走向等。

（2）了解剖面

通过剖面图，可以了解一个楼面的电梯、走道、楼梯、弱电房等的情况。

图 5-6　装修效果图

中望CAD

浩辰CAD

AutoCAD

CAD迷你看图

图 5-7　家装常见的 CAD 软件

我家我设计

拖拖我的家

72xuan装修设计软件

e家家居设计软件

创想3D在线装修设计软件

图 5-8　家装相关图软件

（3）开间与进深

开间是指房间的宽度，一般在 3～3.9m 间。进深是指房间的长度，一般控制在 5m 左右。进深过深，开间狭窄，不利于采光、通风。一般的户型图上都会标注进深、开间这两个

指标。一般而言，进深的总数值是越小越好，而开间则是越大越好。

(4) 比例与布局

户型的合理与否，并不在于大小，而在于房屋各个部分间的比例与布局关系。该关系取决于设计时对于整个房型的把握，以及对日常生活细节的体验。

(5) 尺寸与家具摆放

施工时，需要注意相关尺寸与家具摆放，从而具体掌握有关水电线路的布局、水电节点的安排，符合整体设计的要求，同时又符合具体生活的需要。

户型图可以分为户型平面图与户型模型图，户型模型图如图 5-9 所示。

图 5-9 户型模型图

另外，家装常见的图还有电气图、施工图等。

★5.1.8 电气图类型

电气图类型见表 5-3。

表 5-3 电气图类型

类型	解　　说
系统图	概略地表达一个项目的全面特性的简图，又称概略图
简图	主要是通过以图形符号表示项目及它们之间关系的图示形式来表达信息
电路图	表达项目电路组成和物理连接信息的简图
接线图(表)	表达项目组件或单元之间物理连接信息的简图(表)
电气平面图	采用图形和文字符号将电气设备及电气设备之间电气通路的连接线缆、路由、敷设方式等信息绘制在一个以建筑专业平面图为基础的图内，并表达其相对或绝对位置信息的图样
电气详图	一般指用 1∶20 至 1∶50 比例绘制出的详细电气平面图或局部电气平面图
电气大样图	一般指用 1∶20 至 10∶1 比例绘制出的电气设备或电气设备及其连接线缆等与周边建筑构、配件联系的详细图样，清楚地表达细部形状、尺寸、材料和做法
电气总平面图	采用图形和文字符号将电气设备及电气设备之间电气通路的连接线缆、路由、敷设方式、电力电缆井、人(手)孔等信息绘制在一个以总平面图为基础的图内，并表达其相对或绝对位置信息的图样

★5.1.9 识图的转换

识图时，有时候需要进行三维与平面、平面与立体、局部与整体等转换与联系，才能够理解好“图”的意图，以及决定该怎么做。

三维与平面的转换与联系如图 5-10 所示。

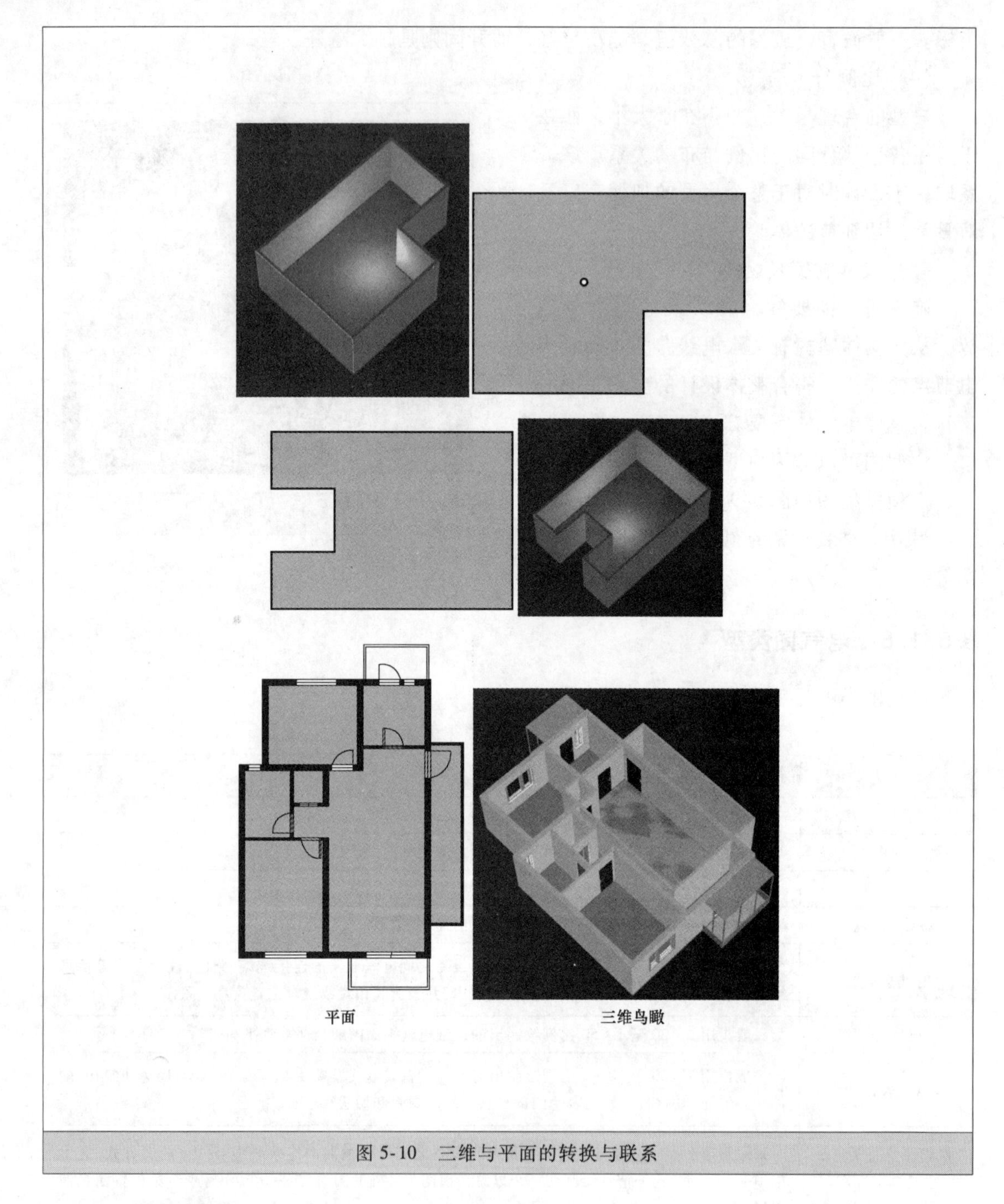

图 5-10　三维与平面的转换与联系

★5. 1. 10　视图

三维与平面的转换与联系，其实涉及视图。视图如图 5-11 所示。

★5. 1. 11　图纸的格式

图纸的格式有留装订边的与不留装订边的类型。留装订边的便于装订成册。图纸的格式如图 5-12 所示。

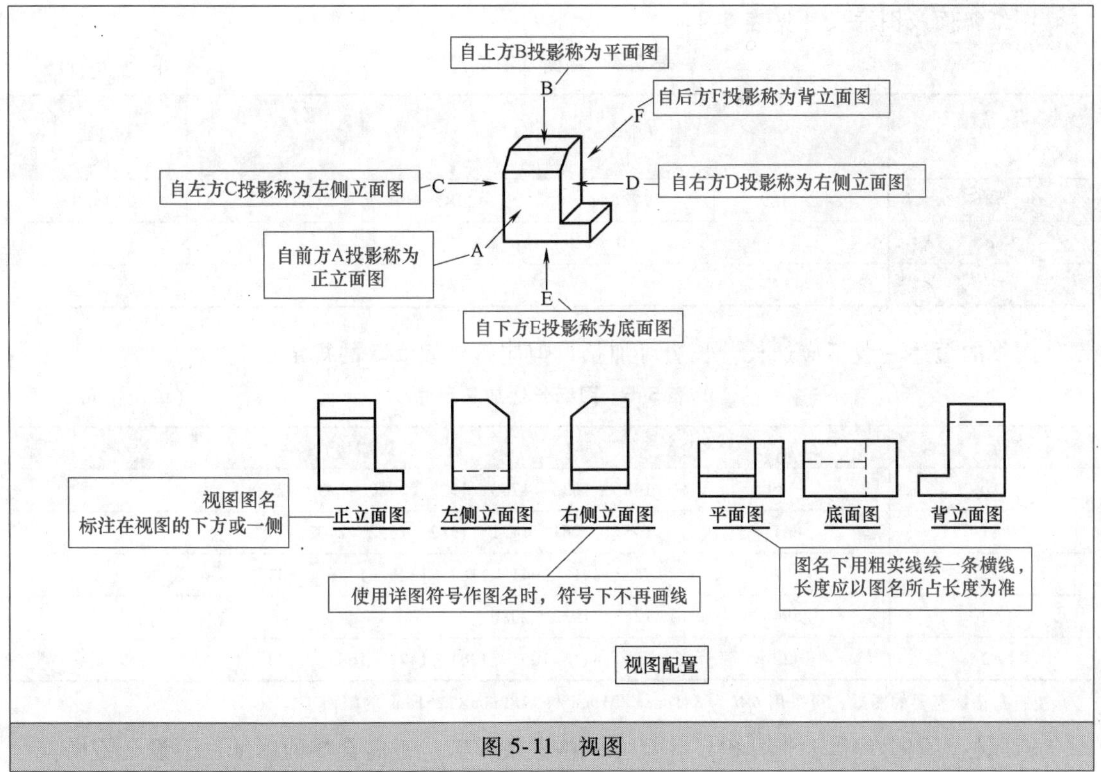

图 5-11 视图

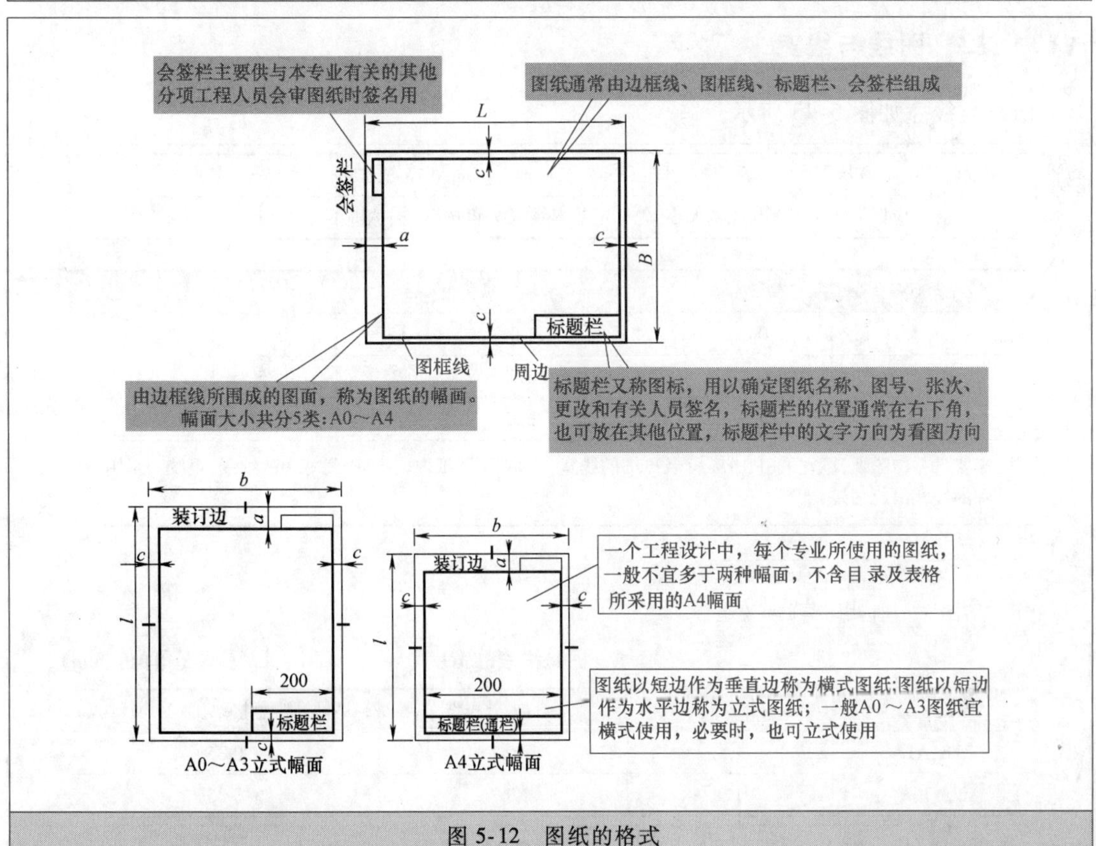

图 5-12 图纸的格式

图纸幅面及图框尺寸见表 5-4。

表 5-4　幅面及图框尺寸　（单位：mm）

尺寸代号＼幅面代号	A0	A1	A2	A3	A4
$b \times l$	841×1189	594×841	420×594	297×420	210×297
c	10			5	
a	25				

图纸的短边一般不应加长，长边可加长，但应符合表 5-5 的规定。

表 5-5　图纸长边加长尺寸　（单位：mm）

幅面尺寸	长边尺寸	长边加长后尺寸
A0	1189	1486　1635　1783　1932　2080　2230　2378
A1	841	1051　1261　1471　1682　1892　2102
A2	594	743　891　1041　1189　1338　1486　1635
A2	594	1783　1932　2080
A3	420	630　841　1051　1261　1471　1682　1892

注：有特殊需要的图纸，可采用 $b \times l$ 为 841mm×891mm 与 1189mm×1261mm 的幅面

标题栏根据工程需要选择确定其尺寸、格式及分区。不需会签的图纸可不设会签栏。

★5.1.12　图线与线宽

图线与线宽如图 5-13 所示。

图线的宽度 b，宜从下列线宽系列中选取：2.0mm、1.4mm、1.0mm、0.7mm、0.5mm、0.35mm

每个图样，应根据复杂程度与比例大小，先选定基本线宽 b，再选用表中相应的线宽相

线宽比	线宽组/mm					
b	2.0	1.4	1.0	0.7	0.5	0.35
$0.5b$	1.0	0.7	0.5	0.35	0.25	0.18
$0.25b$	0.5	0.35	0.25	0.18	—	—

注：需要微缩的图纸，不宜采用 0.18mm 及更细的线宽。同一张图纸内，各不同线宽中的细线，可统一采用较细的线宽组的细线。

同一张图纸内，相同比例的各图样，应选用相同的线宽组

图框线、标题栏线的宽度　（单位：mm）

幅面代号	图框线	标题栏外框线	标题栏分格线，会签栏线
A0、A1	1.4	0.7	0.35
A2、A3、A4	1.0	0.7	0.35

图 5-13　图线与线宽

图线

名称		线型	线宽	一般用途
实线	粗		b	主要可见轮廓线
	中		$0.5b$	可见轮廓线
	细		$0.25b$	可见轮廓线、图例线
虚线	粗		b	
	中		$0.5b$	不可见轮廓线
	细		$0.25b$	不可见轮廓线、图例线
单点长画线	粗		b	
	中		$0.5b$	
	细		$0.25b$	中心线、对称线等
双点长画线	粗		b	
	中		$0.5b$	
	细		$0.25b$	假想轮廓线、成型前原始轮廓线
折断线			$0.25b$	断开界线
波浪线			$0.25b$	断开界线

图 5-13　图线与线宽（续）

★5.1.13　尺寸界线、尺寸线及尺寸起止符号、尺寸数字

尺寸界线、尺寸线及尺寸起止符号、尺寸数字如图 5-14 所示。

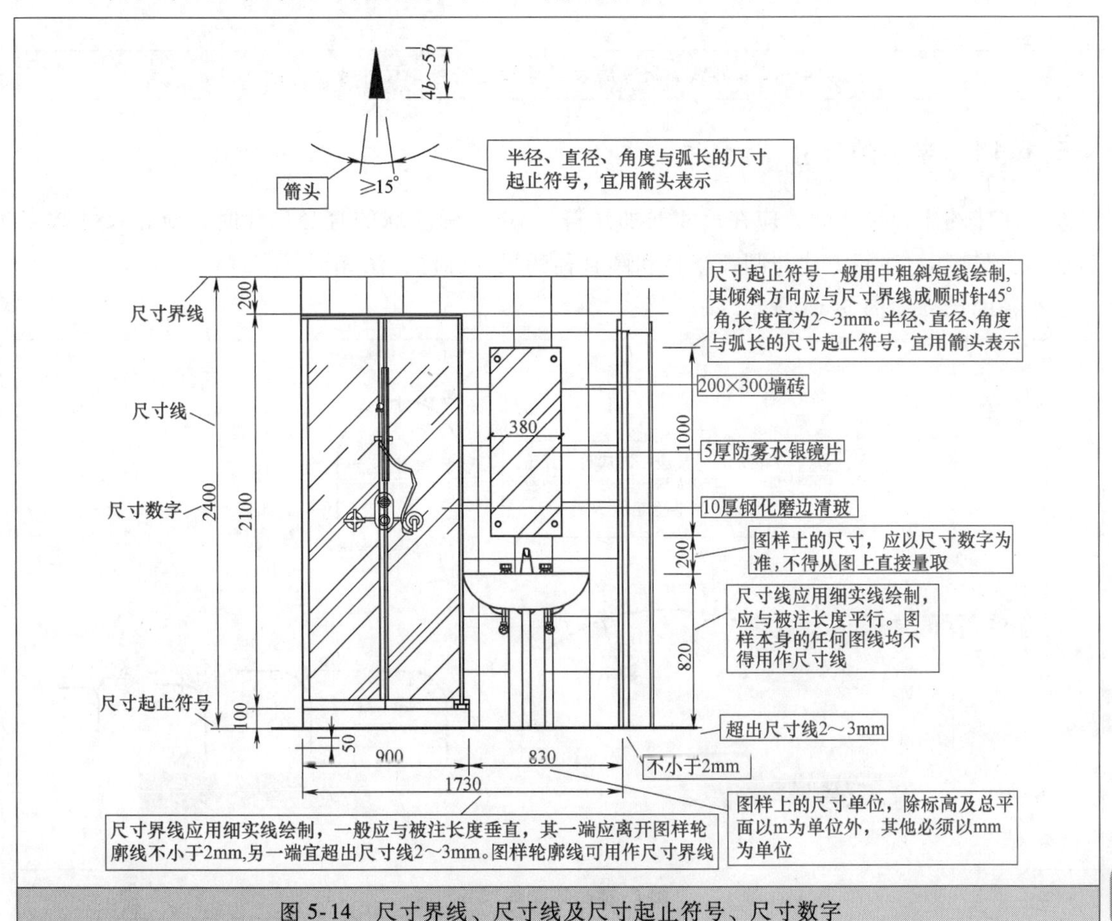

图 5-14　尺寸界线、尺寸线及尺寸起止符号、尺寸数字

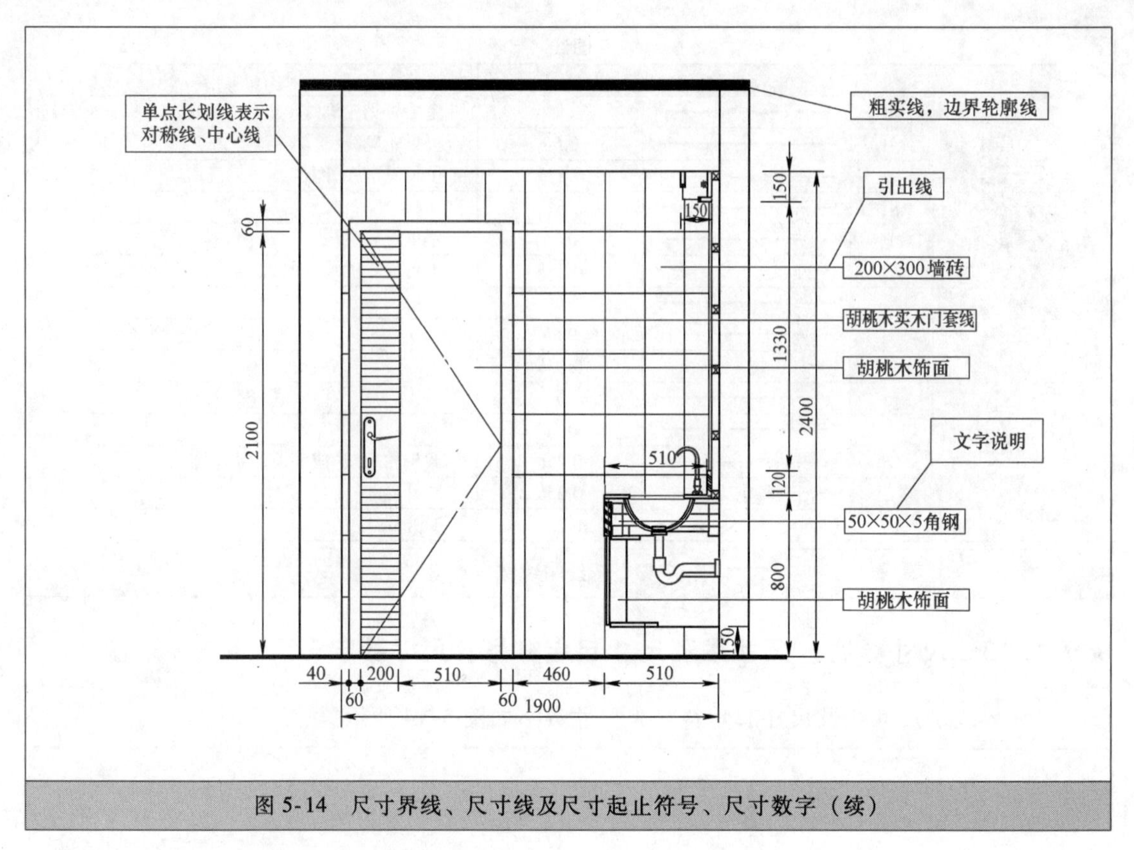

图 5-14　尺寸界线、尺寸线及尺寸起止符号、尺寸数字（续）

★5.1.14　半径的尺寸

标注球的半径尺寸时，应在尺寸前加注符号 SR。标注球的直径尺寸时，应在尺寸数字前加注符号 Sϕ。注写方法与圆弧半径和圆直径的尺寸标注方法相同。

半径的尺寸如图 5-15 所示。

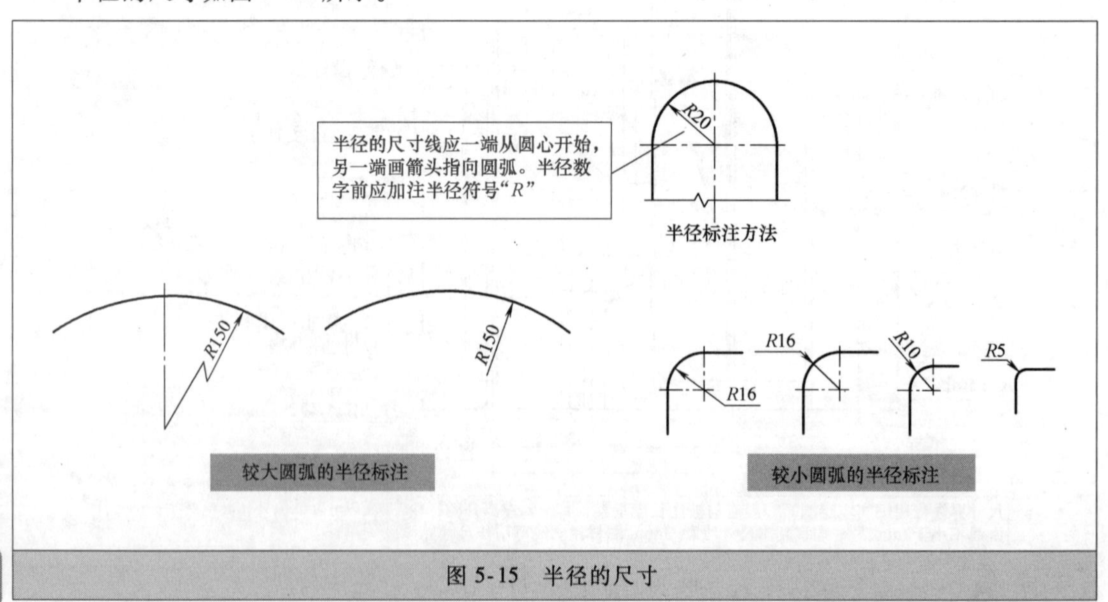

图 5-15　半径的尺寸

★5.1.15 圆的直径

圆的直径如图 5-16 所示。

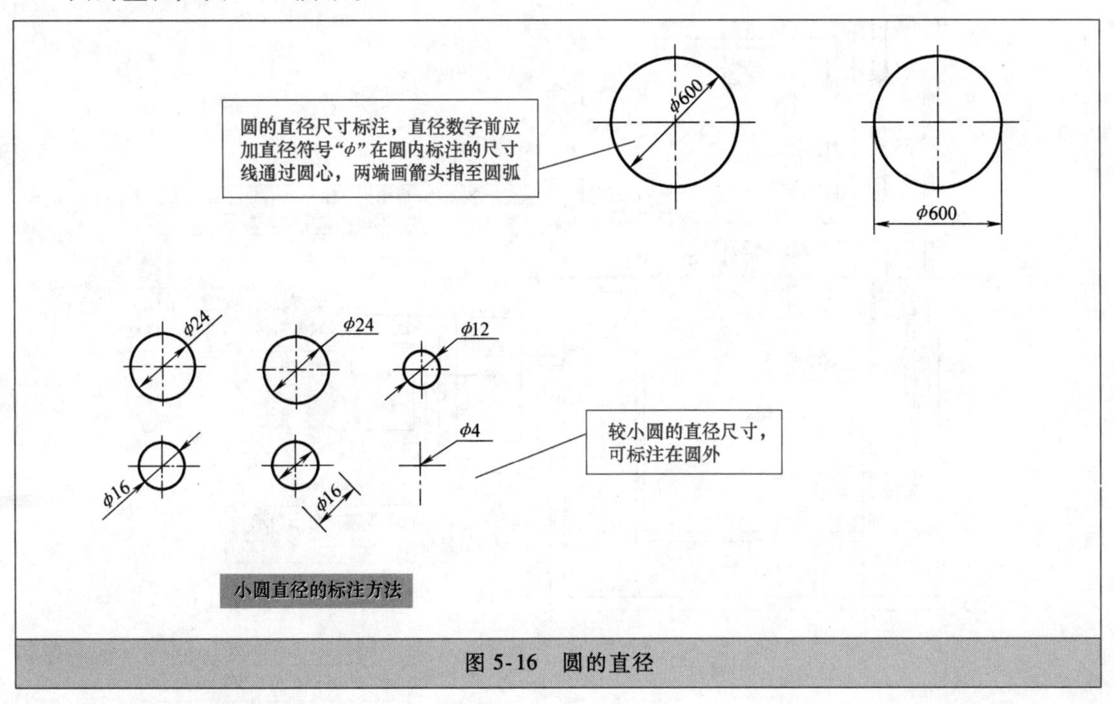

图 5-16 圆的直径

★5.1.16 标高

家装图中出现标高的情况，主要是天花板平面图。从天花板平面图中，还可以了解灯具的布局情况。

标高如图 5-17 所示。

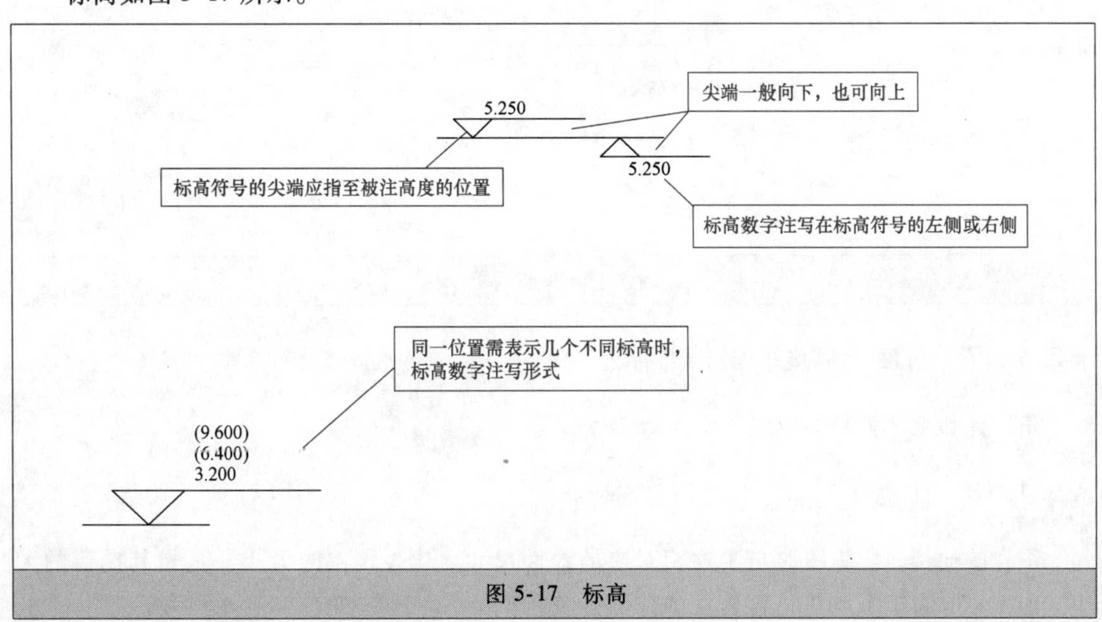

图 5-17 标高

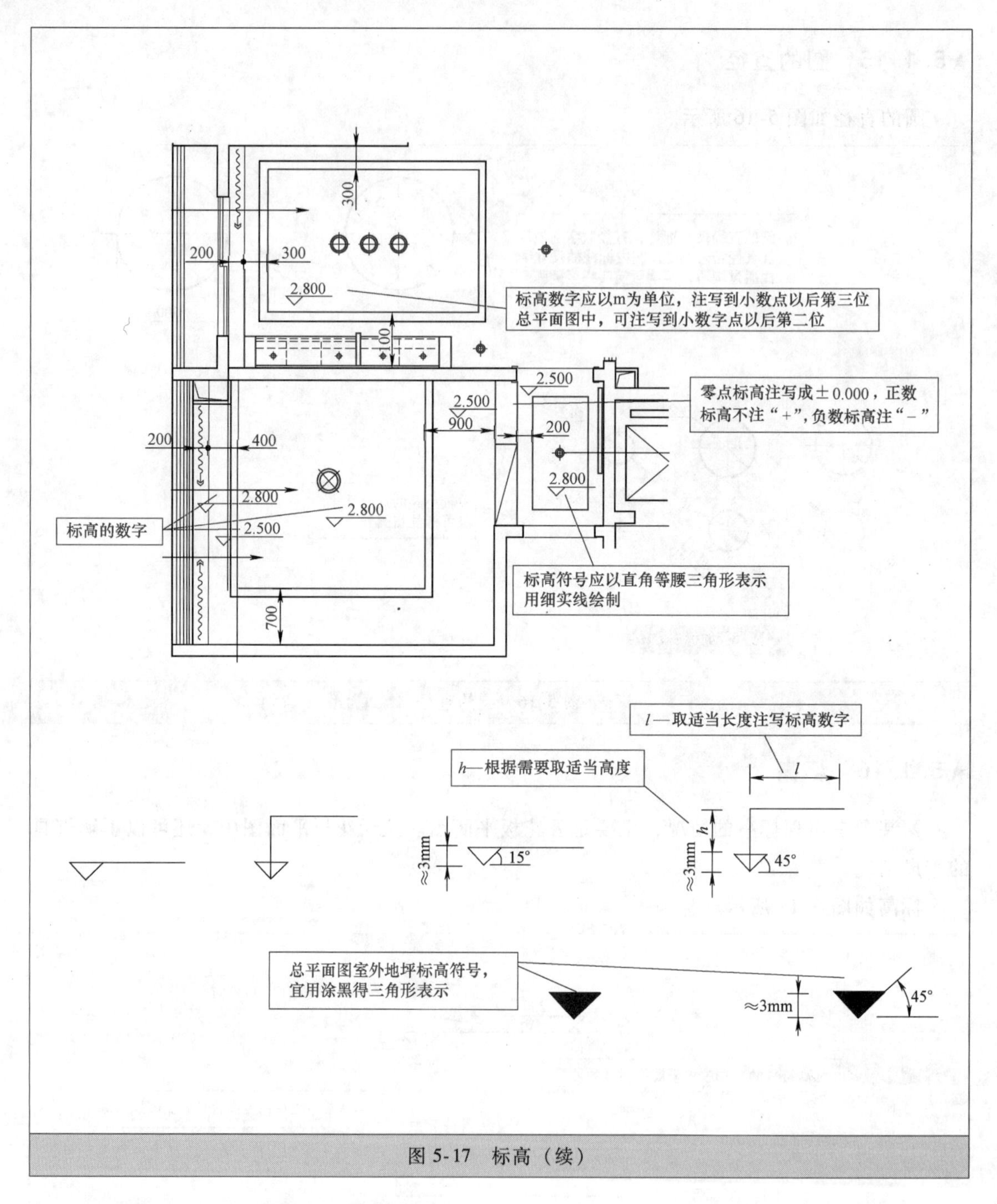

图 5-17　标高（续）

★5.1.17　角度、弧度、弧长的标注

角度、弧度、弧长的标注如图 5-18 所示。

★5.1.18　比例

图样的比例，应为图形与实物相对应的线性尺寸之比。比例的大小，是指其比值的大小，如 1∶50 大于 1∶100。图常用的比例见表 5-6。

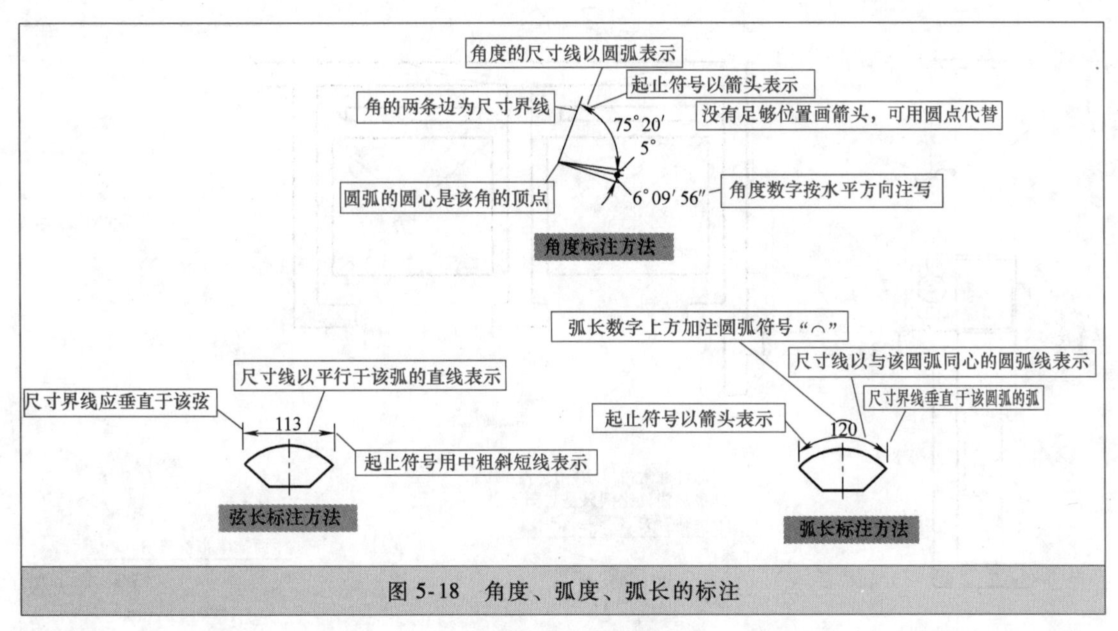

图 5-18　角度、弧度、弧长的标注

表 5-6　图常用的比例

常用比例	1∶1、1∶2、1∶5、1∶10、1∶20、1∶50、1∶100、1∶150、1∶200、1∶500、1∶1000、1∶2000、1∶5000、1∶10000、1∶20000、1∶50000、1∶100000、1∶200000
可用比例	1∶3、1∶4、1∶6、1∶15、1∶25、1∶30、1∶40、1∶60、1∶80、1∶250、1∶300、1∶400、1∶600

比例如图 5-19 所示。

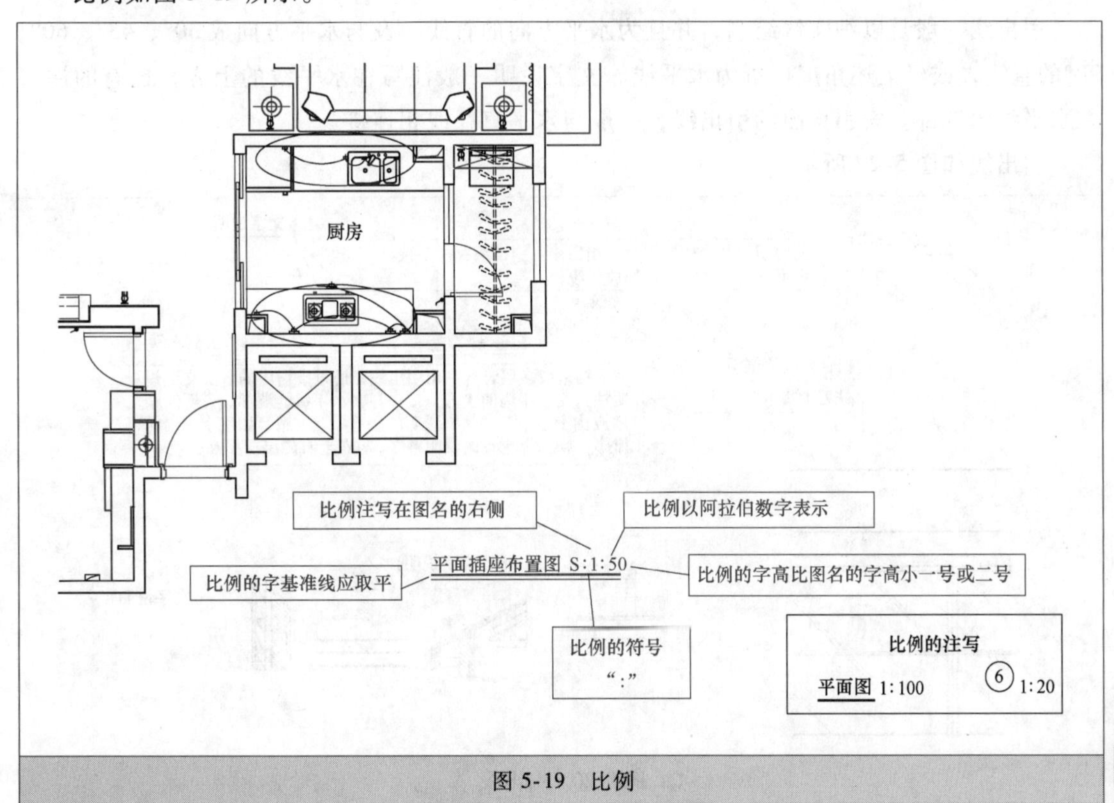

图 5-19　比例

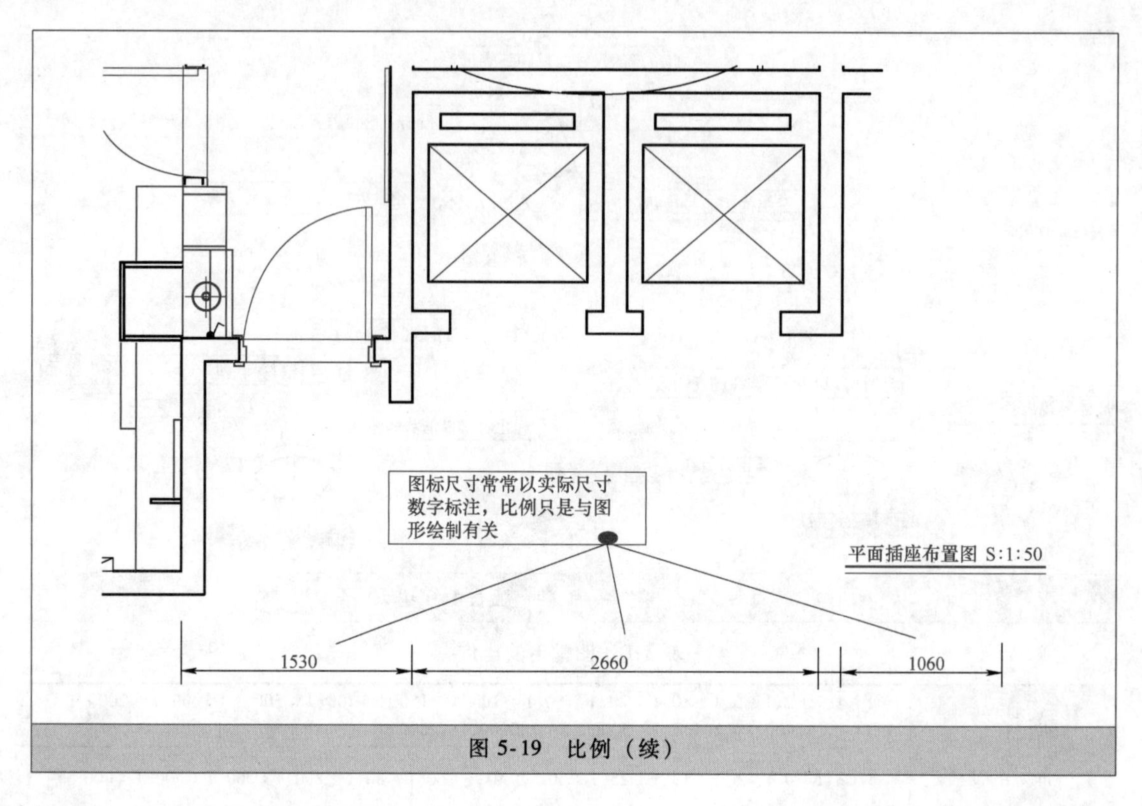

图 5-19　比例（续）

★5.1.19　引出线

引出线一般是以细实线绘制，并且为水平方向的直线，及与水平方向成 30°、45°、60°、90°的直线，或经上述角度再折为水平线。文字说明一般注写在水平线的上方，也有的注写在水平线的端部。索引详图的引出线，一般与水平直径线相连接。

引出线如图 5-20 所示。

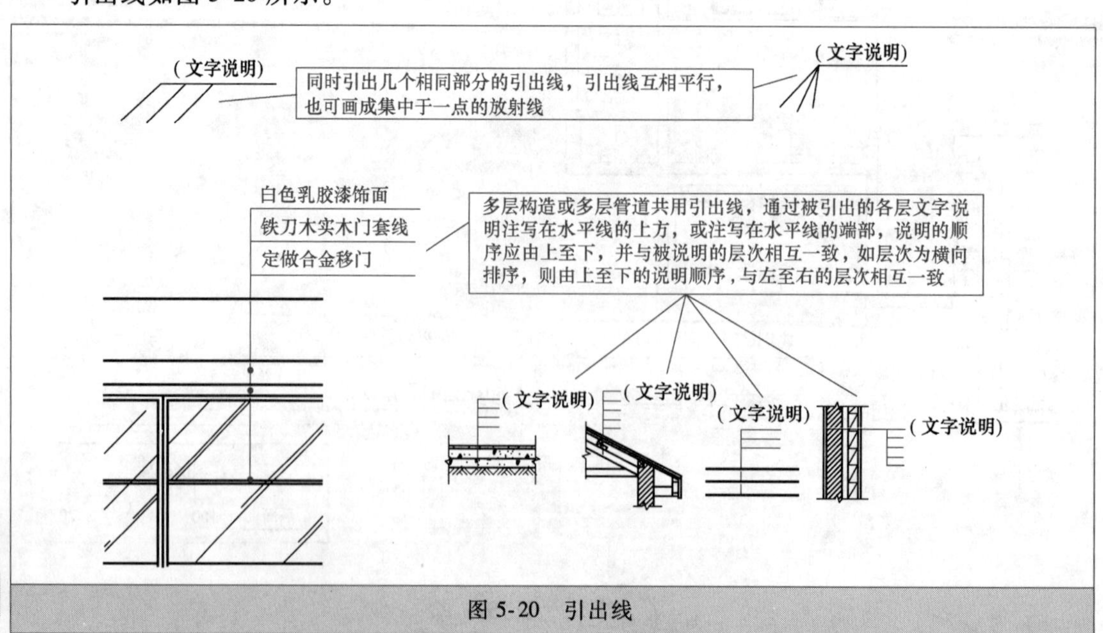

图 5-20　引出线

★5.1.20 照明配电箱

照明配电箱如图5-21所示。

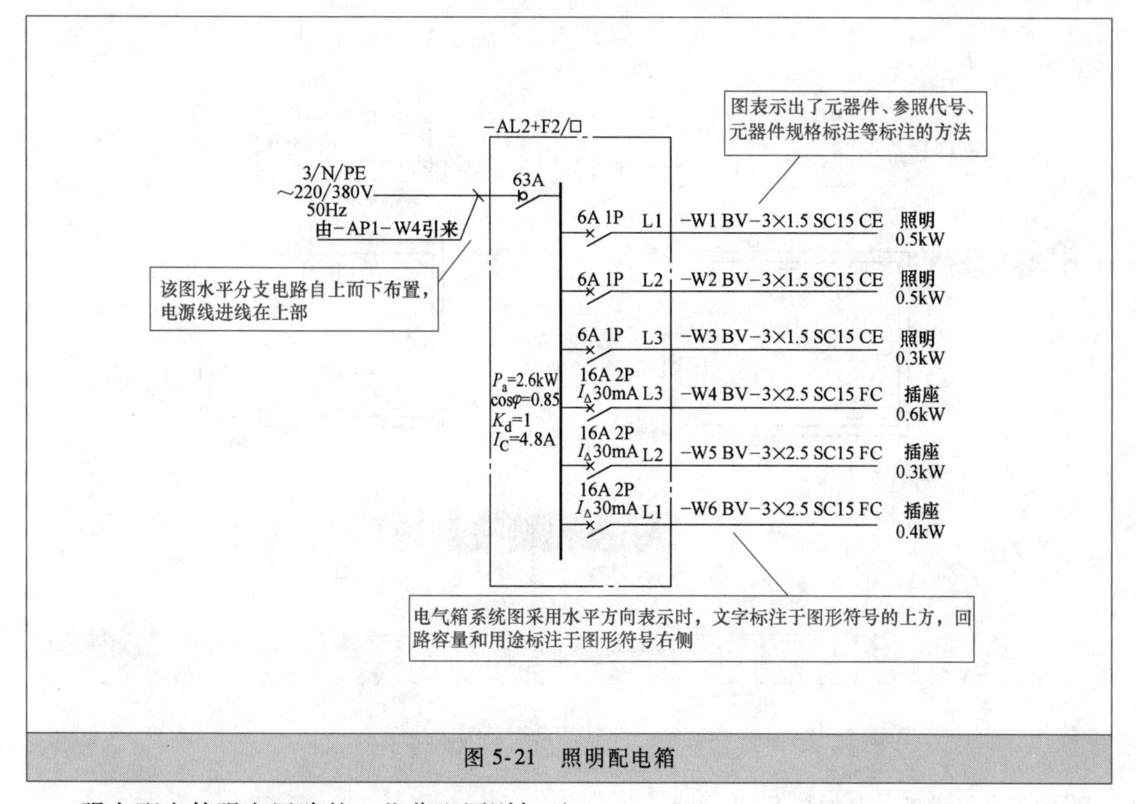

图5-21 照明配电箱

强电配电箱强电回路的一些分配原则如下：

1）每台空调器尽量分别设置一个回路。

2）厨房尽量单独设置一个回路。

3）卫生间尽量单独设置一个回路。

4）所有房间普通插座尽量单独设置一个回路，或者客厅、卧室插座一个回路，厨房、卫生间插座一个回路。

5）所有房间的照明尽量单独设置一个回路。

6）电热水器尽量单独设置一个回路。

7）其他有特殊需求的电器尽量单独设置一个回路。

8）每个回路均应有相线、零线、地线。

9）强电各回路电线使用要正确。

10）强电断路器的大小不是配得越大越好，也不是越小越好。如果配得过大，起不到过载保护作用。如果配得过小，不能够正常使用，会出现屡次跳闸现象。

11）总开关需要一个回路。

12）家装回路的设置与选择不是规定不变的，而是根据实际情况灵活应用。例如，有的把小孩房也单独设置一个回路。

★5.1.21 电话插座

电话插座如图5-22所示。

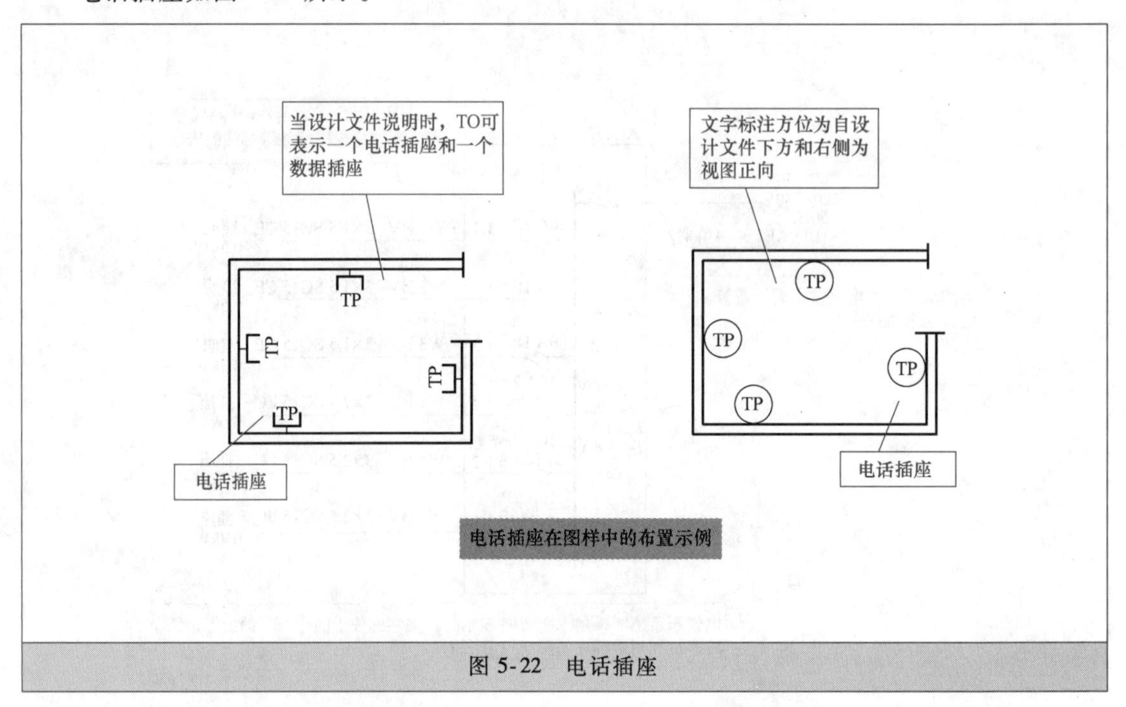

图5-22 电话插座

★5.1.22 常见电气设备分布

常见电气设备分布如图5-23所示。

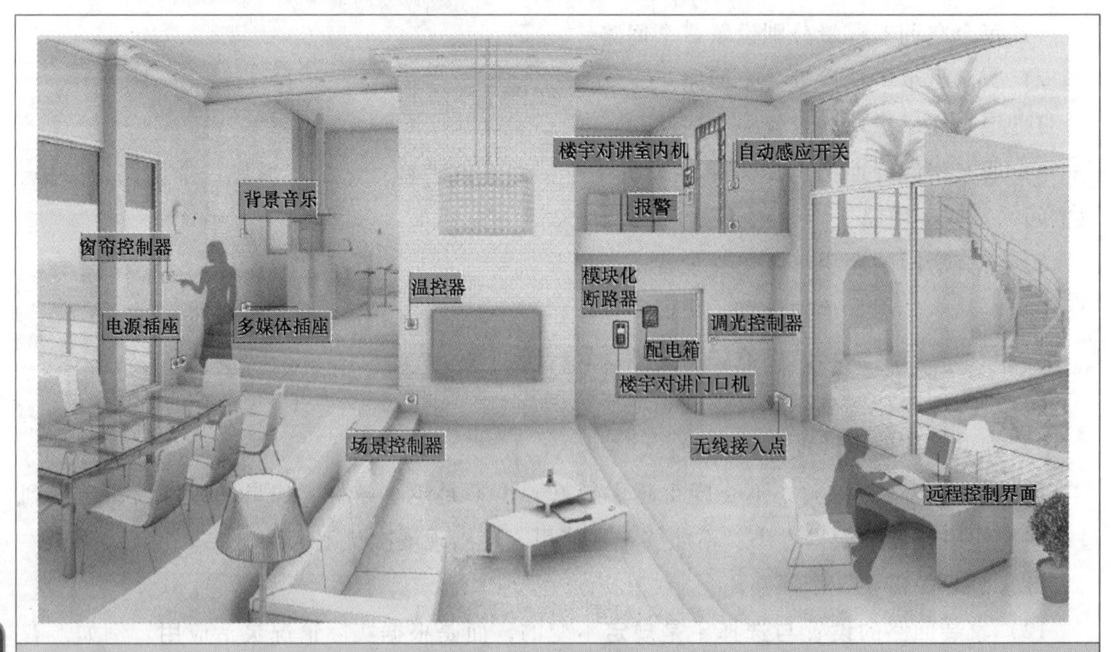

图5-23 常见电气设备分布

★5.1.23 三房二厅二卫开关与插座分布

三房二厅二卫开关与插座分布如图 5-24 所示。

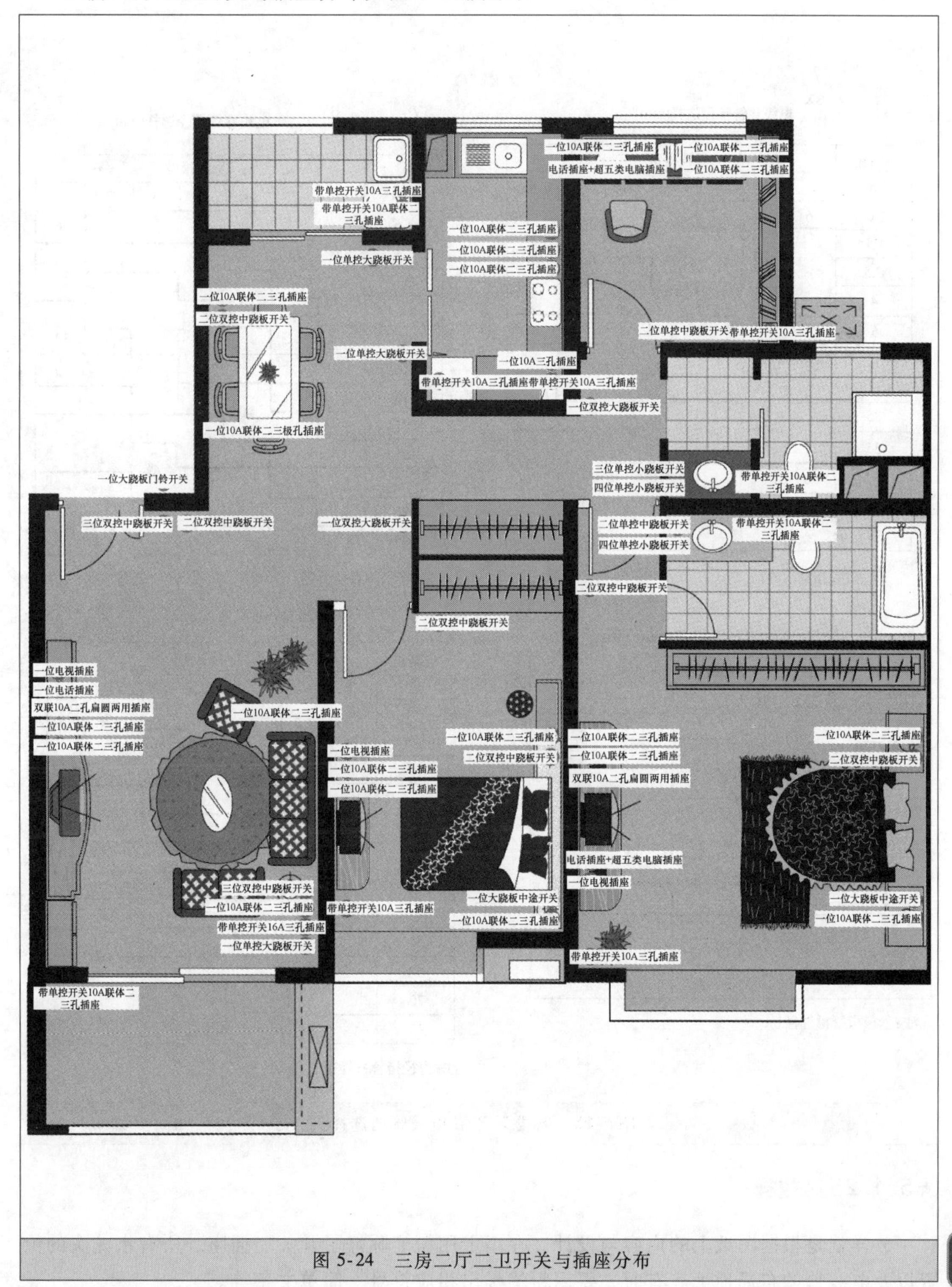

图 5-24 三房二厅二卫开关与插座分布

★5.1.24　电线穿 PVC 电线管的选择

电线穿 PVC 电线管的选择如图 5-25 所示。

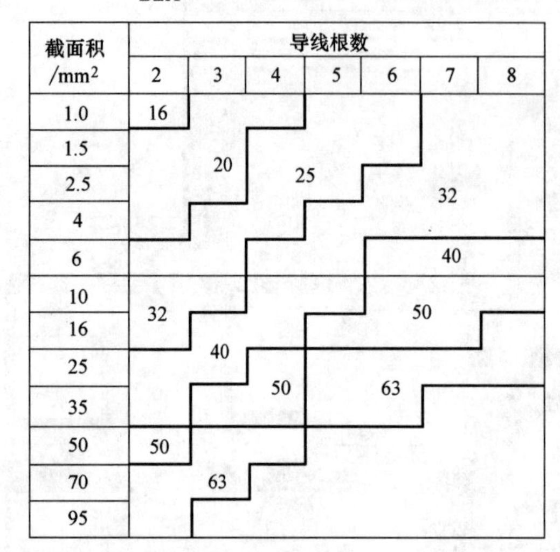

注：管径指管材外径。

BV BV-105　BV BV-105　电线穿管管径选择(mm)

注：管径指管材外径。

BVR 电线穿管管径选择(mm)

注：管径指管材外径。

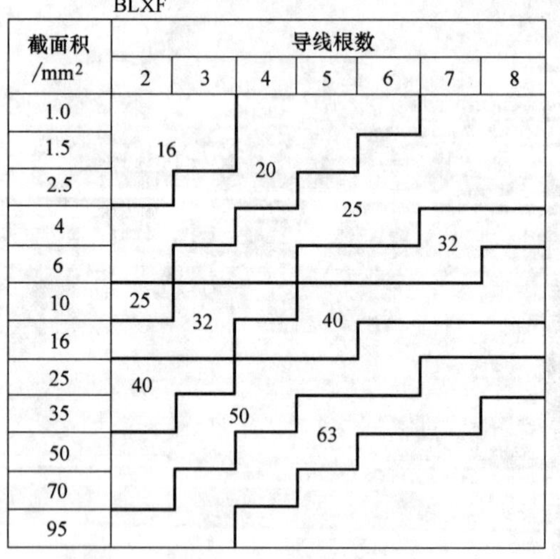

注：管径指管材外径。

图 5-25　电线穿 PVC 电线管的选择

★5.1.25　放样

放样就是根据图纸上的内容与设计，在墙上用粉笔画好了开关、插座、所有水龙头的位置以及电线管的布局地址。有时，要用粉笔标出相应符号、简单文字等。

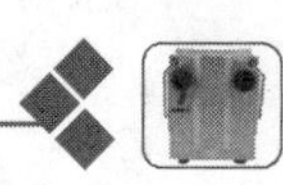

放样实例如图 5-26 所示。

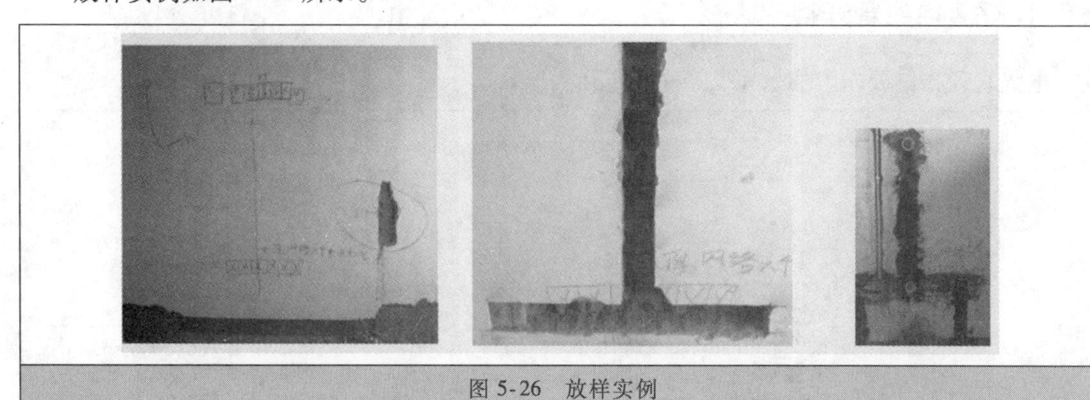

图 5-26　放样实例

★5.1.26　布线与布管

布管就是根据电线走向安排电线管的安装与敷设。布线就是为实现电气要求进行线路的安装与敷设，并且电线需要放入电线管中。

强电电线管一般采用红色 PVC 管，弱电电线管一般采用蓝色 PVC 管。

根据实际经验，如果布管、布线时，能够结合最终效果的情况来进行，则布管、布线一般可行性较高、正确率较高。

布线与布管如图 5-27 所示。

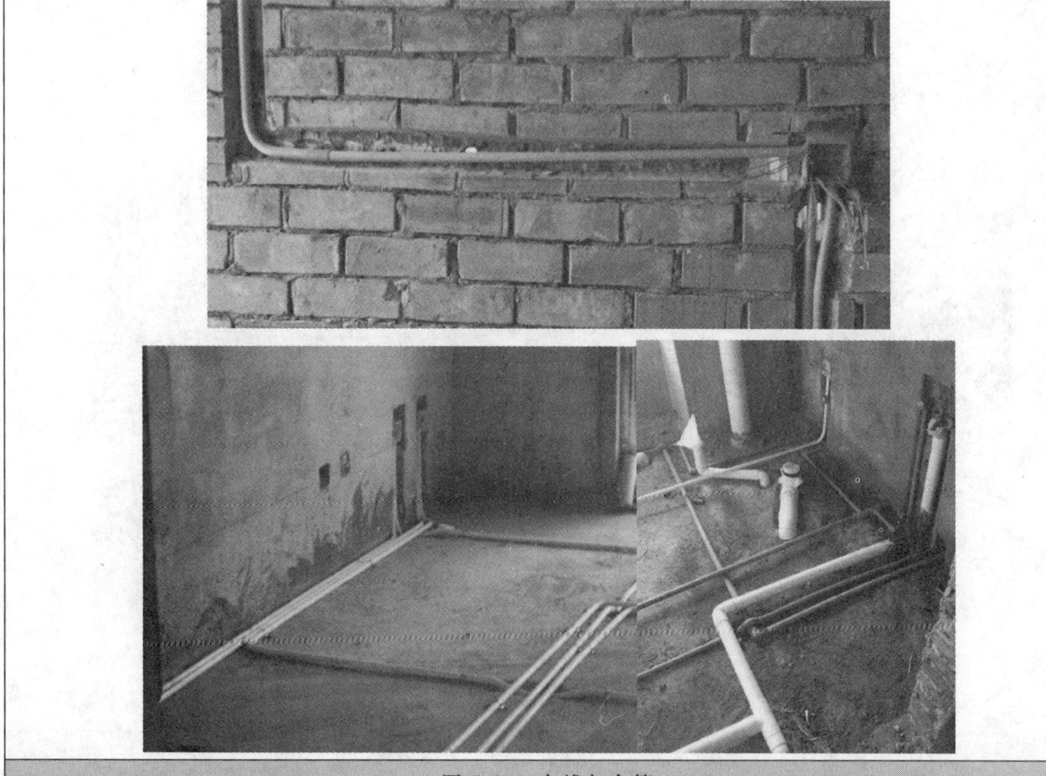

图 5-27　布线与布管

★5.1.27　电线管开槽

电线管开槽的要求与方法如图 5-28 所示。

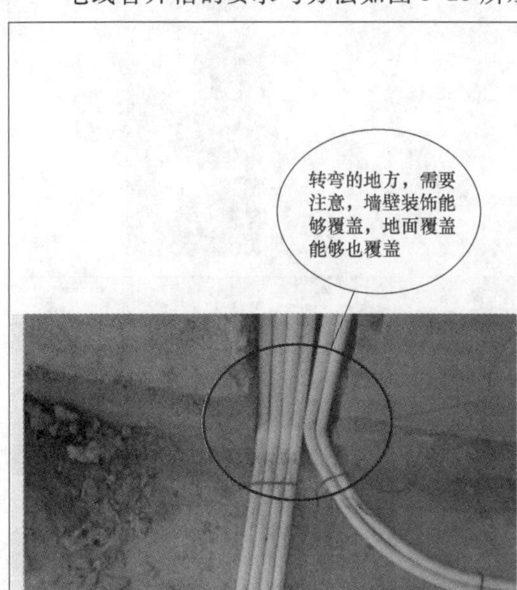

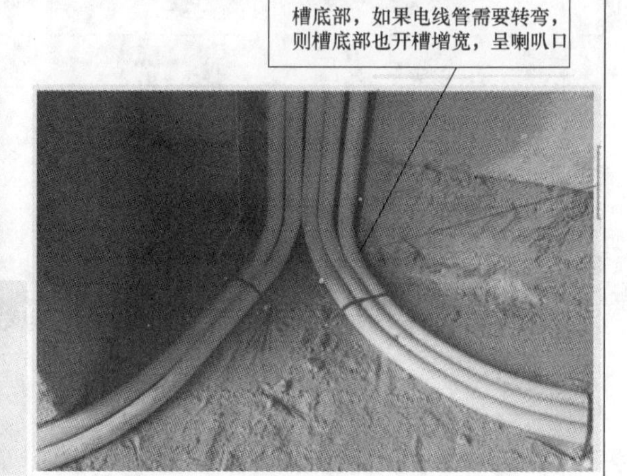

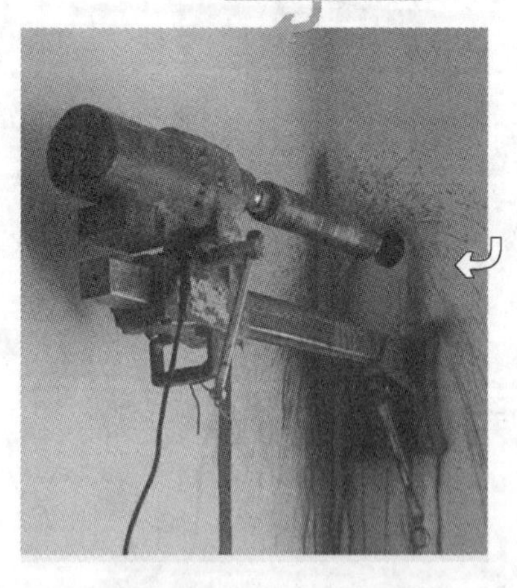

图 5-28　电线管开槽的要求与方法

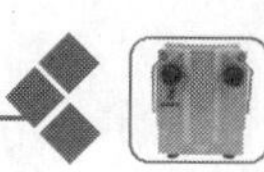

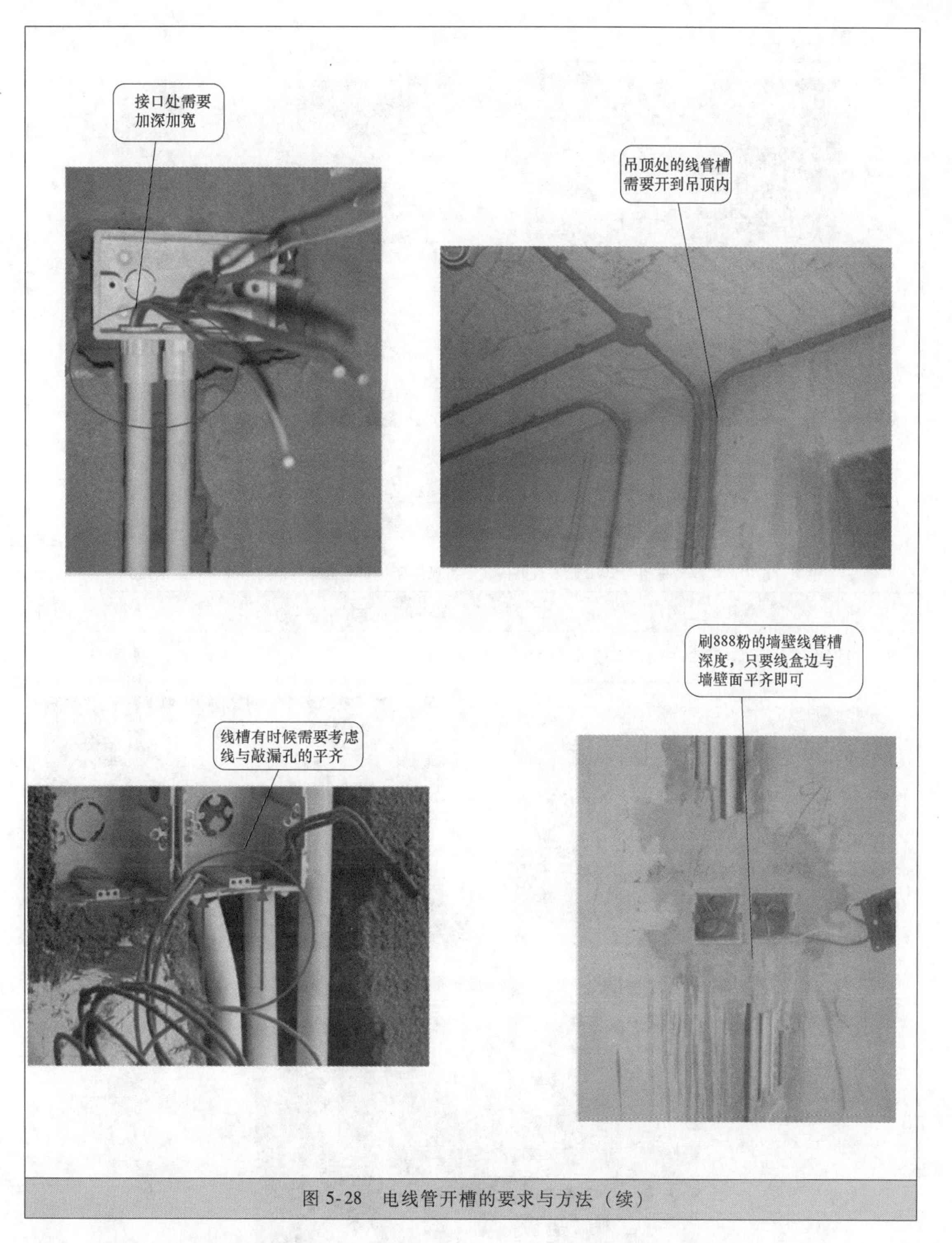

图 5-28 电线管开槽的要求与方法（续）

★5.1.28 灯具线的布局

同一灯具线安装有不同的布局方案。选择的方案尽量少布线、布管，与灯具、开关连接方便，引来和引出的线均具有方便、安全、路径短等特点。

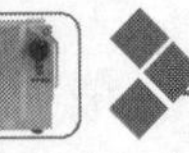

灯具线的布局如图 5-29 所示。

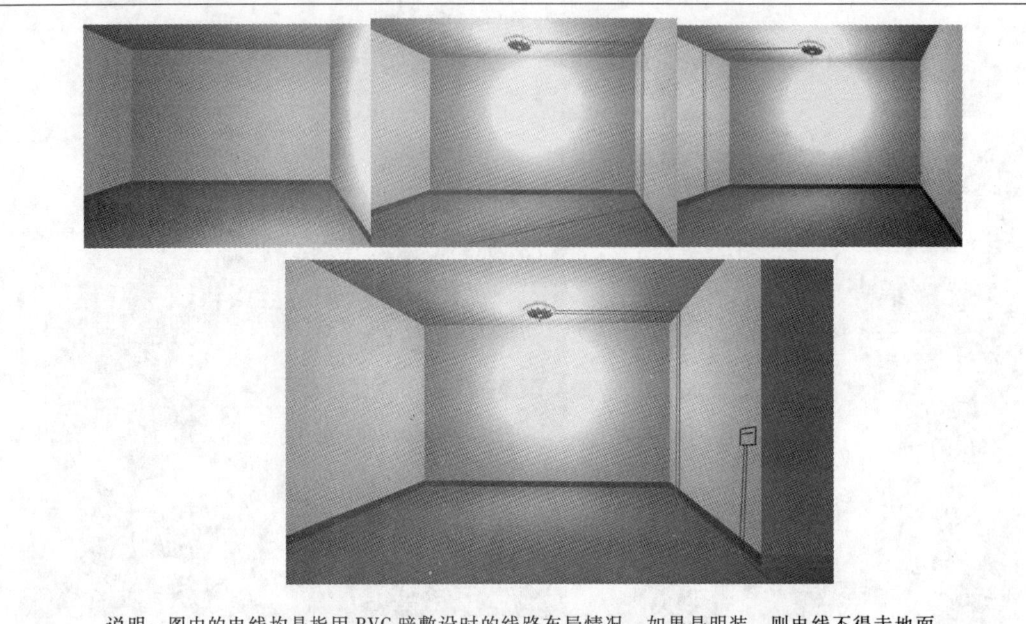

说明：图中的电线均是指用 PVC 暗敷设时的线路布局情况。如果是明装，则电线不得走地面。

图 5-29　灯具线的布局

灯具线相线、零线连接基本要求如图 5-30 所示。

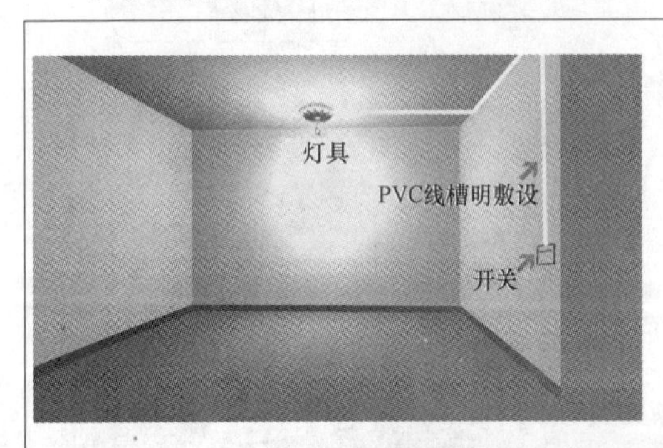

图 5-30　灯具线相线、零线连接基本要求

★5.1.29 开关的安装

开关的一些安装要求如图5-31所示。

开关面板颜色的选择很重要

图5-31 开关的一些安装要求

★5.1.30 插座的安装

插座的一些布局与安装要求如图5-32所示。

安装于卧室床边的插座，要避免床头柜或床板遮挡

图 5-32　插座的一些

房内各种插座的位置，配合家具的尺寸来安装，避免浪费

台盆柜边设置一些方便电动剃须刀、吹风机使用的插座

电视背景墙一定多设几个插座,电视机、DVD等一摆上,就会发现插座不够用

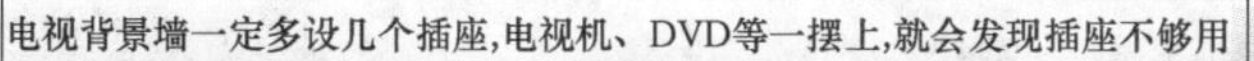

电视背景墙插座

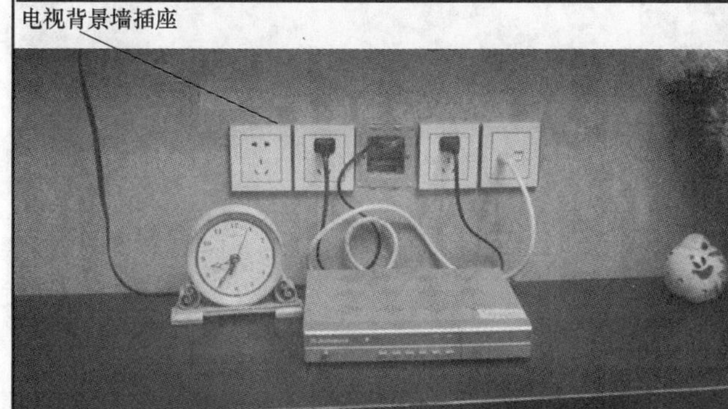

电视背景墙插座

适合大的客厅，适合功夫茶，或安在饭厅餐桌的下面(防止来回走动时挂动电线)

地面插座

安在地面的金属插座很方便，平时与地面齐平，却一踩就可以把插座弹出来

座厕边应适当留一个二三孔插座，方便手机充电或加装智能设备

★5.1.31　插座的高度

插座的高度安装要求如图5-33所示。

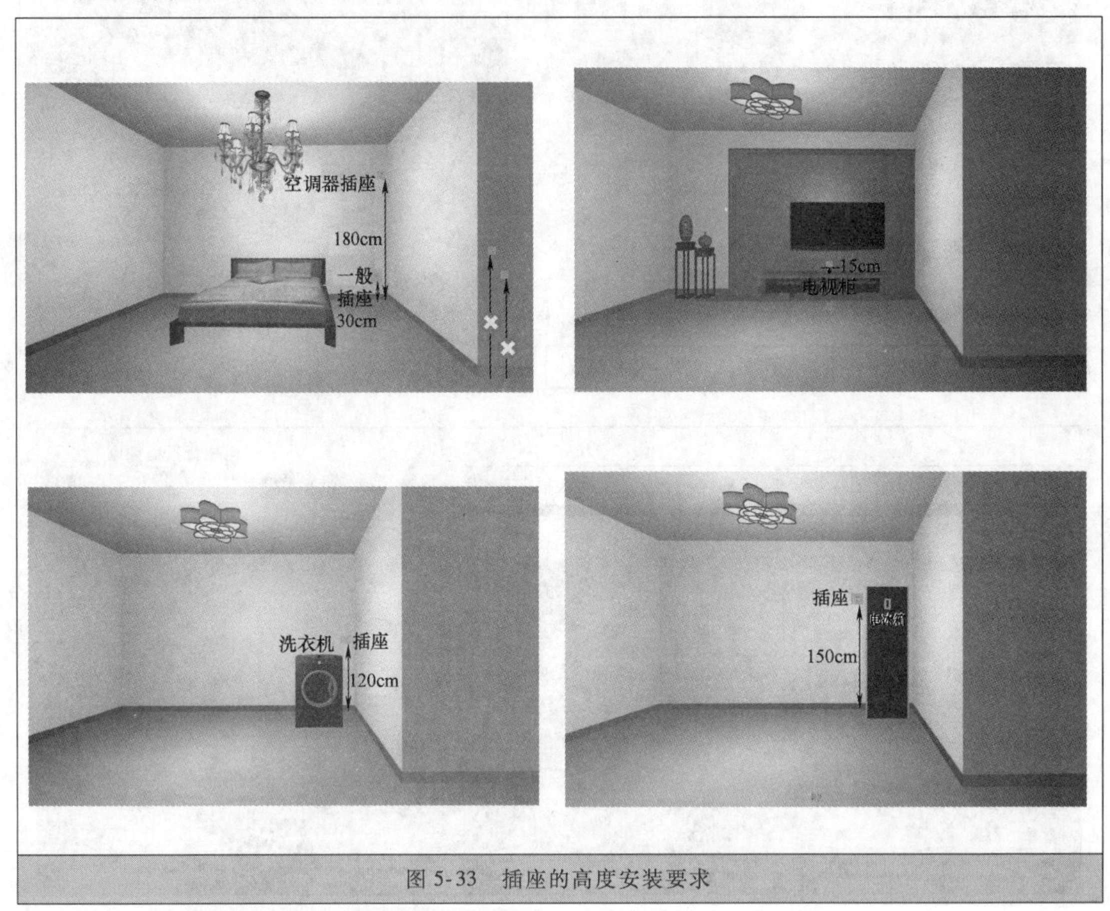

图5-33　插座的高度安装要求

★5.1.32　插座间的并联

大功率电器插座需要专门设置一组。插座间的并联如图5-34所示。

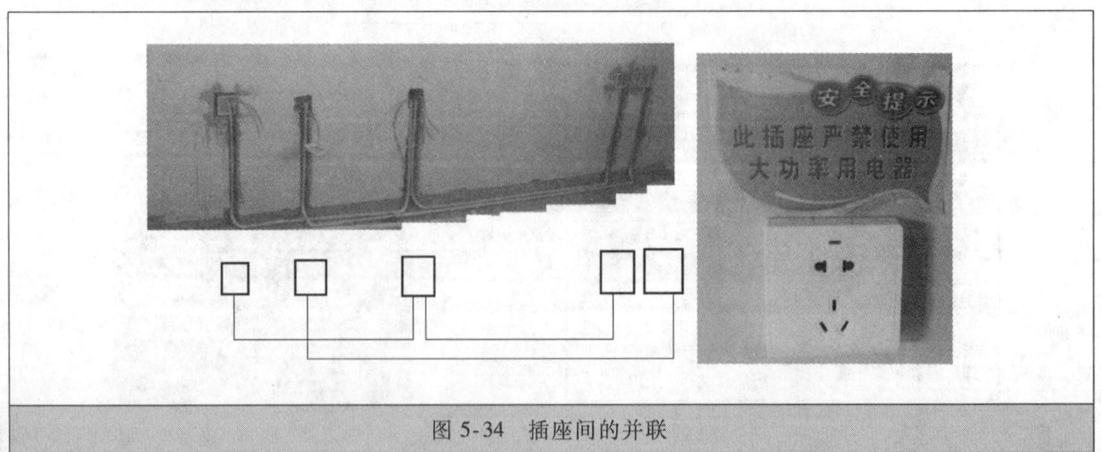

图5-34　插座间的并联

★5.1.33　一开关一灯具的现场安装与应用

一般的开关现场安装有许多方案，主要体现在布线、布管的实际路径不同。在诸多不同路径中有一些路径短、布线、布管规范合理的方案。因此，实际施工中就应该使用这些优化方案。

图 5-35a 与图 b 所示为开关线路基本功能、安装现场都一样的不同施工方案。图 a 所示施工方案存在操作不规范的现象。图 b 所示施工方案属于正确的施工方案。施工方案的具体布线布管如图 c 所示，暗敷后的装修效果如图 d 所示。

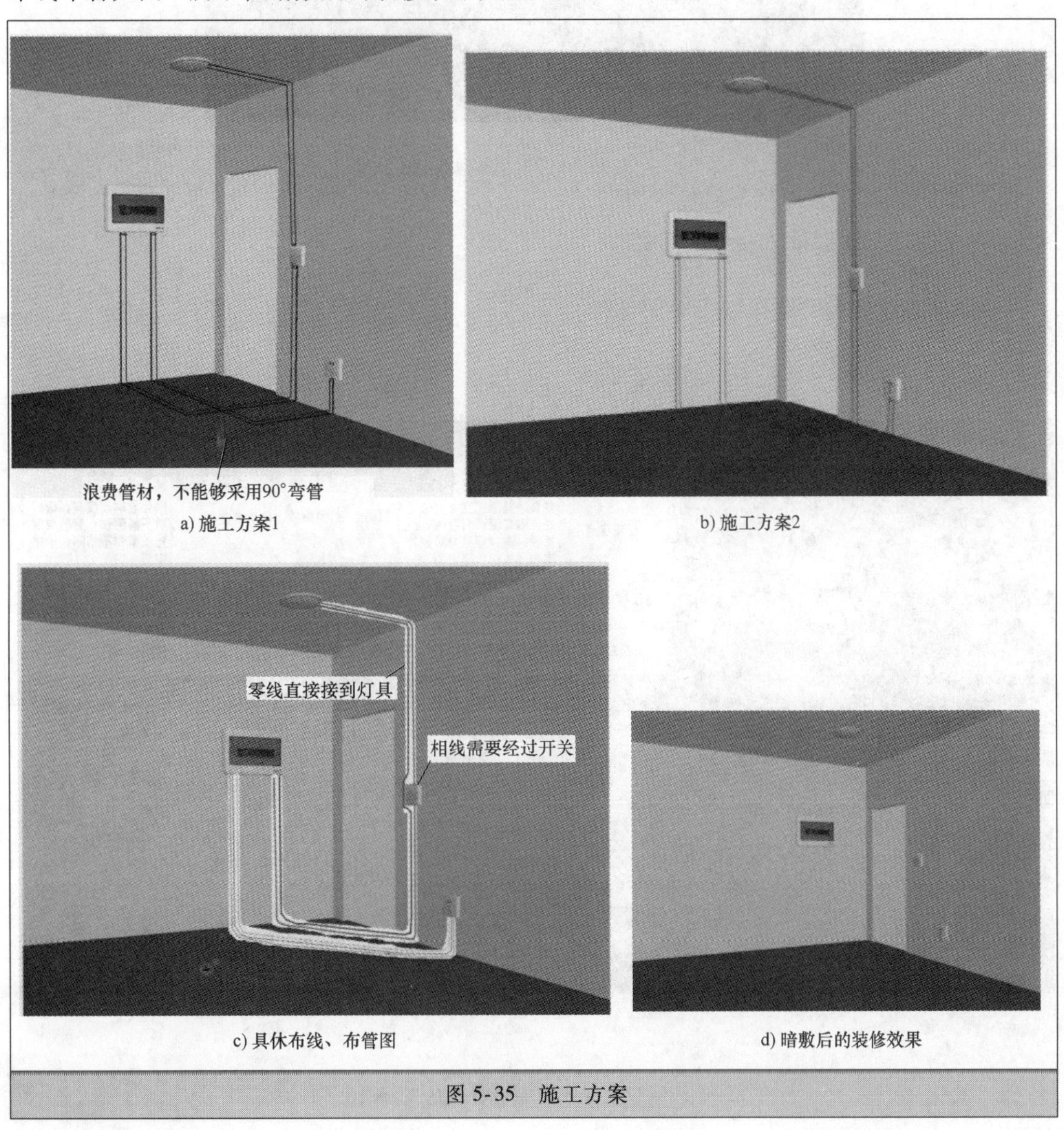

图 5-35　施工方案

★5.1.34　灯泡功率的选择

灯泡功率的选择如图 5-36 所示。

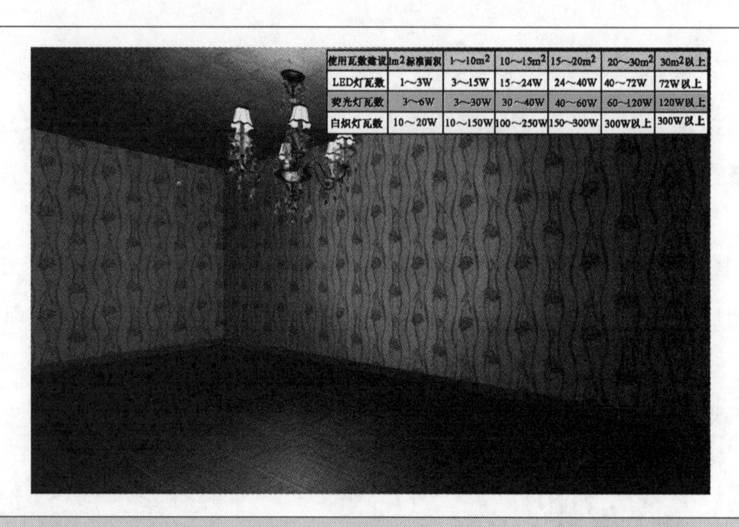

使用瓦数建议	$1m^2$标准面积	$1\sim10m^2$	$10\sim15m^2$	$15\sim20m^2$	$20\sim30m^2$	$30m^2$以上
LED灯瓦数	1～3W	3～15W	15～24W	24～40W	40～72W	72W以上
荧光灯瓦数	3～6W	3～30W	30～40W	40～60W	60～120W	120W以上
白炽灯瓦数	10～20W	10～150W	100～250W	150～300W	300W以上	300W以上

图 5-36　灯泡功率的选择

★5.1.35　灯罩与底盘材质的选择

灯罩与底盘材质的选择如图 5-37 所示。

灯罩材质	亚克力	仿羊皮纸	普通塑料	玻璃
材质优点	复合、普通亚克力，透光好，耐高温，耐腐蚀，材质轻，进口亚克力防紫外线和静电，价格中高	可塑性强，价格较高	价格便宜	钢化玻璃硬度高，破碎后不易割伤；磨砂玻璃光效柔和不伤眼；价格中高
建议使用寿命	复合亚克力:2～3年 普通亚克力:3～5年 进口亚克力:8年以上	普通:3～5年 优质:6～8年	2～3年	非外力影响情况下使用寿命长
材质缺点	有使用年限	硬度差、易老化	耐热性差，易变形，易老化	较重、易碎

图 5-37　灯罩与底盘材质的选择

★5.1.36　电子镇流器与电感镇流器的选择

电子镇流器与电感镇流器的选择如图 5-38 所示。

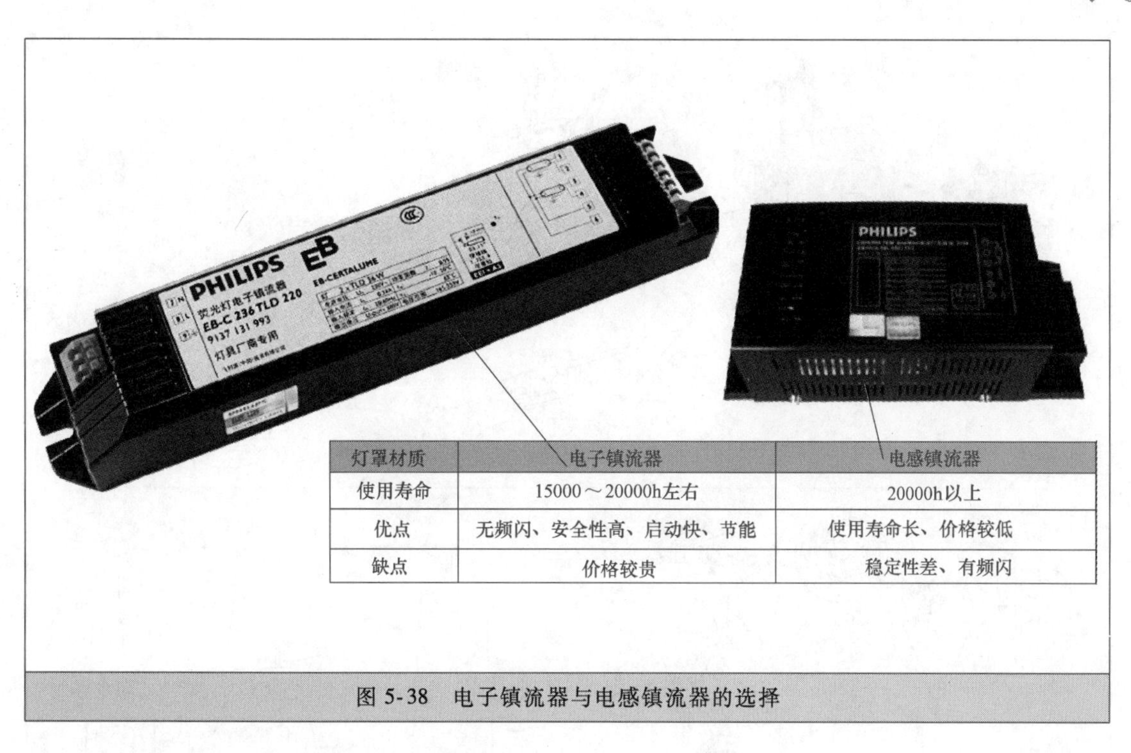

灯罩材质	电子镇流器	电感镇流器
使用寿命	15000～20000h左右	20000h以上
优点	无频闪、安全性高、启动快、节能	使用寿命长、价格较低
缺点	价格较贵	稳定性差、有频闪

图 5-38　电子镇流器与电感镇流器的选择

★5. 1. 37　灯泡光源的特点与选择

灯泡光源的特点与选择如图 5-39 所示。

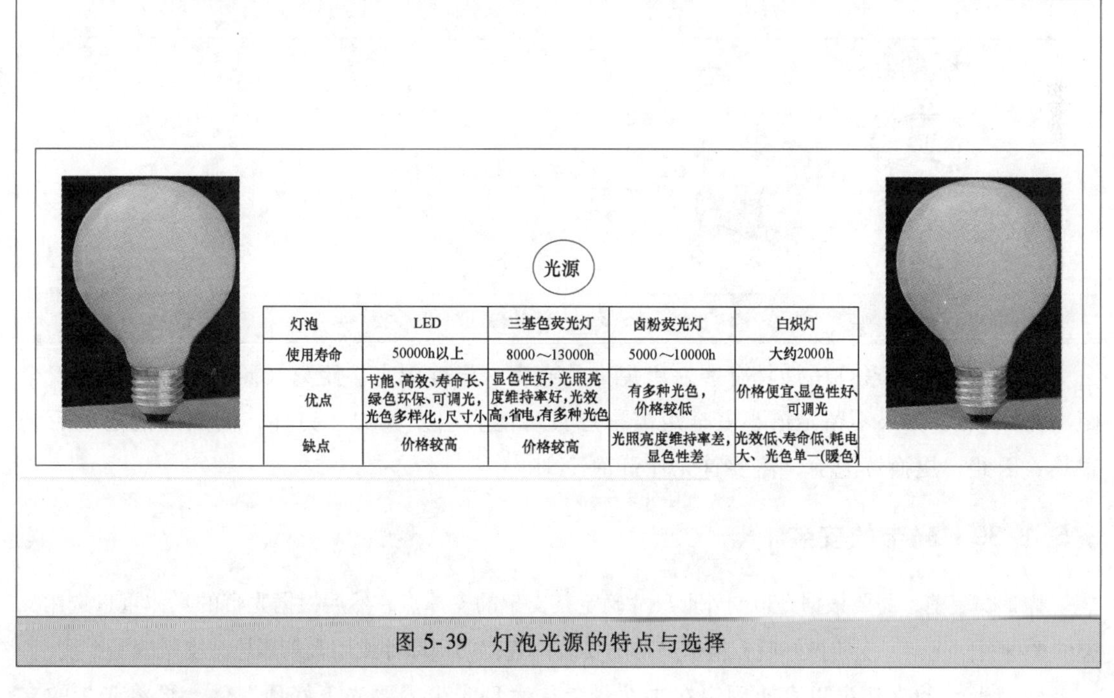

灯泡	LED	三基色荧光灯	卤粉荧光灯	白炽灯
使用寿命	50000h以上	8000～13000h	5000～10000h	大约2000h
优点	节能、高效、寿命长、绿色环保、可调光，光色多样化，尺寸小	显色性好，光照亮度维持率好，光效高，省电，有多种光色	有多种光色，价格较低	价格便宜、显色性好、可调光
缺点	价格较高	价格较高	光照亮度维持率差，显色性差	光效低、寿命低、耗电大、光色单一(暖色)

图 5-39　灯泡光源的特点与选择

★5. 1. 38　透射出集中卤素灯吊灯

透射出集中卤素灯吊灯安装如图 5-40 所示。

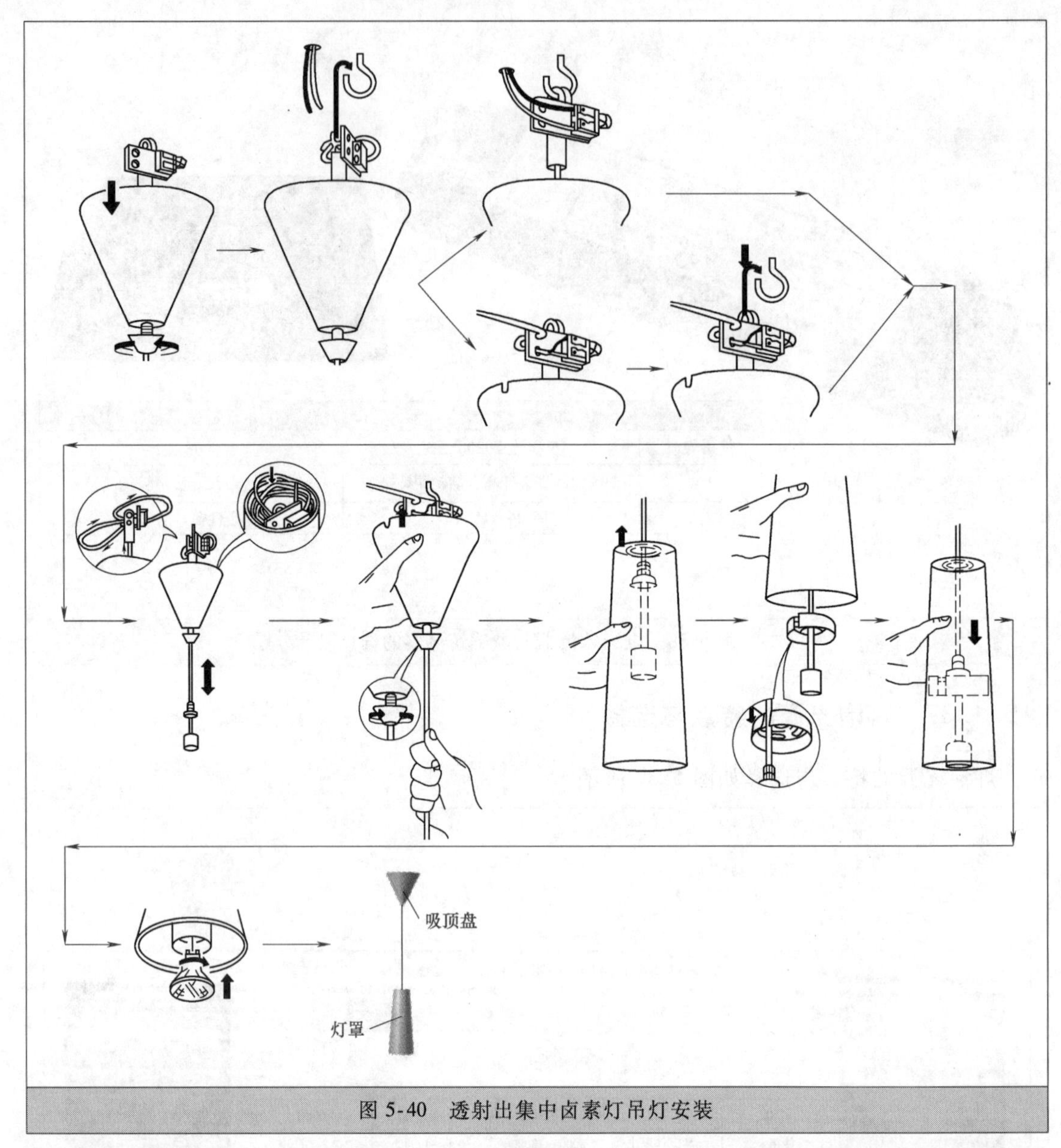

图 5-40　透射出集中卤素灯吊灯安装

透射出集中卤素灯吊灯具有透射出集中的光束、温度较高。距离被照射物体的最小安全距离为 0.3m。如果不留足最小安全距离，灯具可能会引发火灾。另外，卤素灯泡通电后会很热，因此，更换灯泡前，需要首先让灯泡冷却。

★5.1.39　光带的安装

光带安装前，需要根据光带的外形尺寸确定其支架的支撑点，然后根据光带的具体重量选用支架的型材制作支架。支架做好后，根据光带的安装位置，用预埋件或用胀管螺栓把支架固定牢固。

轻型光带的支架可以直接固定在主龙骨上。大型光带需要先下好预埋件，再将光带的支架用螺钉固定在预埋件上，固定好支架后，再将光带的灯箱用机螺钉固定在支架上，然后将电源线引入灯箱，以及把灯具的导线连接好，然后把连接处用电工胶布包好即可。

光带如图 5-41 所示。

图 5-41　光带

★5.1.40　壁灯的安装

壁灯的安装方法如下：首先把灯具底托摆放在留线安装位置，注意四周留出的余量要对称，然后划出打孔点放下底托，再用电钻开好安装孔，然后将灯具的灯头线从出线孔中拿出来，与墙灯接头接好线，然后把壁灯安装座贴紧墙面，用机螺钉固定好，然后配好灯泡、灯罩即可。

安装在室外的壁灯，其台板、灯具底托与墙面间需要加防水胶垫，以及打好泄水孔。

壁灯的安装如图 5-42 所示。

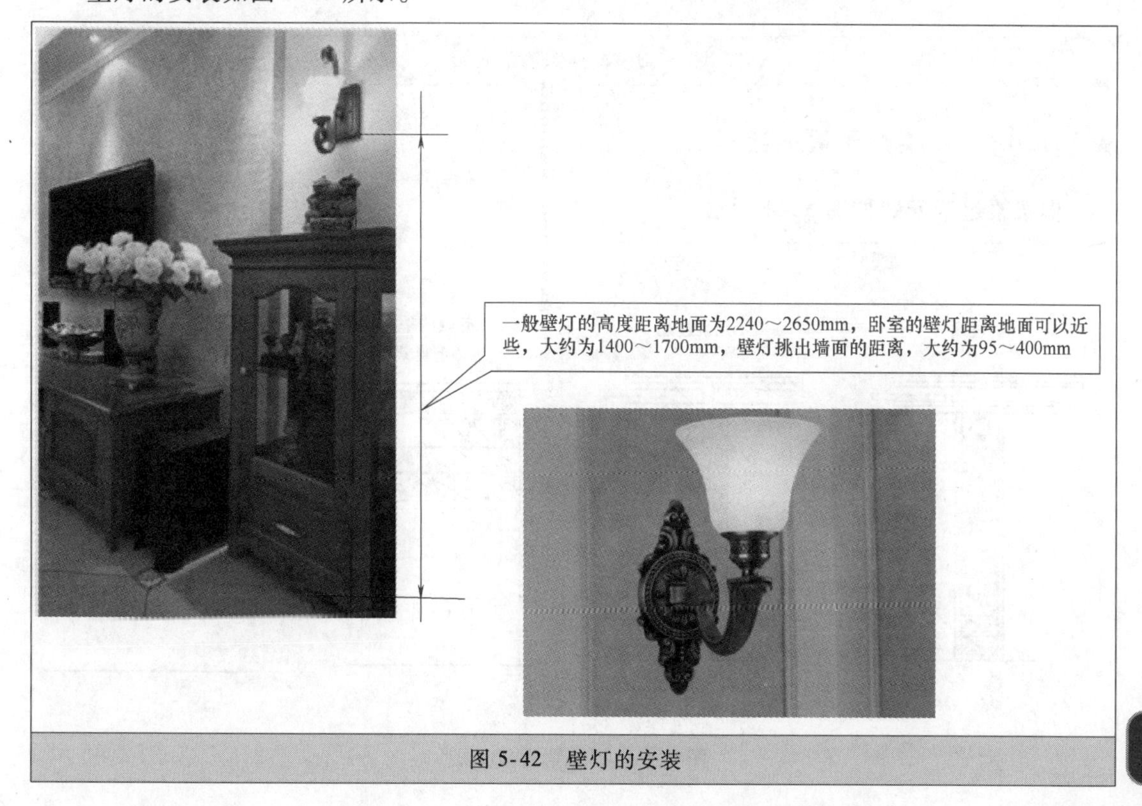

图 5-42　壁灯的安装

★5.1.41　楼梯照明的安装

楼梯照明的安装如图5-43所示。

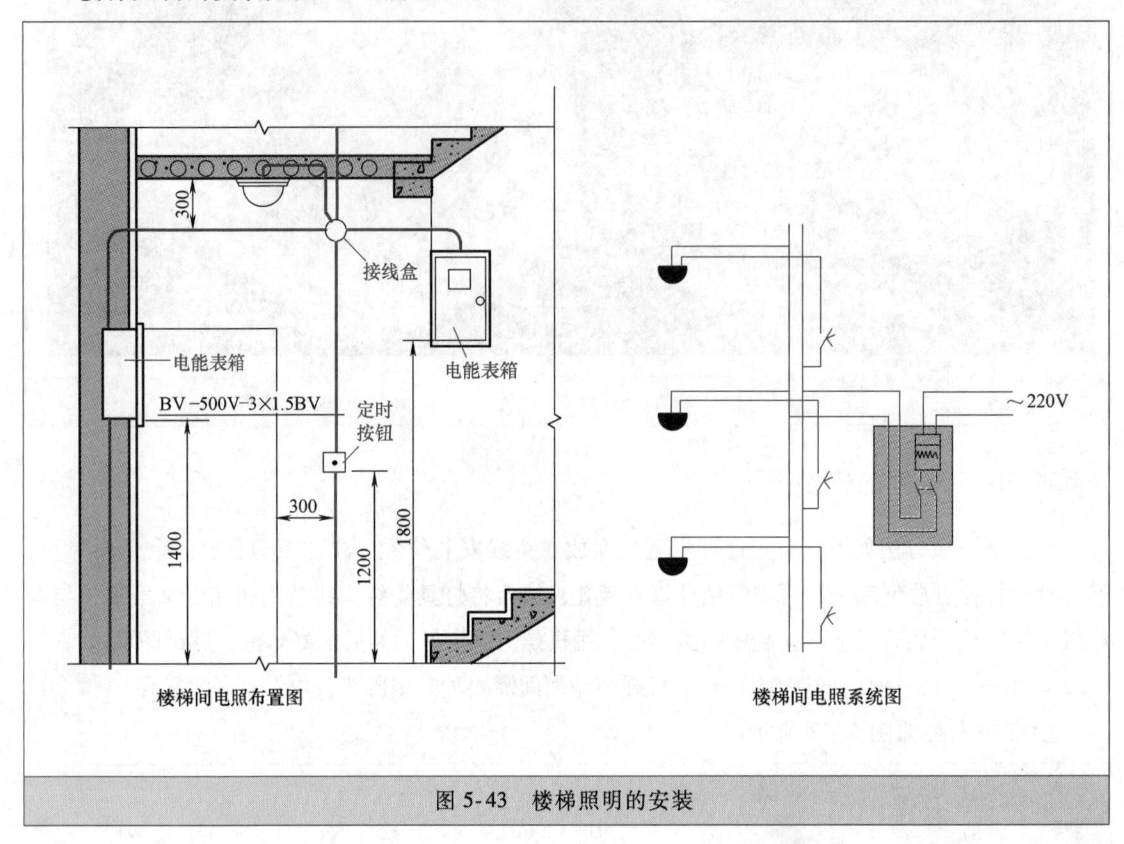

图5-43　楼梯照明的安装

★5.1.42　框架梁过线安装

框架梁过线安装如图5-44所示。

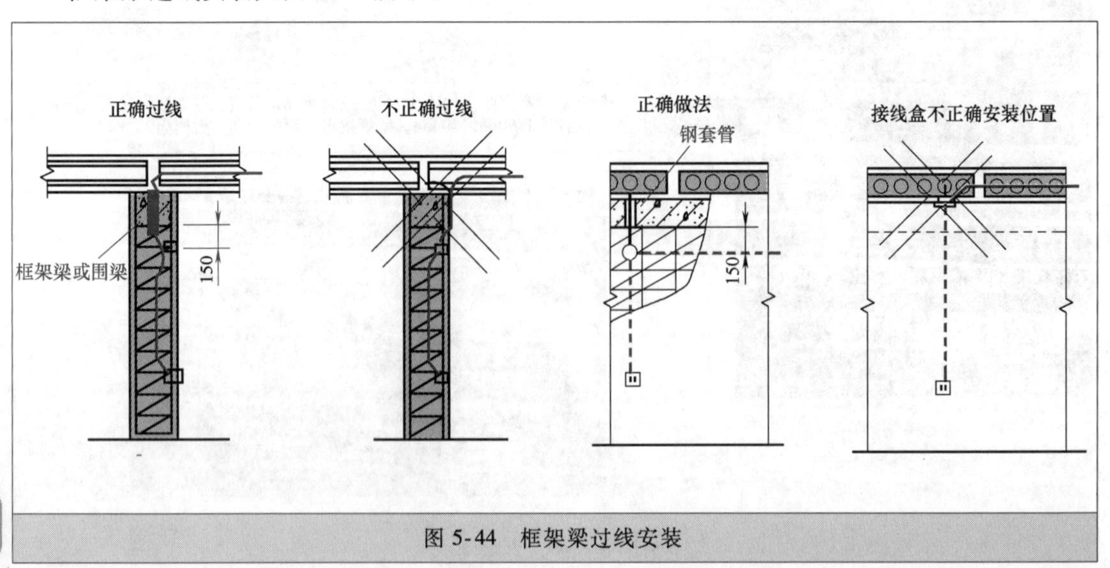

图5-44　框架梁过线安装

★5. 1. 43 照明布线立体走向

照明布线立体走向如图 5-45 所示。

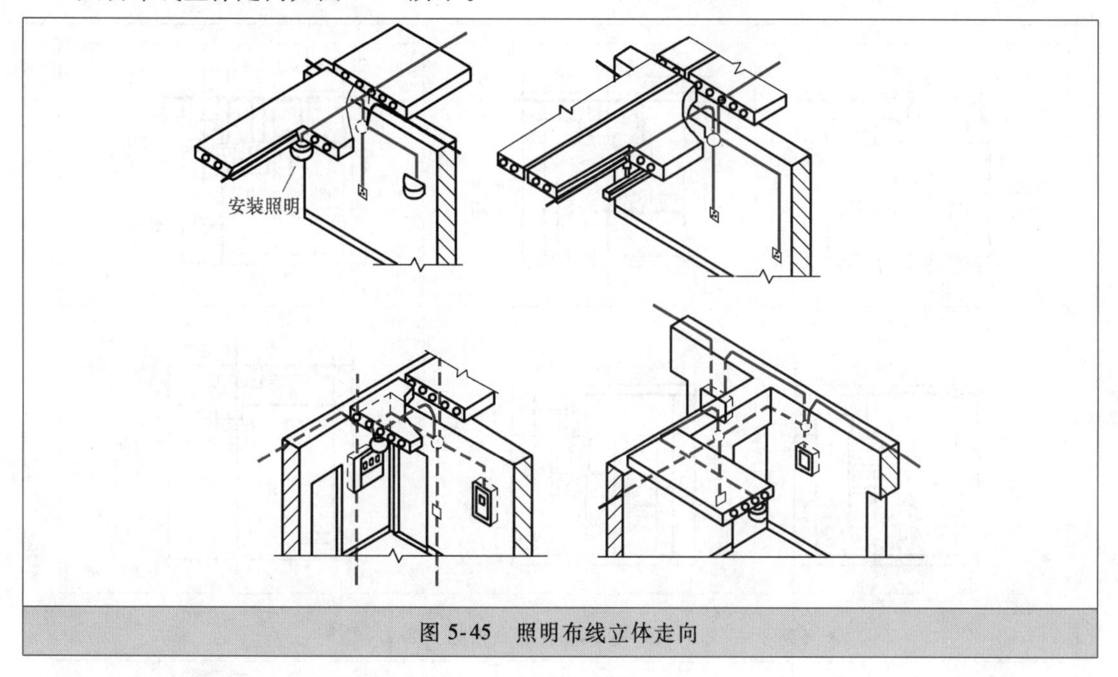

图 5-45 照明布线立体走向

★5. 1. 44 环形供电柜的安装

环形供电柜的安装如图 5-46 所示。

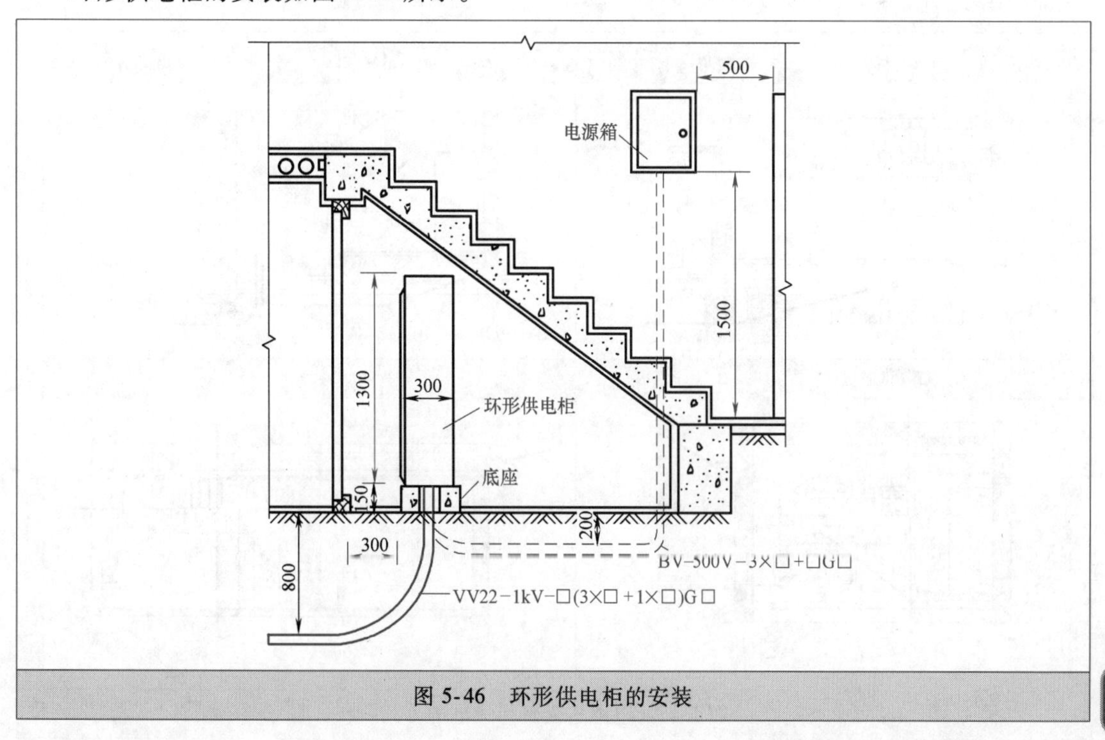

图 5-46 环形供电柜的安装

★5.1.45 电源箱、电表箱的安装

电源箱、电表箱的安装如图 5-47 所示。

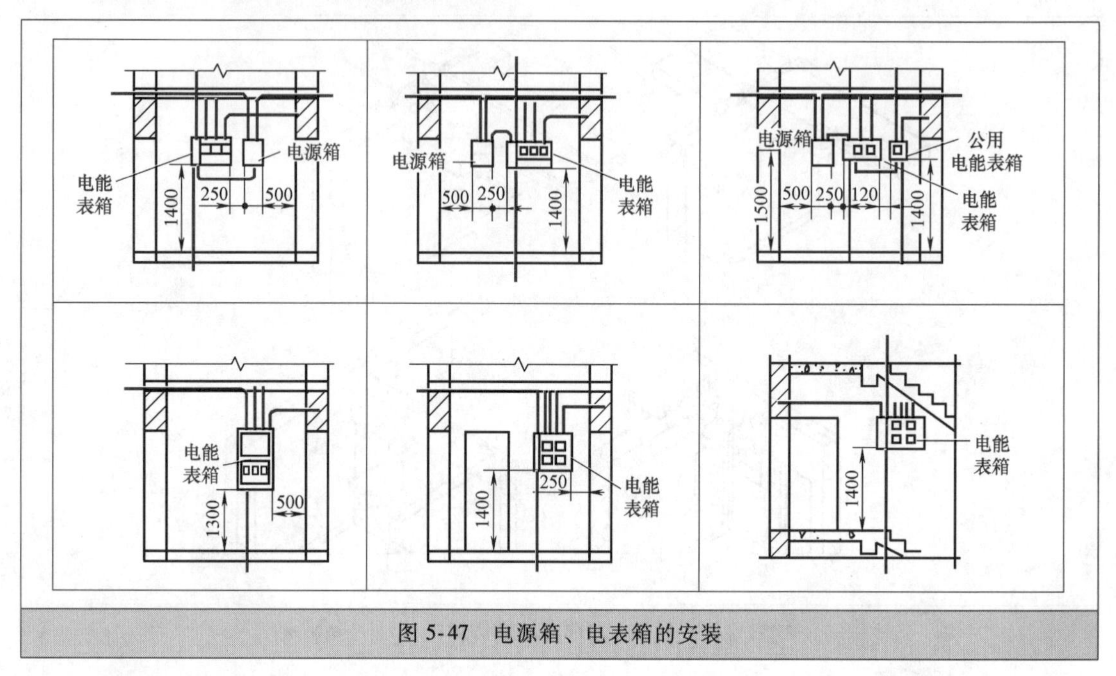

图 5-47　电源箱、电表箱的安装

★5.1.46 电缆进入民用住宅的方式

电缆进入民用住宅的方式如图 5-48 所示。

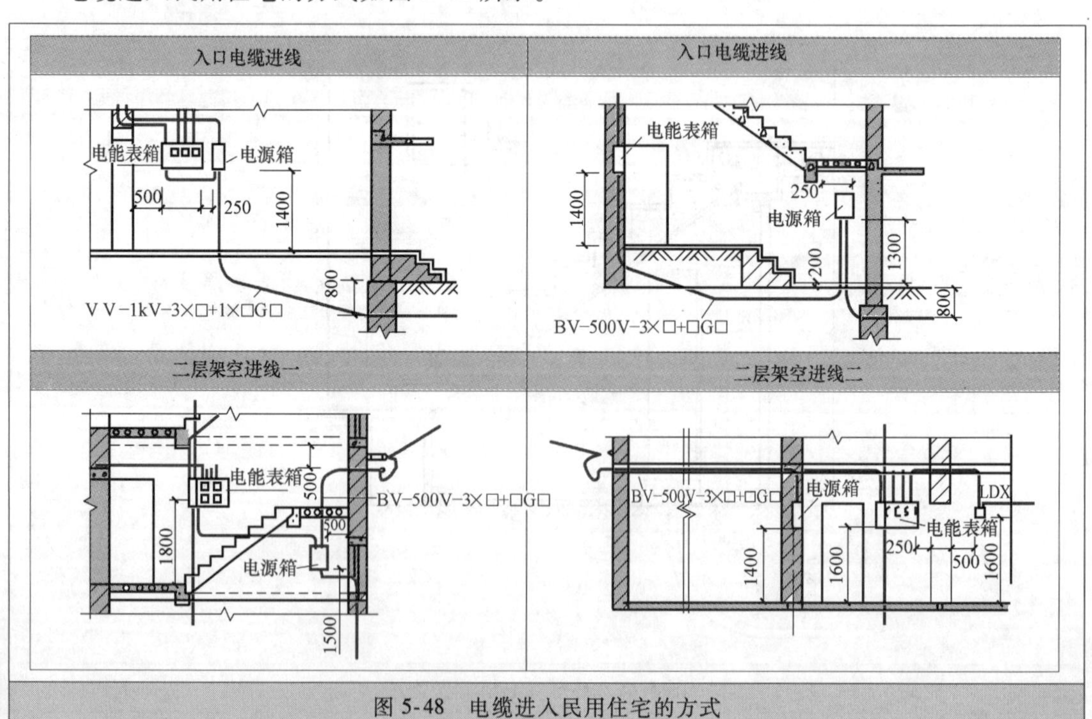

图 5-48　电缆进入民用住宅的方式

★5.1.47 住宅重复接地

住宅重复接地见表5-7。

表5-7 住宅重复接地

住宅重复接地1	住宅重复接地2
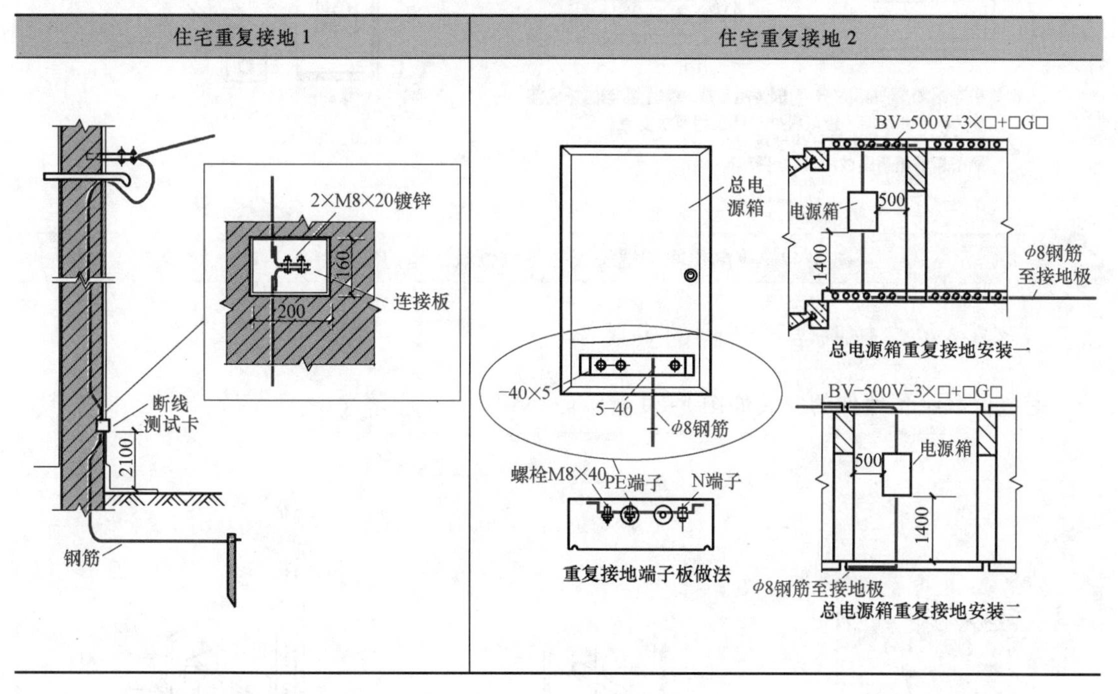	

★5.1.48 等电位联结端子板、等电位联结箱的安装

等电位联结端子板、等电位联结箱的安装如图5-49所示。

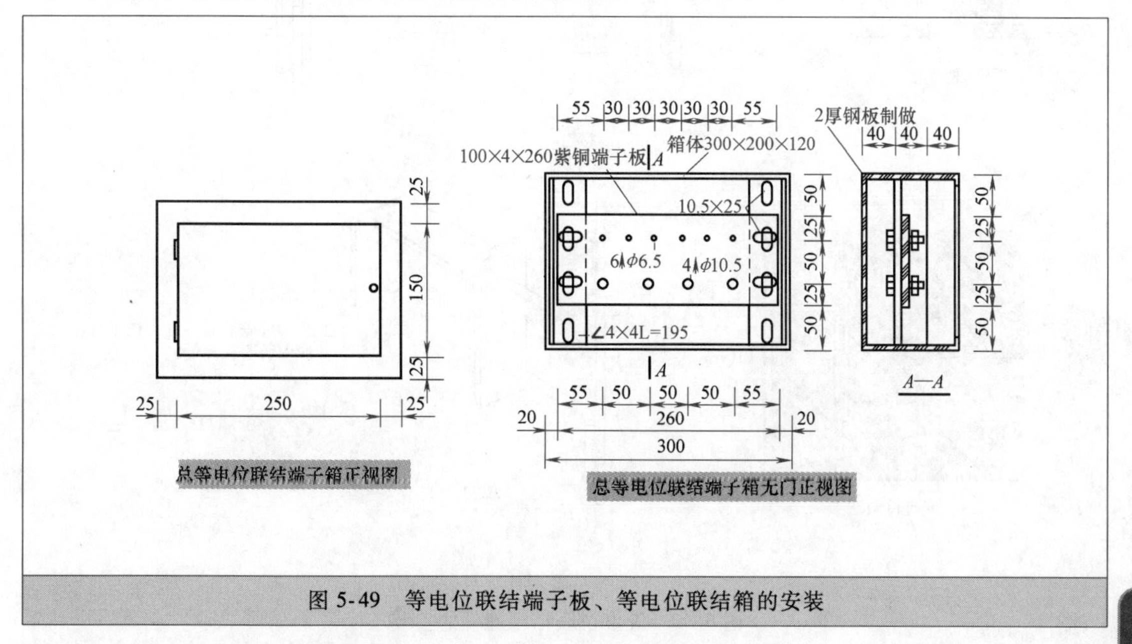

图5-49 等电位联结端子板、等电位联结箱的安装

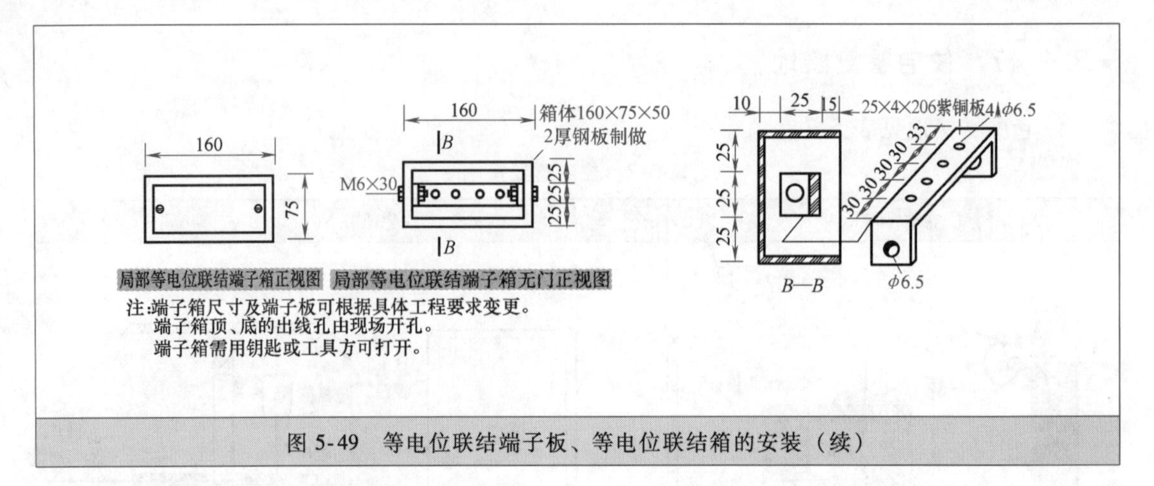

图 5-49　等电位联结端子板、等电位联结箱的安装（续）

★5.1.49　等电位联结预埋件的安装

等电位联结预埋件的安装如图 5-50 所示。

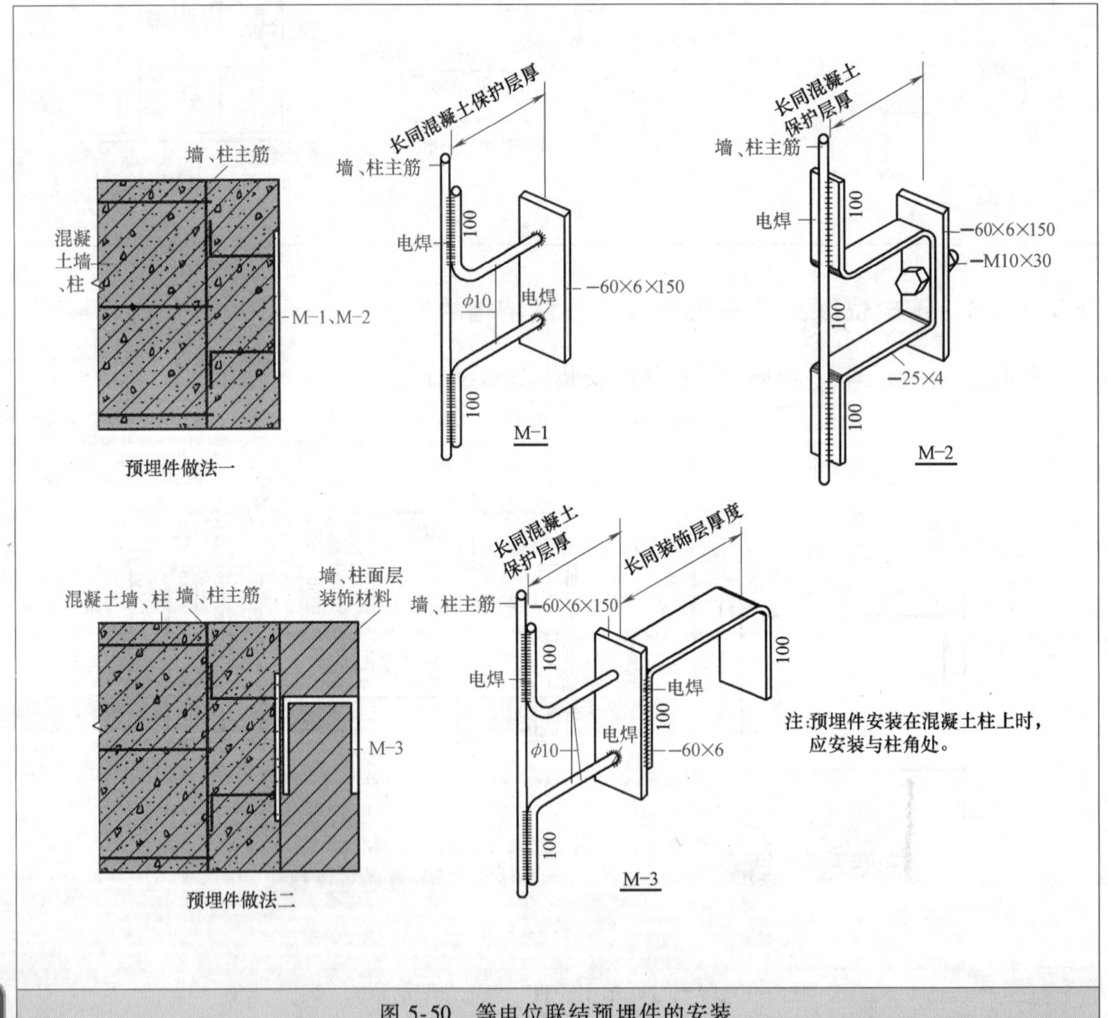

图 5-50　等电位联结预埋件的安装

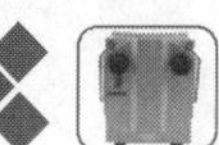

★5.1.50 卫生间等电位的连接

卫生间等电位的连接如图 5-51 所示。

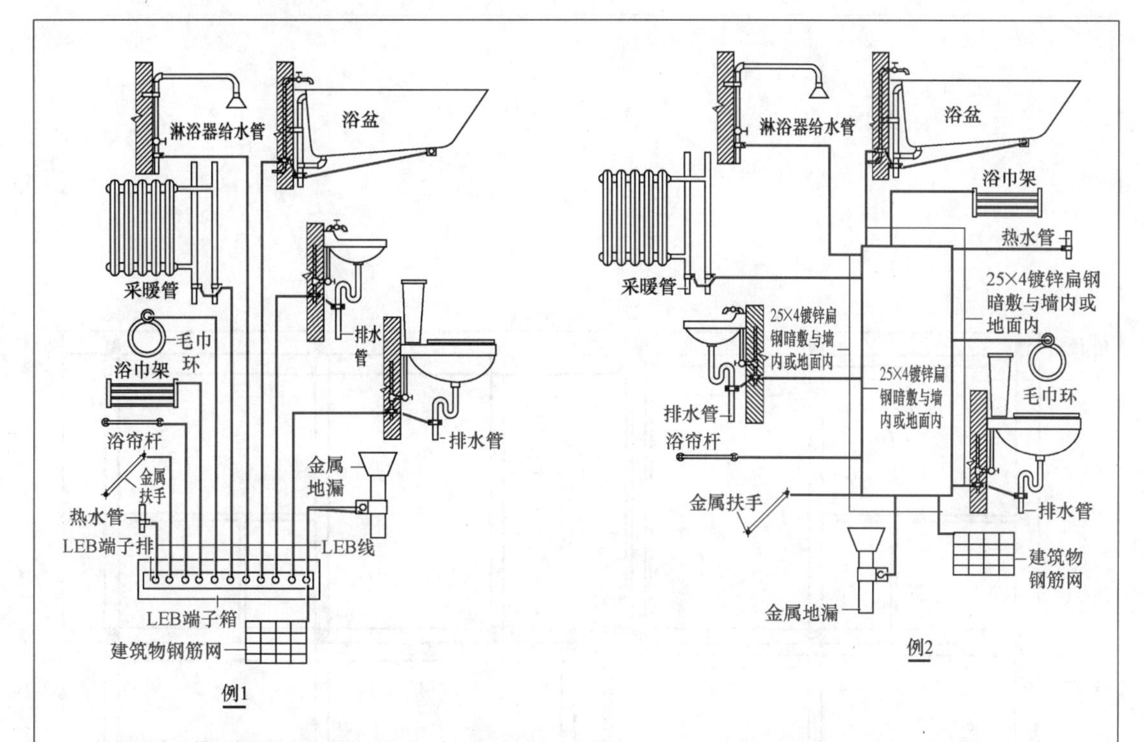

注：地面内钢筋网宜与等电位联结线连通。当墙为混凝土墙或有混凝土柱时。墙内或柱内钢筋网也宜于等电位联结线连通。
例1中LEB线均为BV−500V−1×4，采用PV管暗敷。
例2中出墙以外的LEB线为BV−500V−1×4。

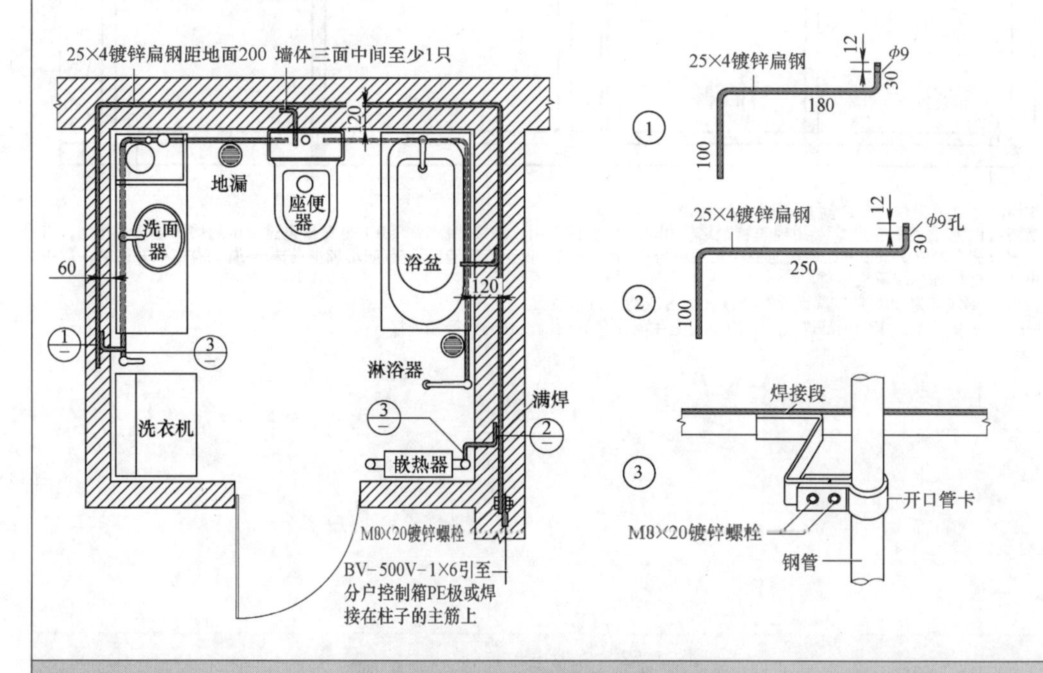

图 5-51 卫生间等电位的连接

★5.1.51 总等电位连接

总等电位连接如图 5-52 所示。

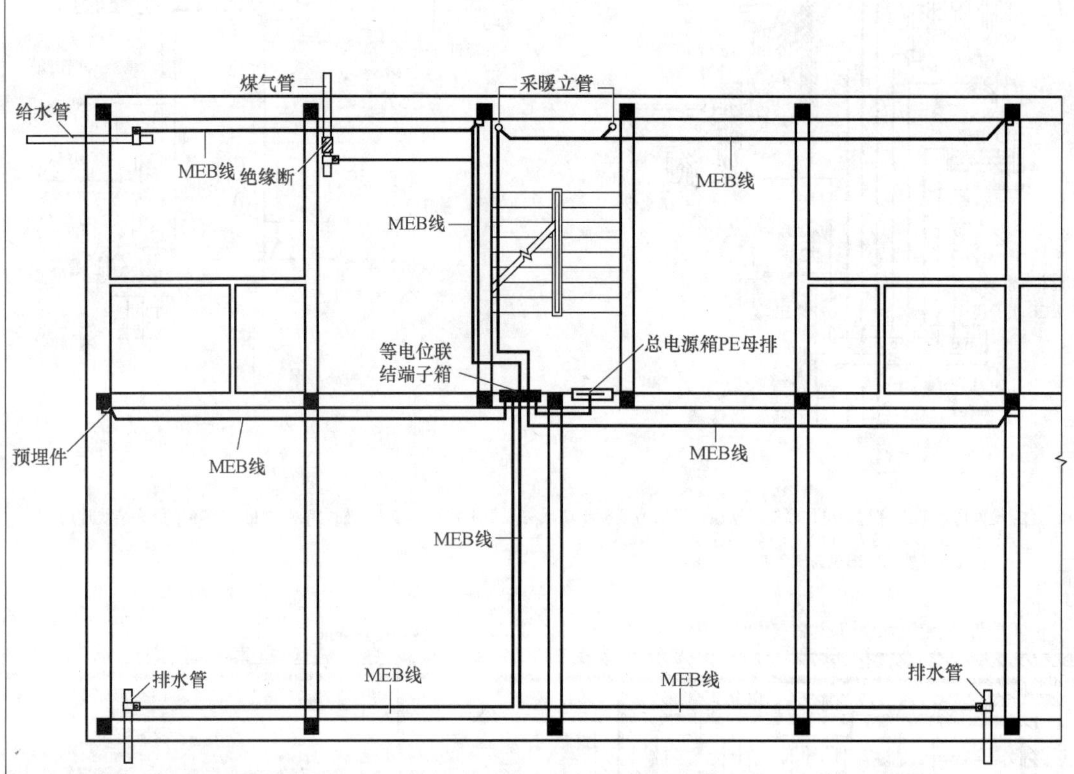

注：图中MEB表示总等电位联结；LEB表示局部等电位联结。
当防雷设施(有避雷装置时)利用建筑物钢结构和基础钢筋作下引线和接地极后，MEB也对雷电过电压起均衡电位的作用，当防雷设施有专用引下线和接地极时应将接地极与MEB连接以与保护接地的接地极(如基础钢筋)相连通。有电梯井道时，应将电梯导轨与MEB端子板连通。
图中MEB线均为40×4镀锌扁钢或铜导线在墙内或地面内暗敷。
MEB端子板除与外墙内钢筋连接外，应于与卫生间相邻近的墙或柱的钢筋相连接。

图 5-52 总等电位连接

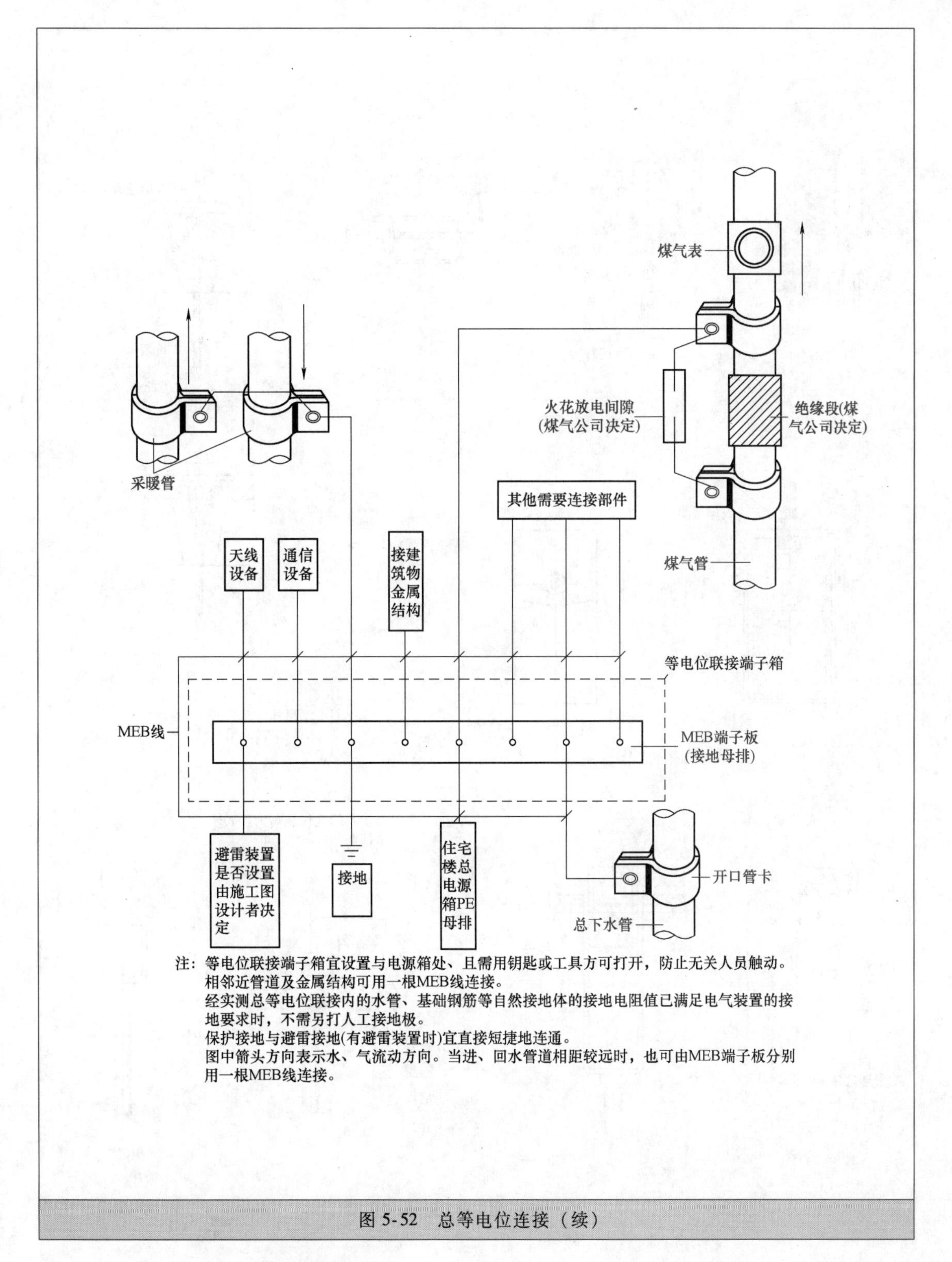

图 5-52 总等电位连接（续）

★5.1.52 金属线槽吊装敷设

金属线槽吊装敷设如图 5-53 所示。

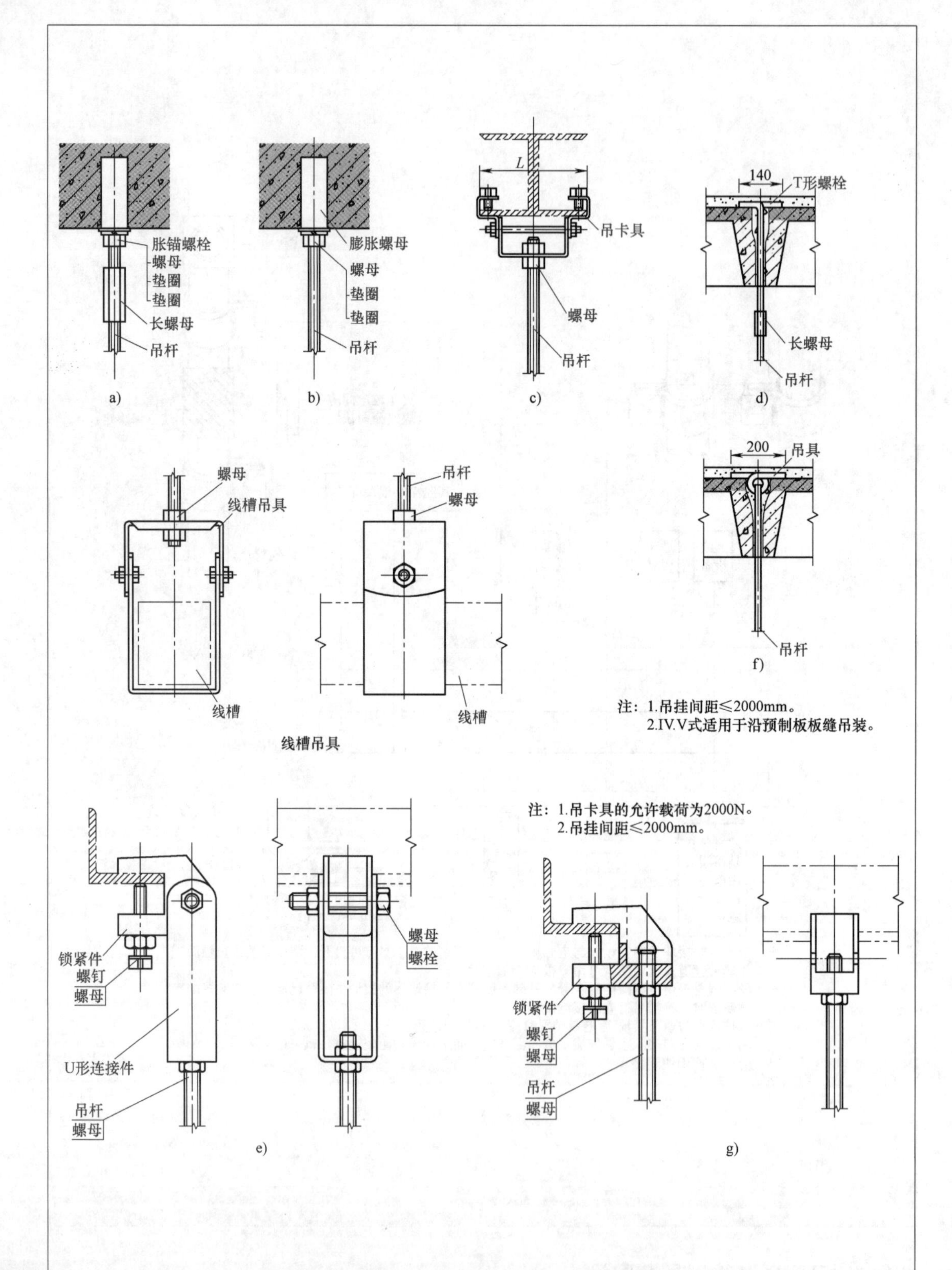

图 5-53　金属线槽吊装敷设

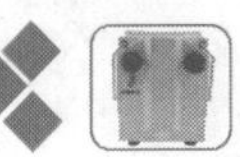

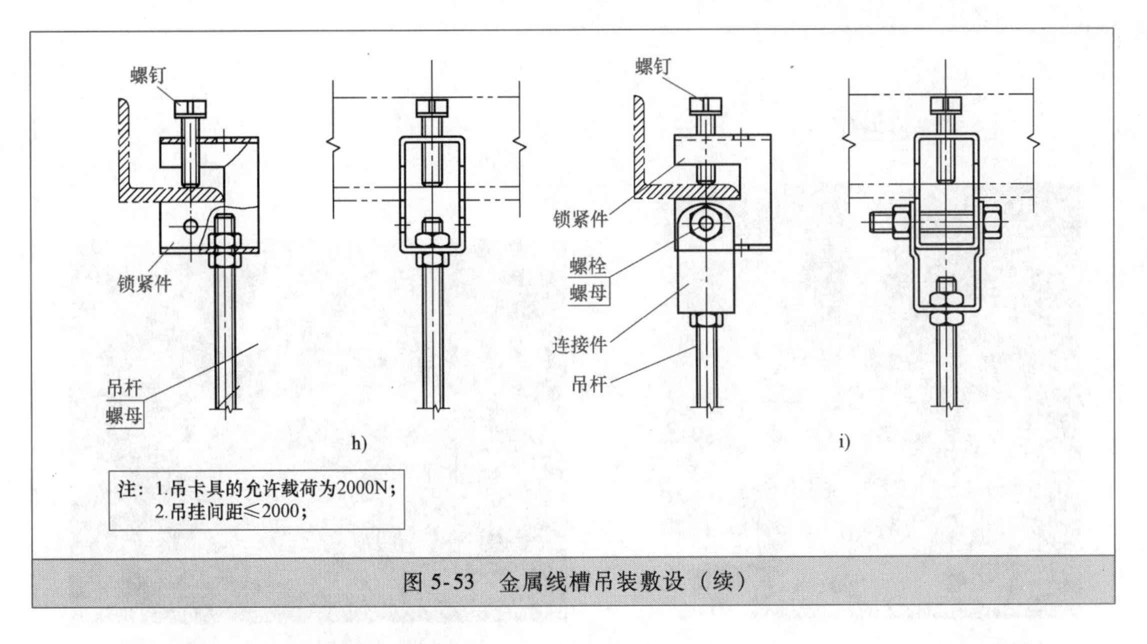

图 5-53 金属线槽吊装敷设（续）

★5.1.53 PVC 线槽的明敷安装

PVC 线槽主要用于明装，适应新农村等地方采用。PVC 线槽的明敷安装如图 5-54 所示。

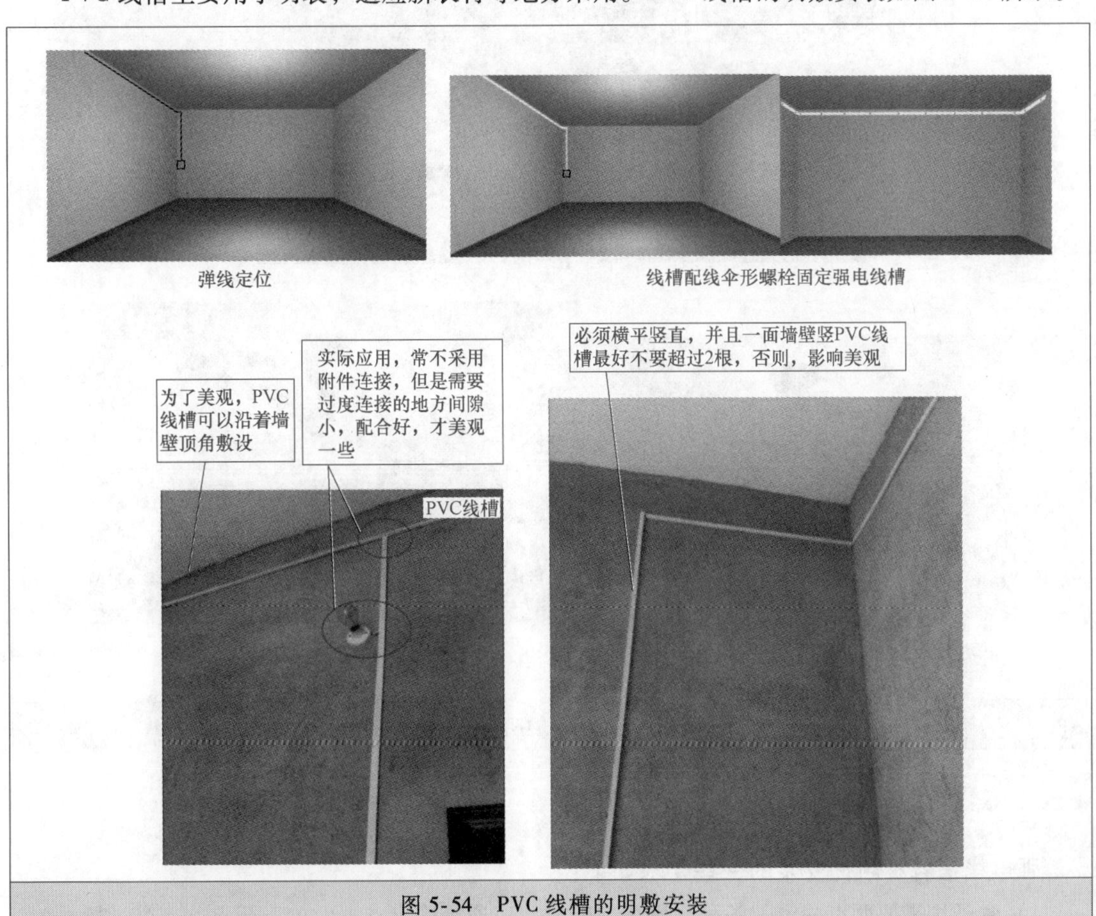

图 5-54 PVC 线槽的明敷安装

图 5-54　PVC 线槽的明敷安装（续）

★5. 1. 54　强电线槽各种附件安装要求

强电线槽各种附件安装的一些要求如下：

1）盒子均需要两点固定，各种附件角、转角、三通等固定点不应少于两点（卡装式除外）。

2）接线盒、灯头盒需要采用相应插口连接。

3）线槽的终端需要采用终端头封堵。

4）在线路分支接头处需要采用相应接线箱。

5）安装铝盒合金装饰板时，需要牢固平整严实。

强电线槽各种附件安装要求如图 5-55 所示。

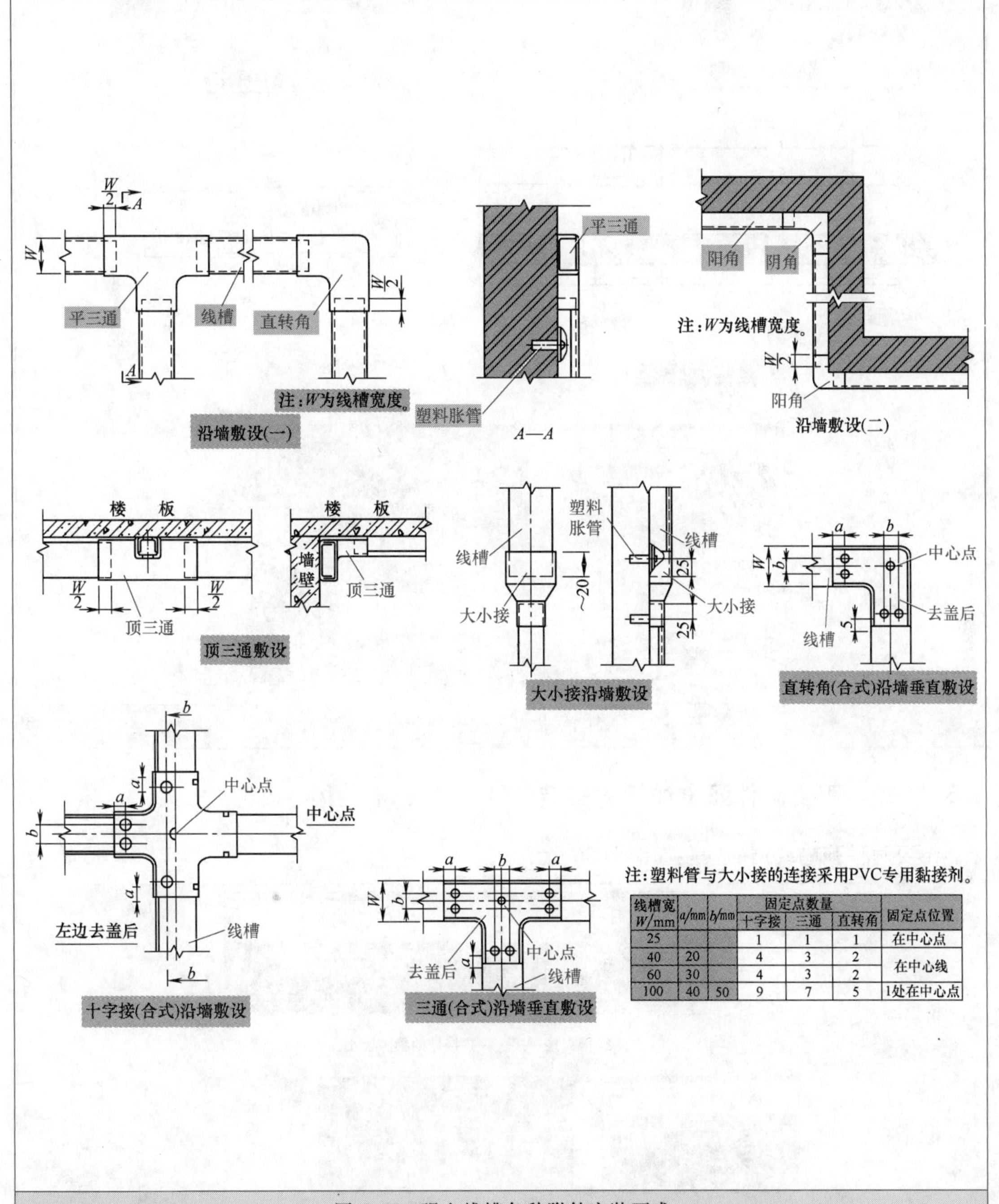

线槽宽 W/mm	a/mm	b/mm	固定点数量			固定点位置
			十字接	三通	直转角	
25			1	1	1	在中心点
40	20		4	3	2	在中心线
60	30		4	3	2	
100	40	50	9	7	5	1处在中心点

图 5-55 强电线槽各种附件安装要求

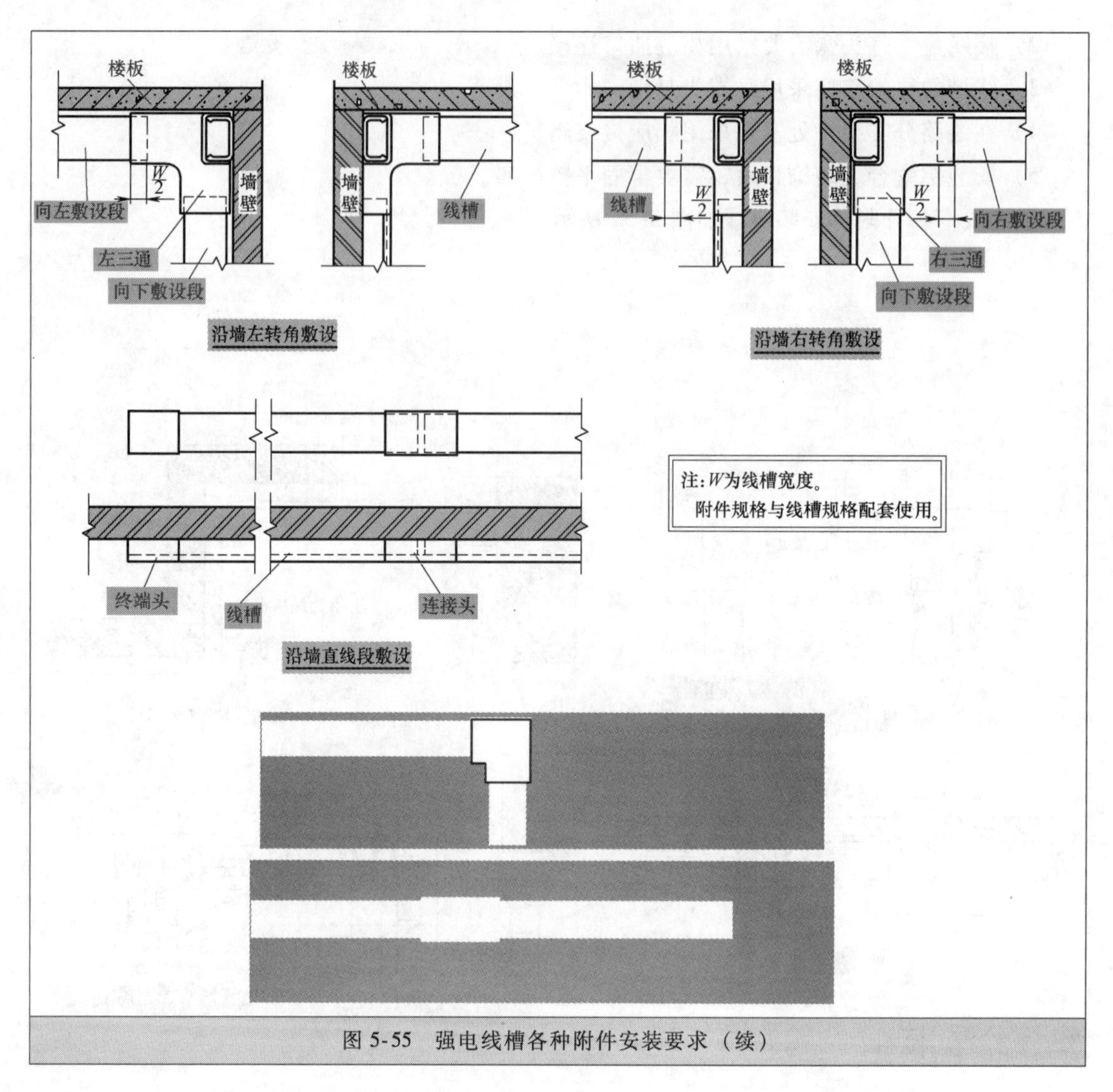

图 5-55　强电线槽各种附件安装要求（续）

★5.1.55　不要附件强电线槽的安装

不要附件强电线槽的安装如图 5-56 所示。

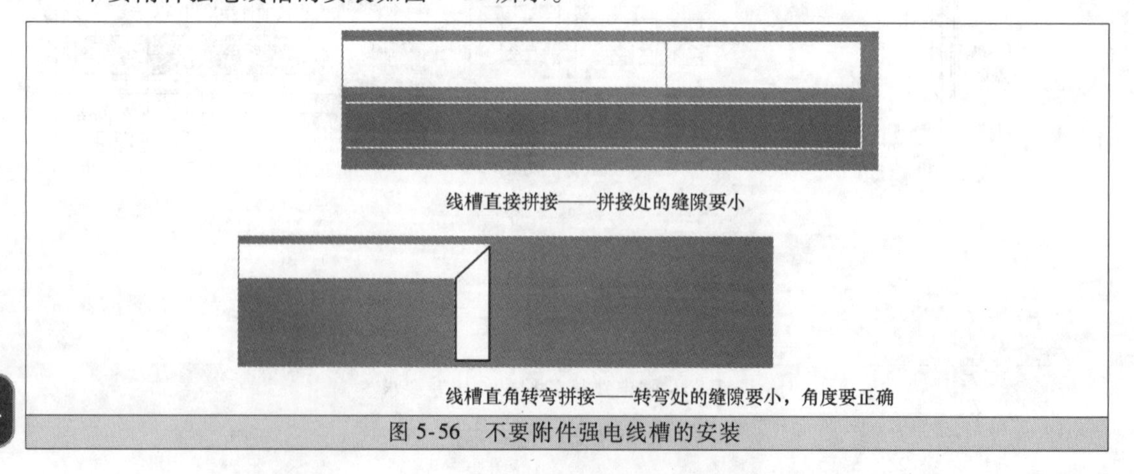

图 5-56　不要附件强电线槽的安装

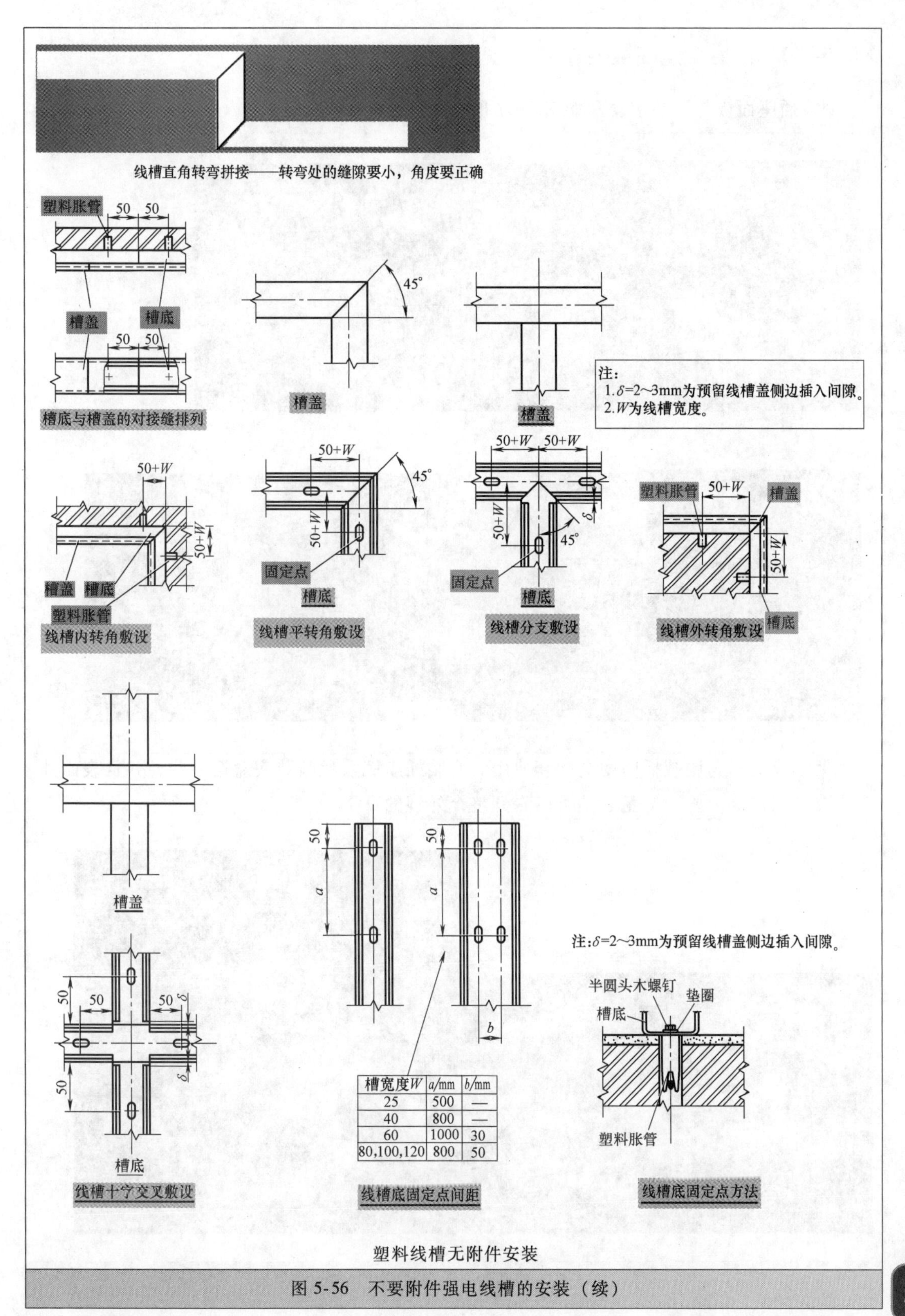

槽宽度W	a/mm	b/mm
25	500	—
40	800	—
60	1000	30
80,100,120	800	50

图 5-56 不要附件强电线槽的安装（续）

★5.1.56　明装插座面板与明装接线盒

明装插座面板与明装接线盒如图5-57所示。

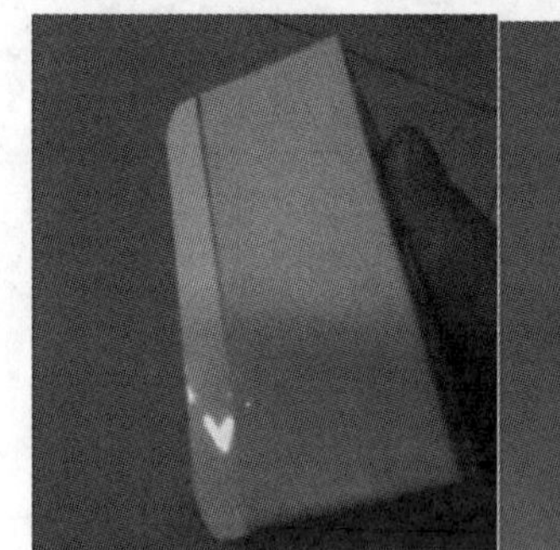

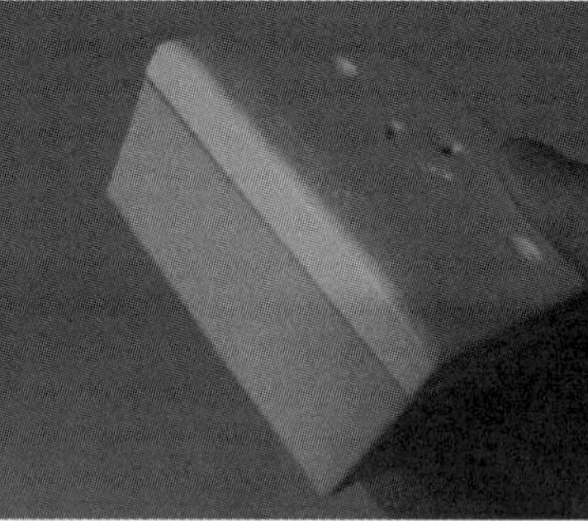

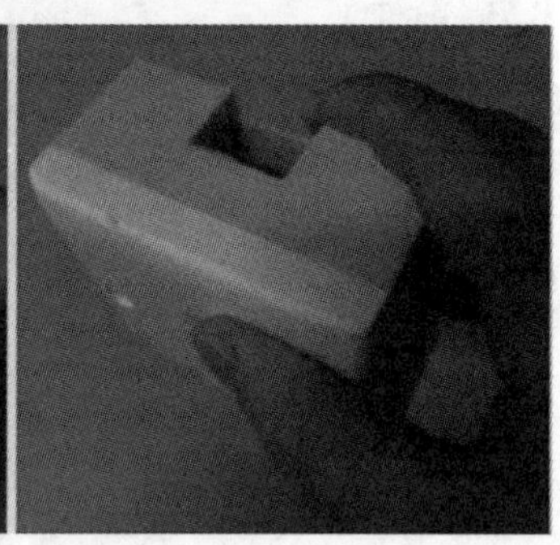

明装插座面板与明装插座底盒配套使用。明装插座底盒比暗装底盒矮一些，并且表面处理也光滑与漂亮一些，毕竟装是可以看到整个外观的

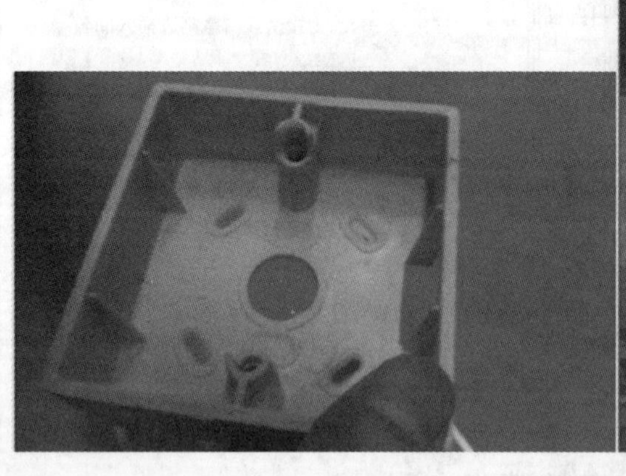

图5-57　明装插座面板与明装接线盒

图 5-57 明装插座面板与明装接线盒（续）

★5.1.57 家装明装电路照明开关安装要求与规定

开关安装的规范与要求：

1）开关安装位置要是便于操作的位置。

2）开关边缘距门框边缘的距离为 0.15~0.2m。

3）开关距地面高度一般为 1.3m。

4）拉线开关距地面高度一般为 2~3m，层高小于 3m 时，拉线开关距顶板不小于 100mm，并且拉线出口垂直向下。

5）相同型号并列安装及同一室内开关安装高度一致，且控制有序不错位。

6）并列安装的拉线开关的相邻间距不小于 20mm。

7）安装开关时不得碰坏墙面，要保持墙面清洁。

8）开关插座安装完毕后，不得再次进行喷浆。

9）其他工种施工时，不要碰坏和碰歪开关。

10）盒盖、槽盖应全部盖严实平整，不允许有导线外露现象。

家装明装电路照明开关安装要求与规定如图 5-58 所示。

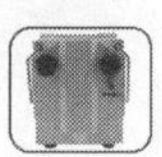

床头开关

明装开关

图 5-58　家装明装电路照明开关安装要求与规定

★5.1.58　明装灯座的安装

明装灯座的安装如图 5-59 所示。

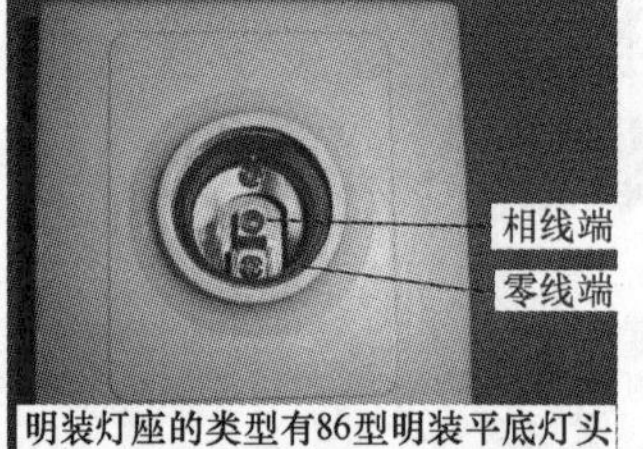

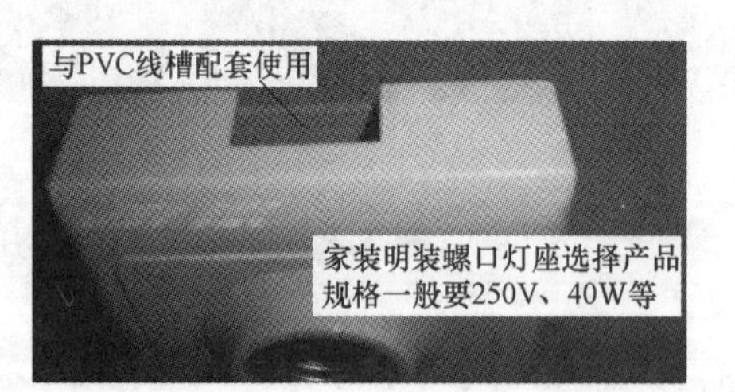

螺口灯座的有 E14、E27、E40。其中，E14、E27 为家用灯座，E27 在家装中常用。螺口灯座中间的金属片一定要与相线连接。周围的螺旋套只能接在零线上。并且，开关要控制相线

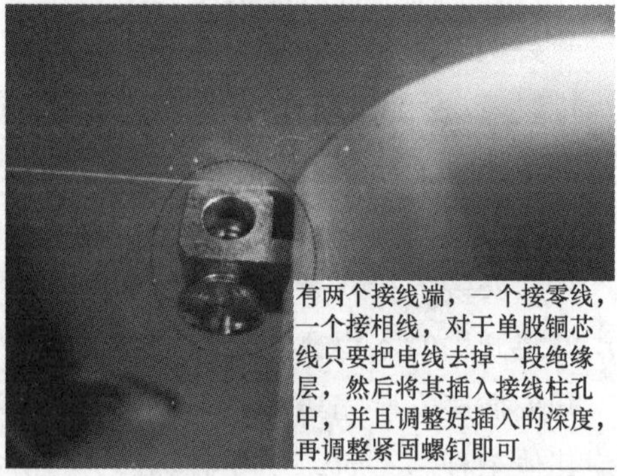

图 5-59　明装灯座的安装

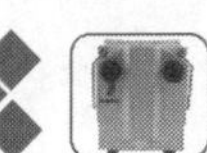

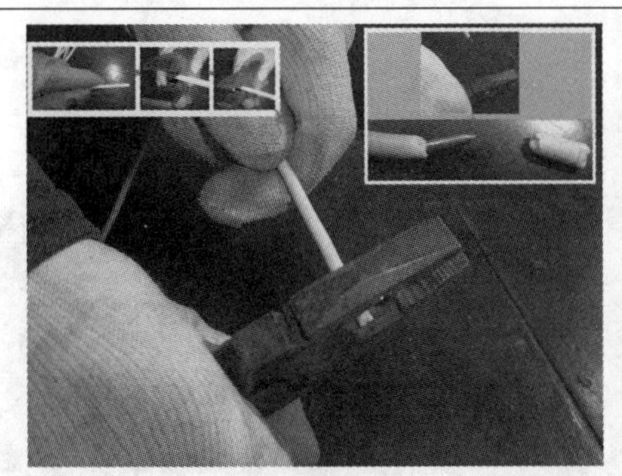

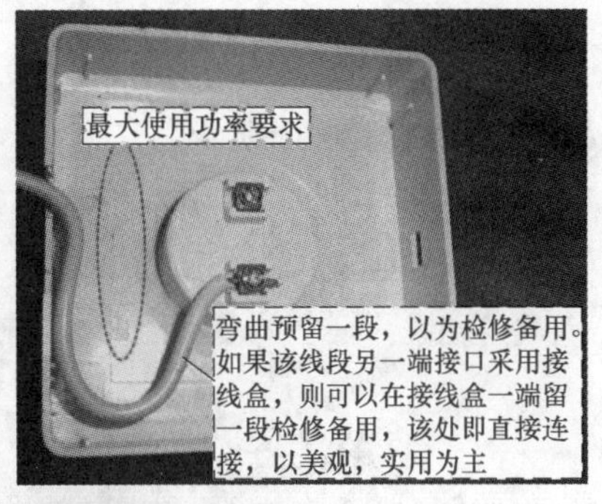

有的明装灯座电线接线端是在上盖上，有的是在底盖上

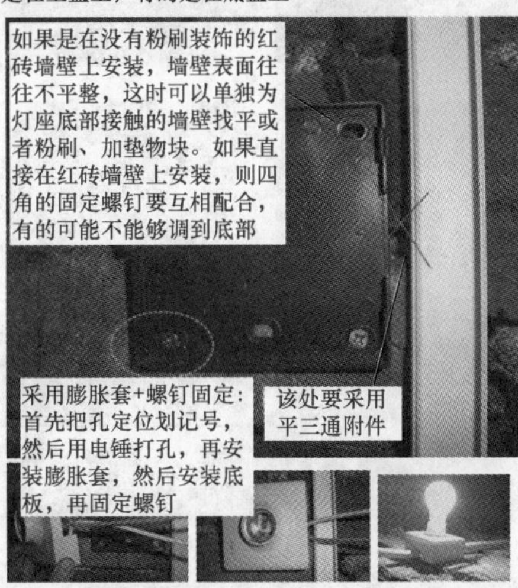

图 5-59　明装灯座的安装（续）

★5.1.59　明装灯座的开关安装

明装灯座的开关安装如图 5-60 所示。

线槽截面利用率不应超过 50%。槽内电线应顺直，尽量不交叉，电线不应溢出线槽。拉线盒盖应能开启

图 5-60　明装灯座的开关安装

★5.1.60 电视机的连接

电视机的连接如图5-61所示。

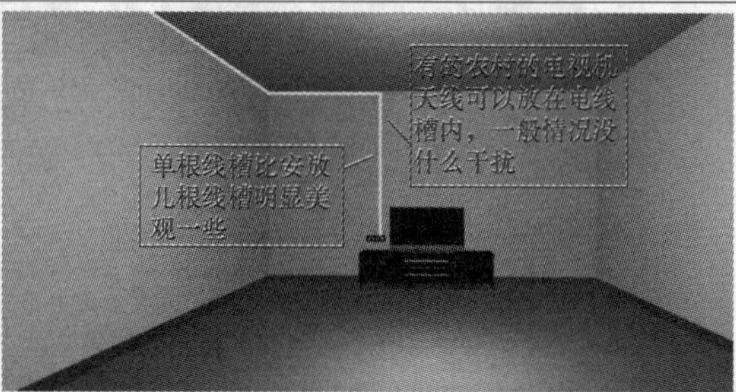

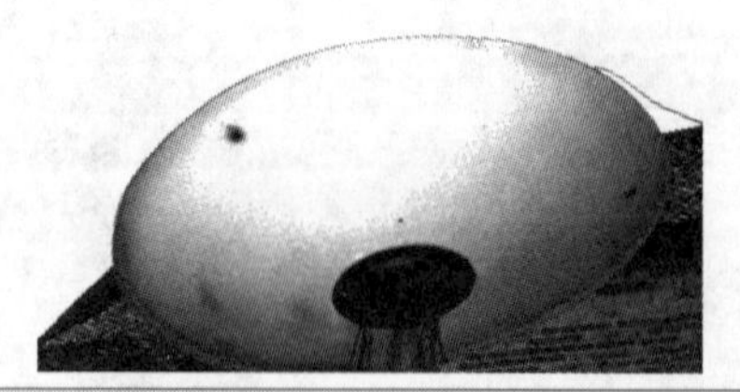

图5-61 电视机的连接图

☆☆　5.2　管工工场与实战　☆☆

★5.2.1　PPR的熔接方法

PPR的熔接方法与要点见表5-8。

表5-8　PPR的熔接方法与要点

步骤	项目	图　解	解　说
1	安装前的准备	(1)需要准备熔接机、直尺、剪刀、记号笔、清洁毛巾等 (2)检查管材、管件的规格尺寸是否符合要求 (3)熔接机需要有可靠的安全措施 (4)安装好熔接头，并且检查其规格是否正确、连接是否牢固可靠。安全合格后才可以通电 (5)一般熔接机红色指示灯亮表示正在加温，绿色指示灯亮表示可以熔接 (6)一般家装不推荐使用埋地暗敷方式，而是一般采用嵌墙或嵌埋天花板暗敷方式	
2	清洁管材、管件熔接表面		(1)熔接前需要清洁管材熔接表面、管件承口表面 (2)管材端口在一般情况下，需要切除2~3cm，如果有细微裂纹需要剪除4~5cm
3	管材熔接深度划线	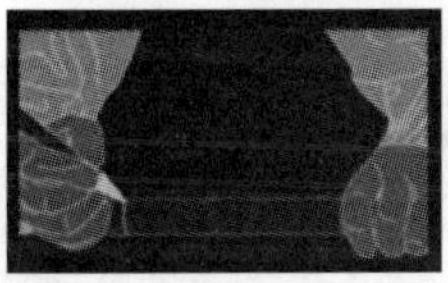	熔接前，需要在管材表面划出一段沿管材纵向长度不小于最小承插深度的圆周标线
4	熔接加热	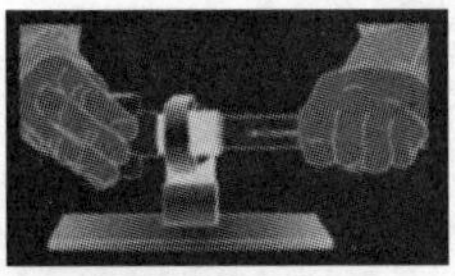	(1)首先将管材、管件匀速地推进熔接模套与模芯，并且管材推进深度为到标志线，管件推进深度为到承口短面与模芯终止端面平齐即可 (2)管材、管件推进中，不能有旋转、倾斜等不正确的现象 (3)加热时间需要根据规定执行，一般冬天需要延长加热时间50%
5	对接插入、调整	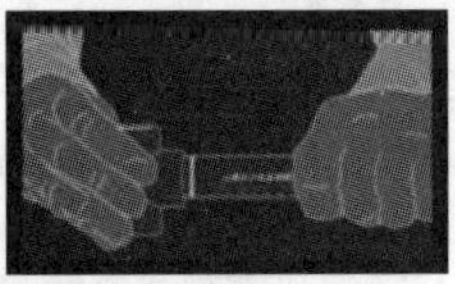	(1)对接插入时，速度尽量快，以防止表面过早硬化 (2)对接插入时，允许不大于5°的角度调整

（续）

步骤	项目	图　解	解　说
6	定型、冷却		（1）在允许调整时间过后，管材与管间，需要保持相对静止，不允许再有任何相对移位 （2）熔接的冷却，需要采用自然冷却方式进行，严禁使用水、冰等冷却物强行冷却
7	管道试压	（1）管道安装完毕后，需要在常温状态下，在规定的时间内试压 （2）试压前，需要在管道的最高点安装排气口，只有当管道内的气体完全排放完毕后，才能够试压 （3）一般冷水管验收压力为系统工作压力的1.5倍，压力下降不允许大于6% （4）有的需要先进行逐段试压，然后各区段合格后再进行总管网试压 （5）试压用的管堵属于试压用。试压完毕后，需要更换金属管堵	

★5.2.2　PPR管间的法兰连接

PPR管间的法兰连接如图5-62所示。

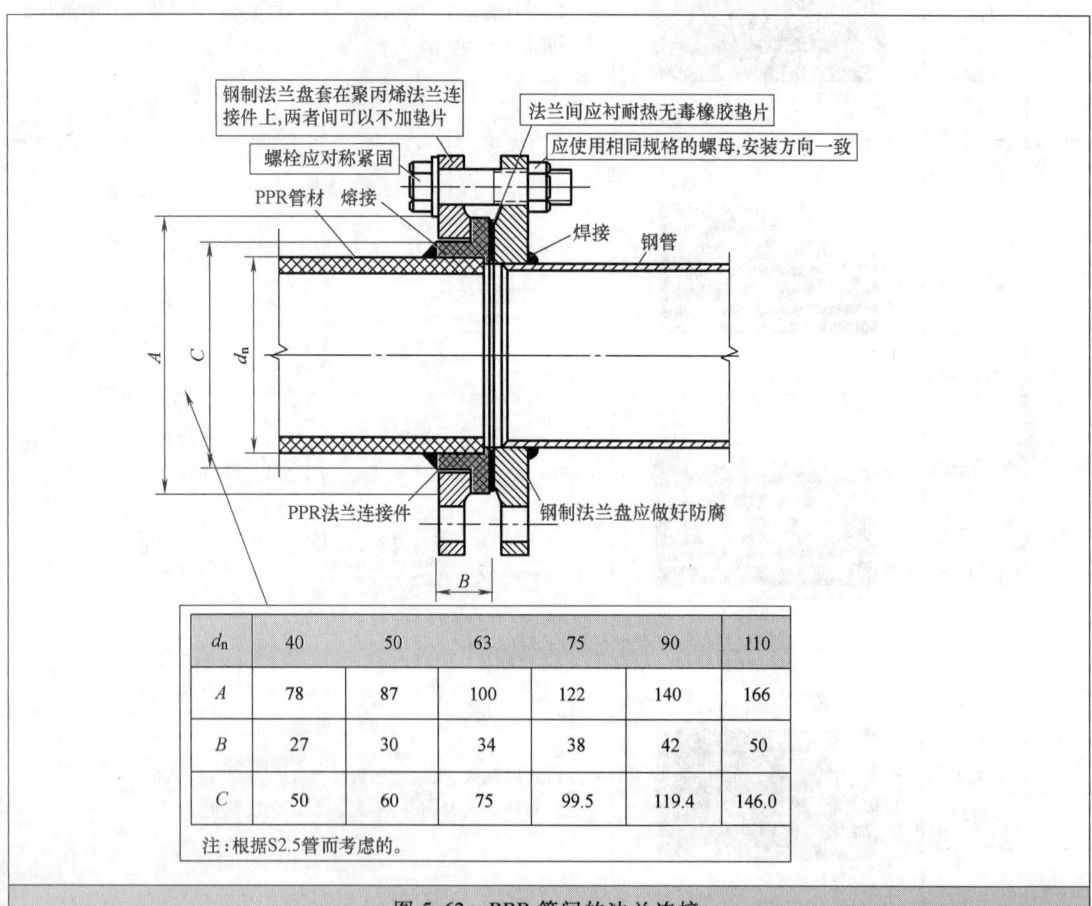

d_n	40	50	63	75	90	110
A	78	87	100	122	140	166
B	27	30	34	38	42	50
C	50	60	75	99.5	119.4	146.0

注：根据S2.5管而考虑的。

图5-62　PPR管间的法兰连接

★5.2.3　PPR热水管托架、支架的安装

PPR热水管托架、支架的安装如图5-63所示。

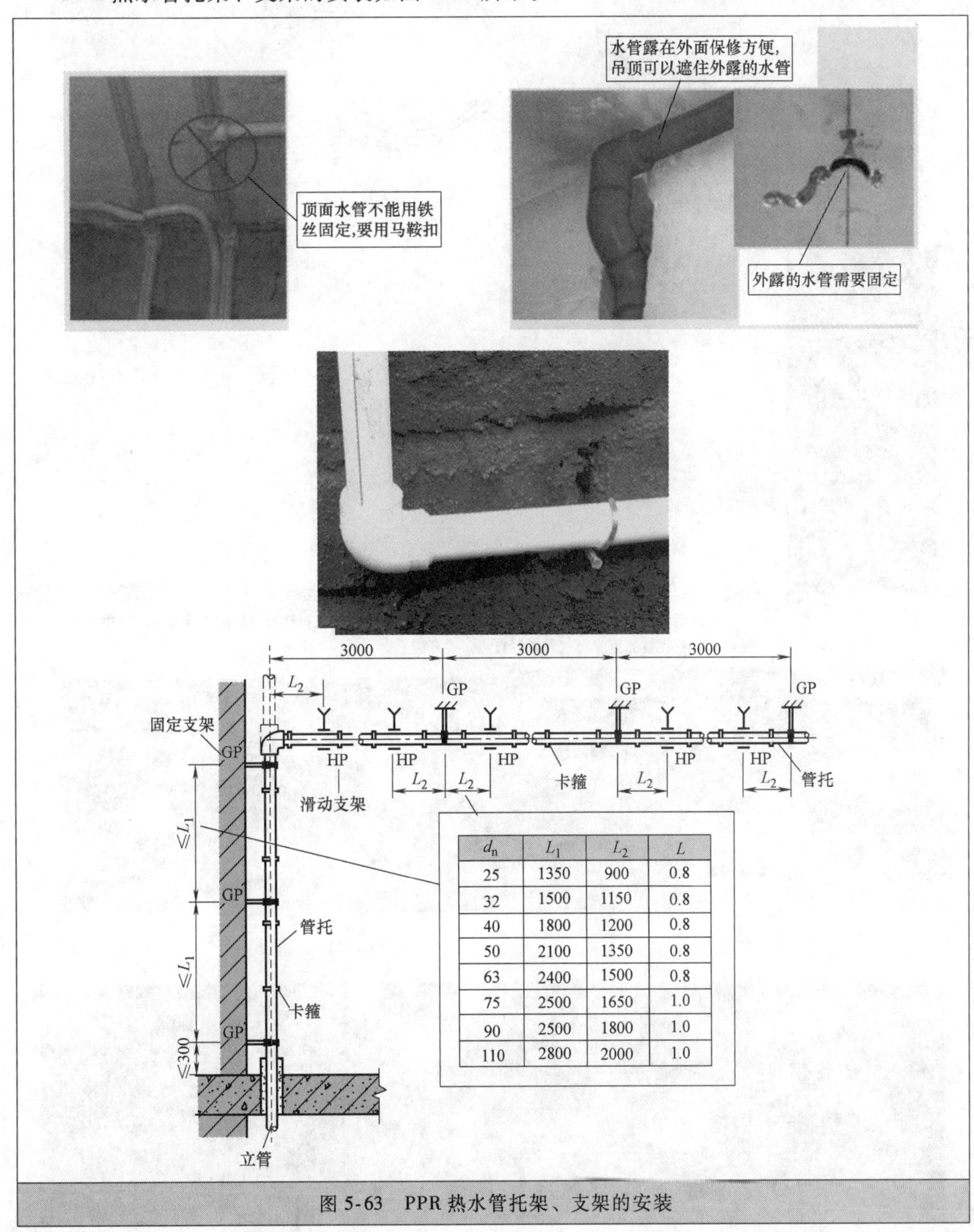

d_n	L_1	L_2	L
25	1350	900	0.8
32	1500	1150	0.8
40	1800	1200	0.8
50	2100	1350	0.8
63	2400	1500	0.8
75	2500	1650	1.0
90	2500	1800	1.0
110	2800	2000	1.0

图5-63　PPR热水管托架、支架的安装

★5.2.4　水管开槽的基准与要求

水管开槽的基准与要求如图5-64所示。

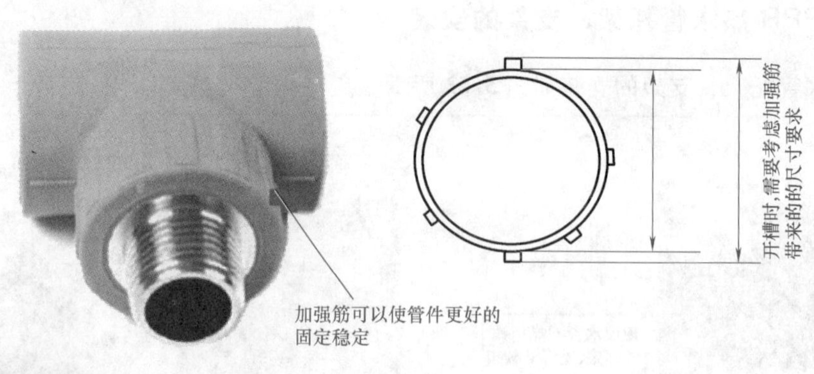

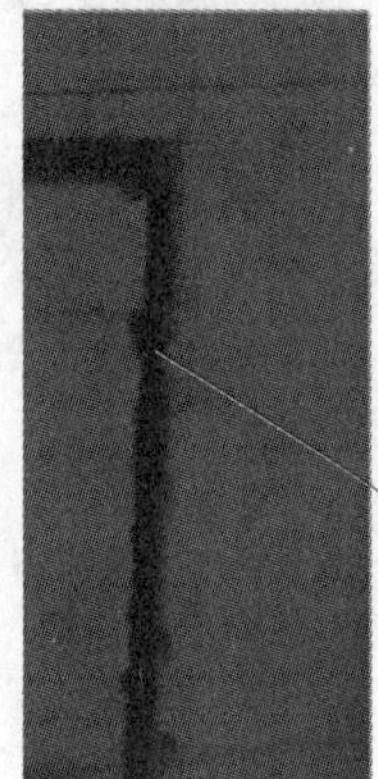

水管开槽的基准：**开槽的宽度、深度不是以管子为准，而是以管件最宽的地方为基准。开槽要直，则需要首先用弹线工具弹好直线，再开槽**

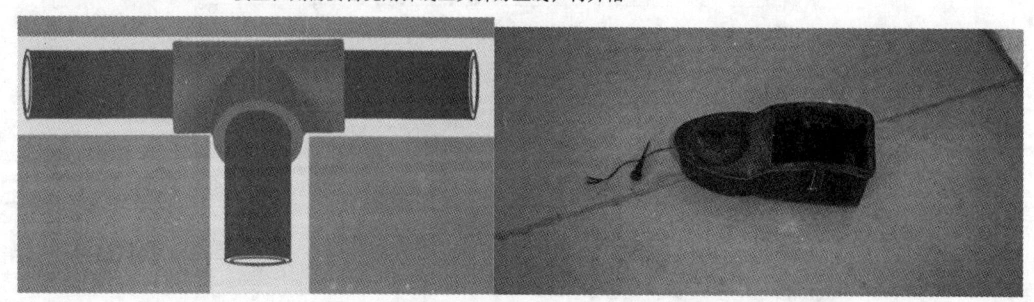

管件总比管子宽、深　　弹线工具——墨斗

强线

图 5-64　水管开槽的基准与要求

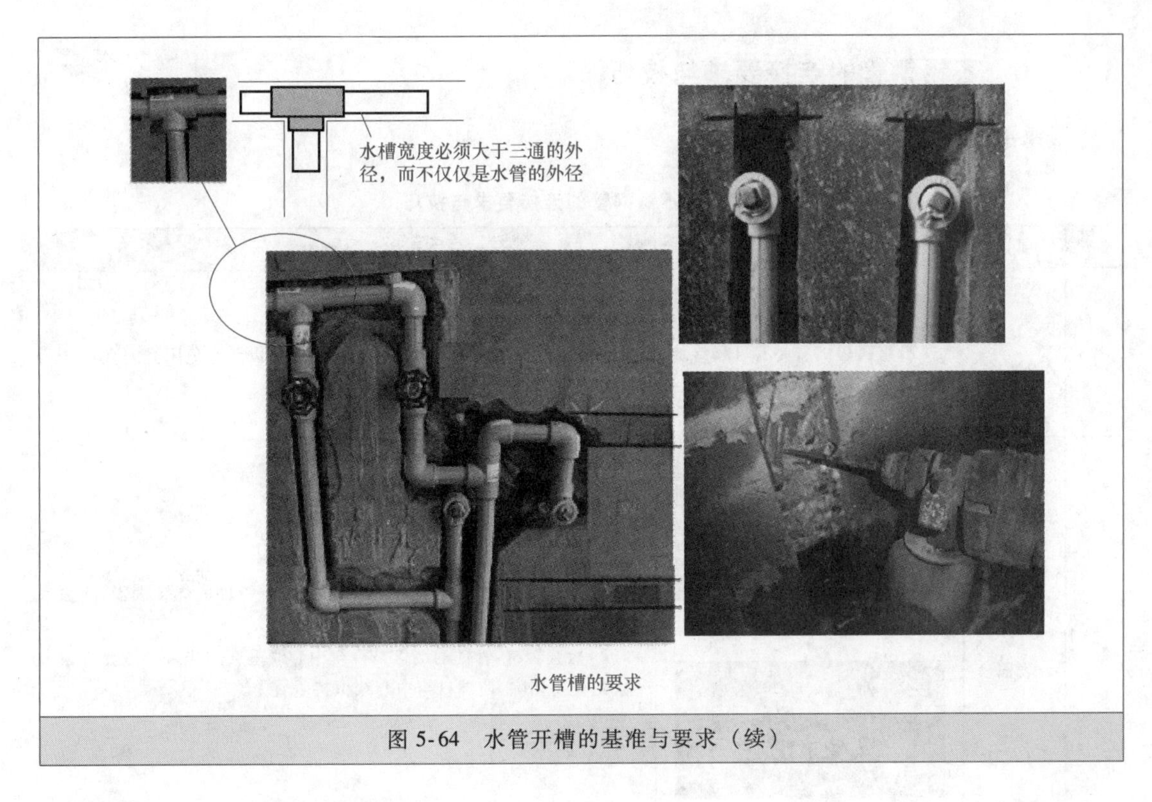

图 5-64　水管开槽的基准与要求（续）

★5.2.5　PPR 长管的连接

PPR 长管的连接如图 5-65 所示。

PPR 长管的连接往往会连接不宜，一些原因与连接技巧如图所示。

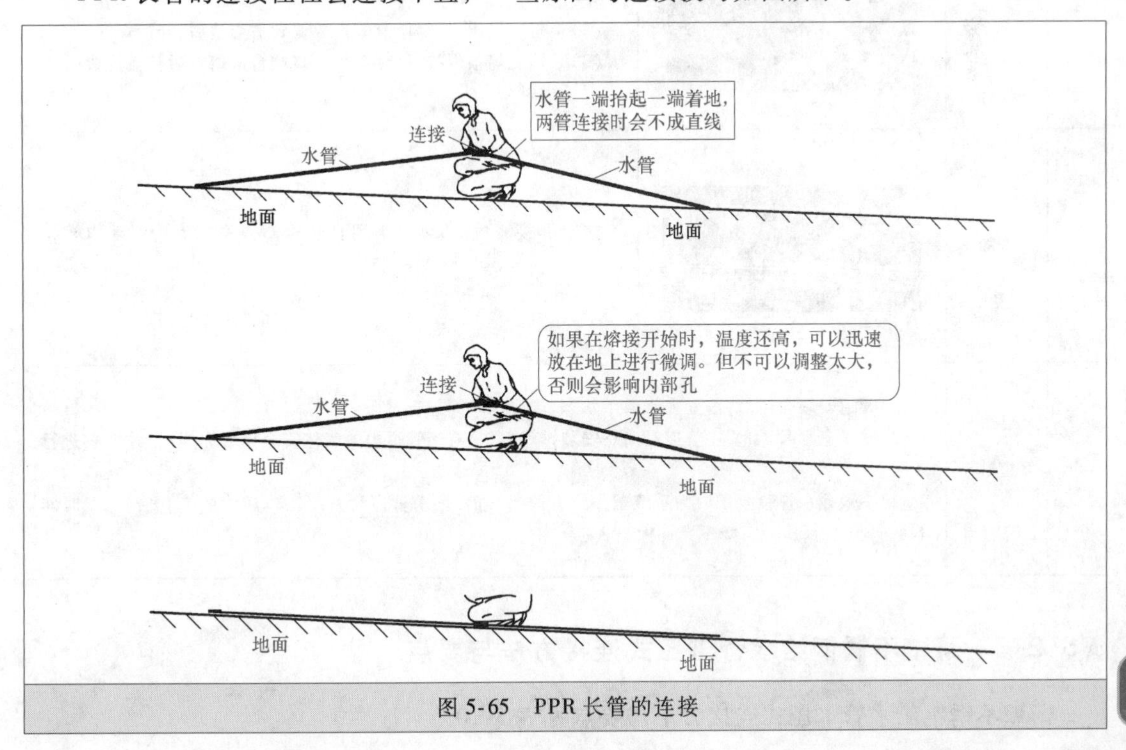

图 5-65　PPR 长管的连接

★5.2.6　不锈钢管的连接要求与技巧

不锈钢管的连接要求与技巧见表5-9。

表5-9　不锈钢管的连接要求与技巧

步骤	项目	图　解	解　说
1	安装前的准备	（1）安装前，需要准备氩弧焊机、氩气、清洁毛巾等 （2）氩弧焊机需要有可靠接地，氩气瓶需要配备气压表，并且需要远离热源，以及避免阳光的直晒 （3）使用前，还需要检查焊枪是否符合要求	
2	清洁管材、管件焊接表面	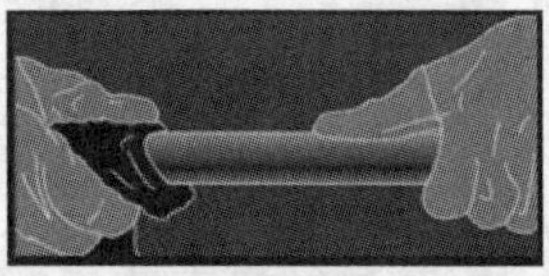 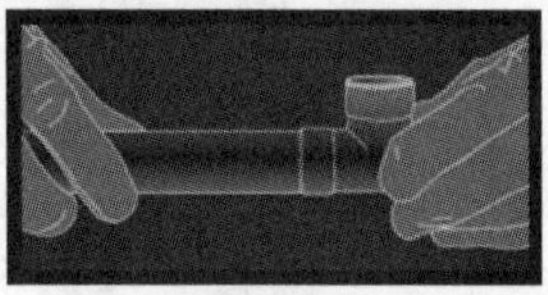	（1）焊接前，需要用干净的毛巾擦拭管材、管件的焊接表面，除去各种污渍 （2）检查管材、管件的端口是否与中心线垂直。如果超过允许偏差，则需要切除，使端口与中心线保持垂直
3	焊接	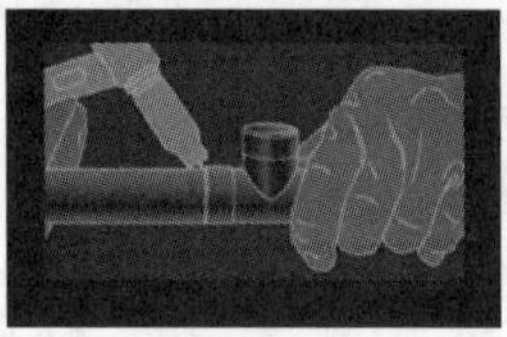	（1）将氩气连接到氩弧焊机后，将焊接电缆与管材连接，然后打开焊机电源 （2）将氩气气压、烧焊电流等参数调到适当值后，开始焊接 （3）采用无焊条焊接，则将管件承口端台阶熔解后覆盖连接面
4	冷却	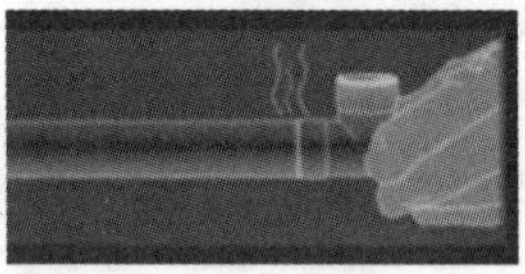	整圈焊接完成后，可以采用自然冷却方式或使用湿毛巾擦拭冷却
5	管道试压	（1）管道安装完毕后，需要在常温下状态、规定的时间进行试压 （2）试压充水时，需要在管道最高点安装排气口，只有当管道内的气体安全排放完毕后，才能够进行试压 （3）一般冷水管验收压力为系统工作压力的1.5倍，热水管道为系统工作压力的2.0倍，保压时间不小于半小时，压力下降不允许大于3%	

★5.2.7　薄壁不锈钢给水管卡压式连接方法与要点

薄壁不锈钢给水管卡压式连接方法与要点见表5-10。

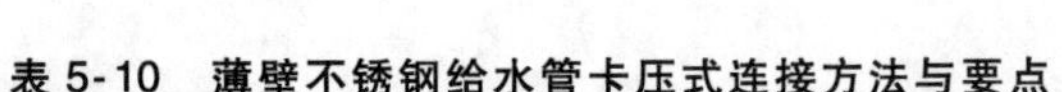

表 5-10 薄壁不锈钢给水管卡压式连接方法与要点

名称	图例	名称	图例
不锈钢管材与管材连接	双承短管直通、密封圈、不锈钢管、不锈钢管	不锈钢管材与铜管材连接	铜管、不锈钢管、铜管用外螺纹转换接头、承口内螺纹转换接头
不锈钢管材与铜管法兰连接	不锈钢法兰、铜质活套环、法兰垫片、钎焊、不锈钢管、铜管、与铜管的法兰连接、承口法兰接头	不锈钢管材与管件连接	双承90°弯头、密封圈、不锈钢管、密封圈、不锈钢管
不锈钢管材与塑料管螺纹连接	承口螺纹转换接头、塑料管螺纹、不锈钢管、PVC- U或PP R管	不锈钢管材与附件连接	不锈钢管、双承内螺纹三通(接水嘴用)、铜质水嘴、不锈钢管、外螺纹、内螺纹
不锈钢管材与球阀螺纹连接	承口螺纹转换接头、承口螺纹转换接头、铜质球阀、不锈钢管		

★5.2.8 薄壁不锈钢给水管环压式连接方法与要点

薄壁不锈钢给水管环压式连接方法与要点见表 5-11。

表 5-11 薄壁不锈钢给水管环压式连接方法与要点

名称	图例	名称	图例
不锈钢管材与管材连接	双承短管直通、密封圈、不锈钢管、不锈钢管	不锈钢管材与铜管材连接	铜管、铜管用外螺纹转换接头、承口内螺纹转换接头、不锈钢管
不锈钢管材与铜管法兰连接	铜质活套环、钎焊、插接法兰接口、铜管、不锈钢管、不锈钢法兰	不锈钢管材与管件连接	双承短管直通、密封圈、不锈钢管、不锈钢管

（续）

名称	图例	名称	图例
不锈钢管材与塑料管螺纹连接	塑料管用外螺纹转换接头；不锈钢管；塑料管；承口内螺纹转换接头	不锈钢管材与附件连接	不锈钢管；双承内螺纹三通；水嘴；不锈钢管
不锈钢管材与球阀螺纹连接	承口外螺纹转换接头；球阀；活接内螺纹转换接头；不锈钢管；双外螺纹接口；不锈钢管		

★5.2.9 薄壁不锈钢给水管穿墙壁、池壁的安装方法与要点

薄壁不锈钢给水管穿墙壁、池壁的安装方法与要点见表5-12。

表5-12 薄壁不锈钢给水管穿墙壁、池壁的安装方法与要点

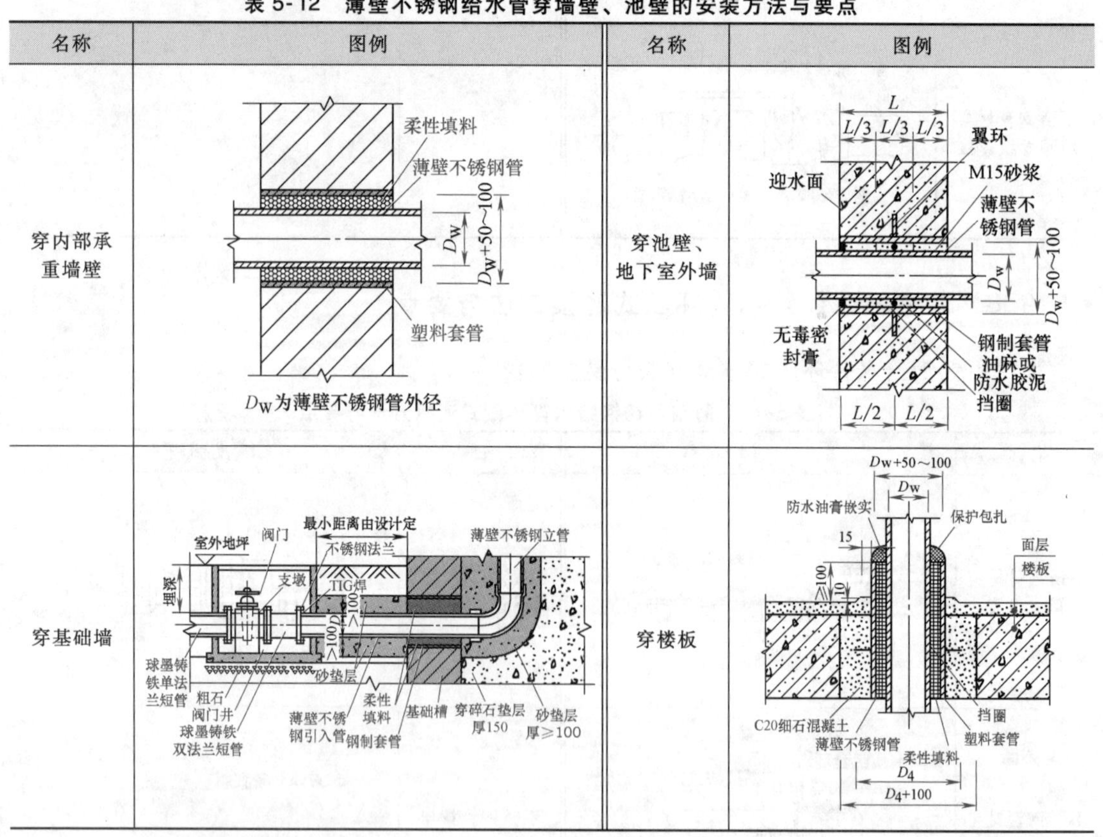

名称	图例	名称	图例
穿内部承重墙壁	柔性填料；薄壁不锈钢管；D_W；D_W+50~100；塑料套管；D_W为薄壁不锈钢管外径	穿池壁、地下室外墙	L；$L/3$；$L/3$；$L/3$；翼环；迎水面；M15砂浆；薄壁不锈钢管；D_W；D_W+50~100；无毒密封膏；钢制套管；油麻或防水胶泥；挡圈；$L/2$；$L/2$
穿基础墙	室外地坪；阀门；最小距离由设计定；不锈钢法兰；薄壁不锈钢立管；埋深；支墩；TIG焊；≥100；D；≥100；砂垫层；球墨铸铁单法兰短管；粗石；阀门井；球墨铸铁双法兰短管；薄壁不锈钢引入管；柔性填料；钢制套管；基础槽；穿碎石垫层厚150；砂垫层厚≥100	穿楼板	D_W+50~100；D_W；防水油膏嵌实；保护包扎；15；≥100；10；面层；楼板；C20细石混凝土；薄壁不锈钢管；柔性填料；挡圈；塑料套管；D_4；D_4+100

★5.2.10 铜管的连接

铜管的连接见表5-13。

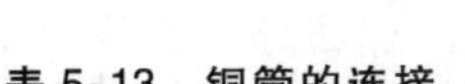

表 5-13　铜管的连接

步骤	项目	解说	图解
1	安装前的准备	(1)安装前,需要准备好焊接机、管材割刀、清洁毛巾等 (2)电加热焊机需要有可靠接地,氧-乙炔焊机的作业场所需要保持良好的通风状态 (3)检查焊枪的气体开关等是否完好,只有符合要求的焊枪才能够使用 (4)检查管材、管件的规格是否符合要求,只有符合要求的管材、管件才能够使用	
2	清洁管材、管件熔接表面	(1)焊接前,需要清洁管材表面与管件承口表面的氧化膜、各种污渍 (2)管材切割端口需要垂直与管材中心线,如果管材端口超过允许偏差,则需要切除变形部位,并且清除端口的各种毛刺	
3	管件、管材均匀加热	首先对管件进行一定程度的预热,再将管材插入管件,并且对两者进行均匀地加热。大管件的加热可以采用双火焰加热方式进行	
4	添加焊剂与焊料	(1)当管材、管件加热到要求温度时,则先添加焊剂,以便于去除氧化皮与杂质等。再沿着圆周匀速添加焊料到焊缝饱满均匀 (2)添加焊剂、焊料时,不允许火焰直接加热焊剂、焊料	
5	定型、冷却	(1)在停止加热后,管材与管件间需要保持相对静止,不允许有任何相对移位 (2)一般需要采取自然冷却方式进行,禁止使用水、冰等冷却物强行冷却	
6	管道试压	(1)管道安装完毕后,需要在常温下在规定的时间内进行试压 (2)试压充水时,需要在管道的最高点安装排气口,只有当管道内的气体完全排放完毕后才可以进行试压 (3)一般冷水管验收压力为系统工作压力的 1.5 倍,热水管道为系统工作压力的 2.0 倍,保压时间不小于半小时,压力下降不允许大于 3%	

★5.2.11　分户水表（PPR）的安装

家居一般需要对水量进行计量，因此，应在引入管上装设水表。如果家居某部分或个别设备需计量时，可以在其配水管上装设水表。家居用户使用的是分户水表，目前，分户水表或分户水表的数字显示一般设在户门外，以及装设在管理方便、不致结冻、不受污染和不易破坏的地方。另外，水表前后直线管段的长度，应符合相关规定要求。

PPR 管与水表相连：一边接 PPR 内丝，一边通过螺丝扣加生料带与水表相连。

水表口径的确定应符合以下规定：

1）用水量均匀的给水系统以给水设计秒流量来选定水表的额定流量。

2）用水量不均匀的给水系统以给水设计秒流量来选定水表的最大流量。

分户水表（PPR）的安装如图 5-66 所示。

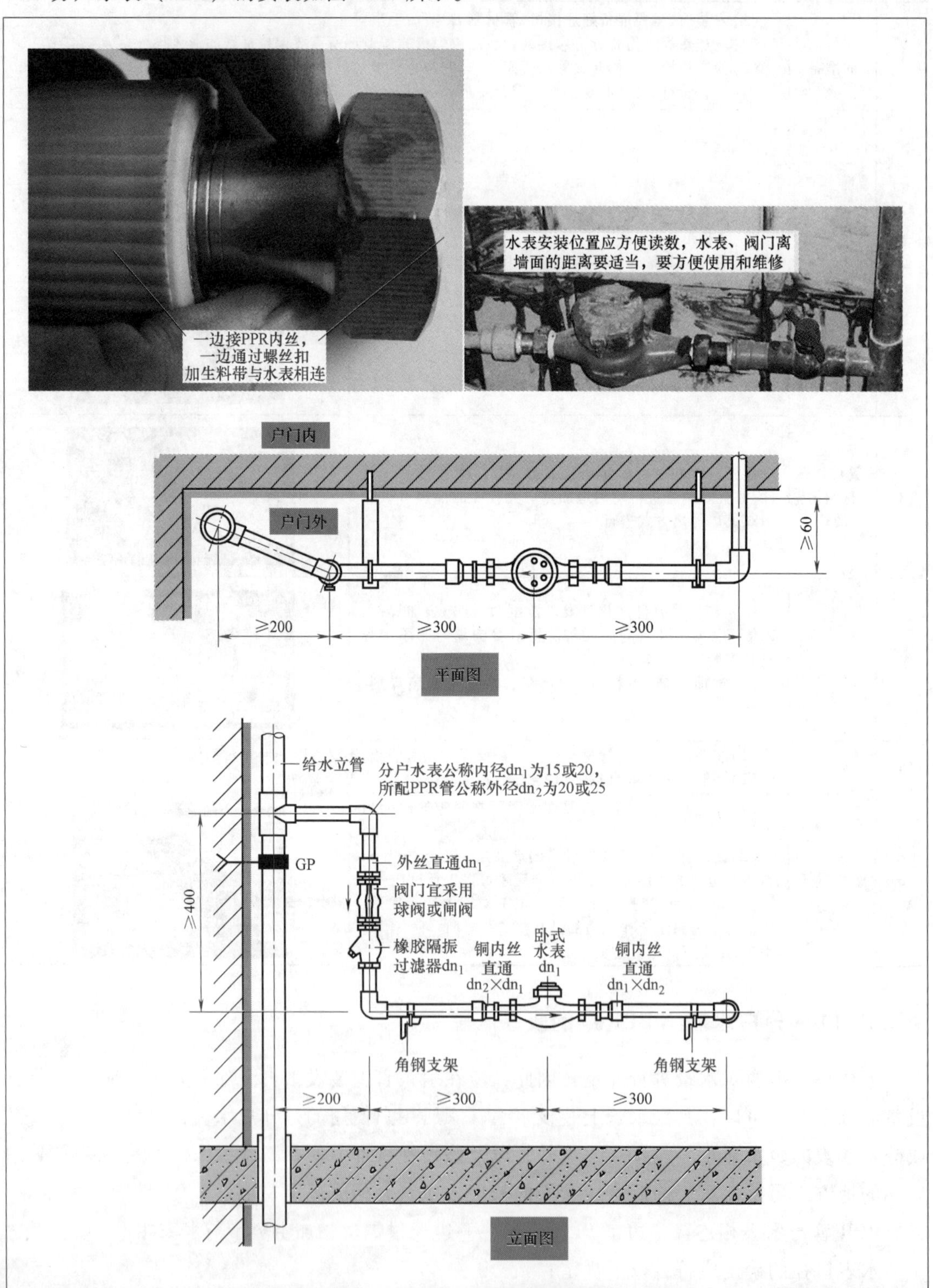

图 5-66　分户水表（PPR）的安装

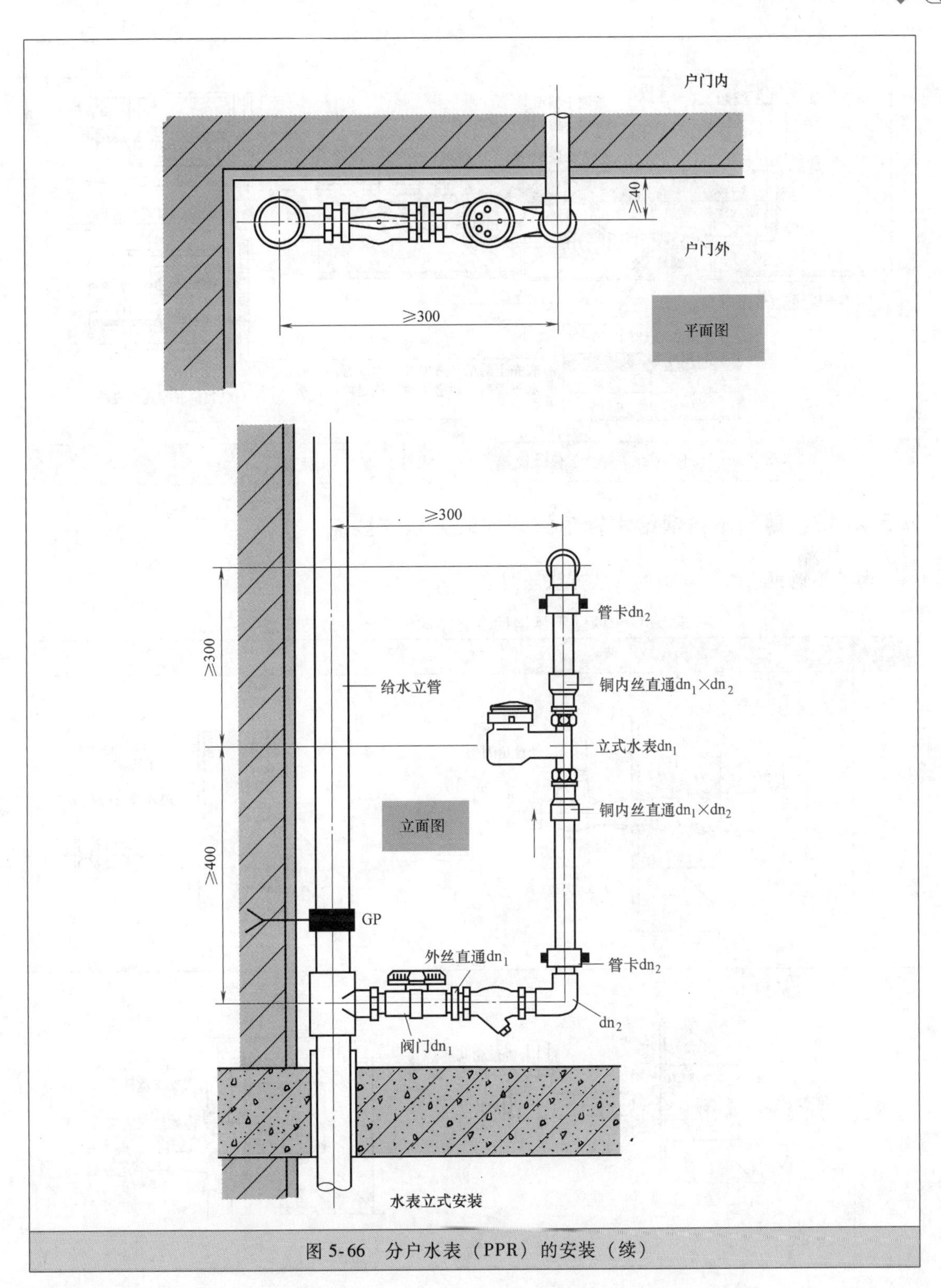

图 5-66　分户水表（PPR）的安装（续）

★5.2.12　薄壁不锈钢给水管卧式分户水表嵌墙安装

薄壁不锈钢给水管卧式分户水表嵌墙安装如图 5-67 所示。

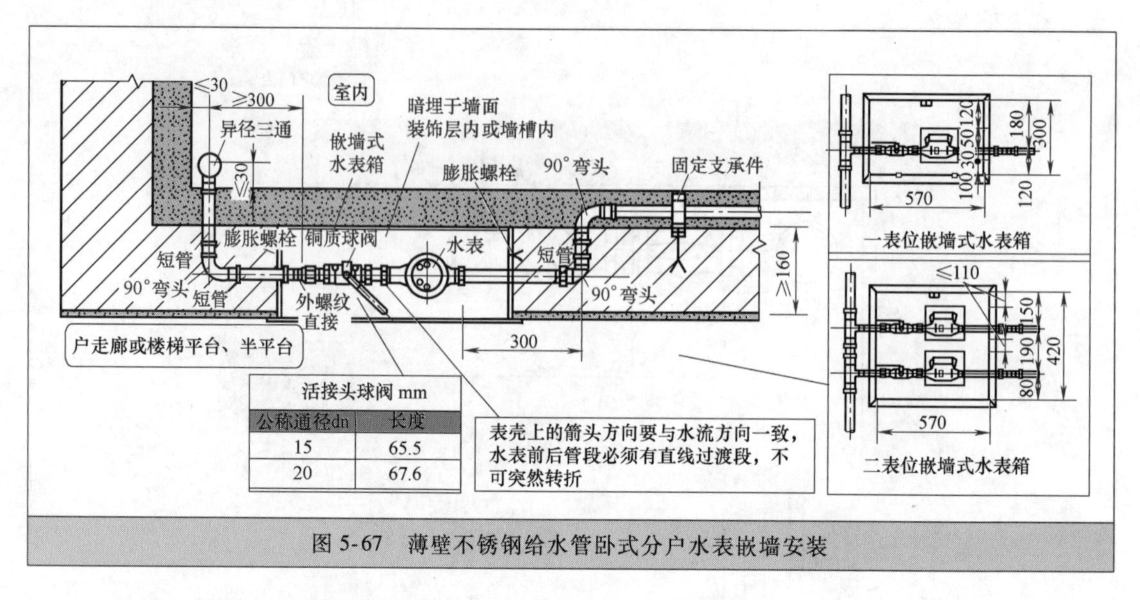

图 5-67　薄壁不锈钢给水管卧式分户水表嵌墙安装

★5.2.13　薄壁不锈钢给水管角阀的安装方法与要点

薄壁不锈钢给水管角阀的安装方法与要点见表 5-14。

表 5-14　薄壁不锈钢给水管角阀的安装方法与要点

名称	图　例
安装 1	
安装 2	

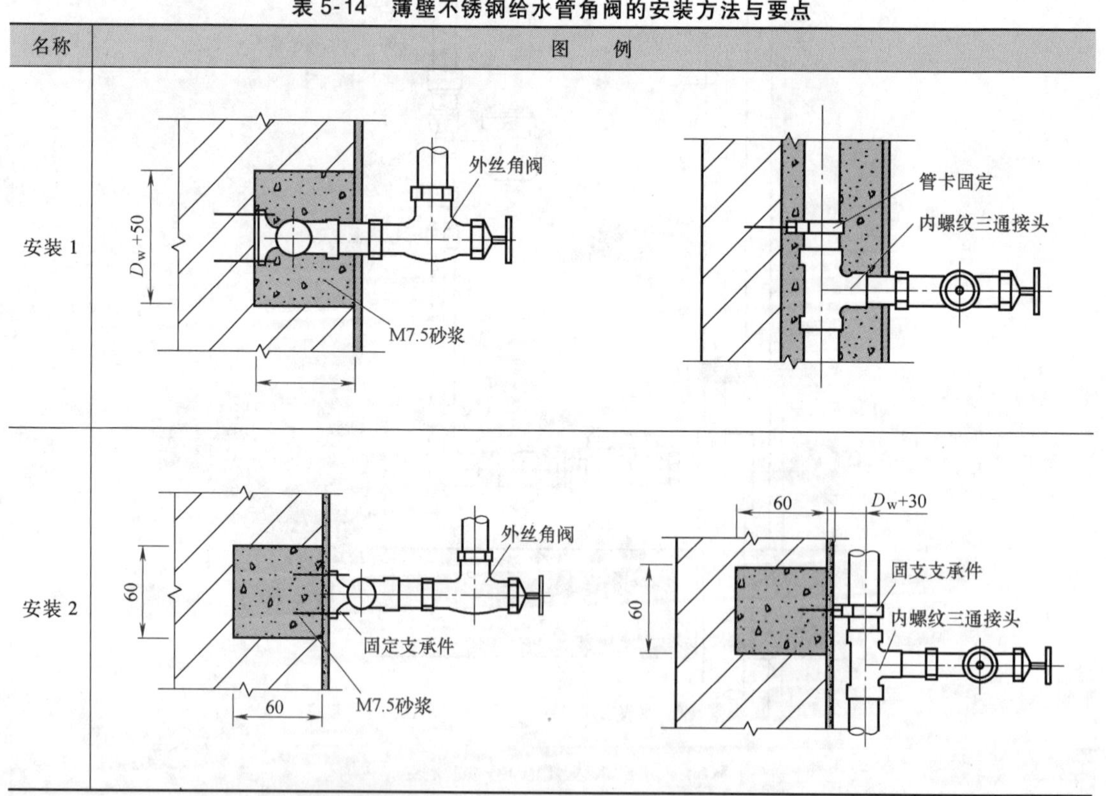

★5.2.14　薄壁不锈钢给水管水龙头的安装方法与要点

薄壁不锈钢给水管水龙头的安装方法与要点见表 5-15。

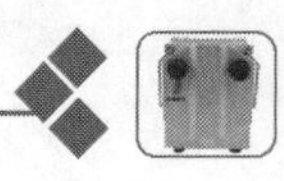

表 5-15 薄壁不锈钢给水管水龙头的安装方法与要点

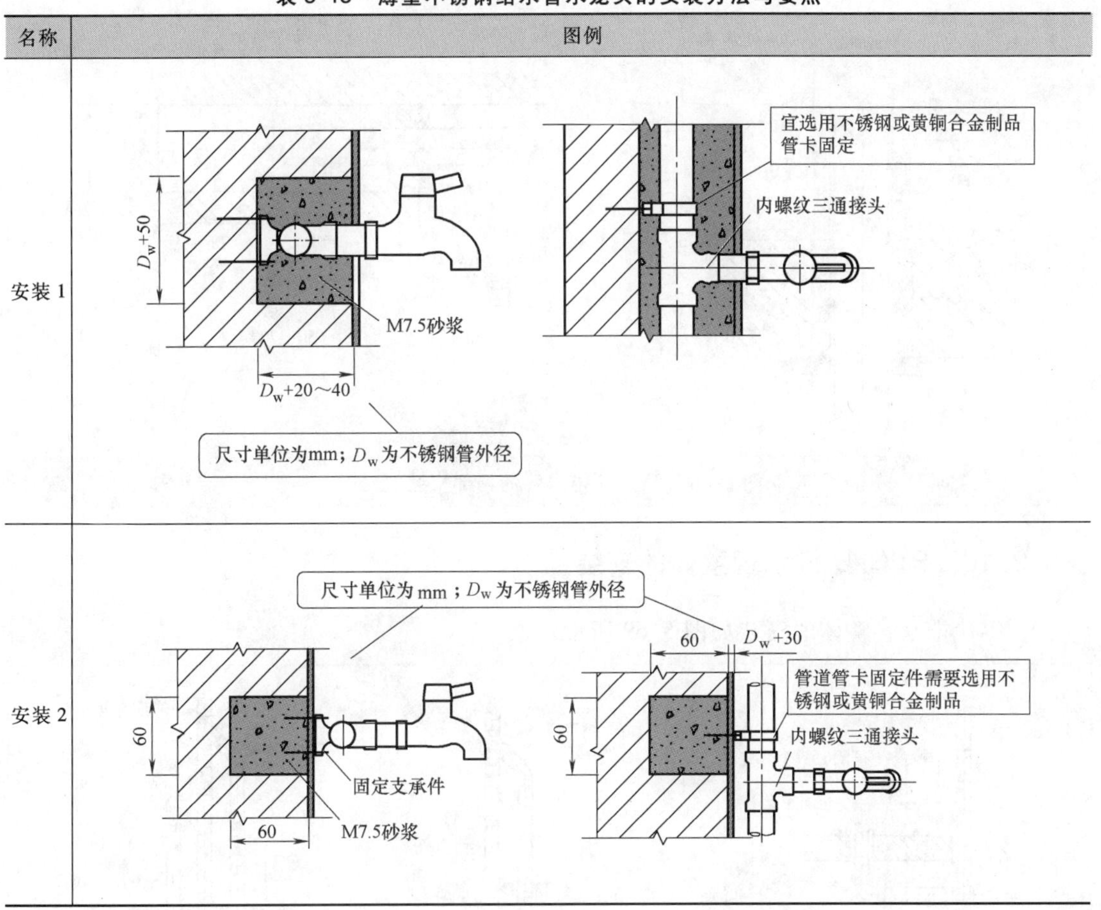

★5. 2. 15 PVC-U 排水管的局部安装

PVC-U 排水管的局部安装如图 5-68 所示。

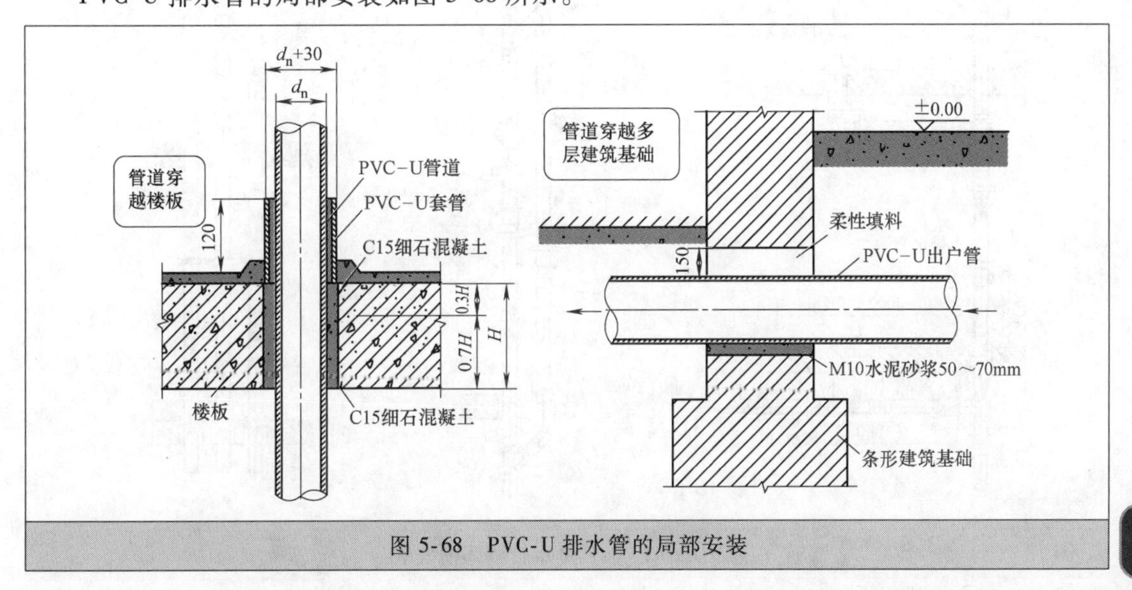

图 5-68 PVC-U 排水管的局部安装

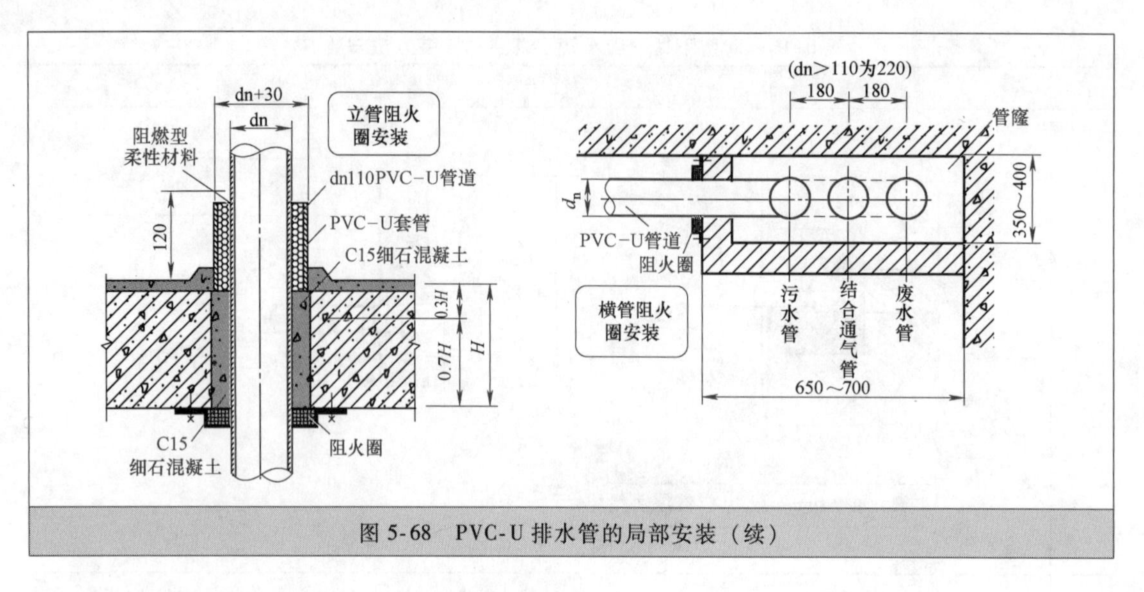

图 5-68　PVC-U 排水管的局部安装（续）

★5.2.16　PVC-U 排水管整体的安装

PVC-U 排水管整体的安装如图 5-69 所示。

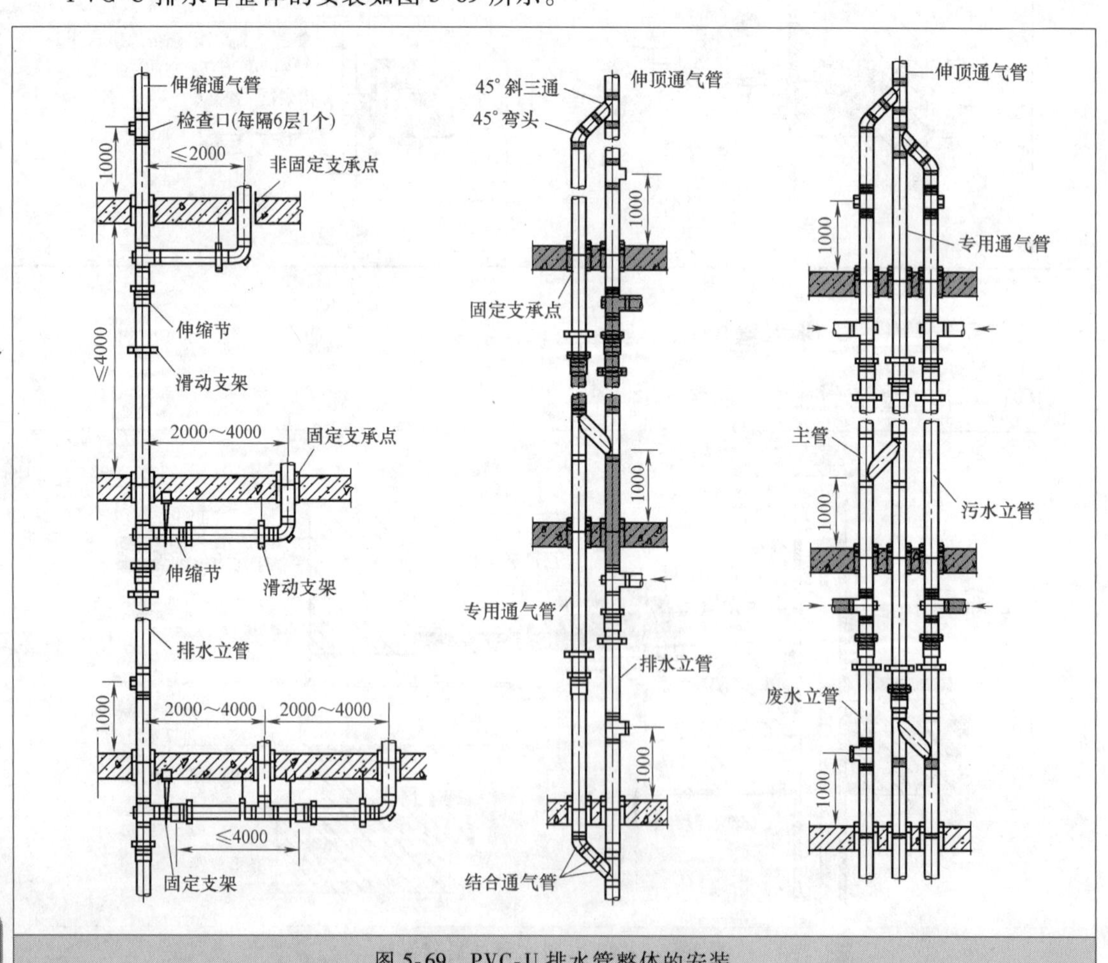

图 5-69　PVC-U 排水管整体的安装

★5.2.17 地漏安装

地漏安装如图 5-70 所示。

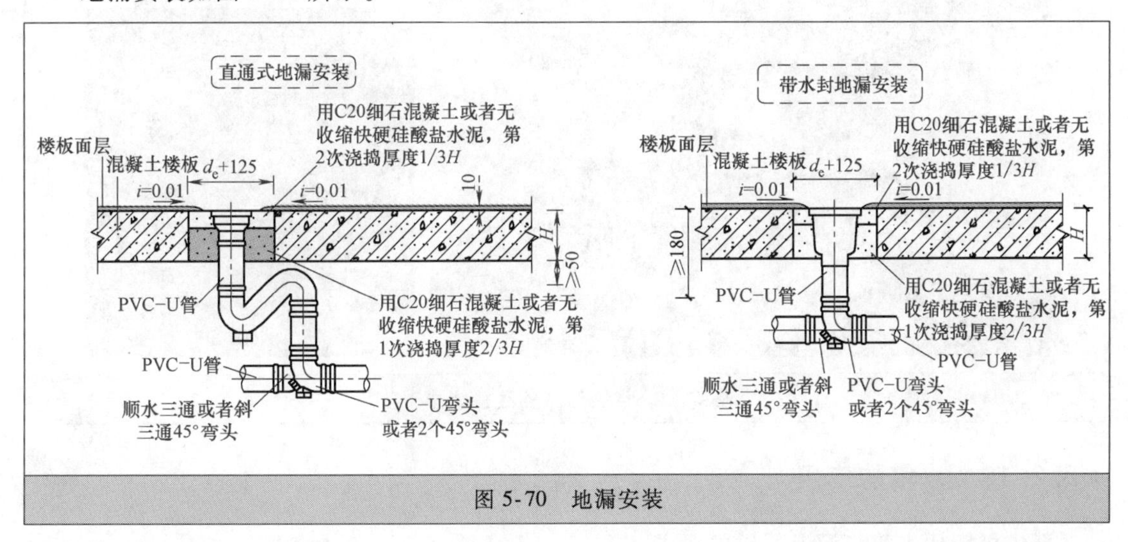

图 5-70 地漏安装

★5.2.18 设施给水的连接

设施给水的连接如图 5-71 所示。

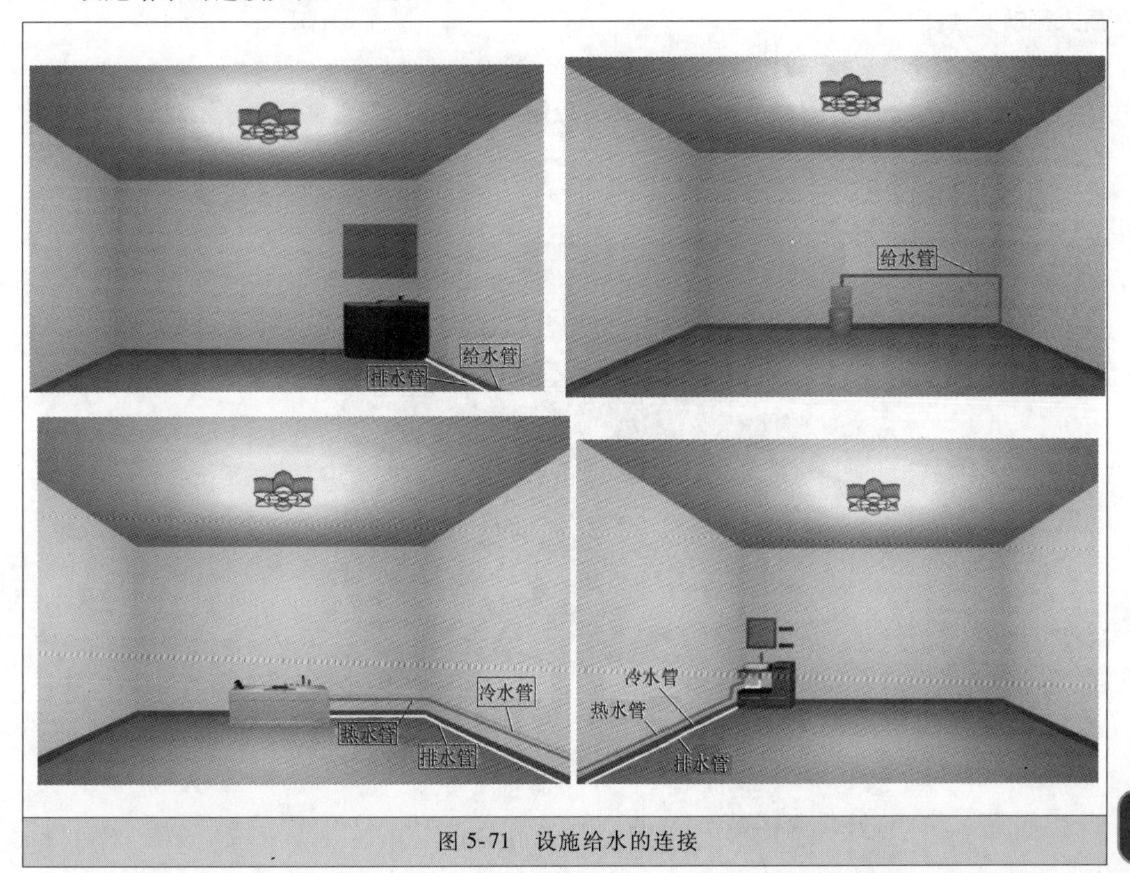

图 5-71 设施给水的连接

图 5-71　设施给水的连接（续）

★5.2.19　水塔的应用

新农村家用水箱浇灌混凝土的要求：

1）水箱壁混凝土浇灌到距离管道下面 20~30mm 时，需要将管道下混凝土捣实、振平。

2）管道两侧呈三角形均匀、对称地浇灌混凝土，并逐步扩大三角区，此时振动棒要斜插入振动。

3）将混凝土继续填平到管道上皮 30~50mm 左右。

4）浇灌混凝土时，需要掌握好水灰比，控制好混凝土的坍落度，这样才能够保证混凝土施工时的质量。

水塔的应用如图 5-72 所示。

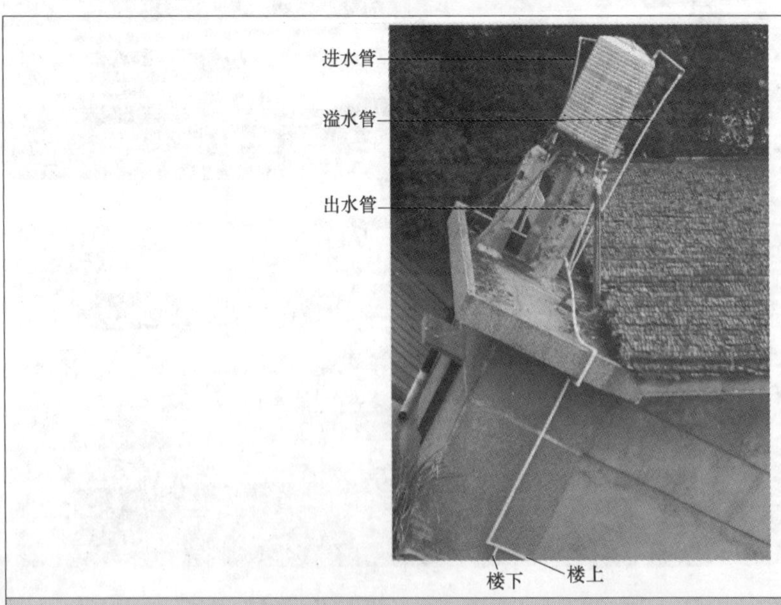

图 5-72　水塔的应用

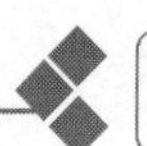

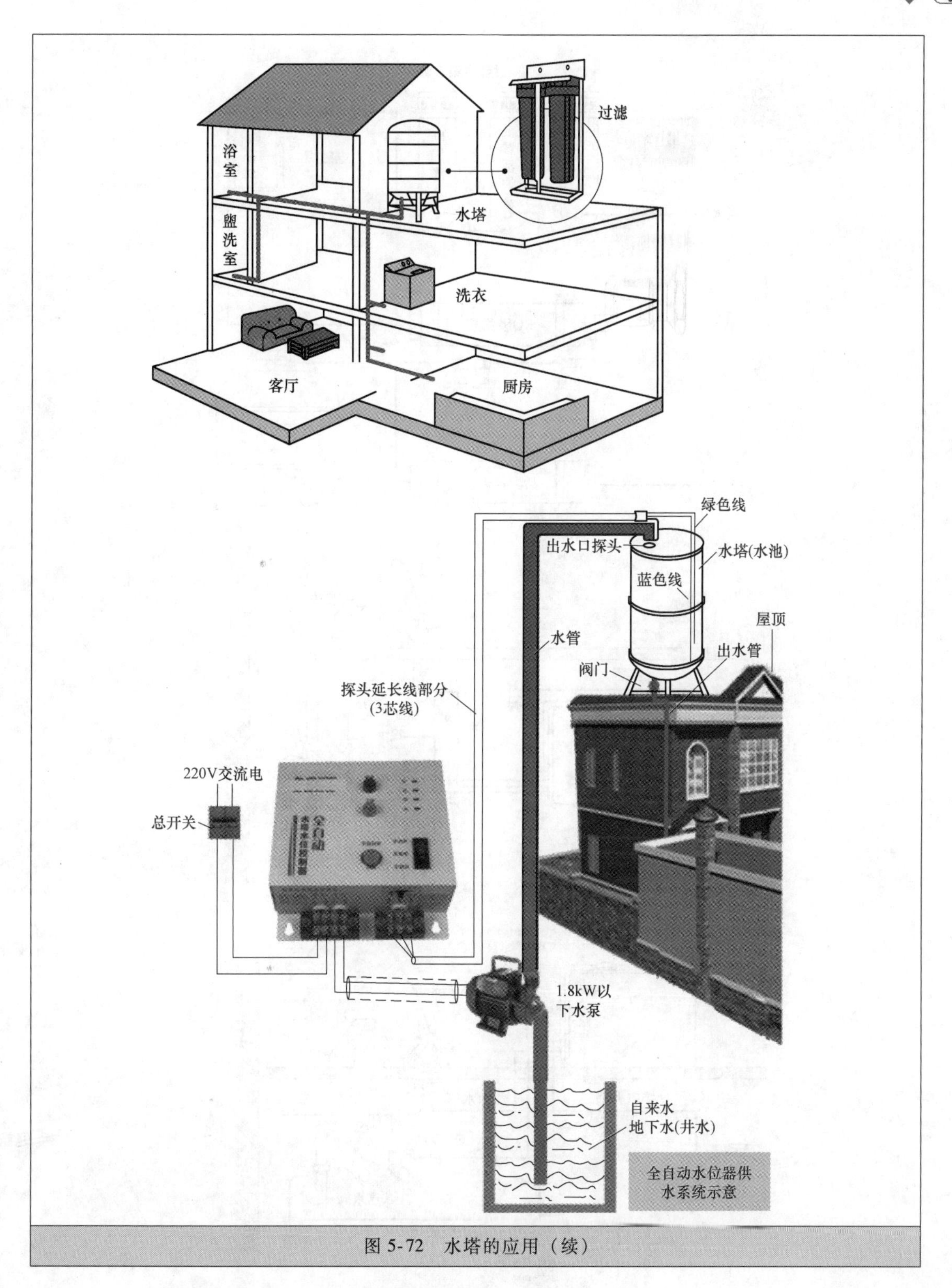

图 5-72　水塔的应用（续）

★5.2.20　反渗透纯水机的应用

反渗透纯水机的应用如图 5-73 所示。

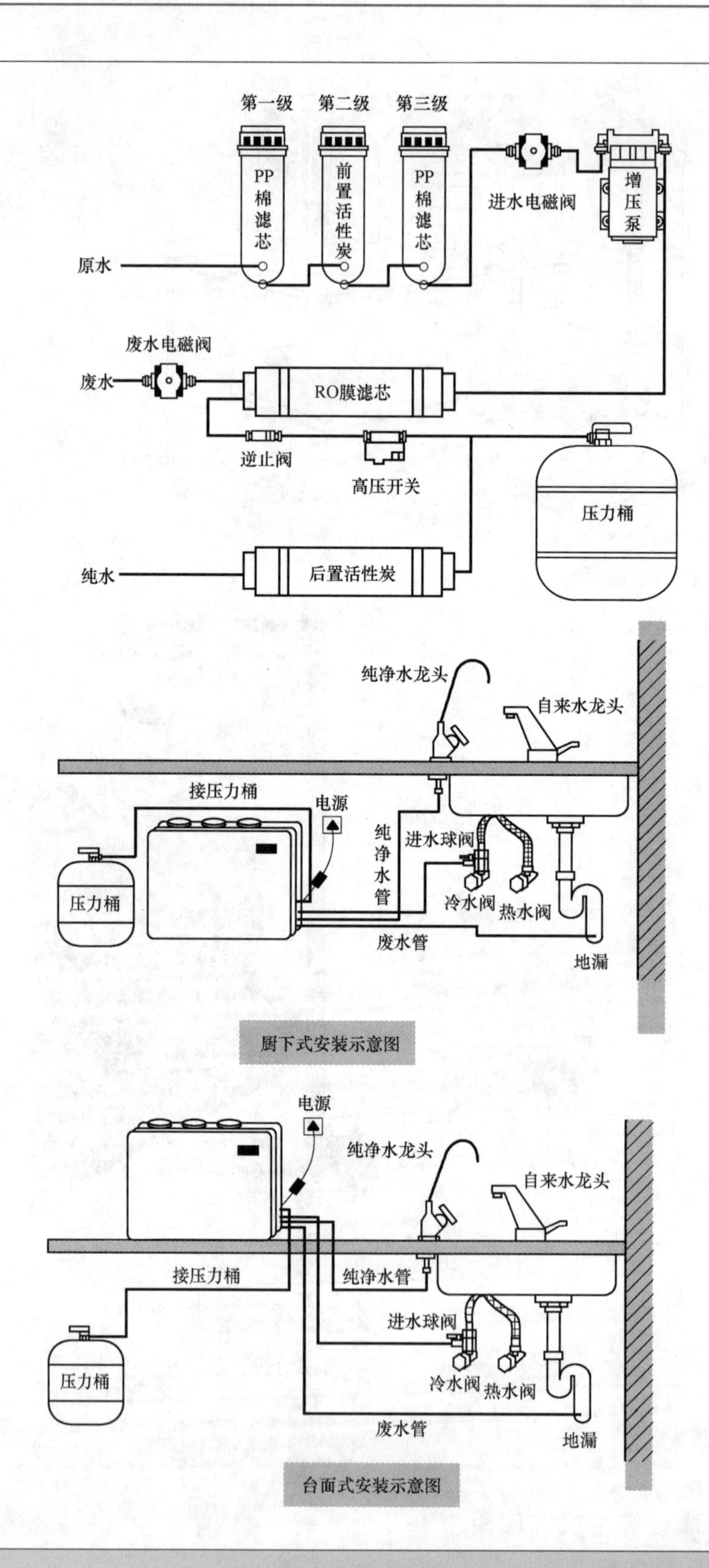
第一级
第二级
第三级
PP棉滤芯
前置活性炭
PP棉滤芯
进水电磁阀
增压泵
原水
废水电磁阀
废水
RO膜滤芯
逆止阀
高压开关
压力桶
纯水
后置活性炭
纯净水龙头
自来水龙头
接压力桶
电源
纯净水管
进水球阀
压力桶
冷水阀
热水阀
废水管
地漏
厨下式安装示意图
电源
纯净水龙头
自来水龙头
接压力桶
纯净水管
进水球阀
压力桶
冷水阀
热水阀
废水管
地漏
台面式安装示意图

图 5-73　反渗透

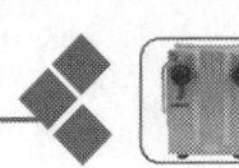

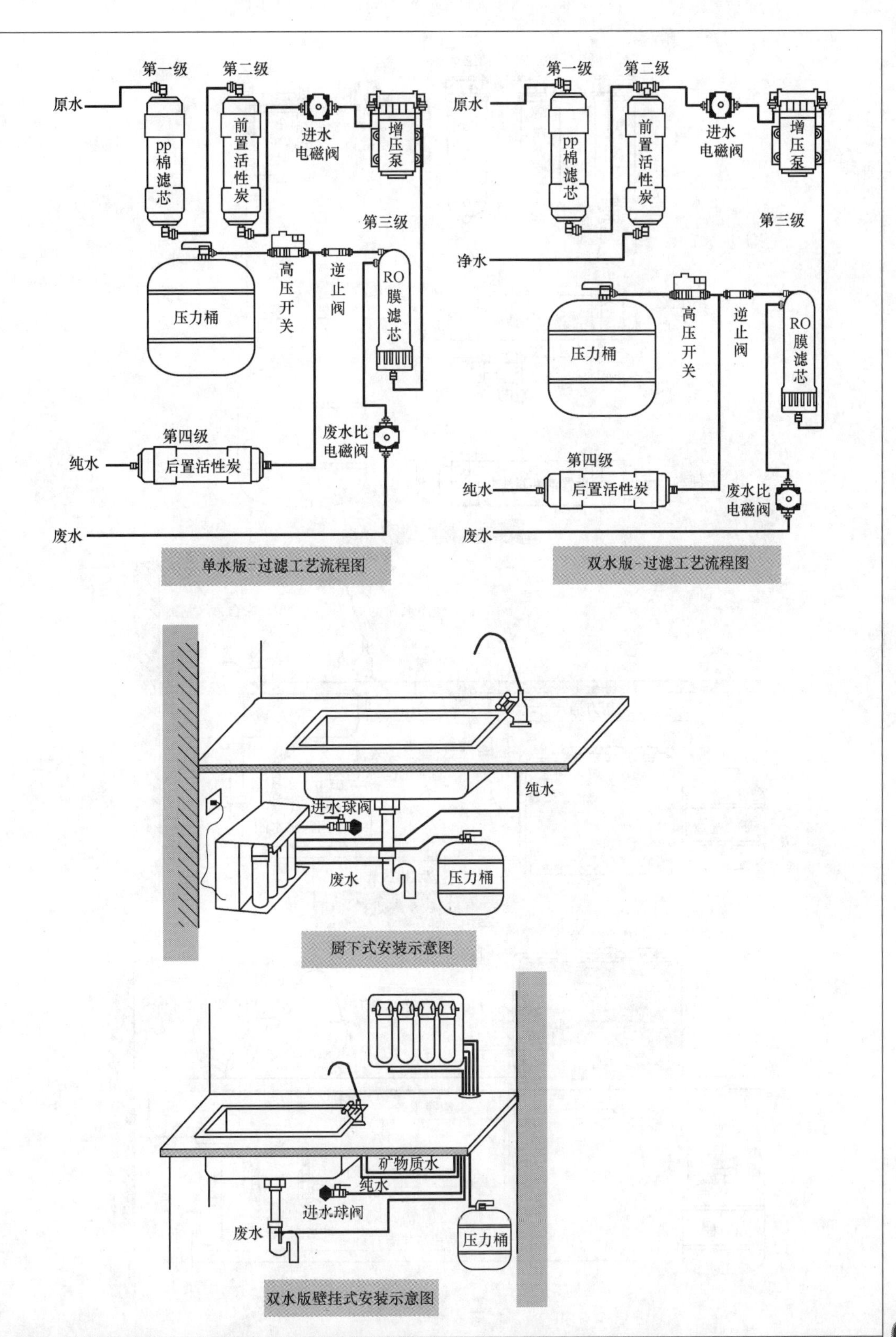

单水版-过滤工艺流程图

双水版-过滤工艺流程图

厨下式安装示意图

双水版壁挂式安装示意图

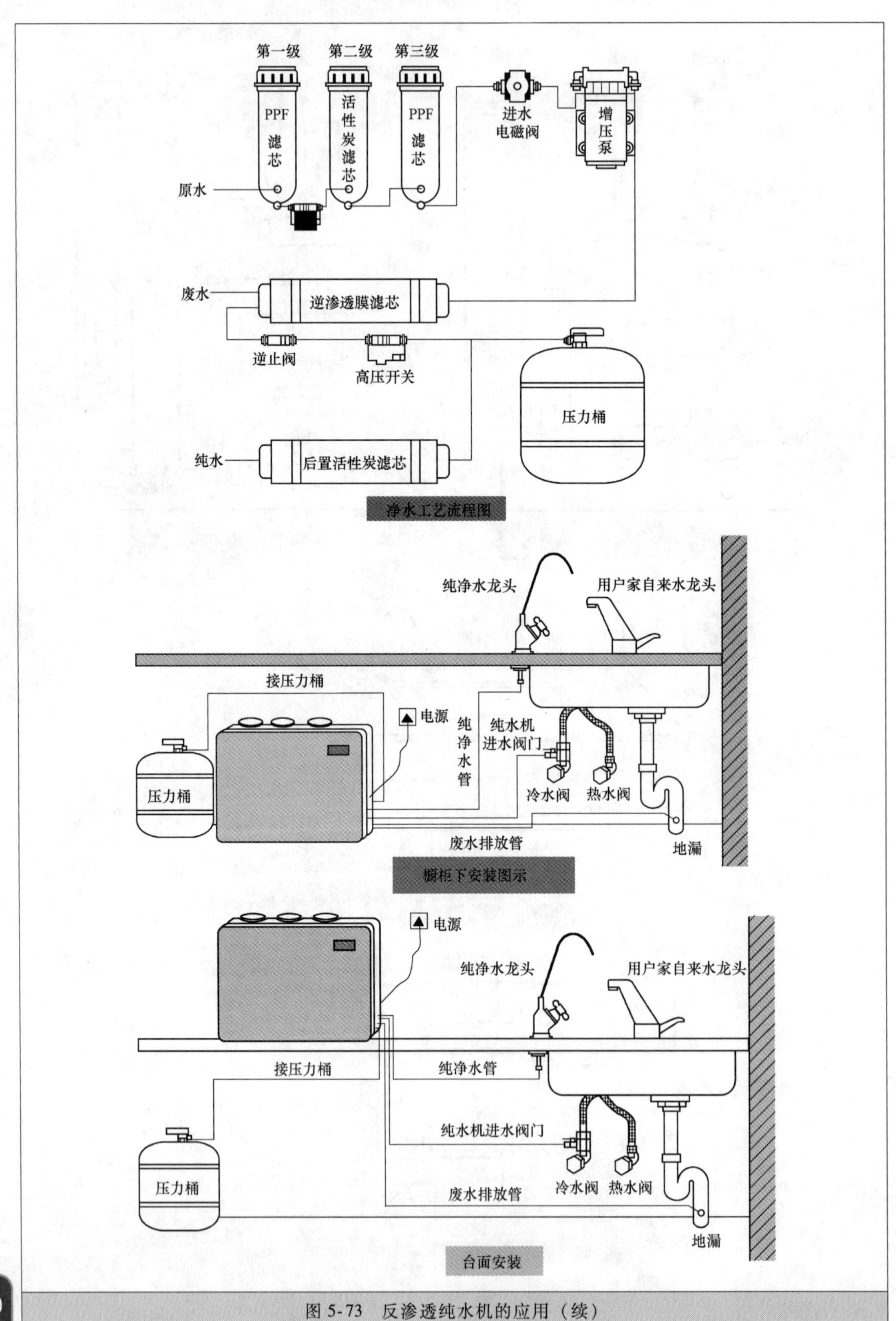

图 5-73　反渗透纯水机的应用（续）

★5.2.21　净水器

净水器的应用如图5-74所示。

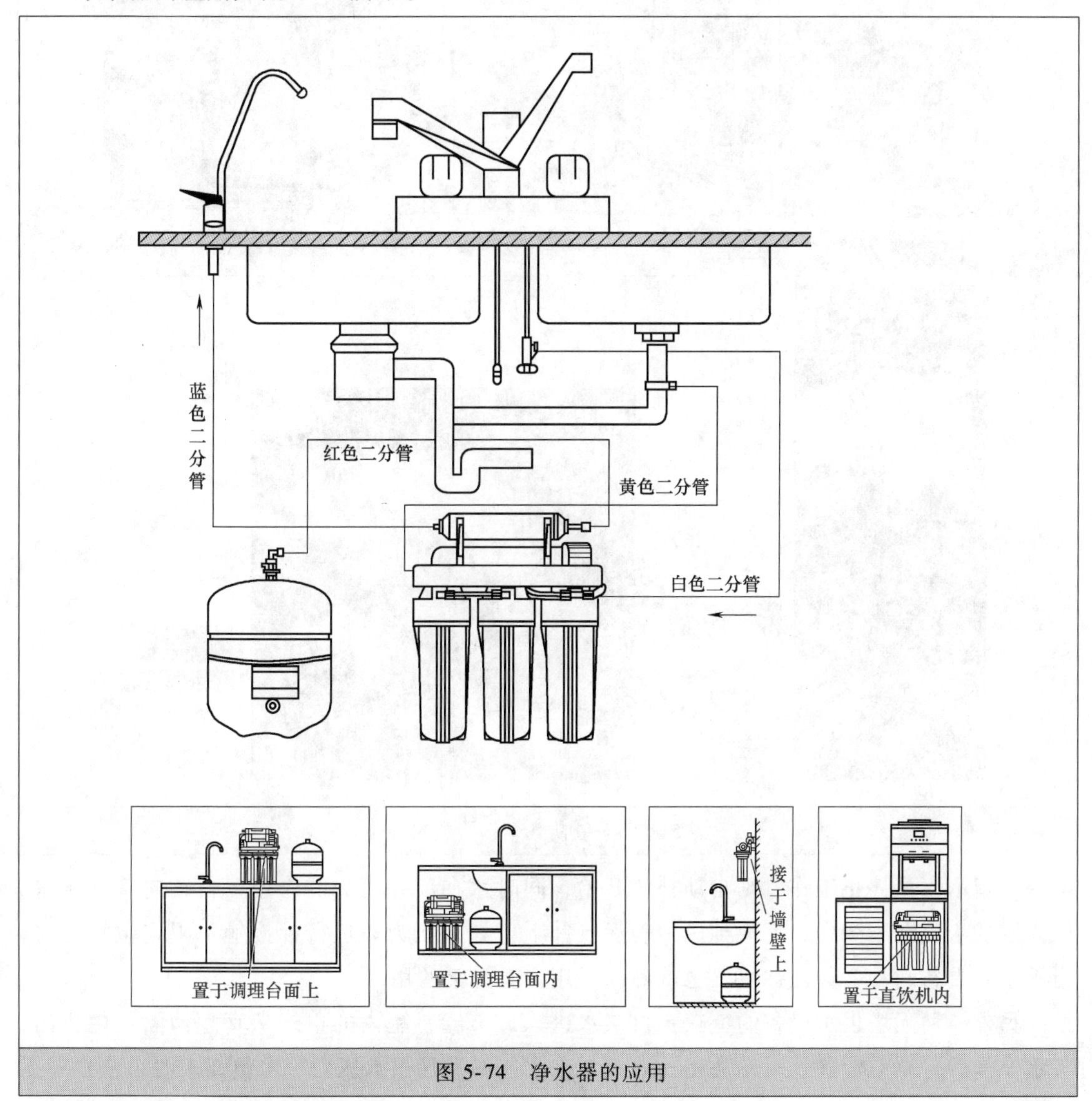

图5-74　净水器的应用

★5.2.22　硅胶防臭下水管的安装

硅胶防臭下水管的安装如图5-75所示。

★5.2.23　无塔供水设备

1. 无塔供水设备的特点

无塔供水设备就是不需要蓄水池与屋顶水箱也能够实现供水的设备。有一种无塔供水设备是利用压缩空气的反弹压力使局部增压达到供水目的。一定量气体的绝对压力与其所占体积成反比，由水泵将水通过逆水阀压入罐体。如果压力达到压力表上限定位时，继电器切断

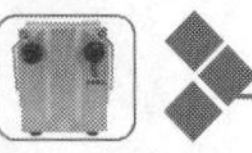
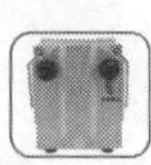

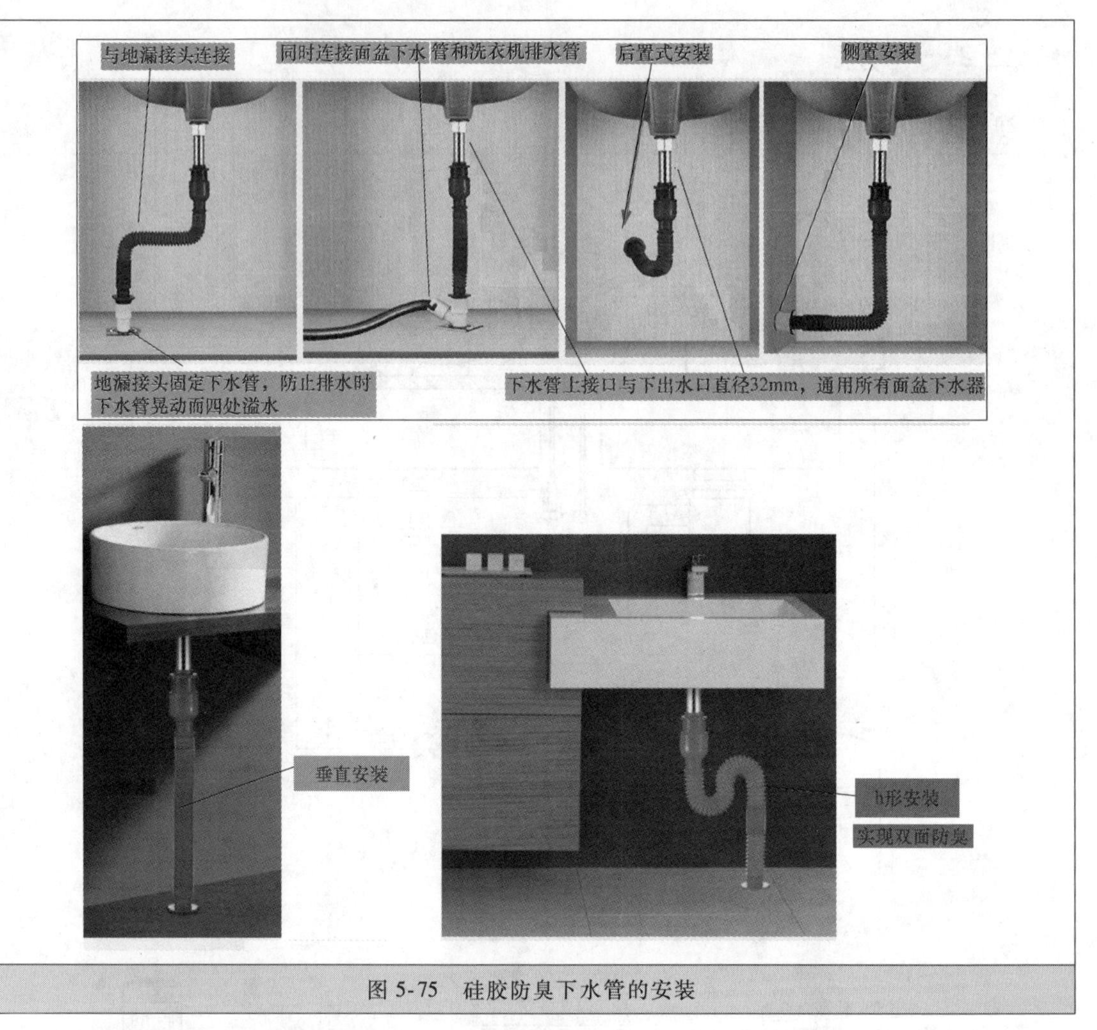

图 5-75　硅胶防臭下水管的安装

电源，指示水泵停止工作，则自动补气开始，同时水在反弹压力的作用下自动向管网送水。压力罐的水位在下降中，反映到压力表运行针上。如果压力表运行针接触下限定位指针时，指示水泵重新起动，如此往复，也就确保了用户有正常的用水。

另外一种无塔供水设备的特点：自来水进入调节罐，罐内的空气从真空消除器内排出，等水充满后，真空消除器自动关闭。如果自来水能够满足用水压力、水量要求时，全自动无塔供水设备通过水泵管道、旁通管道向用水管网直接供水。如果自来水管网的压力不能满足用水要求时，系统通过压力传感器或远传压力表给起泵信号，起动水泵运行。水泵供水时，如果自来水管网的水量大于水泵流量，无负压变频设备保持正常供水。用水高峰期时，如果自来水管网水量小于水泵流量时，调节罐内的水作为补充水源仍能够正常供水，此时，空气由真空消除器进入调节罐，消除了自来水管网的负压。用水高峰期过后，全自动无塔供水设备恢复正常的状态。如果自来水供水不足、管网停水而导致调节罐内的水位下降到无水时，液位控制器给出停机信号以保护水泵机组。

2. 全自动无塔供水设备的安装

1）找平水泵底座。

2）将底座放在地基上，在地脚螺钉附近垫楔形垫铁，准备找平后填充水螺浆用。

3）用水平仪检查底座的水平度，找平后扳紧地脚螺母用水泥浆填充底座。

4）经3~4天水泥干固后，再检查水平度。

5）将底座的支持平面、水泵脚、电动机脚的平面上的污物洗清除，并把水泵、电动机放到底座上。

6）调整泵轴水平，找平后适当上紧螺母。待调节完毕后再安装电动机，在不合水平处垫以铁板，泵与联轴器间留有一定间隙。

7）把平尺放在联轴器上，检查水泵轴心线与电动机轴心线是否重合。如果不重台，在电动机或泵的脚下垫以薄片，使两个联轴器外圆与平尺相平。然后取出垫的几片薄铁片，用经过刨制的整块铁板来代替铁片。

8）检查安装情况和安装的精度，其中联轴器平面一周上最大与最小间隙差数不得超过0.3mm。两端中心线上下或左右的差数不得超过0.1mm。

无塔供水设备如图5-76所示。

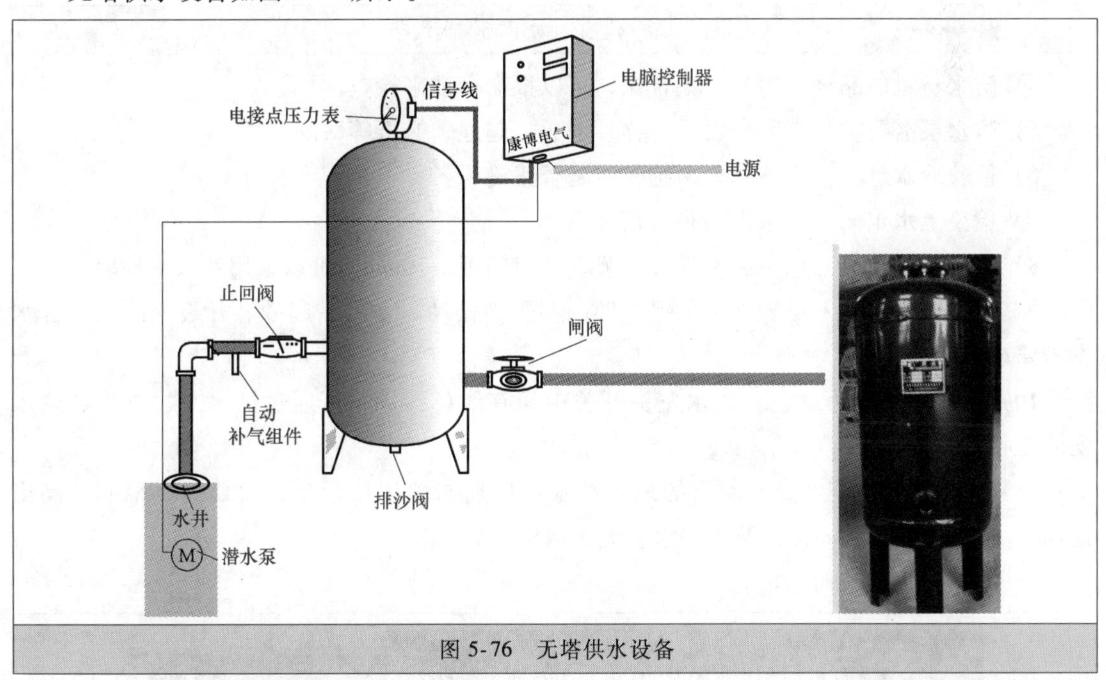

图5-76 无塔供水设备

★5.2.24 全自动太阳能供水设备

全自动太阳能供水设备如图5-77所示。

★5.2.25 家装水路验收

家装水路验收的一些方法与要求如下：

1）穿过墙体、楼板等处已稳固好的管根不得有碰损、变位等现象。

2）地漏、蹲坑、排水口等需要保持畅通，以及保护完整。

3）对所有易产生空隙的部位需要加细处理，以防止渗漏。

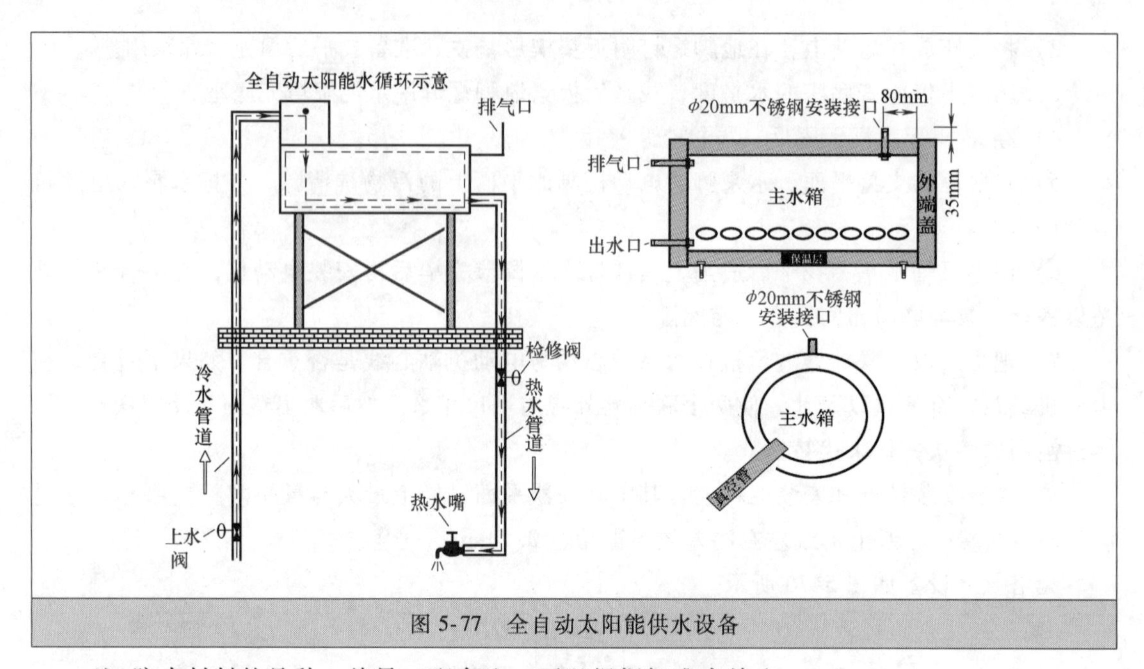

图 5-77　全自动太阳能供水设备

4）防水材料的品种、牌号、配合比，可以根据标准来检查。

5）防水层需要粘贴牢固，没有滑移、翘边、起泡、皱折等缺陷。

6）检验冷水管、暖水管两个系统安装是否正确。

7）检验上水走向、下水走向是否正确。

8）检验水管敷设与电源、燃气管位置，一般间距≥50mm，可以采用卷尺来检验。

9）涂刷防水层的基层表面，不得有凹凸不平、松动、空鼓、起砂、开裂等缺陷，含水率需要小于9%。

10）一般热水管为红色，热水龙头开关中间有红色标识，可通过试水来检查冷、热水安装是否正确。

11）有地漏的厨房与所有厕所的地面防水层四周与墙体接触处，需要向上翻起，高出地面不少于300~500mm，以及不积水、无渗漏等现象。

家装水路验收如图 5-78 所示。

图 5-78　家装水路验收

★5.2.26 室内排水和雨水管道安装的允许偏差和检验方法

室内排水和雨水管道安装的允许偏差和检验方法见表5-16。

表5-16 室内排水和雨水管道安装的允许偏差和检验方法

项目				允许偏差/mm	检验方法
坐标				15	用水准仪、水平尺、直尺、拉线、尺量检查
标高				+15	
横管纵横方向弯曲	铸铁管	每1m		≤1	
		全长(25m以上)		≤25	
	钢管	每1m	管径小于或等于100mm	1	
			管径大于100mm	1.5	
		全长(25m以上)	管径小于或等于100mm	≤25	
			管径大于100mm	≤38	
	塑料管	每1m		1.5	
		全长(25m以上)		≤38	
	钢筋混凝土管、混凝土管	每1m		3	
		全长(25m以上)		≤75	
立管垂直度	铸铁管	每1m		3	吊线、尺量检查
		全长(25m以上)		≤15	
	钢管	每1m		3	
		全长(25m以上)		≤10	
	塑料管	每1m		3	
		全长(25m以上)		≤15	

★5.2.27 雨水排水管道的最小坡度

雨水排水管道的最小坡度见表5-17。

表5-17 雨水排水管道的最小坡度参考值

管径/mm	最小坡度(‰)
50	20
75	15
100	8
125	6
150	5
200~400	4

★5.2.28 雨水管安装的一些要求与注意点

1. 雨水管的安装

安装雨水管，一般随外沿抹灰架子由上往下进行，每个接头处安装一个伸缩节便于雨水管损坏后维修。

雨水管安装时，可以先在水落口处吊线坠弹出雨水管沿墙的位置线，然后根据雨水管每节长度，预量出固定卡位置。一般间距为1200mm，设在下面一节管的上端，卧卡子用水泥砂浆固定。一般要求不得打入木塞固定与固定在木塞上。

雨水管安装时，如果遇建筑腰线时，需要与腰线连通。粉刷时加钢丝网，以防止腰线裂缝空鼓。

2. 雨水管安装的一些注意点

1）出现雨水管安装不直，则可能是安装卡箍时未认真找正。正确的操作是，弹好线，侧向应控制距墙的距离，目测顺直。

2）雨水管高于找平层，造成层面积水，则需要操作正确，并保证防水层的坡度要求。

3）雨水管变形缝固定不牢，则可能是木塞用圆钉或木螺钉固定造成的。固定点一般严禁下木塞。雨水管卡箍一般采用塞水泥砂浆固定，其他安装可以采用射钉或螺栓。

雨水管安装注意点如图 5-79 所示。

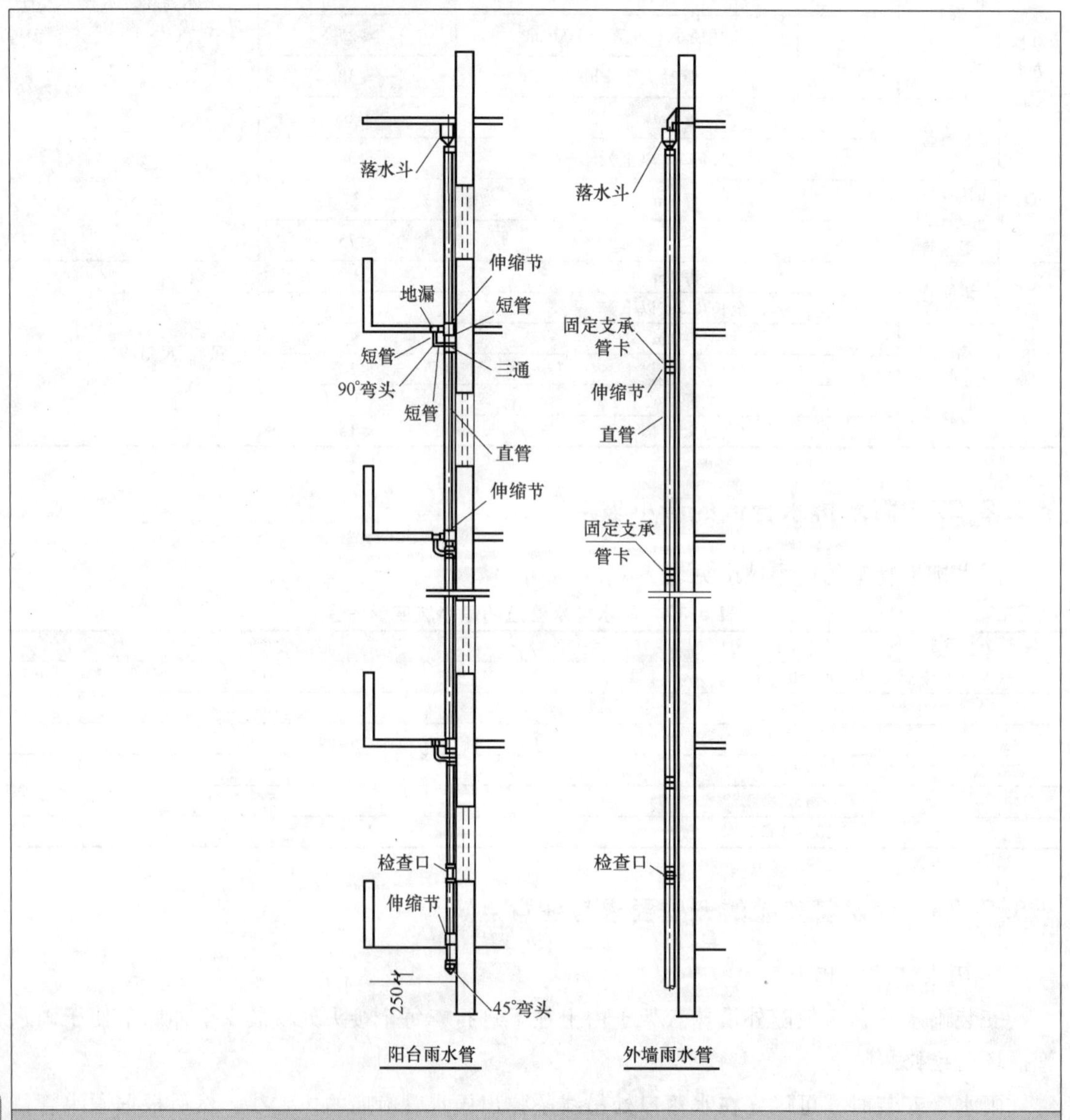

图 5-79　雨水管安装注意点

图 5-79 雨水管安装注意点（续）

3. PVC-U 管胶圈接口安装注意点

1）接口与胶圈的检查：接口表面需要光滑、平整、无凹陷、无异常变形。胶圈需要有较好的弹性，无严重变形。

2）切断与倒角：当管材需要切断时，先按需要长度划线，用细齿锯切割，并且注意切断面要平整，以及应与管子的轴线相垂直。然后用中号板锉均匀倒角。注意胶圈密封接口的表面不需要打毛。

3）清理接口和胶圈：需要清除加工面的碎屑，再用干净的干布擦拭连接表面，彻底清除尘土、水分。表面有油污时，需要蘸丙酮擦拭，以除去油污。

4）划线：根据不同管径、配件承口的深度，在管子插入端用笔划出插入深度的标记线。不同管径的插入深度不同。

5）插入：将橡胶圈捋顺后，置于承口的沟槽内。在承口端涂布肥皂水，用力插入承口内，直到达到标记线位置。

6）采用托吊管安装时，需要根据设计坐标、标高、坡向做好托、吊架。施工条件具备时，将预制加工好的管段，根据编号运到安装部位进行安装。

7）安装立管需装伸缩节，伸缩节安装需要符合设计要求。

8）管道安装完后，需要做灌水试验。灌水高度必须到每根立管上部的雨水斗。出口用充气橡胶堵封闭，达到不渗漏，水位不下降为合格。

4. 质量与施工要求

1）雨水管存放需要平整，横、竖分层码放。

2）雨水管安装前，需要对雨水斗采取措施，不使雨水斗的排水浇墙，造成墙面污染。

3）雨水管安装现场，需要严格遵守现场安全生产管理制度，严禁盲目施工。

4）雨水管安装现场，外脚手架必须确保安全。

5）雨水管安装现场，施工时必须正确使用安全用品，特别是安全带，必须高挂低用。

6）雨水管安装现场，施工期间严禁抛扔工具、垃圾，以确保施工安全。

7）雨水管的质量需要符合设计要求，表面无空鼓气泡现象、颜色一致。

8）雨水管的安装必须牢固，固定方法、间距需要符合规范要求。

9）雨水管排水要通畅，不漏水。

10）雨水管的连接口需要紧密，承插方向、长度、排水口距散水的高度应适宜，正面、侧面视为顺直。

雨水管安装形式如图 5-80 所示。

PVC-U 管胶圈接口时的插入深度

外径 *D*/mm	63	75	90	110	125	140	160	180	200	225
插入深度/mm	64	67	70	75	78	81	86	90	94	100

图 5-80　雨水管安装形式

参考文献

[1] 阳鸿钧，等. 家装电工现场通 [M]. 北京：中国电力出版社，2014.

[2] 阳鸿钧，等. 水电工技能全程图解 [M]. 北京：中国电力出版社，2014.

[3] 阳鸿钧，等. 电动工具使用与维修960问 [M]. 北京：机械工业出版社，2013.

[4] 阳鸿钧，等. 装修水电工看图学招全能通 [M]. 北京：机械工业出版社，2014.

机械工业出版社部分相关精品图书

序号	书号	书　　名	定价
1	51992	照明电路及单相电气装置的安装(第3版)	29.8
2	50747	实物图解电工常用控制电路300例(第2版)	59.8
3	50039	电工维修一本通(第2版)	59.8
4	50007	电工常用技能一本通(第2版)	49.8
5	49939	LED照明技术与灯具设计(第2版)	49.8
6	49728	建筑电工一本通(第2版)	45
7	46828	图解万用表使用轻松入门	25
8	46724	精选电工电路166例	39.8
9	46509	装修水电工看图学招全能通	59.8
10	45676	精讲电气工程制图与识图(第2版)	49.8
11	45660	简单轻松学电子电路识图	44.9
12	45535	简单轻松学电子产品装配	49.8
13	45534	简单轻松学电工电路识图	44.9
14	45531	维修电工技能直通车	19.8
15	45494	简单轻松学元器件检测	44.9
16	45423	简单轻松学家电维修	49.8
17	45398	零起点学电子技术必读	99
18	45268	简单轻松学PLC与PLC电路	44.9
19	45261	简单轻松学电子电路检测	49.8
20	45260	简单轻松学制冷维修	49.8
21	45259	简单轻松学变频器与变频电路	44.9
22	45258	简单轻松学电气控制与PLC应用	49.8
23	45257	简单轻松学电工线路规划与改造	44.9
24	45206	简单轻松学电子仪表使用	49.8
25	45111	简单轻松学电气安装	49.8.
26	45101	怎样做一名合格的电工(第3版)	59.8
27	44942	电工实用电路300例(第2版)	19.8
28	44919	简单轻松学电动机检修	39.8
29	44918	简单轻松学电工检修	49.8
30	44733	简单轻松学电工操作	49.8
31	44418	一步一图学用万用表测电子元器件	49.8
32	43704	电工常用内外线操作随身学	39.9
33	43627	电工常用操作技能随身学	35
34	43579	图解万用表使用从入门到精通	49.8
35	43390	电工电子实用电路365例	49.8
36	43241	双色图解电子元器件核心知识与选用	39.9
37	43232	双色图解万用表检测电子元器件	49.8
38	43229	黄师傅教你学电动机控制电路	49.8
39	43063	精选电动机控制电路200例	39.9
40	42135	电工常用经典线路随身学	39.9

序号	书号	书　　名	定价
41	42134	电工常用电子线路随身学	39.9
42	42058	LED 驱动及其应用电路	29.9
43	42006	电工实用电路轻松看懂	39.8
44	41924	9 天练会电子电路检测	49.8
45	41870	9 天练会电子电路识图	49.8
46	41565	9 天练会电子元器件检测	49.8
47	41548	万用表测量电子元器件技能速成	49.8
48	40175	电工常用电动机电路及维修随身学	29.9
49	39572	电子元器件检测技能速练速通	44.8
50	38095	最新电梯原理、使用与维护(第 2 版)	49.8
51	37946	中央空调维修技能“1 对 1”培训速成	45
52	37408	电子产品工艺与装配技能实训	34.8
53	36902	LED 照明技术与灯具设计	29.8
54	36232	LTE 关键技术与无线性能	39.8
55	31250	电子实用电路 300 例	19
56	30676	从零开始学电工	39.8
57	30203	音响调音快易通　问答篇(第 2 版)	20
58	28447	学电子元器件从入门到成才	29.8
59	23670	精讲电气工程制图与识图	28

以上图书在全国各大新华书店均有销售，您也可以在我社金书网（www. golden-book. com）联系购书事宜。

图书内容资讯电话：010-88379768，13520543780

E-mail：buptzjh@ 163. com

联系地址：北京市西城区百万庄大街 22 号　机械工业出版社电工电子分社

邮政编码：100037

更多服务内容，请扫描下面的二维码与我们联系：

编著图书推荐表

姓名		出生年月		职称/职务		专业	
单位：				E-mail			
通讯地址						邮政编码	
联系电话			研究方向及教学科目				
个人简历（毕业院校、专业、从事过的以及正在从事的项目、发表过的论文）：							
您近期的写作计划有：							
您推荐的国外原版图书有：							
您认为目前市场上最缺乏的图书及类型有：							

地址：北京市西城区百万庄大街22号　机械工业出版社　电工电子分社

邮编：100037　网址：www.cmpbook.com

联系人：张俊红　电话：13520543780　010-68326336（传真）

E-mail：buptzjh@163.com（可来信索取本表电子版）